Vingt ans de ma vie, simple vérité

Aline Boutroux

Vingt ans de ma vie, simple vérité

La jeunesse d'Henri Poincaré racontée par sa sœur
(1854-1878)

Texte inédit édité par Laurent Rollet

Hermann
Histoire des Sciences

Ouvrage publié avec le soutien du Laboratoire d'histoire des sciences et de philosophie – Archives Henri Poincaré (UMR 7117 du CNRS), de la Maison des sciences de l'homme Lorraine (USR 3261) et de l'Université de Lorraine

Laboratoire
d'Histoire des Sciences
et de Philosophie
Archives Henri Poincaré

mSH maison des sciences de l'homme
lorraine
USR 3261

UNIVERSITÉ DE LORRAINE

www.editions-hermann.fr

ISBN : 978 2 7056 8278 1

Sommaire

Préface

La gloire de mon frère : Aline Boutroux (1856-1919) et Henri Poincaré (1854-1912)

Henri Poincaré : cinq paragraphes pour une œuvre et une vie

Né à Nancy le 29 avril 1854, Henri Poincaré est reconnu très jeune comme un enfant particulièrement doué. Atteint de la diphtérie dans son jeune âge et paralysé des jambes et du larynx durant quelques mois, il développe très tôt un caractère très introspectif qui se manifestera par des distractions devenues légendaires.

Il effectue sa scolarité au lycée impérial qui porte aujourd'hui son nom, et après avoir obtenu ses baccalauréats ès lettres et ès sciences en 1871, il entre en classe préparatoire de mathématiques. En 1873, il est reçu 1er au concours de l'École polytechnique ; il intégrera ensuite l'École des mines de Paris. Après avoir été brièvement ingénieur des mines à Vesoul, il s'oriente vers une carrière universitaire. Il soutient son doctorat ès sciences *Sur les propriétés des fonctions définies par les équations aux différences partielles* le 1er août 1879. Bien que jugé un peu confus, son travail fait fort bonne impression et fait de lui un candidat crédible pour un poste dans l'enseignement supérieur. Quelques mois plus tard, en décembre 1879, il obtient un premier poste de chargé de cours de calcul différentiel et intégral à la Faculté des sciences de Caen.

Débute alors pour lui une intense activité de recherche sur les fonctions fuchsiennes qui se traduit en 1880 par un torrent de publications, une première candidature à l'Académie des sciences et une mention très honorable au Grand prix des Sciences mathématiques. Fort de nombreux appuis scientifiques et politiques, il est nommé en 1881 maître de conférences de calcul différentiel et intégral à la Faculté des sciences de Paris, puis, en 1886, professeur sur la chaire de physique mathématique et de calcul des probabilités. Il entre en 1887 à l'Académie des sciences. En 1896, il est finalement nommé professeur d'astronomie mathématique et de mécanique céleste. Il assure également des enseignements à l'École polytechnique et à l'École professionnelle supérieure des postes et des télégraphes.

Mathématicien, physicien, astronome, philosophe, Poincaré est probablement l'un des derniers savants universels. Auteur prolifique (plus de 500 livres et articles) bénéficiant d'une renommée mondiale, ses travaux couvrent un large périmètre de la science : on lui doit, entre autres choses, l'invention des fonctions automorphes et de la topologie, une contribution essentielle à la résolution du problème des trois corps en mécanique céleste (pour laquelle il obtient le Grand Prix du roi de Suède en 1889) ou encore des apports décisifs à la théorie de la relativité restreinte. En philosophie, ses ouvrages – dont le plus connu est *La science et l'hypothèse* – rencontreront un vif succès auprès du grand public et exerceront une profonde influence sur les épistémologues du XXe siècle.

Élu à l'Académie française en 1908, il meurt subitement le 17 juillet 1912 des suites d'une opération chirurgicale.

La biographie impossible ?

2012, année du centenaire de la mort du mathématicien Henri Poincaré : une date propice aux bilans. Que sait-on de ce savant et que reste-il de ses travaux ?

On n'analysera pas ici son héritage scientifique. Le nom de Poincaré est associé à des découvertes ou à des travaux de premier ordre. Ainsi les récents résultats de Grigori Perelman sur la conjecture de Poincaré montrent, s'il en est besoin, qu'il y a toujours une actualité scientifique de son œuvre, à la hauteur de son importance historique[1]. On notera d'ailleurs que certains aspects de son œuvre scientifique sont devenus objets de débats très âpres, dont l'enjeu dépasse largement la science et son histoire[2].

En est-il de même d'un point de vue biographique ? Que sait-on de sa vie ? Quelle est son image auprès du grand public ? De ce point de vue, le bilan est probablement plus mitigé. Au-delà de la simple confusion, très courante, entre Henri Poincaré et son cousin Raymond, une simple recherche sur internet ou sur une librairie en ligne permet de réaliser à quel point le mathématicien a largement résisté aux entreprises biographiques. Alors même que le genre biographique bénéficie des faveurs du grand public, on ne trouve que très peu d'ouvrages se donnant

1. Nous citerons simplement ici quelques ouvrages récents, qui éclairent de manière exemplaire cet héritage : le livre dirigé par Felix Browder *The Mathematical Heritage of Henri Poincaré* [F.-E. Browder 1983] ou encore l'ouvrage collectif dirigé par Éric Charpentier, Étienne Ghys et Annick Lesnes, *L'héritage scientifique de Poincaré* [É. Charpentier, É. Ghys et A. Lesne 2006].

2. Nous faisons ici référence aux controverses très anachroniques qui circulent depuis quelques années concernant la paternité de la théorie de la relativité restreinte, qui devrait revenir, selon certains, à Poincaré plutôt qu'à Albert Einstein.

pour ambition d'apporter un éclairage biographique sur celui qui fut un des savants les plus reconnus de son temps. Si l'on exclut les notices biographiques publiées de son vivant et les éloges publiés juste après sa mort ou les textes d'hommage rassemblés lors de la célébration du centenaire de sa naissance en 1954, les ouvrages biographiques sur Poincaré se réduisent à la portion congrue[3]. Dès sa mort, l'œuvre scientifique et philosophique de Poincaré a suscité un nombre important de travaux de tous ordres mais très peu d'auteurs ont porté leur attention sur la vie intime, familiale et privée du mathématicien.

Ceci peut s'expliquer en partie par la personnalité de Poincaré : peu engagé dans la vie publique, plutôt réservé quant à ses opinions politiques et à sa vie privée, Poincaré a laissé peu de traces de sa vie intime à ses biographes. Dans ses ouvrages ou dans ses lettres – exception faite de sa correspondance de jeunesse – Poincaré se livre très peu et les sources publiées ne donnent que de rares informations sur son parcours de vie. La notice qu'il publia sur ses propres travaux scientifiques ne donne guère que quelques détails sur ses débuts de carrière[4] et on ne devine des informations plus personnelles qu'au détour de quelques rares articles qui n'ont d'ailleurs aucune prétention autobiographique. Citons ainsi son texte sur l'invention mathématique où il raconte les circonstances de la découverte des fonctions fuchsiennes[5]

3. Nous en restons pour l'instant au sens étymologique du terme « biographie » : écriture de l'histoire d'une vie particulière. De nombreux travaux, récents ou anciens, s'intéressent certes à différents aspects de son œuvre et présentent un intérêt pour le biographe, mais si l'on ne retient que les ouvrages relevant de la biographie grand public ou de la biographie intellectuelle, la liste s'avère relativement limitée. Citons l'ouvrage déjà ancien d'André Bellivier, *Henri Poincaré ou la vocation souveraine* [A. BELLIVIER 1956] et l'ouvrage d'Umberto Bottazini, *Poincaré, philosophe et mathématicien* [U. BOTTAZINI 2002], qui présente sous une forme vulgarisée les travaux du mathématicien (et quelques éléments de sa vie). On mentionnera également plusieurs articles de Gerhard Heinzmann, notamment [G. HEINZMANN 1995], ainsi que nos propres travaux sur la naissance de sa pensée philosophique [L. ROLLET 2000] ou sur son implication dans l'Affaire Dreyfus [L. ROLLET 1999]. Enfin, nous soulignerons l'entreprise de publication de la correspondance scientifique, administrative et privée qui se poursuit au sein des Archives Henri Poincaré à Nancy. Deux volumes sont parus à ce jour : celui concernant les échanges entre Poincaré et Gösta Mittag-Leffler publié par Philippe Nabonnand [P. NABONNAND 1999] et celui portant sur ses relations avec les physiciens, ingénieurs et chimistes dirigé par Scott Walter [S. WALTER, E. BOLMONT et A. CORET 2007].

4. Henri Poincaré, *Notice sur les travaux scientifiques de M. Poincaré (rédigée par lui-même)* [J.-H. POINCARÉ 1884]. Il s'agissait d'un ouvrage de circonstance destiné à appuyer sa candidature à l'Académie des sciences.

5. Henri Poincaré, « L'invention mathématique » [J.-H. POINCARÉ 1908].

ou encore son article de vulgarisation sur le travail de la mine, qui semble faire écho à sa propre expérience comme ingénieur des mines[6].

Cependant, quelques auteurs publieront de son vivant des ouvrages ayant une prétention biographique. En 1909, Ernest Lebon publie ainsi dans la collection « Savants du jour » un volume spécial consacré à Henri Poincaré[7]. L'ouvrage vaut surtout pour l'effort de synthèse bibliographique des travaux ; en effet, malgré le titre annoncé, la biographie de Poincaré se résume ici à une liste de « Grades, fonctions, titres honorifiques, prix et décorations » ainsi qu'à une reprise de l'éloge prononcé par Frédéric Masson lors de l'entrée du mathématicien à l'Académie française[8]. L'analyse des travaux y est quant à elle représentée par un extrait du rapport de Gustav Rados pour le prix János Bolyai[9].

Dans un tout autre style Édouard Toulouse publiera une enquête sur la supériorité intellectuelle d'Henri Poincaré[10]. Son objectif est d'abord d'ordre médico-psychologique (voire psychopathologique) et s'inscrit dans le cadre d'un projet de recherche ambitieux : établir scientifiquement l'existence d'une relation entre les maladies mentales, notamment la névropathie, et le génie. Toulouse s'était d'abord intéressé à Émile Zola dans le cadre d'une vaste enquête psychologique qui devait porter sur une dizaine de personnalités du monde littéraire, artistique et scientifique (Alphonse Daudet, Auguste Rodin, Pierre Loti, Stéphane Mallarmé, etc.). Poincaré s'était plié aux examens psychologiques et médicaux en 1897. Publiée en 1896, l'étude sur Zola avait subi de violentes critiques sur le fond comme sur la méthode, ce qui avait conduit Toulouse à abandonner le programme de recherche qu'il s'était fixé[11]. L'ouvrage sur Poincaré ne devait donc être publié que tardivement, près de 15 ans après les observations médicales et psychologiques et avec une autorisation expresse du mathématicien. Bien que ne relevant pas de la biographie à proprement parler, certains chapitres fournissent quelques indications sur la vie quotidienne du savant, sur certaines de ses habitudes de vie et, surtout, sur son type psychologique[12].

6. Henri Poincaré, « Les mines » [J.-H. Poincaré 1912]. Sur la carrière d'ingénieur des mines de Poincaré, cf. [L. Rollet 2010] ainsi que [P. Dassault 1954].

7. [E. Lebon 1909]

8. [F. Masson 1909].

9. [G. Rados 1906]. Poincaré avait obtenu ce prix le 18 avril 1905.

10. Édouard Toulouse, *Enquête médico-psychologique sur la supériorité intellectuelle : Henri Poincaré* [É. Toulouse 1910].

11. Voir A. Sandras-Fraysse, « La folie de l'Enquête : Zola disséqué » [A. Sandras Fraysse 2008].

12. « M.-H. Poincaré croit avoir un caractère calme, doux et égal. Mais il n'a pas de patience pour aucune action, ni même pour le travail. Il n'est pas passionné ni pour ses sentiments ni pour ses

Enfin, un dernier ouvrage s'intègre dans ce corpus très limité d'ouvrages publiés du vivant du savant. Il s'agit du *Henri Poincaré* de Jules Sageret publié en 1911 [13]. Cet auteur, collaborateur régulier de la revue littéraire *Le Mercure de France*, avait déjà consacré un article aux conceptions philosophiques de Poincaré en 1908 (il s'agissait surtout d'un commentaire très élogieux de son livre de 1905 *La valeur de la science*) [14]. L'ouvrage de 1911 prend place dans la collection du *Mercure de France* « Les hommes, les idées » consacrée aux grands hommes de lettres ou de sciences (Rémy de Gourmont, Henri de Régnier, Georges Cuvier, Alfred Giard, etc.). Ses quatre-vingt pages sont divisées en quatre parties inégales consacrées à la carrière et à l'œuvre (6 pages), à l'homme (5 pages), à sa doctrine (38 pages) et à ses principales publications (à travers une bibliographie de 24 pages). La troisième partie reprend certains développements de l'article de 1908 et la bibliographie propose, quant à elle, un classement analytique et disciplinaire de quelques travaux marquants du savant. Les aspects proprement biographiques sont donc très restreints. On y trouve principalement une description très rapide de la carrière de Poincaré, une présentation de sa personnalité et de ses travaux ainsi que quelques références à ses distractions légendaires. Bien que critique sur la mythologie formée autour de son sujet d'étude, Sageret ne dédaigne pourtant pas à l'alimenter :

> Poincaré s'est acquis une telle renommée qu'on lui forge de son vivant une mythologie. Précoce comme Hercule, qui étouffait des serpents dans son berceau, Poincaré n'attendit pas d'être sevré pour s'intéresser aux étoiles et inaugurer en quelque sorte son cours d'astronomie. […] Dans la vie quotidienne, la distraction de Poincaré a des effets moins pittoresques : elle le rend tout simplement d'un commerce inégal et imprévu. Tantôt il est avec son interlocuteur, tantôt il est avec une fonction transcendante. Mais ayez de la chance, abordez-le au moment où la fonction transcendante ne le visite pas, et vous pourrez l'entretenir de tous les sujets. Histoire, littérature, religions, anthropologie, politique, philosophie, art, il n'existe aucun domaine, sauf peut-être les sports et les mondanités, qui lui soit étranger. Il est, à un degré très supérieur, « l'honnête homme » du XVIIIe siècle [15].

---

idées, et il n'est pas liant ni confidentiel » [É. Toulouse 1910].

13. [J. Sageret 1911].

14. [J. Sageret 1908].

15. [J. Sageret 1911].

Ces trois ouvrages partagent quelques caractères communs. D'une part, ils sont tous publiés après 1908, année de l'élection du mathématicien à l'Académie française. De manière significative, ils s'alimentent d'ailleurs tous à une source biographique unique, à savoir le discours de réception prononcé par Frédéric Masson lors de la cérémonie d'entrée à l'Académie française [16]. D'autre part, les ouvrages de Lebon, Toulouse et Sageret bénéficient de l'autorisation officielle de l'auteur (les deux derniers sont ainsi accompagnés de reproductions de lettres autographes qui en attestent). Enfin, et surtout, ces travaux dédiés à la puissance de son génie satisfont fort certainement un Poincaré qui, toute sa vie, a cumulé et souvent sollicité les honneurs et les distinctions. Se voir consacré comme un génie de son vivant – même en étant caractérisé de névropathe – ne semblait pas lui déplaire.

Le 18 juillet 1912, *Le Matin* annonce la mort subite du mathématicien à l'âge de 58 ans par la voix de Gabriel Lippmann : « Une perte pour la France. Notre plus grand savant est mort hier. [17] » *La petite République* titre « La France perd un génial penseur et son plus grand mathématicien ». *La République française* affirme pour sa part que le deuil atteint la France toute entière. La disparition du mathématicien donnera ainsi lieu à un déferlement d'articles de toutes sortes : articles de journaux, notices nécrologiques, brochures d'hommage, témoignages de personnalités scientifiques, politiques et littéraires, etc. De 1912 à 1914, journalistes de la grande presse, éditeurs de revues scientifiques, représentants des institutions de l'État, délégués des académies, anciens élèves ou anciens collègues de Poincaré seront sollicités pour exprimer leur vérité sur l'homme et son œuvre.

Le tableau qui se dégage de cet ensemble relativement hétéroclite est bien évidemment celui d'une communauté intellectuelle travaillant à célébrer la mémoire d'un de ses représentants les plus illustres, et aspirant à faire connaître au grand public une parcelle de sa vie et de ses travaux ; cependant, au-delà de ces discours convenus – qui obéissent à une rhétorique extrêmement codifiée – se dessine également une certaine image du savant, de son rôle dans la société et dans la nation. La mort de Poincaré semble ainsi fournir une occasion pour rappeler quelques-uns des traits caractéristiques de l'idéal républicain du savant, quelques idées forces sur la science et sur son fonctionnement désintéressé, quelques considérations sur la défense de l'éducation classique ou la nature essentiellement idéaliste de la pensée philosophique du mathématicien.

---

16. [F. Masson 1909].

17. [G. Lippmann 1912].

On ne saurait rendre compte ici de cette production pléthorique. On notera simplement deux traits marquants de cette littérature de circonstance. D'une part, le projet biographique est largement dépassé par la volonté de célébrer le génie de Poincaré dans une sorte d'escalade d'hommages ; la mythologie du grand savant, déjà présente de son vivant, prend alors une ampleur phénoménale[18]. D'autre part, on remarquera que cette littérature s'alimente essentiellement aux sources citées précédemment, et notamment au discours de Frédéric Masson.

Le journal d'Aline Boutroux : une matrice pour les biographies de Poincaré

La première tentative ambitieuse de biographie est probablement celle du mathématicien Gaston Darboux[19]. S'appuyant sur ses propres souvenirs (il avait fait partie du jury de thèse de Poincaré en 1879 et n'avait cessé depuis d'entretenir des relations professionnelles et privées avec lui), cet éloge historique de Poincaré fait plus de soixante pages et se fixe pour double objectif l'évocation de sa vie et de son œuvre. De manière significative, l'évocation de l'enfance et de la jeunesse (jusqu'à l'entrée de Poincaré dans l'enseignement supérieur à Caen en 1879) est particulièrement détaillée et fourmille de détails pittoresques. En revanche, le reste de la vie de Poincaré n'est quasiment évoqué qu'à travers le filtre de ses activités académiques, universitaires et de ses travaux. Comment expliquer ce décalage ? Deux hypothèses permettent d'en rendre compte.

D'une part, tout comme dans les exemples cités précédemment (mais avec plus de modération), Darboux entend rendre compte du génie de Poincaré et de l'importance de son œuvre ; l'évocation de son enfance et de ses études – et le luxe de détails qui les accompagnent – semblent jouer un rôle téléologique : il s'agit pour lui de mettre en évidence les manifestations précoces de ce génie qui devaient nécessairement déboucher sur une œuvre immense. D'où les références constantes aux lieux-communs du génie (la distraction, l'ambidextrie, les succès scolaires, l'absence de prise de notes durant les cours, etc.).

18. Le journaliste Ernest la Jeunesse décrira ainsi Poincaré comme « un Titan modeste à la face hirsute, aux bons yeux brûlés de lectures et d'investigations, au front massif, au corps oublié, perdu dans ses palmes vertes et ses plaques d'ordres mises au hasard ». [E. La Jeunesse 1912].

19. Gaston Darboux, *Éloge historique d'Henri Poincaré* [G. Darboux 1913]. Cet éloge sera lu lors de la séance publique annuelle de l'Académie des sciences, le 15 décembre 1913.

Une seconde explication à ce décalage peut être trouvée dans la nature fragmentaire des sources utilisées par Darboux. Celui-ci avoue en effet dans une note avoir consulté trois sources principales. D'une part, les souvenirs d'enfance inédits du général Paul Xardel, qui avait fait toutes ses études à Nancy dans la classe de Poincaré et dont les parents étaient très liés à la famille du futur mathématicien[20]. D'autre part, un article sur l'enfance de Poincaré publié par Louise Henri-Beau dans une revue dédiée à la protection de l'enfance et destinée manifestement à l'élévation morale du lecteur[21]. Enfin et surtout *Vingt ans de ma vie, simple vérité*, le volumineux recueil de souvenirs d'enfance de la propre sœur d'Henri Poincaré, Aline Boutroux, rédigé entre 1912 et 1913[22]. Or, ces trois sources ne portent que sur les vingt premières années de la vie de Poincaré et laissent donc « mécaniquement » dans l'ombre plus de trente ans de sa vie.

Deux autres ouvrages biographiques importants doivent être mentionnés. Le premier, est le *Henri Poincaré* publié en 1925 par le mathématicien Paul Appell aux éditions Plon, dans la collection « Nobles vies, grandes œuvres[23] ». Le second est l'ouvrage d'André Bellivier *Henri Poincaré ou la vocation souveraine* publié en 1956, deux ans après la célébration du centenaire de la naissance du mathématicien[24]. Paul Appell avait été un proche ami d'Henri Poincaré : il avait fait sa connaissance au lycée de Nancy en classe préparatoire et l'avait côtoyé durant toute sa carrière à la Sorbonne et à l'Académie des sciences. De fait, son livre s'appuie pour beaucoup sur des souvenirs personnels et évoque de manière très vivante la personnalité de son ami, allant même jusqu'à relater quelques aspects peu connus de sa vie, comme par exemple son intervention durant l'Affaire Dreyfus[25]. Son plan, très conventionnel, opère une séparation assez nette entre la vie de Poincaré et son œuvre scientifique et il se décompose en huit chapitres : (1) la famille, les études au lycée, (2) l'École

20. Paul Xardel, *J'avais un ami... Henri Poincaré* [Xardel 1913]. Tout comme le journal d'Aline Boutroux, ce texte est demeuré inédit jusqu'à aujourd'hui. Nous en proposons une reproduction à la fin de cet ouvrage.

21. Louise Henri-Beau, « Enfance des célébrités contemporaines : Henri Poincaré » [L. Henri-Beau 1912].

22. Aline Boutroux, *Vingt ans de ma vie, simple vérité* [A. Boutroux 1913].

23. [P. Appell 1925]

24. [A. Bellivier 1956].

25. Poincaré, Darboux et Appell avaient été chargés de rédiger une expertise scientifique du bordereau accusant Alfred Dreyfus dans le cadre de l'enquête en révision en 1904. Poincaré ne s'exprima jamais à ce sujet et Darboux passera sous silence cet épisode en 1913. [J.-H. Poincaré, G. Darboux et P. Appell 1908] Voir aussi [S. Debarbat 1996] et [L. Rollet 1999].

polytechnique, l'École des mines, la Faculté des sciences de Caen, (3) la Faculté des sciences de l'Université de Paris, (4) l'œuvre scientifique d'Henri Poincaré, (5) la personne et le caractère d'Henri Poincaré, (6) l'œuvre morale et sociale, (7) les académies, (8) la mort. Le projet d'Appell est donc classiquement de raconter la vie de son ami du berceau à la mort. Pour ce faire, outre ses propres souvenirs, il s'appuie sur le recueil d'Aline Boutroux[26] ainsi que sur les contributions de Masson, Xardel et Darboux. Ceci produit une fois de plus un décalage, l'enfance de Poincaré étant prépondérante dans le récit de vie ainsi mis en scène.

Dans quel type de projet cette biographie s'inscrivait-elle ? Appell ne propose aucune réflexion méthodologique sur la manière dont il conçoit son travail de biographe. Néanmoins, la présentation de la collection « Nobles vies, grandes œuvres » fournit quelques clés sur le contrat tacite passé entre Appell et son lecteur. L'objet de la collection était de mettre « à la portée de tous ce qui, dans une vie ou dans une œuvre, rayonne, crée un idéal, suscite les énergies, révèle les apostolats ». La portée éducative était donc clairement affirmée :

> Les éducateurs, et ceux qui soutiennent l'ascension de l'homme vers un idéal sans cesse plus élevé, savent combien il est difficile aux jeunes gens ou à ceux que leurs occupations absorbent, d'arriver à se dégager de l'existence quotidienne par d'attrayantes lectures qui exaltent chez eux le goût que tout homme recèle en soi pour ce qui est beau, héroïque et grand. Il manque toujours quelque chose aux livres d'imagination, et l'enthousiasme qu'ils provoquent est moins riche que celui que fait naître, par exemple, le récit de la vie mouvementée et généreuse d'un homme qui poursuit un idéal et lui sacrifie tout. Certaines vies, certaines œuvres sont plus belles que les plus belles aventures imaginées. Mais on les connaît mal. La collection « Nobles vies, grandes œuvres » réunira peu à peu les plus lumineux exemples qui peuvent être donnés aux hommes[27].

Quelques trente ans plus tard, la biographie d'André Bellivier s'inscrira dans un projet apologétique du même ordre. Son ouvrage est le quatrième volume de la collection « Vocations » dirigée par Henri Mondor, dont l'objectif affiché est « de suivre dans une enfance, dans une jeunesse, la croissance d'une pensée créatrice et l'éveil de la vocation[28] ». Bellivier se conformera à cette volonté affichée

26. Comme on le verra dans les pages qui suivent les familles Appell et Boutroux étaient très proches.

27. [P. Appell 1925], p. 9.

28. Les trois précédents volumes avaient été consacrés à Mallarmé lycéen, à la jeunesse de René Laënnec et à la jeunesse d'André Gide.

d'édification morale avec beaucoup de verve ; la quatrième de couverture donnera ainsi le ton général de l'ouvrage :

> Si Henri Poincaré est un surhomme, les témoignages le montreront un enfant, puis un adolescent, simple, tendre heureux et rieur, tandis que l'âme se fortifiait pour l'appel. L'attente de la vocation d'Henri Poincaré est exactement traduite par sa sœur Mme Émile Boutroux : « sa vie s'écoulait sans heurts, sans remous, sans hâte et sans lenteur, d'un cours régulier et majestueux, comme celui des grands fleuves qui iront loin. »[29]

Ce cahier des charges particulier – suivre la naissance d'une vocation – explique l'apparent déséquilibre de la table des matières. Les neuf chapitres du livre ne suivent pas, comme chez Appell, Poincaré jusqu'à son lit de mort mais jusqu'à son entrée à la Sorbonne en 1881. En voici le détail : (1) les premières années, la diphtérie, Arrancy, la famille Launois, (2) la famille Poincaré, le lycée (1862-1870), (4) examens et concours (1871-1873), (5) l'X (1873-1875), (6) aperçu sommaire des mathématiques (1800-1875), (7) l'École des mines, la thèse, le roman, les fonctions fuchsiennes (1875-1881), (8) l'organisation mentale d'Henri Poincaré, (9) oh ! qu'il a éclaté aux esprits !

Comme pour Darboux et Appell avant lui, la source principale de Bellivier est constituée par les manuscrits inédits de Paul Xardel et d'Aline Boutroux, dont il fait un usage important. Il s'appuie également, et c'est probablement la première fois, sur la correspondance privée de Poincaré mise à sa disposition par ses descendants. Or cette dernière source est elle aussi de nature très hétérogène : la correspondance de jeunesse y est très abondante du fait des centaines de lettres échangées par Poincaré avec sa mère et sa sœur jusqu'à la fin de ses études à l'École des mines en 1878 ; en revanche, après 1881 les lettres conservées par la famille sont essentiellement d'ordre scientifique et bien qu'elles soient très intéressantes du point de vue d'une biographie intellectuelle, leur étude demande un travail interdisciplinaire de longue haleine qui n'était pas envisageable dans le cadre de l'ouvrage de Bellivier. Celui-ci s'en tient donc à ces sources sans développer de perspective critique et propose une reconstitution très littéraire de la jeunesse de Poincaré qui emprunte beaucoup aux codes de la fiction.

Comme on peut le voir, le manuscrit d'Aline Boutroux fut constamment utilisé par les biographes de Poincaré, sans jamais être publié. Il s'est peu à peu figé en une matrice documentaire. Peu diffusé, connu seulement des descendants de Poincaré

29. [A. Bellivier 1956].

et des spécialistes, il a sans cesse été mobilisé par les chercheurs sans jamais faire l'objet d'une analyse scientifique rigoureuse. Le présent ouvrage entend corriger cette situation en en proposant une édition critique.

Qui était Aline Boutroux ?

> Je dédie ces cahiers à ceux qui ne sont plus, et à ceux qui ne sont pas encore.

En 1913, à la veille de la Première Guerre mondiale, Aline Boutroux rédige son journal de souvenirs de jeunesse. Intitulé *Vingt ans de ma vie, simple vérité*, cet ouvrage considérable de 286 pages dactylographiées ne semble pas destiné à une publication. L'indication « Tome Ier » sur la première page laisse penser qu'un second tome était prévu mais s'il fut réellement rédigé ses descendants ne l'ont pas conservé ; on peut d'ailleurs supposer que les événements de 1914-1918 empêchèrent la rédaction d'un second volume. Aline Boutroux annonce qu'elle écrit pour sa famille et notamment pour les générations à venir. Prenant acte des changements profonds qui ont affecté la science, la morale et les mentalités durant sa vie (née à Nancy en 1856, elle a alors 57 ans), elle se propose de témoigner sur son époque en prenant sa vie comme exemple.

Cependant au-delà de l'évocation de son enfance au sein d'une famille ayant acquis une renommée certaine, son projet est également d'ordre patriotique : elle entend en effet apporter un témoignage sur le déclin de la France après la guerre de 1870 et sur la nécessité d'en restaurer la grandeur… Discours de circonstance à un an de la Première Guerre mondiale.

> Je tiens à dire à mes petits-fils combien j'ai aimé la France et combien j'ai souffert de sa défaite et de sa déchéance. Qu'ils y pensent toujours. Qu'ils mettent la grandeur de la patrie au-dessus de leurs intérêts personnels, au-dessus même du progrès social. La France a été faite par le patriotisme : elle ne peut être conservée que par le patriotisme. […] Travaillez, mes enfants, à refaire la grande France afin que, pour le bien universel, se conserve la douce France.

Le manuscrit d'Aline Boutroux relève du genre des écrits du for privé qui semblent être apparus à la fin du Moyen-Âge et qui constituent, pour les historiens, l'un des signes de l'émergence de l'individu dans la société occidentale à cette époque. À la fin de XIXe siècle, cette pratique d'écriture était très à la mode : beaucoup de mères de famille tenaient un journal familial et cette activité d'écriture était fortement recommandée aux enfants, tout particulièrement aux jeunes filles. La mère d'Henri et d'Aline, Eugénie, avait ainsi elle-même rédigé un journal de jeunesse et elle mettait également régulièrement à jour un journal de famille dans lequel elle notait les succès de son fils ; Aline, quant à elle, avait commencé à écrire un journal au début de la guerre de 1870. De ce point de vue, la chronique familiale qu'elle rédigea en 1913 ne présente pas de caractère exceptionnel parmi une littérature déjà très abondante.

Ce journal n'est cependant pas un journal comme les autres. D'une part, parce qu'il a constitué, comme nous l'avons indiqué, une matrice documentaire pour la plupart des travaux biographiques portant sur Henri Poincaré mais également parce qu'il permet d'avoir un aperçu saisissant de la jeunesse du mathématicien à travers le récit fusionnel de sa sœur. Dans un style souvent élégant, Aline Boutroux décrit précisément le cheminement de son frère de sa plus petite enfance jusqu'à ses études à l'École des mines mais elle offre de plus un tableau très précis de son milieu social et culturel, du contexte politique de basculement de l'Empire vers la République et de l'influence de la défaite de 1870 sur toute une génération. À travers sa vie, c'est celle de son frère et de son temps que l'on découvre et que l'on revit partiellement.

Paradoxalement, Aline Boutroux a laissé fort peu de traces et il n'existe pas de biographie à son sujet. Les descendants de la famille Poincaré n'ont pas conservé une mémoire très vive sur sa vie, si ce n'est qu'elle fut successivement la sœur, l'épouse et la mère *de*… La sœur d'Henri Poincaré, l'épouse du philosophe Émile Boutroux et la mère du mathématicien et philosophe Pierre Boutroux. L'enquête biographique dévoile d'ailleurs qu'elle semble avoir vécu une bonne partie de sa vie par procuration en tant qu'épouse d'un des philosophes les plus influents de la fin du XIXe siècle (ses rares publications sont parfois signées « Madame Émile Boutroux », comme le veut l'usage de l'époque). De manière fort significative, le journal d'Aline Boutroux s'arrête d'ailleurs au moment de sa rencontre avec son futur mari, qu'elle épousera le 9 octobre 1878. Cependant, de sa vie après cette date on ne connaît que des bribes que l'on ne peut reconstruire qu'à partir de rares sources, le plus souvent indirectes.

La correspondance de Poincaré atteste de la relation très forte qu'il entretenait avec sa sœur dans sa jeunesse : en 1873, Poincaré quitte Nancy pour commencer ses études à l'École polytechnique. Jusqu'en 1878, il échange régulièrement des lettres avec sa famille, principalement avec sa mère et avec sa sœur, plus rarement avec son père[30]. Les lettres échangées avec Aline laissent transparaître une relation très intime

30. De cette période des études, on conserve plus de 300 lettres familiales. Paradoxalement, la famille Poincaré n'a conservé que les lettres envoyées par Poincaré à sa famille. En revanche, les lettres reçues par le mathématicien ne semblent pas avoir été conservées.

avec sa sœur : Poincaré est un grand frère attentionné, qui se soucie de l'éducation scientifique de sa sœur et de son bonheur ; il deviendra très vite un ami intime d'Émile Boutroux avant de tisser des relations intellectuelles continues avec lui : c'est ainsi Boutroux qui introduira Poincaré dans son cercle philosophique dans les années 1880 et qui l'associera à l'édition de *La monadologie* de Leibniz[31], c'est encore lui qui recommandera le nom de son beau-frère en 1893 à Xavier Léon et Élie Halévy lorsque ceux-ci chercheront des scientifiques de renom susceptibles de collaborer à la *Revue de métaphysique et de morale* qu'ils sont alors en train de fonder[32]. Les traces d'échanges entre les deux hommes sont très nombreuses et témoignent de relations suivies entre les familles Boutroux et Poincaré[33]. Les deux familles vivaient à Paris et se côtoyaient donc souvent. Elles passaient également une partie de leurs vacances d'été ensemble en Lorraine, à Longuyon et Remenoncourt, en compagnie des familles Haller et Comon[34].

Au-delà de ces traces familiales, Aline Boutroux se distinguera par la traduction en français de plusieurs ouvrages américains relevant des sciences politiques, une activité manifestement liée aux responsabilités internationales de son mari. Figure importante de la vie universitaire et intellectuelle parisienne, Émile Boutroux était en effet également doté d'une forte stature internationale. Dès la fin de ses études à l'École normale supérieure il avait fait un voyage d'études de plusieurs mois à Heidelberg durant lequel il avait pu suivre les cours d'Eduard Zeller et d'Hermann von Helmholtz, s'imprégnant ainsi du système universitaire allemand[35]. Après des débuts de carrière dans différents lycées de province et la soutenance d'une thèse très remarquée en 1874[36], il avait occupé différents postes de maître de conférences dans des villes universitaires puis il avait été nommé à l'École normale supérieure en 1878. Sept ans plus tard, il était nommé à la Sorbonne, où il devait faire l'essentiel de sa carrière. À ce poste il

31. Pour laquelle Poincaré écrira une courte note sur les principes de la mécanique chez Descartes et Leibniz [J.-H. Poincaré 1880].

32. Voir en particulier [P. Simon-Nahum 1991] ainsi que [S. Soulié 2009].

33. Les deux hommes seront même candidats la même année (1908) à l'Académie française. Poincaré sera finalement élu au fauteuil du poète Sully-Prudhomme. Émile Boutroux n'accèdera à l'Académie qu'en 1912, au fauteuil d'Hippolyte Langlois. Pour plus de détails sur les relations intellectuelles et privées entre Henri Poincaré et Émile Boutroux, voir surtout [M.-J. Nye 1979] et [L. Rollet 2000].

34. Pour plus de détails sur les familles Haller et Comon et leurs liens de parenté avec la famille Poincaré, voir le chapitre v du journal d'Aline Boutroux.

35. Sur ce voyage, cf. Archives nationales, dossier F/17/22028. Voir aussi [L. Rollet 2000].

36. Émile Boutroux, *De la contingence des lois de la nature* [É. Boutroux 1874].

s'engagea fortement en faveur d'une politique d'ouverture de l'université parisienne vers l'étranger, notamment à travers les échanges de professeurs. En 1906, il alertait ainsi ses collègues dans une lettre ouverte publiée dans la *Revue internationale de l'enseignement* sur la nécessité de cette ouverture internationale, en mentionnant les échanges positifs en cours entre les universités allemandes et américaines[37].

À partir de 1909, Émile Boutroux fera de fréquents déplacements à l'étranger avec son épouse, notamment aux États-Unis, dans le cadre des premiers échanges entre la Sorbonne et les grandes universités américaines. En juin 1909, il sera ainsi invité par l'Université de Harvard pour donner plusieurs conférences de philosophie et un cours public. L'année suivante, en février, il retournera à Harvard en tant qu'invité personnel du philosophe William James. En septembre 1913, enfin, il sera invité à l'inauguration d'un nouveau collège universitaire à l'Université de Princeton[38]. Les activités de traduction d'Aline Boutroux s'alimenteront sans nul doute à ces échanges universitaires transatlantiques. De 1909 à sa mort elle traduira en effet en français quatre ouvrages consacrés aux États-Unis et aux relations internationales[39]. De manière significative, les auteurs de ces livres sont de très hauts responsables universitaires avec lesquels son mari avait noué des contacts lors de ses voyages aux États-Unis ou dans le cadre de ses activités de représentation pour la Fondation Thiers (qu'il présidera de 1902 à sa mort)[40]. Deux de ces ouvrages

37. [É. Boutroux 1906]. Concernant les relations internationales des professeurs de la Sorbonne, cf. [C. Charle 1994].

38. Toutes ses visites seront très médiatisées et trouveront un écho dans la grande presse américaine. Le *New York Times* rendra ainsi compte de chacun des voyages universitaires de Boutroux, tout comme de la parution de son ouvrage sur William James, publié un an après sa mort [E. Boutroux 1911].

39. Dans l'ordre chronologique : Nicholas Murray Butler, *Les Américains* [N.-M. Butler 1909] ; David Jayne Hill, *L'État moderne et l'organisation internationale* [D.-J. Hill 1912] ; John Huston Finley, *Les Français au cœur de l'Amérique* [J.-H. Finley 1916] ; David Jayne Hill, *La crise de la démocratie aux États-Unis* [D.-J. Hill 1918].

40. Nicholas Murray Butler (1862-1947) était à la fois un philosophe, un diplomate et un pédagogue. Il fut pendant 43 ans (1902-1945) président de l'Université de Columbia et devait obtenir le prix Nobel de la paix en 1931. David Jayne Hill (1850-1932) fut à la fois diplomate et historien. Francophile, il avait passé plusieurs années en France pour y étudier le droit international et la diplomatie ; il avait été président de l'Université de Rochester (État de New York) et avait été notamment ambassadeur des États-Unis en Suisse, aux Pays-Bas et en Allemagne. Il fut par ailleurs membre du tribunal international de La Hague. John Huston Finley (1863-1940) avait été professeur de sciences politiques à l'Université de Princeton avant de devenir président de l'Université de New York (1903-1913) puis recteur de l'État de New York ; il avait passé plusieurs mois à la Sorbonne en tant que professeur invité.

seront d'ailleurs préfacés par son mari. Dans un tout autre style, le nom d'Aline Boutroux est également associé à un ouvrage d'Alice Chavannes, *Poèmes et chants du foyer*, pour lequel elle rédigera une préface et qui ne sera publié que bien après sa mort, en 1923[41].

Ces traductions fournissent des indices précieux sur les réseaux de sociabilité et d'amitié qu'elle a pu tisser au cours de sa vie. Une fois encore, devant le peu de traces qu'elle a laissées on en est réduit à reconstruire ce réseau social à partir de celui de son mari. Émile Boutroux évolua bien évidemment au sein des cercles universitaires parisiens, un microcosme très resserré où tout le monde se connaît et se côtoie. Il est encore d'usage de tenir salon et d'échanger de nombreuses invitations. Au sein de cette bourgeoisie universitaire, les contacts avec les milieux politiques sont très fréquents, *a fortiori* lorsqu'on est associé par son mariage à la famille Poincaré. À l'École normale supérieure, Boutroux a noué des amitiés profondes avec des camarades de promotion qui dépassent les cercles littéraires et philosophiques (le philosophe Louis Liard, mais aussi l'astronome Benjamin Baillaud ou le mathématicien Jules Tannery)[42]. Sa thèse *Sur la contingence des lois de la nature*, fortement marquée par le spiritualisme de Félix Ravaisson et par la philosophie de Jules Lachelier, constitue une critique métaphysique du déterminisme scientifique mais elle témoigne également d'une ouverture très grande sur le développement des sciences ; de fait, toute sa vie Boutroux entretiendra des relations avec la communauté scientifique, qu'il côtoiera d'ailleurs régulièrement au sein de l'Institut[43]. Très catholique, proche des milieux conservateurs, fortement patriote, Boutroux demeurera cependant un républicain et durant l'Affaire Dreyfus il affichera une position plutôt modérée en signant en 1999 l'Appel à l'Union, une pétition légaliste et neutraliste initiée par les membres de l'Institut et demandant à la fois le respect des formes et le respect de l'armée et de la nation[44].

On trouve donc dans l'entourage proche des Boutroux à la fois des personnalités religieuses (tel le pasteur Émile Doumergue), de nombreux philosophes – dont

41. Alice Chavannes, *Poèmes et chants du foyer, morceaux choisis en vue de la diction et de la récréation en famille* [A. Chavannes 1923].

42. [M.-J. Nye 1979]. Tous trois sont de la promotion 1866, Boutroux étant lui de la promotion 1865.

43. Il est élu membre de l'Académie des sciences morales et politiques en 1898.

44. Henri et Raymond Poincaré signeront également cette pétition. Sur le positionnement politique et religieux de Boutroux, cf. l'article de Joël Revill [J. Revill 2009]. Sur l'Appel à l'Union, voir [L. Rollet 1999].

beaucoup ont été formés par lui[45] – des savants (Paul Appell, Joseph Bertrand, Henri Poincaré, Sophie Kowalevski[46]) mais aussi des personnalités du monde militaire, comme le général Gérald Pau[47].

La lecture du journal d'Aline Boutroux permet de découvrir une femme profondément marquée, comme toute une génération, par la guerre de 1870. Désireuse d'inscrire sa démarche d'écriture dans une perspective patriotique (rappeler à ses enfants la grandeur de la France), elle a des mots très durs pour le Second Empire et notamment pour ses élites militaires, incapables de sauvegarder le prestige de la France. La Première Guerre mondiale lui fournira l'occasion de mettre son patriotisme à l'épreuve.

Au début de la guerre, Émile Boutroux s'engage publiquement en réagissant contre le *Manifeste des 93*. Publié en Allemagne le 4 octobre 1914, cet *Appel des intellectuels allemands aux nations civilisées* était une protestation de 93 intellectuels allemands contre les accusations d'exactions qui avaient été lancées contre l'armée allemande après l'invasion de la Belgique. Dans une longue lettre publiée dans la *Revue des deux mondes*, sous le titre « L'Allemagne et la guerre », Boutroux proposera une critique philosophique et métaphysique de cet appel en appelant la nation allemande à

> remonter jusqu'au carrefour où elle se trouvait encore avant 1870, et [à s'engager], cette fois, dans l'autre voie, celle des Leibniz, des Kant [...] celle qui, d'abord, va vers la liberté des individus et des peuples et qui se dirige ensuite, seulement ensuite, vers une forme d'accord et d'harmonie où sont respectés, à titre égal, les droits de tous[48].

Aline Boutroux s'investira pour sa part dans l'aide aux blessés de guerre et sera une actrice importante de la mobilisation des femmes. Son engagement semble

---

45. Citons notamment : Henri Bergson, Jean Jaurès, Maurice Blondel, Gaston Milhaud, Gustave Belot, Frédéric Rauh, H. Delacroix, Xavier Léon, Victor Delbos, Léon Brunschvicg, Louis Couturat, André Lalande, Octave Hamelin ou Édouard Le Roy.

46. Aline Boutroux évoque, au chapitre IX de son journal, une profonde amitié avec la mathématicienne, qu'elle rencontre probablement à Paris en 1882 par l'intermédiaire de son frère.

47. On lira dans le journal d'Aline Boutroux le récit de sa relation très empathique – et peut-être quelque peu fantasmée – avec la sœur du général Pau, Marie-Edmée Pau. Notons, qu'Émile Boutroux donnera en 1898 un cours à l'École spéciale militaire de Saint-Cyr sur les devoirs militaires [E. Boutroux 1899].

48. [E. Boutroux 1914], p. 402. De larges extraits de ce texte seront reproduits en 1915 dans l'ouvrage de Gabriel Langlois, *L'Allemagne barbare* [G. Langlois 1915].

lié à ses relations avec la famille du mathématicien Paul Appell. Ami et collègue d'Henri Poincaré, Appell avait épousé en 1881 une nièce des mathématiciens Joseph Bertrand et Charles Hermite, par ailleurs cousine du mathématicien Émile Picard. De cette union devaient naître trois filles, parmi lesquelles Marguerite Appell (1883-1869), qui épousa en 1901 le mathématicien Émile Borel (1871-1956). Femme de lettres reconnue (sous le pseudonyme de Camille Marbo), lauréate du prix Fémina en 1913 pour son livre *La statue voilée*, elle tenait un salon scientifique et littéraire très important et elle avait créé en 1906 avec son mari la *Revue du mois* qui exerça une profonde influence sur la communauté intellectuelle avant 1914. Au début de la guerre, Paul Appell avait créé le Secours national, un organisme chargé d'apporter de l'aide aux militaires, à leurs femmes ainsi qu'aux populations civiles victimes de la guerre. Camille Marbo, quant à elle était parvenue, avec l'appui de ses réseaux, à faire installer dans les locaux de l'École normale supérieure un hôpital auxiliaire et en avait été nommé directrice (Émile Borel était alors directeur adjoint de l'École). Durant la guerre elle devait mobiliser de nombreux soutiens pour en assurer le fonctionnement, faisant notamment appel à la générosité des anciens normaliens. Cette mobilisation s'inscrivait dans un contexte où les femmes étaient appelées à remplacer les hommes partis au front. Dès le mois d'août 1914, le Président du Conseil des ministres René Viviani avait ainsi lancé un appel aux françaises pour leur demander de « remplacer sur le champ du travail ceux qui sont sur le champ de guerre[49] ». Or, en 1916, à en croire les souvenirs de Camille Marbo[50], les ministères se plaignaient du manque de compétence des rédactrices, copistes et dactylos appelées en remplacement des hommes et souhaitaient mettre en place un système de sélection et de tri. Aline Boutroux participa à cette entreprise.

L'idée de cette initiative semble avoir émergé au sein du ministère de la Guerre. En 1916, le mathématicien Paul Painlevé, qui est alors encore ministre de l'Instruction publique, fait part de cette idée à Camille Marbo de manière informelle. Celle-ci s'emparera de cette idée et fera jouer son réseau de relations. Elle demandera à Aline Boutroux d'accepter le titre de présidente d'un comité de dames qui s'occupera de vérifier les aptitudes des enrôlées afin de les distribuer dans les services nationaux. L'association sera créée à la mi-décembre 1916 ; un « Appel aux Françaises » sera publié dans la presse le 1er janvier 1917 et l'entreprise se poursuivra jusqu'à la fin de la guerre :

49. René Viviani, « Appel aux femmes françaises », 2 août 1914.

50. Nous renvoyons ici à son ouvrage, *À travers deux siècles, souvenirs et rencontres (1883-1967)* [C. Marbo 1968].

> Le comité qui vient de se constituer sous le nom du « Comité pour l'enrôlement volontaire des Françaises au service de la patrie » a déjà réuni 1 500 adhésions. Ce comité appelle toutes les Françaises à s'inscrire, selon leur aptitude et le temps dont elles disposent, dans des catégories d'emplois déterminés pour le jour où la France aura besoin d'elles. Ont pris l'initiative de ce mouvement et se sont réunies sous la présidence de Mme Émile Boutroux : Mmes Émile Borel, Hubert Bourgin, Charles Chenu, Hollebecque, Julien Koechlin, Léon Rosenthal, Horace Weill-Raynal. On peut envoyer les adhésions à Mme Émile Borel, au secrétariat provisoire, 45 rue d'Ulm, à Paris[51].

Outre cet engagement en faveur de la mobilisation des femmes, Aline Boutroux prendra également la direction d'un hôpital au sein de la Fondation Thiers (dirigée par son mari). Cette structure HA 61, placée sous les auspices de la Croix rouge française, fonctionnera jusqu'à la fin de la guerre. Cet investissement lui vaudra la médaille d'argent de la Reconnaissance française. Comme Camille Marbo, Aline Boutroux passera une grande partie de la guerre à solliciter des soutiens financiers. Son hôpital sera ainsi le bénéficiaire du prix de 1 500 Francs qui avait été décerné à John Finley par l'Institut pour son ouvrage *Les français au cœur de l'Amérique* (et dont elle avait assuré la traduction en français). Elle succombera à une attaque le 31 octobre 1919, à l'âge de 63 ans.

Les traces laissées par Aline Boutroux sont donc bien maigres. Pour autant qu'on puisse en juger, sa vie fut largement rythmée par les activités professionnelles de son mari. Bien qu'issue d'un milieu très ouvert et cultivé, et malgré une volonté très nette d'émancipation (son journal atteste de ce désir de liberté et de sa volonté d'exercer une activité professionnelle), sa vie semble s'être déroulée, comme celle de bien des femmes de son époque, dans l'ombre de son mari, de sa famille et de son frère. De son union avec Émile Boutroux devaient naître trois enfants, deux filles et un garçon : Suzanne (1879-1929), Pierre (1880-1922) et Louise Boutroux (1881-1973).

---

51. « Appel aux Françaises », *Le Figaro*, 1er janvier 1917, p. 3. Camille Marbo écrira ainsi dans ses souvenirs : « Forte du nom de Mme Boutroux, de l'approbation du président Poincaré, de celle du ministère, de l'appui de Mgr Amette, bien disposé depuis la création du Secours national, j'ai tôt fait de grouper un Comité directeur féminin. Mgr Amette m'envoie trois dames, bien pensantes, d'extrême-droite. En plus, j'ai trois bourgeoises centristes, trois femmes de gauche, trois d'extrême-gauche. Des catholiques, des protestantes, des libres penseuses, des juives. » [C. Marbo 1968], p. 168.

Suzanne épousera le peintre, architecte et critique d'art Alfred Pichon (1877-1918) et mènera une carrière de peintre paysagiste ; normalien et agrégé de Lettres, Pichon avait été en charge d'un cours de littérature française à Milan, professeur dans différents de lycées de province avant d'être nommé à Paris au lycée Janson-de-Sailly. Durant la guerre, il sera affecté dans les Services de santé en tant qu'officier d'administration et il mourra d'une maladie contractée en service le 9 août 1918.

Louise Boutroux épousera quant à elle Pierre Villey-Desmeserets (1880-1933), éditeur des *Essais* de Montaigne. Devenu aveugle à 4 ans, Villey-Desmeserets avait néanmoins poursuivi de brillantes études à Paris. Normalien et agrégé de lettres classiques, il avait été pensionnaire de la Fondation Thiers, se retrouvant ainsi sous le patronage d'Émile Boutroux, son directeur[52]. Il fera une carrière universitaire à Clermont-Ferrand puis à Caen et il se dévouera toute sa vie pour la cause des mal-voyants. Il mourra en 1933 dans un accident de train.

L'œuvre de Pierre Boutroux est peut-être plus connue aujourd'hui que celle de son père. Après des études de mathématiques à la Sorbonne, il soutient en 1903 une thèse *Sur quelques propriétés des fonctions entières* devant un jury présidé par Paul Appell. Il occupera plusieurs postes de maître de conférences dans des Facultés des sciences de province (dont celle de Nancy en 1909-1910), il sera nommé en 1911 professeur de calcul différentiel et intégral à la Faculté de Poitiers. En 1913-1914, il est mis à disposition du ministère des Affaires étrangères pour être envoyé à l'Université de Princeton. Présent aux États-Unis au début de la guerre, il reviendra en France pour y être mobilisé en qualité d'interprète-stagiaire à l'État-major militaire[53]. Il ne passera que peu de temps au front et sera finalement réformé. Il demandera néanmoins à continuer son travail à l'État-major en tant que volontaire. Après la guerre il retournera pour un an à Princeton avant d'être nommé en 1920 sur la chaire d'histoire des sciences au Collège de France. Auteur de plusieurs ouvrages d'histoire des sciences et d'épistémologie, ses livres les plus connus sont probablement *Les principes de l'analyse mathématique* (1914) et *L'idéal scientifique des mathématiciens* (1920), pour lequel il obtiendra le prix Saintour de l'Académie des sciences[54]. Il sera également un acteur essentiel de l'édition des *Œuvres* de Pascal.

52. Comme on le verra ensuite, les familles Poincaré, Boutroux, et Villey-Desmeserets, se côtoyaient en réalité depuis assez longtemps (sans nul doute depuis les années 1870).

53. Archives nationales, dossier de carrière de Pierre Boutroux, F/17/25714.

54. [P. Boutroux 1914-1919], [P. Boutroux 1920]. Il participera également à l'ouvrage dédié à l'œuvre de son oncle : *Henri Poincaré – l'œuvre scientifique, l'œuvre philosophique* [P. Boutroux, J. Hadamard, P. Langevin et V. Volterra 1914].

Il décédera brutalement le 25 juin 1922, quelques mois après son père (mort le 22 décembre 1921) et sans laisser de descendance[55].

La famille Poincaré

Comme nous l'avons indiqué, s'il semble avoir eu le souci de sa carrière et de la promotion de ses travaux, Poincaré a écrit très peu de documents susceptibles d'éclairer les biographes sur sa psychologie et sur sa vie intime et familiale. La seule source disponible est donc – outre les témoignages de ses contemporains et sa correspondance – le journal de souvenirs de sa sœur. Que nous apprend-t-il et en quoi est-il important ?

Lorsqu'il a été exploité, les auteurs se sont surtout focalisés sur certains épisodes de ce récit qui venaient conforter l'image qu'ils se faisaient de Poincaré en insistant sur la naissance de sa vocation scientifique. Sa vie de savant, d'académicien, de « génie », était donc déjà là dès ses premières années et comme programmée inéluctablement. Cette vision téléologique était en parfaite adéquation avec la volonté d'édification du lecteur. De ce point de vue, le journal n'échappait pas à ce travers, typique du genre biographique[56].

Mais, on peut envisager une autre exploitation de ce document. Au-delà d'une évocation vivante de la jeunesse de Poincaré, ce récit – empathique, subjectif et forcément rétrospectif – peut se prêter à une lecture décentrée, gauchie, périphérique.

55. Très proche de la famille Appell, il semble néanmoins avoir courtisé Marguerite Appell avant son mariage avec Émile Borel. Celle-ci écrit dans ses mémoires : « Je connaissais un "attachement romanesque" avec Pierre Boutroux, fils du philosophe Émile Boutroux, neveu des Poincaré, de cinq ou six ans plus âgé que moi. Il était pâle et fin, d'apparence délicate, remarquablement sensible. Je causais sérieusement avec lui pendant les soirées dansantes ; il détestait la danse. Mes parents l'invitèrent avec ses sœurs ; j'allai dans sa famille. Plusieurs fois, le soir, dans ma chambre, au papier et aux rideaux semés de grosses roses bleues, je me demandai : "Est-ce que je l'aime d'amour ?" Je le souhaitais, pensant qu'il était bon de devenir amoureuse, mais je n'éprouvai aucun élan passionné. Malgré mon incroyable ignorance, je sentais que, sur le plan physique, notre mariage serait un échec. » [C. Marbo 1968], p. 60.

56. Nous n'entrerons pas ici dans le détail des débats concernant le genre biographique en histoire des sciences et les difficultés que l'entreprise comporte. Nous renvoyons, sur ce point, à l'ouvrage collectif que nous avons dirigé avec Philippe Nabonnand, *Les uns et les autres… Biographie et prosopographie en histoire des sciences* [L. Rollet et P. Nabonnand 2012], en particulier à l'article très éclairant d'Hélène Gispert « L'entreprise biographique à l'épreuve : écueil, défis, atouts du cas d'Émile Borel ».

À notre sens, son intérêt essentiel se situe plutôt dans les interstices, c'est-à-dire dans les passages où Henri Poincaré est à peine évoqué. En effet, ce journal apporte des informations essentielles sur sa famille, son milieu social, sa formation et son éducation. Il permet de reconstituer son environnement relationnel et de le replacer sur la toile de fond institutionnelle, culturelle, sociale et politique des années 1860-1870, marquées par de profonds bouleversements (parmi lesquels la guerre franco prussienne n'est pas le moindre). Il offre la possibilité de comprendre la contingence de son parcours de vie et les espaces de liberté dont il put disposer par rapport aux contraintes de son époque. En un mot, il constitue un outil essentiel pour l'élaboration d'une biographie intellectuelle.

À ce titre la description dressée par Aline Boutroux de son entourage familial est des plus intéressantes.

La famille Poincaré a des origines lorraines très anciennes. Le père de Poincaré, Émile Léon (1828-1892) naît à Nancy le 16 août 1828. Jacques Nicolas (1794-1865), son père, est pharmacien en vieille ville. Il est originaire de Neufchâteau, dans les Vosges, où se situent les racines de la famille[57]. Léon Poincaré est le cadet d'une fratrie de trois enfants : sa sœur Clémence (1823-1902) épousera Théodore Magnien (1817-1892), un pharmacien nancéien, et son frère Nicolas-Antonin Poincaré (1825-1911) fera une brillante carrière d'ingénieur hydrographe dans la Meuse ; de son union avec Marie-Nanine Ficatier-Gillon (1838-1913) naîtront deux frères aux destins remarquables : Raymond (1860-1934), futur président de la République, et Lucien (1862-1920), futur recteur de l'Université de Paris.

Le père d'Émile Poincaré souhaitait le voir reprendre la pharmacie familiale mais celui-ci était surtout désireux de se consacrer à la médecine. Contre l'avis de son père, et après avoir fait ses humanités au lycée de Nancy, il entre en 1848 à l'Hôpital militaire d'instruction de Metz en tant que major de promotion. Il y passe deux années et termine ensuite en deux ans ses études à la Faculté de médecine de Paris où il soutient en juillet 1852 une thèse intitulée *De l'ophtalmie purulente des nouveau-nés*. De retour à Nancy il débute une carrière de médecin libéral tout en exerçant des fonctions médico-sociales (bureau de bienfaisance de la ville, service de vaccination) et d'enseignement. En 1853, il se marie avec Eugénie Launois (1830 1897) ; fille d'un riche propriétaire terrien d'Arrancy (Meuse), celle-ci a été élevée dans la tradition monarchiste. De cette union naîtront Henri en 1854 et Aline en 1856.

57. Son grand-père, Jean Nicolas (1770-1850) y exerçait la profession de marchand de bois. Sur les origines de la famille Poincaré, il existe une littérature abondante : cf. [C. Croix 1935], [E. Hinzelin 1913], [E. Hinzelin 1929], [P. Richelet 1953] et [F. Poincaré 1994].

En 1854, Léon Poincaré est nommé chef des travaux anatomiques à l'École préparatoire de médecine et de pharmacie de Nancy. En 1858, il devient professeur adjoint d'anatomie et physiologie, poste qu'il occupera jusqu'en 1872. Suite à la guerre de 1870 et à l'annexion de l'Alsace-Lorraine, l'Université de Nancy bénéficie du transfèrement de la Faculté de médecine de Strasbourg et Léon Poincaré se voit alors nommé professeur adjoint de physiologie. Il y terminera sa carrière comme professeur d'hygiène (nommé en 1879). Partagé entre son cabinet et ses activités d'enseignement, Léon Poincaré mènera également des travaux de recherche dans différents domaines : il publiera en effet un grand nombre d'articles, mémoires et ouvrages sur le diabète, le magnétisme animal ou la thyroïde. Son ouvrage majeur est probablement ses *Leçons sur la physiologie normale et pathologique du système nerveux*[58]. À partir des années 1870, il oriente ses travaux vers l'hygiène, investissant tout autant les grands congrès nationaux et internationaux que la sphère locale : il sera ainsi membre du Conseil central d'hygiène de la Meurthe, il organisera un laboratoire d'étude de la toxicité de certains produits industriels et s'intéressera tout particulièrement à la médecine du travail, allant même jusqu'à organiser des visites d'usines pour ses étudiants. Dans son *Traité d'hygiène industrielle*[59] il dressera par ailleurs un état exhaustif pour l'époque des risques encourus dans l'exercice de nombreuses professions. Il sera par ailleurs conseiller municipal, membre (1862) puis président (1876-1877) de l'Académie de Stanislas et membre-correspondant de l'Académie de médecine. Il décède en 1892 des suites d'une grave blessure à la tête causée par une chute lors d'une visite de l'Etna en Sicile[60].

Léon Poincaré fait donc partie de l'élite locale et bénéficie d'un solide réseau de sociabilité. Le journal d'Aline Boutroux donne à voir ce réseau à travers une description très vivante de ses ramifications familiales, amicales et professionnelles. Du côté de la famille Poincaré, son frère Antonin est un brillant ingénieur formé à l'École polytechnique, ami du chimiste Clément-Georges Lemoine et du mathématicien Edmond Laguerre. Républicain, il refusera de prêter allégeance à l'Empire en 1852

58. [L. Poincaré 1873-1874].

59. [L. Poincaré 1886].

60. Sur la vie et l'œuvre de Léon Poincaré, on consultera la notice nécrologique d'Hippolyte Bernheim [H. Bernheim 1892], la courte notice d'Éric Salf [E. Salf 2000] ainsi que l'article de Jean-Sébastien Joly et de J.-P. Grillat [J.-S. Joly et J.-P. Grillat 2001]. Par ailleurs, deux thèses de doctorat de médecine lui ont été consacrées : Rémy Drouelle, *Léon Poincaré (1828-1892), sa vie, son œuvre en hygiène industrielle et en médecine du travail* [R. Drouelle 1986] et Jean-Sébastien Joly, *Léon Poincaré (1828-1892), un nom célèbre, une œuvre oubliée* [J.-S. Joly 2000].

et constituera, semble-t-il, un modèle pour le jeune Poincaré (et un contact utile durant ses études à l'École polytechnique).

Dans la branche des Launois, le grand-oncle d'Henri Poincaré, Auguste-Gaspar (1806-1886) a été formé à l'École militaire de Saint-Cyr (1824) et a pris part à la campagne d'Alger en 1830 ; ingénieur civil en Algérie dans la ville de Bône en 1838, il sera également député de l'Assemblée constituante en 1848. On trouve également l'oncle Adrien (1842-1917). Officier, également formé à Saint-Cyr (1862), il sera fait prisonnier en 1870 et il tentera ensuite d'exploiter le domaine familial d'Arrancy. Face à l'échec de cette aventure agricole, il terminera sa carrière comme receveur des impôts. Un autre oncle d'Henri Poincaré, Charles Comon (1825-1897) sera à la fois médecin, maire de Longuyon (Meurthe) et membre du Conseil départemental de l'Instruction publique.

Dans l'entourage proche de la famille Poincaré à Nancy, on trouve également la famille Xardel ; tout comme Léon Poincaré, Jean Pierre Romain Xardel est médecin et enseigne à l'École préparatoire de médecine ; l'un de ses fils, Paul, sera un ami très proche d'Henri Poincaré au lycée de Nancy et fera carrière dans l'armée après des études à Saint-Cyr. Il terminera sa carrière comme général. Le journal d'Aline Boutroux relate aussi son amitié avec Sophie Forthomme et Marie Renard, toutes deux filles de professeurs de la Faculté des sciences. Le père de Sophie Forthomme, Camille Forthomme (1821-1884) est normalien (1843) et a été professeur de physique au lycée de Nancy durant de nombreuses années avant d'obtenir la chaire de chimie de la faculté en 1869. Figure bien connue des milieux intellectuels nancéiens, il sera membre du conseil municipal et parrainera la candidature de Léon Poincaré à l'Académie de Stanislas en 1862. Nicolas Renard (1823-1880), également normalien, occupera quant à lui la chaire de mathématiques pures et appliquées puis celle de mathématiques appliquées ; il se distinguera par des travaux de physique mathématique consacrés à l'étude des phénomènes électriques et magnétiques sous l'hypothèse d'un seul fluide électrique. Une amitié profonde semble lier les trois familles et il n'est pas anodin de noter que ce sont ces deux universitaires qui évalueront la candidature de Poincaré lorsqu'il passera son baccalauréat ès sciences. Enfin, on compte parmi les proches de la famille Poincaré, la famille de l'historien Alfred Rambaud (1842-1905), spécialiste de la Russie, fondateur du journal anticlérical *Le progrès de l'est* et futur ministre de l'Instruction publique, ainsi que la famille de Jules Rinck, un riche commerçant de draps nancéien dont le fils Élie sera un ami très proche d'Henri Poincaré (tous deux se côtoieront à l'École polytechnique).

C'est donc au sein de cet entourage très privilégié que Poincaré passera sa jeunesse. Dans la bonne société nancéienne, il est d'usage de participer aux œuvres de bienfaisance, d'assister aux offices religieux et aux cours publics donnés par les professeurs de l'université. On tient également salon, occasion privilégiée de tisser des liens amicaux et professionnels et de se détendre. Opéra, théâtre, lecture de poésies, cours de danse et de piano, whist et bouts rimés sont quelques-unes des activités privilégiées dans ce milieu culturel provincial. Elles rythmeront la jeunesse du futur mathématicien, tout comme les voyages à l'étranger, activité favorite de son père durant les vacances.

Les réseaux de relations de la famille Poincaré

La description de l'entourage de la famille et de son milieu culturel – dont nous ne donnons ici qu'un aperçu sommaire en regard de la richesse de détails du journal d'Aline Boutroux – pourrait sembler quelque peu anecdotique d'un point de vue sociologique. Issu de la bourgeoisie universitaire de province, Poincaré n'est-il pas le produit de son temps et de son milieu ? Pouvait-on imaginer un autre parcours scolaire et universitaire que le sien ? Sa trajectoire de vie et de carrière ne semble-elle pas correspondre en tous points à l'idéal-type de la reproduction sociale des élites[61] ? S'il n'était pas allé à l'École polytechnique, il aurait certainement choisi, comme son ami Paul Appell, l'École normale supérieure et, d'ailleurs, le récit d'Aline Boutroux donne des détails précis sur les hésitations de la famille entre la voie polytechnicienne et la voie normalienne.

Pour autant, la reconstitution précise de ces réseaux de sociabilité et la confrontation des différentes sources disponibles (notices biographiques, journal d'Aline Boutroux, correspondance, documents d'archives) révèlent de manière très nette l'importance déterminante de ces relations pour la formation et la carrière de Poincaré et permettent d'ouvrir quelques pistes pour des recherches biographiques futures. Nous nous contenterons ici d'analyser les cas d'Amédée de Margerie, d'Alfred Rambaud, d'Edmond Villey-Desmeserets et d'Auguste Calinon. Ces quatre acteurs n'ont pas le même statut. Les deux premiers apparaissent à plusieurs reprises dans le journal ; en revanche, Edmond Villey-Desmeserets n'est cité qu'une seule fois dans un passage apparemment anecdotique et Auguste Calinon, quant à lui, n'est même pas explicitement cité. Ces quatre exemples permettront de mettre en lumière des grilles de lecture complémentaires sur différents aspects de la jeunesse de Poincaré.

Le cas d'Amédée de Margerie ouvre probablement des pistes de recherche sur la formation philosophique de Poincaré. Le passage de Poincaré au lycée de Nancy est largement décrit et on dispose de plusieurs témoignages de professeurs attestant de

61. Son fils, Léon Poincaré (1893-1972) sera lui-même polytechnicien (promotion 1913).

ses qualités précoces. Il fait ses études secondaires à une période charnière : le système de la bifurcation mis en place en 1852 par Hippolyte Fortoul est supprimé et on en revient alors à l'unité de l'enseignement secondaire, couronné par la classe philosophie, dûment rétablie, et par le baccalauréat ès lettres[62]. Après le cycle complet d'études littéraires, un cours particulier de mathématiques élémentaires doit donc conduire les jeunes élèves au baccalauréat ès sciences[63]. Contrairement aux usages, selon le récit d'Aline Boutroux, Poincaré décide de préparer la partie philosophique du baccalauréat par lui-même en prenant des leçons privées. En août 1871, il passe donc son baccalauréat ès lettres qu'il obtient avec la mention Bien. Trois mois plus tard il est candidat au baccalauréat ès sciences. Il souhaitait le passer dans la foulée du baccalauréat ès lettres mais ses examinateurs avaient insisté pour qu'il bénéficie d'une préparation spéciale. Il n'obtient que la mention Assez Bien, en raison d'un zéro dans l'une des compositions scientifiques. Cette note est éliminatoire et semble pourtant bénéficier d'un passe-droit. Une telle mesure de faveur pourrait sembler étonnante mais s'explique facilement à la lecture du journal d'Aline Boutroux : un des rôles dévolus aux universités à cette époque est l'organisation du baccalauréat et les examinateurs de Poincaré pour le baccalauréat scientifique ne sont autres que Camille

62. Depuis la réforme Fortoul de 1852, l'enseignement secondaire était organisé suivant 3 divisions. La division élémentaire (classes de 8e et de 7e) était centrée sur l'histoire de la religion, les grammaires latine et française, la géographie, les mathématiques et l'apprentissage d'une langue étrangère. Après avoir passé un examen, les élèves pouvaient ensuite être orientés vers la division de grammaire, qui allait de la 6e à la 4e ; elle était centrée sur l'enseignement du Latin, du Français, de la grammaire grecque, de la géographie et de l'histoire, des mathématiques et d'une langue vivante. Les classes de grammaire formaient un ensemble complet et étaient destinées à donner une solide culture aux élèves qui ne pouvaient pas poursuivre au-delà. À la fin de la 4e, les élèves subissaient un examen qui amenait leur ventilation dans une des deux catégories de la division supérieure, suivant ainsi le système de la bifurcation. Ces catégories permettaient de préparer deux baccalauréats différents mais d'égale valeur. L'option « sciences » préparait au baccalauréat ès sciences et s'adressait surtout aux élèves qui désiraient entrer dans les écoles spéciales – comme, par exemple, l'École forestière de Nancy – qui se destinaient à une carrière industrielle ou commerciale ou qui envisageaient d'intégrer une faculté des sciences ou une faculté de médecine. L'option « humanités classiques » préparait au baccalauréat ès lettres et s'adressait aux élèves désireux de faire des études de lettres ou de médecine. Dans les deux cas, après les classes de 3e et de 2nde, l'enseignement s'articulait autour de la classe de rhétorique et de la classe de logique (l'ancienne classe de philosophie avait été supprimée par Fortoul).

63. Pour une étude détaillée du système de la bifurcation, nous renvoyons aux travaux de Maurice Gontard [M. Gontard 1972], et surtout à ceux de Nicole Hulin, notamment [N. Hulin 1982] et [N. Hulin 1986].

Forthomme et Nicolas Renard, grands amis de la famille Poincaré qui connaissent fort bien la valeur du candidat. Dans le même ordre d'idée, il peut paraître étonnant que, contrairement à l'usage, Poincaré ne fasse pas sa classe de philosophie et passe le baccalauréat ès lettres directement après sa classe de rhétorique en ayant préparé la partie philosophique de l'examen à l'aide leçons privées. Si l'on ne connaît pas le nom de ce précepteur, le journal d'Aline Boutroux permet tout au moins de faire une hypothèse plausible. Lorsque Poincaré passe son baccalauréat, le professeur de philosophie du lycée est Jean-Baptiste Dupond, un ancien élève de l'École normale supérieure (promotion 1842), qui ne semble pas entretenir la moindre relation avec la famille Poincaré. Cependant, le titulaire de la chaire de philosophie à la Faculté des lettres est Amédée de Margerie (1825-1905). D'un point de vue philosophique il est proche des courants spiritualistes représentés par Elme Caro ou Léon Ollé-Laprune ; il est de plus influencé par les doctrines thomistes et opposé au scepticisme de Kant[64]. Membre de l'Académie de Stanislas depuis 1857 – il en assurera la présidence dans les années 1865-1866 – c'est une personnalité bien connue de la vie nancéienne. C'est aussi un défenseur acharné de la monarchie et de la tradition catholique, deux causes qu'il a l'occasion de défendre au sein du conseil municipal de la ville. De Margerie évolue dans les mêmes cercles académiques et politiques que le père de Poincaré et les deux familles se connaissent. Son fils Antonin de Margerie a le même âge qu'Aline Boutroux et il côtoiera Henri Poincaré au lycée puis à l'École polytechnique[65]. Bien que le journal d'Aline Boutroux dresse un portrait peu flatteur d'Amédée de Margerie, les traces de ces relations entre les deux familles donnent quelque crédit à l'hypothèse d'une formation philosophique du jeune Poincaré sous sa responsabilité ; c'est d'ailleurs devant lui qu'il passera son examen de philosophie, pour laquelle il obtiendra la note de 2 sur 5 (à cette époque il s'agit d'une épreuve orale portant sur l'ensemble du programme)[66].

---

64. Outre plusieurs ouvrages de philosophie morale (*De la famille, leçons de philosophie morale* [A. de Margerie 1860]) et un traité de théodicée (*Théodicée, étude sur Dieu, la création et la providence* [A. de Margerie 1865]), de Margerie sera le directeur de la revue catholique *La quinzaine : revue littéraire, artistique et scientifique* de 1894 à 1907.

65. Après ses études à l'École polytechnique, Antonin de Margerie (1856-1914) intégrera le corps de l'Artillerie et finira sa carrière avec le grade colonel.

66. On pourrait ainsi être tenté de voir, dans cette citation de Paul Appell, une évocation en creux (et plutôt critique) des travaux de théodicée d'Amédée de Margerie. Son récit se situe au moment où il devient ami avec Poincaré, en classes de mathématiques spéciales au lycée de Nancy : « Dans nos promenades, nous parlions aussi, comme on peut le penser, de nos études, des problèmes posés par notre professeur, des généralisations qu'on pouvait leur apporter, des solutions fournies par la

Autres noms, autres pistes biographiques à explorer. Le cas d'Alfred Rambaud (1842-1905) est à ce titre des plus intéressants pour analyser les débuts de carrière de Poincaré. Originaire de Besançon, Rambaud avait fait ses études à l'École normale supérieure (promotion 1861) et après avoir obtenu son agrégation il avait commencé sa carrière d'enseignant comme professeur divisionnaire d'histoire au lycée de Nancy (1864-1865). Après plusieurs années passées ensuite en Alsace, il avait obtenu un poste de chargé de cours (1871) puis de professeur (1873) à la Faculté des lettres de Caen. La carrière de Rambaud le ramène vers la Faculté des lettres de Nancy en 1876, après deux longs voyages d'étude en Russie, d'abord comme suppléant (1876-1878) puis comme titulaire de la chaire d'histoire et de géographie (1879). Il sera cependant très vite appelé par Jules Ferry pour devenir son chef de cabinet (1879-1881) ; il poursuivra ensuite sa carrière à la Sorbonne et sera lui-même ministre de l'Instruction publique dans le cabinet de Jules Méline en 1896-1898. Le journal d'Aline Boutroux évoque à de nombreuses reprises les liens d'amitiés très forts qui devaient unir l'historien à sa famille. La lecture de la correspondance de jeunesse de Poincaré permet en outre d'apprendre que lors de ses années d'études à Paris il rencontrait régulièrement l'historien et donnait très souvent de ses nouvelles à ses parents. Loin d'être anodine, cette proximité amicale entre les deux familles mériterait d'être approfondie, ne serait-ce qu'en raison du poids institutionnel de Rambaud dans l'organisation de l'enseignement supérieur dans les années 1880-1890 : lorsque Poincaré débute sa carrière dans l'enseignement supérieur, d'abord à Caen en 1879 (il est nommé chargé du cours de calcul différentiel et intégral) puis à Paris en 1881 il bénéficie avec Rambaud d'une oreille très attentive au ministère de l'Instruction publique. De plus ce dernier connaît bien la Faculté de lettres de Caen (il y a été en poste durant trois ans) et il y dispose de nombreux relais professionnels et amicaux[67].

géométrie. La recherche des solutions géométriques est une tradition qui disparaît sous l'abus du calcul ; et, cependant, pour développer l'intelligence et l'initiative, rien ne vaut la vue directe des choses. Il nous arrivait quelquefois de philosopher : Poincaré souriait doucement de la psychologie et de la théodicée naïves qu'on enseignait alors en vue du baccalauréat. Je me souviens également de longues conversations sur les raisons scientifiques et philosophiques de croire à l'existence de la vie dans d'autres planètes. » [P. Appell 1925], p. 23.

67. Poincaré échangera par ailleurs plusieurs lettres avec Alfred Rambaud lorsque celui-ci sera ministre de l'Instruction publique. Cette correspondance concerne principalement le financement de l'entreprise du Répertoire bibliographique des sciences mathématiques qu'il dirigera de 1885 à sa mort. Pour plus de détails sur l'histoire de cette bibliographie, voir [L. Rollet et P. Nabonnand 2002] et [P. Nabonnand et L. Rollet 2003].

Alfred Rambaud n'est pas le seul relais politique qui a pu bénéficier à Poincaré au début de sa carrière. Les parents de Poincaré entretiennent des relations très amicales avec plusieurs députés et sénateurs lorrains, notamment Jean-Eugène Billy, Jules Develle et Auguste Bernard. Ceux-ci, apporteront un soutien de poids à Poincaré au début de sa carrière, en 1879. Auguste Bernard, en particulier, semble avoir été un intime de la famille Poincaré et on retrouve de nombreuses traces de sa mobilisation en faveur du jeune mathématicien : c'est par exemple grâce à son intervention auprès du ministère de Travaux publics qu'il parviendra à lui éviter une première nomination comme ingénieur des mines en Algérie ; il sollicitera également le ministère de l'Instruction publique pour recommander chaudement son protégé pour un poste universitaire à Paris en 1881[68].

Une troisième piste biographique pourrait être celle constituée par le cas de l'économiste Edmond Villey-Desmeserets (1848-1924). Son nom apparaît de manière très imprécise (« M. Villey ») dans un court passage où Aline Boutroux évoque une soirée théâtrale organisée dans le cercle familial vers 1872. Comme nous l'avons indiqué précédemment, Louise Boutroux, une des filles d'Aline et d'Émile Boutroux, devait épouser Pierre Villey-Desmeserets, son fils, vers 1900 et il est devenu commun de mentionner les liens familiaux entre les familles Villey-Desmeserets, Poincaré et Boutroux à compter de ce mariage. Cependant, la référence, même rapide, à une relation intime avec Edmond Villey-Desmeserets dans les années 1870 oblige à revoir cette chronologie. À cette époque, celui-ci est un jeune agrégé de droit qui débute sa carrière à la Faculté de droit de Nancy comme chargé de cours de droit criminel. Il partira ensuite en 1875 vers la Faculté de Caen pour y occuper la chaire d'économie politique. Originaire de Caen, Villey-Desmeserets n'arrive pas en terre inconnue et une analyse rapide du contexte académique local permet de voir autour de quelles personnes il a pu graviter avant son départ vers Nancy : Émile Boutroux, qui a commencé sa carrière au lycée de Caen en 1871 et qui y reste jusqu'en 1873 ; Alfred Rambaud, professeur d'histoire à la Faculté des lettres durant les mêmes années, et dont Aline Boutroux nous apprend qu'il rencontre Émile Boutroux à cette époque ; Jules Tannery, professeur de mathématiques au lycée de Caen de 1871 à 1873 et ami d'Émile Boutroux. De plus, lorsque quelques années plus tard, en 1879, Poincaré prendra ses fonctions comme chargé de cours à la Faculté des sciences de Caen il aura l'occasion de côtoyer dans le cadre de ses activités pédagogiques et administratives, non seulement Edmond

68. Sur Auguste Bernard et les autres soutiens politiques de la famille Poincaré voir le chapitre XXVI. Pour en savoir plus sur les débuts de carrière de Poincaré comme ingénieur des mines, voir notre article « De l'Algérie à Vesoul : Henri Poincaré ingénieur des mines » [L. ROLLET 2010].

Villey-Desmeserets, mais aussi Jules Tannery et, surtout, le frère d'Émile Boutroux, le chimiste Léon Boutroux (1851-1921)[69]. S'il semble difficile d'affirmer l'existence d'un réseau de sociabilité dûment constitué entre tous ces individus, il paraît cependant difficile de ne pas en tenir compte lorsqu'on porte son attention sur les débuts de carrière de Poincaré et que l'on essaye de poser les bases d'une biographie intellectuelle du mathématicien[70].

Une dernière piste biographique peut nous être fournie par le cas d'Auguste Calinon. À deux reprises Aline Boutroux fait référence à un jeune diplômé de l'École polytechnique qui en 1874 commence une carrière dans le Génie. Bien qu'elle ne cite son nom à aucun moment les détails qu'elle fournit permettent d'avoir la certitude qu'il s'agit bien de Calinon. Dans son premier récit, elle raconte les circonstances de leur rencontre en 1874 lors d'un voyage familial au Hohwald, à l'occasion d'une soirée dansante. Il lui est présenté par Poincaré qui est alors étudiant à l'École polytechnique et qui voyage avec lui. Tous deux semblent donc bien se connaître. Vers la fin de son journal, elle revient rapidement sur cette rencontre dans un passage où elle évoque son amour naissant pour Émile Boutroux. Elle raconte notamment qu'en 1878 ses parents devaient recevoir la demande en mariage d'un jeune ingénieur attaché aux forges de Pompey (un important centre industriel situé non loin de Nancy). Si l'on ne dispose que de peu d'informations biographiques sur son parcours, on sait cependant qu'après avoir passé quelques années dans l'armée comme ingénieur militaire Calinon s'est tourné vers le monde industriel et qu'il occupe alors un poste à Pompey. Pour la famille Poincaré, Calinon constitue sans nul doute un bon parti. Son parcours ultérieur ne fera que le confirmer : de 1889 à 1895 il sera chef du service commercial des Aciéries de Longwy, à Mont-Saint-Martin ; il poursuivra ensuite sa carrière à Paris, devenant le directeur gérant du dépôt des forges de la Providence[71].

69. Dans les années 1879-1881, Poincaré et Jules Tannery, qui se connaissent déjà depuis quelque temps, se rencontrent périodiquement lors des jurys du baccalauréat à Caen. Quant à Léon Boutroux il commence sa carrière comme maître de conférences de chimie à Caen en 1879, en même temps que Poincaré. Il se fera connaître pour ses travaux sur la panification.

70. Et ces connexions informelles sont de première importance pour évaluer notamment l'émergence d'une pensée philosophique chez Poincaré : en effet, Émile Boutroux, Jules Tannery et Louis Liard (qui, hasard des parcours, est nommé recteur de l'Académie de Caen en 1880) partagent des vues communes sur les fondements de la science et leur pensée semble avoir exercé une influence non négligeable sur la pensée philosophique naissante de Poincaré. Sur ces questions, cf. [M.-J. Nye 1979] et [L. Rollet 2000].

71. On ne connaît pas la date exacte de sa mort mais il semble être décédé au début du siècle. Pour plus de détails sur la carrière d'Auguste Calinon, cf. [P.-L. Maubeuge 1975].

Si Calinon n'avait été qu'un simple ingénieur industriel lorrain, sa présence/absence dans l'entourage de la famille Poincaré ne prêterait guère à commentaire. Mais il se trouve, qu'il a également laissé derrière lui une œuvre scientifique et philosophique relativement importante. Il fait partie de cette catégorie de savants et ingénieurs qui, dans les années 1880-1890, contribuent à fonder un courant d'épistémologie à la française. Auteur de plusieurs études sur la mécanique et la géométrie, Calinon est de ces penseurs qui tentent à cette époque de fonder une mathématique philosophique, c'est-à-dire une discipline dans laquelle les méthodes et les appareillages classiques d'une théorie mathématique sont mises au service d'une problématique expressément épistémologique portant « sur les conditions de possibilité d'une théorie générale des déterminations de l'espace ». Il conçoit ainsi une *géométrie générale* comprenant toute géométrie possible et au sein de laquelle la géométrie euclidienne ne peut constituer qu'un cas particulier. Une telle géométrie devrait permettre, selon lui, d'invalider la thèse affirmant que la géométrie euclidienne est la seule véritable géométrie possible, sans pour autant mettre en cause l'idée que le privilège de la géométrie euclidienne est dû à des raisons empiriques. Connaissant les thèses philosophiques de Poincaré sur les géométries non euclidiennes il semble difficile de ne pas prendre en considération l'existence de relations entre les deux auteurs, et cela d'autant plus que tous deux échangèrent une correspondance en 1886[72].

On a souvent critiqué le genre biographique : sa propension à mettre en avant l'unité de l'individu, sa proximité avec les codes littéraires de la fiction, sa tentation hagiographique, son recours à un psychologisme facile constituent autant d'arguments pour afficher à son égard de sérieuses réserves. Ces difficultés sont encore redoublées face à un récit autobiographique tel que celui d'Aline Boutroux qui, par sa nature même, ne peut être que subjectif, empathique et partisan.

Doit-on pour autant le disqualifier ? Manifestement non. Les quatre pistes biographiques que nous venons rapidement d'évoquer justifient que l'on prenne au sérieux son récit : non seulement parce qu'il s'agit à peu près du seul témoignage biographique direct dont on dispose sur la jeunesse de Poincaré mais aussi parce

72. De cet échange subsistent deux lettres de Calinon à Poincaré, publiées dans [S. Walter, E. Bolmont et A. Coret 2007], p. 122-125. Ajoutons que Calinon était membre de la Société des sciences de Nancy, au sein de laquelle il côtoyait régulièrement la communauté universitaire locale. Ses principaux travaux sont : *Étude critique sur la mécanique* [A. Calinon 1885], « Les espaces géométriques » [A. Calinon 1889], *Étude sur la sphère, la ligne droite et le plan* [A. Calinon 1888], « Étude sur l'indétermination géométrique de l'univers » [A. Calinon 1893], *Étude sur les diverses grandeurs en mathématiques* [A. Calinon 1897]. Pour plus de détails sur l'œuvre de Calinon, cf. [M. Panza 1995].

que son analyse critique permet d'identifier des acteurs inédits dont les trajectoires tissent les mailles d'un réseau de pistes essentielles pour une biographie intellectuelle du mathématicien.

Présentation de l'ouvrage

Le texte d'Aline Boutroux est reproduit dans son intégralité. Pour compléter cet ouvrage, il nous a semblé utile d'y ajouter un autre texte inédit de Paul Xardel, *J'avais un ami : Henri Poincaré*[73], qui a lui aussi été utilisé dans plusieurs biographies de Poincaré. Il sera d'ailleurs intéressant de comparer ce récit avec celui d'Aline Boutroux.

Pour les notes éditoriales le parti-pris a été d'apporter des éclairages sur les personnes citées ou sur les événements relatés, en insistant tout particulièrement sur la famille Poincaré, sur les élites nancéiennes et sur les événements liés à la guerre de 1870. On trouvera ainsi un grand nombre de précisions d'ordre généalogique qui, nous l'espérons, permettront de guider le lecteur au sein des familles Poincaré, Launois, Comon et Haller. Lorsque cela était possible (et nécessaire) nous avons proposé des liens vers d'autres documents (correspondance scientifique ou familiale, biographies, documents d'archives, etc.) susceptibles d'éclairer les événements décrits par Aline Boutroux.

Quelques rares fautes d'orthographe ont été corrigées. Cependant, les erreurs manifestes sur des dates, des noms ou des événements ont été conservées et ont fait l'objet de précisions éditoriales.

Certains noms ou épisodes ont malheureusement résisté à toutes les recherches mais nous espérons que d'autres parviendront plus tard à poursuivre ce travail.

Laurent ROLLET

73. [P. XARDEL 1913].

Remerciements

Cet ouvrage est le résultat de plusieurs années de recherche sur la vie et l'œuvre d'Henri Poincaré. Il n'aurait jamais vu le jour sans le soutien sans failles du Laboratoire d'histoire des sciences et de philosophie – Archives Henri Poincaré et de la Maison des sciences de l'Homme Lorraine.

Il a largement bénéficié des échanges fructueux avec mes collègues « Poincarophiles » au premier rang desquels Jules Henri Greber, Gerhard Heinzmann, Caroline Jullien, Philippe Nabonnand, Martina Schiavon et Scott Walter.

Je remercie chaleureusement Madame Christine Blondel, Monsieur Jacques Comon, Monsieur et Madame François Poincaré ainsi que Madame Agnès Thill d'avoir donné leur accord pour la publication du manuscrit d'Aline Boutroux. J'ose espérer, qu'après un trop long oubli, son journal suscitera de nouvelles recherches et de nouvelles vocations.

Je suis enfin très reconnaissant à Madame Nicole Cadène pour ses éclairantes remarques au sujet des relations entre Aline Boutroux et Marie-Edmée Pau.

Il va cependant de soi que je reste le seul responsable des éventuelles erreurs et approximations.

La maison natale d'Henri Poincaré à Nancy

Les parents d'Aline et d'Henri Poincaré : Léon et Eugénie Poincaré

Henri Poincaré à sept ans

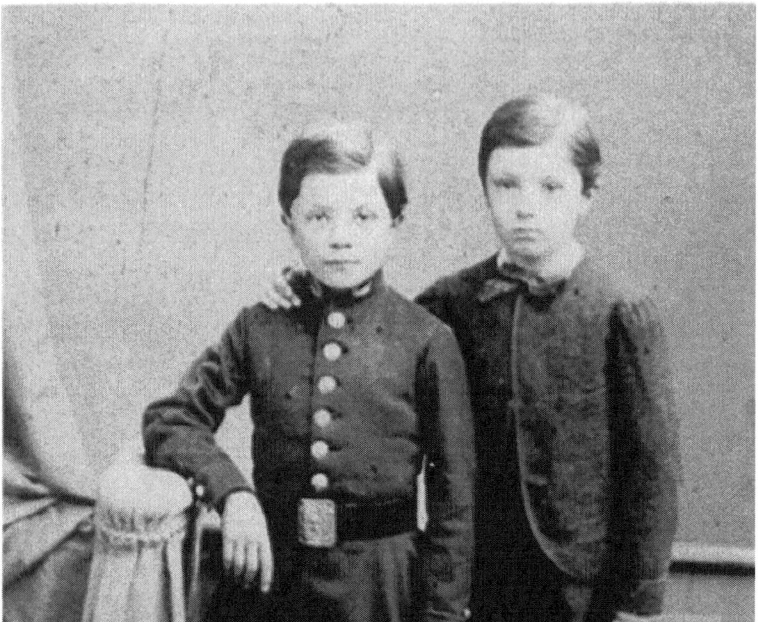

Henri Poincaré (à droite) et son cousin Louis Comon

Henri Poincaré vers 1874 (en uniforme de polytechnicien)

Eugénie Poincaré en 1895

Une réunion de famille à Remenoncourt en 1907 :
Émile Boutroux est au premier plan au centre gauche, Aline Boutroux est au premier plan à droite à côté de l'homme portant la barbe (Adrien Launois), Henri Poincaré est à l'arrière-plan à droite

Un repas de famille en 1908 à Longuyon :
Henri Poincaré et Émile Boutroux sont côte à côte au premier plan ;
on distingue le visage d'Aline Boutroux au second plan au centre

Vingt ans de ma vie, simple vérité

Aline Boutroux

Dédicace

Je dédie ces cahiers à ceux qui ne sont plus, et à ceux qui ne sont pas encore.

Les premiers, s'ils me voient écrire, sont témoins que j'en ai pesé chaque mot avec un grand souci d'exactitude et d'objectivité. S'il m'est arrivé de me tromper, c'est sans le vouloir, et je leur en demande pardon. En ce qui me concerne, j'ai cherché à considérer du dehors, sans vaine complaisance pour mes qualités ou pour mes défauts ; et j'ai tâché de ne m'attribuer que ma place légitime dans les événements que je relatais.

Durant le demi-siècle que j'ai déjà vécu, j'ai vu le monde se transformer. Ce n'est pas seulement la science qui a fait des progrès gigantesques et qui, par la suite, a complètement changé les conditions de la vie humaine. Ce sont encore les idées morales qui se sont profondément modifiées. Que seront demain la famille et la société ? C'est ce que nul ne pourrait dire.

C'est pourquoi je me sens moins à l'aise pour parler à ceux qui ne sont pas encore, et dont je ne puis prévoir ni le genre de vie, ni les idées.

Pourtant il faut bien que, d'une façon ou d'une autre, l'avenir se rattache au passé.

Je laisse ceci à mes arrière-petits-fils à la seule condition de ne pas le brûler. Je ne leur demande pas de le lire ; mais d'autres viendront après eux que cela pourra peut-être intéresser, simplement parce que ce sera très vieux.

Ce n'est pas sans émotion que je travaille ainsi pour la postérité. Je me sens un tout petit chaînon, dans une longue chaîne, dont les deux extrémités plongent dans l'inconnu ; et je m'étonne de mon audace. Tant d'autres petits chaînons de la même chaîne ont disparu sans parler d'eux-mêmes ! Quelques-uns d'entre eux ont été des héros, des martyrs peut-être, et ils sont rentrés modestement dans l'oubli. Pourquoi donc aurais-je la prétention de laisser ma trace là où ils ont dédaigné d'imprimer la leur ? Cette tentative, d'ailleurs, est sans doute téméraire : l'attention des hommes est de plus en plus distraite par ce qui se passe au dehors ; les causes de destruction sont toujours plus nombreuses ; l'encre et le papier ne sont plus faits pour durer ; de plus en plus nomades, les familles émigrent constamment de maison en maison et de ville en ville ; à chaque déménagement on se débarrasse de quelques vieilleries poussiéreuses ; moi-même, dans ma lutte contre l'encombrement, n'ai-je pas perdu ou détruit par mégarde de précieux documents qui m'avaient été légués et auxquels je tenais passionnément ? De quel droit engagerais-je mes descendants à être plus soigneux et respectueux que moi ?

Quoi qu'il en soit, à mes petits-fils et à leur postérité, je confie ces feuilles que j'ai maculées d'encre pour eux.

J'ai encore un mot à dire : parmi les souvenirs que j'ai enregistrés ici, il y en a un qui domine tous les autres, qui semble avoir coupé ma vie en deux : avant et après, et qui pèsera jusqu'au bout sur mes derniers jours.

La France a été une grande nation. Quand je suis née elle était l'arbitre de l'Europe ; son armée était la première du monde ; la cour impériale, bien qu'elle ne fût qu'une cour de parvenus, était le rendez-vous de tous les souverains. Quand je la quitterai, la France, je le sais bien maintenant, n'aura pas reconquis sa situation d'alors, et les conséquences de la guerre de 1870-71 n'auront pas encore fini de se dérouler.

Je tiens à dire à mes petits-fils combien j'ai aimé la France et combien j'ai souffert de sa défaite et de sa déchéance. Qu'ils y pensent toujours. Qu'ils mettent la grandeur de la patrie au-dessus de leurs intérêts personnels, au-dessus même du progrès social. La France a été faite par le patriotisme : elle ne peut être conservée que par le patriotisme. Or l'humanité toute entière a intérêt à ce que le France se conserve, parce que c'est sur son sol généreux qu'ont toujours germé les grandes pensées. On construirait des chemins de fer toujours plus rapides, des maisons toujours plus hautes, des canons portant toujours plus loin ; le monde se couvrirait d'hôtels confortables où, en payant très cher, on pourrait avoir un maximum de luxe et de bien-être sans rien abdiquer de son indépendance. On gagnerait beaucoup d'argent et on en dépenserait beaucoup, mais cela sans goût, sans harmonie, sans idéal, sans amour !

Travaillez, mes enfants, à refaire la grande France afin que, pour le bien universel, se conserve la douce France.

Et quand vous y aurez réussi, songez qu'il y a au ciel, si toutefois le ciel existe encore, une ancêtre qui pleure des larmes de joie, si toutefois elle a encore des yeux.

Avril-mai 1913

I.
Première enfance – Première maison[1]

Au plus loin que puissent remonter mes souvenirs, j'aperçois la grande pièce où s'écoulaient nos journées. C'était la chambre à coucher de nos parents. Mais, selon une mode alors usitée, le lit s'y dissimulait dans une alcôve. Le jour, c'était donc un salon, dans lequel on devait voir traîner à toute heure nos jouets et nos livres d'images. Les grands fauteuils de velours vert, que nos parents avaient achetés en se mariant pour y asseoir les visites, avaient vite été transformés par nous en voitures, en wagons de chemin de fer, en lits de camps et en chaires à prêcher. Quand une vieille cousine désœuvrée venait encore y passer une heure ou deux, à raconter indéfiniment des choses ennuyeuses, nous la considérions comme une intruse.

Les enfants qui sont élevés dans des *nurseries* nues et ripolinées, chauffées par un calorifère, éclairées par l'électricité et gouvernées par de sèches Anglaises ne connaîtront jamais, le bien-être que nous éprouvions près des clairs feux de bois qui flambaient du matin au soir dans la cheminée. Quand nous rentrions de promenade, on nous asseyait tous deux dans le même fauteuil pour y réchauffer nos petits pieds. Et nos yeux étudiaient en détail le trumeau vaporeux et fumeux qui surmontait la glace et où un berger rose jouait éternellement de la flûte à l'ombre d'arbres géants ; ou bien ils s'arrêtaient sur la grave Sapho, qui méditait sur la pendule.

Nous aimions aussi le cercle lumineux projeté par l'abat-jour vert de la lampe, et dans lequel nos têtes se réunissaient pour la soirée. Maman abandonnait l'embrasure de la fenêtre et transportait son ouvrage près de la lampe. Henri et moi, nous étions l'un contre l'autre, jouant aux mêmes jeux, regardant les mêmes images. Et nous savions bien que maman était là pour nous, et que c'était pour nous également que papa était absent et qu'au lieu de jouir avec nous de la clarté du feu et de la clarté de la lampe, il allait sous la pluie et la neige, de porte en porte, de lit de douleur en lit de douleur. Je crois que les enfants de médecin sucent avec le lait cette idée qu'on n'est pas au monde pour soi, mais pour les autres.

Nous étions des êtres très heureux. Sans doute, je me rappelle avoir éprouvé, quand je marchais à peine, un léger mouvement d'humiliation et d'envie. Henri, mon aîné de deux ans, était un enfant si prodigieusement intelligent, si prodigieusement doux et charmant ! On se rappelait ses premiers gestes, ses premiers mots,

1. [Note d'Aline Boutroux]. Novembre 1912.

ses premières réflexions. Maman les redisait à Julie, la bonne, et Julie les redisait à maman :

– « Vous rappelez-vous, Madame, quand il avait son manteau de velours bleu ? Je l'ai mené à la Pépinière ; un Monsieur s'est arrêté pour l'admirer et il a dit : “Oh ! Le bel enfant !” Et notre Riri a pris le parapluie du Monsieur et il a dit “pâpi”. Il n'avait que huit mois, Madame…

– Et quand on l'a sorti le soir, à neuf mois, et qu'il a vu le ciel plein d'étoiles ; il les montrait une à une et il criait : “Aco l'o là-bas ! Aco l'o là-bas !”. Vous souvenez-vous, Julie ? »

De moi on ne se rappelait rien, on ne racontait rien. Mais j'eus bien vite fait mon affaire d'admirer, moi aussi, ce frère exceptionnel que m'avait donné la nature, et de l'admirer seulement plus que les autres. En cela, du moins, je serais la première.

***

Mais mes souvenirs s'échappent maintenant de cette pièce préférée, et je revois la salle à manger qui lui était contiguë. De toutes les bonnes choses que j'y ai certainement absorbées, je ne me rappelle que d'une dose d'huile de ricin qui me fut ordonnée pendant ma coqueluche. Encore n'est-ce pas son goût rance qui me revient à la bouche, mais la satisfaction de l'avoir avalée jusqu'au bout, avec un courage dont maman me louait.

Dans le fond de la salle à manger se dissimulait une seconde alcôve qui servait au besoin de chambre d'amis. Cette alcôve était très souvent occupée par mes tantes campagnardes qui, à chaque renouvellement de saison, se faisaient habiller et coiffer à Nancy, et qui venaient périodiquement se mettre entre les mains du dentiste.

Plus loin, je revois la chambre où nous avions nos deux petits lits, Henri et moi, et il me semble voir encore le soleil et l'ombre se jouer sur mon édredon blanc, le matin où l'on m'annonça que je venais d'avoir quatre ans. Je me considérai dès lors comme un personnage important. Le rôle que je jouais à cette époque excusait cette fierté puérile, car, de cadette que j'étais, j'étais subitement devenue l'aînée.

Henri s'était réveillé un jour avec la diphtérie[2]. Il avait cinq ans et j'en avais trois.

On m'envoya passer cette première journée dans un couvent voisin, dont mon père était le médecin adoré. Nous y allions souvent pour une heure ou deux, et les

---

2. La diphtérie avait très souvent des conséquences fatales avant le développement du premier vaccin en 1923 par Gaston Ramon. Le bacille diphtérique détermine une fausse membrane sur les amygdales et la sécrétion d'une toxine neurotrope qui entraîne des paralysies de la déglutition, des yeux, du diaphragme puis des membres.

bonnes sœurs ne savaient qu'inventer pour nous amuser. Elles nous promenaient dans le grand jardin aux allées droites bordées de dahlias ; elles nous fabriquaient des poupées, des bateaux et des soufflets en papier. Mais, ce jour-là, quand elles eurent épuisé tous leurs talents, je commençai à trouver le temps long. Sœur Philomène, toute souriante sous sa cornette, m'exhortait à la patience. Tout à coup elle se mit à me serrer avec tant d'effusion que je crus que mon pauvre Henri était mort. Je savais déjà vaguement ce que c'était que la mort. Je me rappelais une grande cousine de huit ans qui m'avait aidée à faire mes premiers pas dans la rue, et qui avait brusquement disparu. On m'avait dit qu'elle était maintenant un petit ange dans le ciel. Et j'avais vu sa mère[3] dans le crêpe et les larmes. Je ne voulais pas que mon frère disparût ; je ne voulais pas qu'il fût un *ange* du ciel, et je pleurais, je pleurais ! Sœur Philomène en profitait pour me témoigner des trésors d'affection, jusque-là inemployés, inavoués, et peut-être inconscients.

Quand la nuit tomba – et elle tombe vite, en hiver – Sœur Philomène me reconduisit à la maison, mais elle monta tout droit jusqu'au second étage, qu'habitaient mes grands-parents. J'appris alors que j'étais leur pensionnaire pour quelques jours.

Ces jours – ils furent combien, je ne saurais le dire – me firent l'effet d'un long supplice. Tout enfant qui se voit brusquement expulsé de la maison paternelle doit éprouver le même malaise. Mais, pour moi, la chose se compliquait du voisinage du danger dont j'avais déjà une sensation très vive.

Pourtant l'épreuve prit fin et je retrouvai mon cher compagnon. Mais il était redevenu un tout petit enfant qui ne savait se servir ni de sa langue ni de ses membres. De son gosier sortait une sorte de glouglou qui n'avait rien de la parole articulée. Voyant que je ne le comprenais pas, il se fit un langage des signes à mon usage, et nos jeux continuèrent, lui dirigeant, moi exécutant. Un jour que le parquet était jonché de soldats rangés en bataille, un médecin, ami de mon père, vint pour voir Henri et lui demanda : « Qu'est-ce c'est que cela ? Comment cela s'appelle-t-il ? » Je répondis obligeamment : « C'est des soldats » et je ne compris pas pourquoi on me faisait taire.

Neuf mois s'écoulèrent avant que mon pauvre frère recouvrât la parole. La paralysie des jambes avait certainement cédé plus tôt. Mais, pendant des années, il resta maladroit, timide, craintif. Une sorte de vertige l'arrêtait quand il voulait descendre

3. Aline Boutroux fait référence à sa tante Clémence (ou Clémentine) Magnien (1823-1902) qui apparaît à plusieurs reprises dans cet ouvrage. Celle ci était la sœur aînée d'Antoni (1825-1911) et de Léon Poincaré (1828-1892). Elle s'était mariée avec Théodore Magnien et avait eu trois enfants. L'enfant dont il est question ici est Hélène Magnien, décédée à l'âge de huit ans. Voir également le chapitre IV.

une marche d'escalier et ma petite main suffisait à le rassurer. Nous n'allions jamais l'un sans l'autre, et je croyais être brave parce que j'avais du courage pour deux.

Je me rappelle qu'un an ou deux après la diphtérie d'Henri nous fûmes invités à passer l'après-midi avec beaucoup d'autres enfants dans un grand jardin. La plupart d'entre eux étaient des garçons plus âgés et plus forts que nous. Ils se moquèrent cruellement de la pusillanimité d'Henri et complotèrent de l'entraîner dans un kiosque et de l'y abandonner pour toute l'après-midi. Je ne fis pas d'objection ; mais dès qu'ils furent redescendus, j'aidai Henri à sortir de là pas à pas. En nous voyant paraître sur la pelouse, les méchants enfants se mirent à crier à la trahison et se précipitèrent sur nous avec des gestes menaçants. Sans savoir qui ils visaient, j'étendis les bras en croix et me plaçai devant mon frère pour le protéger, ce qui suffit, d'ailleurs, à les désarmer. J'en ai toujours voulu à Élie Rinck[4] qui était le meneur de la bande.

Pourtant, le souvenir de cet acte héroïque, et de quelques autres semblables, me monta à la tête ensuite. Je m'imaginais que j'étais marquée pour les grands dévouements. Je ne désespérais pas d'imiter Jeanne d'Arc, dont, bien jeune encore, j'avais connu l'histoire par Henri, et pour laquelle, en ma qualité de petite Lorraine, j'avais un véritable culte. Je crois bien que c'est à l'exemple de Jeanne d'Arc que je dus d'avoir, avant même de savoir lire, un amour passionné pour ma grande et ma petite patrie : la France et la Lorraine. J'avais déjà le sommeil capricieux, à cette époque ; et les soirs où j'avais peine à m'endormir, j'avais pris l'habitude de me raconter des histoires. C'étaient, invariablement, le récit des actes d'héroïsme et de bravoure que j'accomplissais au milieu de circonstances diverses, soit au profit de mon frère,

---

4. *Élie* Rinck (1853-1897) fut un ami très proche d'Henri Poincaré. Ses parents, négociants en draps et en broderies à Nancy, étaient très riches et entretenaient des liens réguliers avec la famille Poincaré (cf. chapitre VII). Né le 12 mai 1853 à Nancy, Élie Rinck devait précéder Poincaré d'un an à l'École polytechnique (promotion 1872). Sorti 52e sur 202 élèves, il s'orienta vers une carrière militaire. Après deux années d'études à l'École d'application de l'artillerie et du génie de Fontainebleau, il fut nommé lieutenant du 13e régiment d'artillerie en octobre 1876, puis capitaine en août 1881. Il suivit les cours de l'École de guerre de 1881 à 1883 et il fut nommé professeur adjoint du cours d'artillerie à Fontainebleau en 1884. Il participa à la campagne d'Algérie de 1890 à 1893. Il en revint avec une santé très fragile et il poursuivit sa carrière comme chef d'escadron, major du 11e régiment d'artillerie (juillet 1894) puis en tant que directeur de l'instruction militaire des élèves de l'École polytechnique en 1897. Il se maria en février 1878 avec Clotilde Louise *Pauline* Dorvault, dont il n'eut, semble-t-il, pas d'enfants. Il fut nommé chevalier de la Légion d'Honneur en 1892 (Archives nationales, LH/2333/16). Il mourut en service commandé le 17 mars 1897. Pour plus de détails on consultera son dossier militaire, conservé aux Archives de l'armée de terre au Château de Vincennes, 5yf 97395.

soit au profit de ma patrie. La gloire trop facile dont je me couvrais ainsi devait développer en moi un orgueil peu ordinaire, dont il m'a fallu rabattre, petit à petit.

Je n'avais alors aucun sens du mysticisme de Jeanne d'Arc, mais je m'imaginais qu'avec de l'enthousiasme, de la volonté, de la bravoure et une conscience pure, on pouvait faire des miracles. Plus tard, vers l'époque de ma première communion, j'ai cru, à la lettre, aux voix de Jeanne. Alors je suis restée à genoux, immobile, dans l'espoir que le ciel allait me parler. Mais j'avais beau m'isoler au fond d'un bosquet, croiser les bras et attendre, je n'entendais que le bourdonnement des insectes et le frémissement presque imperceptible des feuilles. Et j'ai commencé à douter de ma vocation.

***

J'ai parlé des pièces où notre vie s'écoulait principalement ; mais l'appartement de mes parents s'était agrandi à ma naissance d'un second corps de logis, situé entre deux cours, avec des fenêtres sur la rue Saint-Pierre (aujourd'hui rue de Guise). Là se trouvait le cabinet de consultations de papa, grande pièce un peu triste qui nous impressionnait, d'abord parce que nous n'y pénétrions que rarement, et ensuite parce que nous devinions que la misère humaine venait s'y étaler tous les jours, d'une heure à trois. À un angle de la pièce était un cabinet noir, qui servait de débarras, et où, entre autre choses, se trouvait un squelette complet. Avant de passer devant la porte, même fermée, de ce macabre cabinet, Henri venait prudemment me chercher, et c'est en nous donnant la main que nous affrontions le squelette. Pour me rassurer, je faisais un raisonnement bien simple : « Cet homme est bien mort, donc il ne peut nous faire aucun mal. »

Dans le second corps de logis se trouvaient aussi la salle d'attente et une grande pièce humide et délabrée qui servait à mon père de laboratoire. Il faisait à cette époque des études sur le diabète[5] et sur le goitre exophtalmique[6]. Je ne sais pour

5. Léon Poincaré devait lui-même être atteint de diabète à la fin de sa vie. Ses premiers travaux datent du début des années 1860 et portent sur l'origine de l'amidon animal [L. Poincaré 1862], sur le mode d'action du bulbe dans la production du diabète ([L. Poincaré 1863], [L. Poincaré 1864]) ainsi que sur l'examen des excrétions chez les diabétiques [L. Poincaré 1863].

6. *Goitre* est un terme générique donné à toutes les hypertrophies de la glande thyroïde sans préjuger de leur origine. Le goitre exophtalmique est une maladie portant plusieurs appellations (maladie de Graves, maladie de Basedow, thyrcotoxicose). Elle a pour conséquence le développement d'une hyperthyroïdie. Léon Poincaré consacra plusieurs études à l'histoire de cette maladie. Voir ainsi *Documents pour servir à l'histoire de la thyroïde* [L. Poincaré 1870] et *Contribution à l'histoire de la thyroïde* [L. Poincaré 1877].

laquelle de ces deux maladies il avait inventé une expérience très impressionnante. Maman s'affublait d'un affreux masque de cuivre rouge, auquel s'abouchait, à la place du nez, un long tuyau de caoutchouc qui, après avoir traversé un seau d'eau, allait porter la respiration de maman je ne sais où. Maman se prêtait à cette expérience avec son inaltérable bonne grâce ; et elle y représentait certainement un sujet sain, car elle se portait à merveille. Comment maman, tout en nous consacrant tout son temps, trouvait-elle encore moyen de copier chaque soir 25 à 30 pages pour la leçon quotidienne de papa à l'École de médecine[7] ? C'est un problème. Son activité souriante, son dévouement si simple et si continu m'émeuvent profondément, quand j'y repense.

***

Chaque hiver nous avions l'un et l'autre une ou deux maladies contagieuses. Papa, malgré ses précautions, nous rapportait toujours quelques microbes dans ses poches : les rougeoles, les coqueluches, les fièvres scarlatines se succédaient rapidement chez nous.

C'était le bon temps. Nous adorions avoir des maladies contagieuses, parce que cela faisait fuir les importuns. On mettait nos deux petits lits côte à côte dans la chambre de Maman, et nous jouissions de notre vie de pestiférés. Nous pouvions, du matin au soir, nous raconter mutuellement des histoires et jouer à tous les jeux que nous suggérait notre imagination. Ah ! Les bonnes convalescences à deux, où l'on reste au chaud, où l'on ne mange pas beaucoup, mais de si bon appétit ! Où on laisse paresseusement se refaire son corps tandis que la tête voyage, et où les cérémonies de la toilette sont réduites au minimum ! Henri était particulièrement sensible à ce dernier avantage. Il avait une telle horreur de la multiplication des boutons, qu'il avait inventé un costume complet que l'on pouvait mettre et ôter en tirant un bout de ficelle. Malheureusement, son plan d'habillage instantané ne fut jamais exécuté, et on ne pourra jamais savoir s'il était réalisable.

7. En 1840, par ordonnance royale, Nancy, comme plusieurs autres villes françaises, avait bénéficié de la création d'une École préparatoire de médecine et de pharmacie. Celle-ci ne commença à fonctionner qu'en 1843. C'est en son sein que Léon Poincaré fit une grande partie de sa carrière d'enseignant, en tant que professeur adjoint. Après la défaite de 1870, la ville parvint à se doter d'une faculté de médecine, grâce au transfèrement de la Faculté de médecine de Strasbourg. Léon Poincaré continua donc sa carrière dans cette nouvelle faculté à partir de 1872, d'abord en tant que professeur adjoint, puis en 1880 en tant que professeur d'hygiène.

Au sortir d'une de ces douces convalescences (je pouvais avoir quatre ou cinq ans), Maman me fit un petit sermon qui eût pu me dégoûter de l'étude pour toute ma vie. Prenant un air de gravité inaccoutumée, elle me fit observer que j'étais grande, que la vie sérieuse allait commencer, qu'il ne s'agissait plus de jouer mais bien d'apprendre à lire. Ce sermon me fut désagréable comme un reproche que je n'aurais pas mérité. En réalité ce n'était qu'une introduction un peu trop solennelle au B A BA traditionnel. Or il se trouva que je lisais déjà couramment et que Maman n'avait plus rien à faire. Henri, d'un petit lit à l'autre, m'avait appris à lire dans nos livres d'images d'Épinal. Comment s'y était-il pris. Il ne s'en souvenait pas plus que moi. Et ce n'était pas la dernière chose qu'il devait m'enseigner en jouant.

Je n'avais, certes, pas épelé. De là, dirait-on, put venir mon inaptitude marquée pour l'orthographe. Mais cette inaptitude a eu également pour cause les mauvaises habitudes que j'avais prises en écrivant, dès que j'avais su lire, des histoires de mon invention, avec une orthographe de hasard séparant ou amalgamant les mots selon ma fantaisie du moment. Henri était mon seul lecteur et il mettait à me lire une extrême bonne volonté, pour ne pas dire de la divination. Il mettait la même complaisance à écouter les histoires que je lui racontais, et à s'en amuser. Je me souviens de lui avoir fait, vers 1865 ou 1866, toute une série de récits burlesques où Bismarck jouait le principal rôle. Ah ! si les mésaventures ridicules que mon imagination désordonnée lui infligeait alors avaient pu nous venger d'avance de tout le mal qu'il devait nous faire !

J'étais profondément paresseuse. Abusant d'une certaine facilité qui me faisait illusion comme aux autres, j'avais la prétention de tout faire sans effort.

Mon premier maître fut, après Henri, M. Hinzelin[8], ami de mes parents et leur voisin jusqu'à ma naissance. M. Hinzelin était instituteur et devait devenir inspecteur primaire. Sa fille Marie avait l'âge d'Henri, son fils Émile était mon contemporain. Savant, mais assez superficiel, M. Hinzelin avait fait quelques petits livres excellents pour les écoles, notamment des manuels d'arithmétique. Mais il était aussi poète et beau parleur et prétendait être la science infuse.

8. Il s'agit d'Alphonse Hinzelin, auteur, entre autres ouvrages, d'une *Géographie historique, industrielle et statistique de la Meurthe* [A. Hinzelin 1857], d'un *Cours gradué de calcul* [A. Hinzelin 1860], d'un *Abrégé d'histoire de France* [A. Hinzelin 1868] ainsi que de vaudevilles et de mélodrames (notamment *Un filleul de l'Empereur, ou le Dimanche des Rameaux* [A. Hinzelin 1856]). Patriote lorrain, il écrivit de nombreux articles dans le journal *L'impartial*. La famille Hinzelin était très proche de la famille Poincaré et c'est d'ailleurs Alphonse Hinzelin qui signa, en tant que témoin, l'acte de naissance d'Henri Poincaré en 1854 (l'autre témoin étant Théodore Magnien qui apparaît à plusieurs reprises dans ce récit).

M. Hinzelin avait offert à nos parents de nous faire partager les leçons qu'il donnait à ses enfants. Ce furent d'abord Henri et Marie Hinzelin qui en profitèrent. Je crois bien que le bavardage encyclopédique du maître dut être endigué par le besoin de clarté et de méthode et par l'horreur de l'à-peu-près qui ont dominé Henri dès son enfance. Celui-ci puisa dans les connaissances de M. Hinzelin, comme il aurait puisé dans un dictionnaire, pour se faire une idée rationnelle du monde. M. Hinzelin comprit qu'il avait affaire à une intelligence d'élite et il prit un vrai plaisir à la développer. À la fin de la première année scolaire, il fit cadeau à son élève d'un petit cours complet d'histoire naturelle : cinq ou six gentils petits volumes reliés et contenus dans une petite boîte. Malheureusement, après examen, papa et maman retranchèrent de la collection le volume qui traitait de l'homme, et les autres volumes dansèrent désormais dans leur boîte, ce qui nous causa une grande déception.

Lorsque M. Hinzelin m'admit à mon tour à profiter de ses leçons, je ne savais rien que ce que j'avais appris en regardant autour de moi et en jouant avec Henri. Dans les jeux inédits que ce dernier imaginait sans cesse, nous avions vécu familièrement avec des animaux antédiluviens ; nous avions figuré les dieux de l'Olympe, les héros d'Homère, les rois et les reines de France ; nous avions voyagé sur les glaces du pôle, à travers les forêts vierges et les déserts : les complaisants fauteuils verts se faisaient à volonté pirogues, traîneaux, chameaux, voir même ichtyosaures. Mais tout cela ne constituait pas pour moi un savoir bien ordonné.

M. Hinzelin, je le crois bien, n'y ajouta pas grand-chose. Nous étions trois condisciples. Outre Émile Hinzelin, le futur romancier[9], poète et conférencier si cher à l'Alsace-Lorraine, il y avait Jeanne Rubin, la fille de notre professeur de piano. Mais, je ne sais pourquoi, M. Hinzelin me dispensait des devoirs écrits, et des leçons qu'il faisait apprendre aux autres. Très irrégulière, d'ailleurs, à cause de ma santé délicate, je suivais ses leçons en amateur. Je ne faisais guère que quelques petits problèmes et des compositions de style, parce que c'était ce que je devais faire le moins mal. Pour les problèmes, j'arrivais au but, mais par des chemins puérilement contournés ; et, pour le style, je me livrais à des écarts d'imagination qu'encourageait mon maître. Je prenais part aux dictées que l'on faisait pendant les leçons. Elles étaient généralement tirées d'un journal quotidien de Nancy, *L'Impartial*, et je soupçonnais M. Hinzelin de nous dicter ses propres articles. Ceux-ci tenaient de

9. Auteur prolifique, Émile Hinzelin (1858-1937) se fit surtout connaître pour ses ouvrages patriotiques sur l'Alsace-Lorraine. On citera ainsi *Chez Jeanne d'Arc* [É. Hinzelin 1904], les *Contes et légendes d'Alsace* [E. Hinzelin 1914] ainsi que *1914, histoire illustrée de la guerre du Droit* [É. Hinzelin 1916].

la nouvelle et du fait-divers et ils étaient toujours très édifiants. Je les émaillais de fautes d'orthographe ; mais pour ménager mon amour propre, M. Hinzelin n'en faisait jamais le compte total. Il se bornait à les corriger discrètement, d'un léger coup de crayon, sans les indiquer dans la marge. Cela n'empêchait pas les autres de se faire des gorges chaudes de mon orthographe. Un jour Émile Hinzelin me conseilla perfidement d'écrire *nez en moins* pour néanmoins.

La table de multiplication, que je ne savais pas réciter mécaniquement, était aussi pour moi un sujet de honte. « Combien font 9 fois 7 », me demandait Jeanne Rubin à brûle-pourpoint ; et elle se moquait de moi parce que je réfléchissais et comptais sur mes doigts avant de répondre.

Les leçons se passaient dans la salle à manger de la famille. Mme Hinzelin, qui était une brave femme, vaquait autour de nous aux soins du ménage.

II.
Vieilles choses et vieilles gens

Mes leçons avec M. Hinzelin se prolongèrent bien au-delà d'un événement qui fit époque dans notre vie, à savoir notre premier déménagement qui eut lieu en 1862. Mais, avant d'émigrer vers des quartiers plus neufs, je voudrais faire un tour dans tous les étages de notre vieille maison, et fixer, s'il se peut, les traits des quelques êtres chers qui l'habitaient.

Le second étage était occupé par mes grands-parents : mon grand-père et ma grand-mère sur la rue, et ma grand-tante au fond, sur la cour[1].

Mon grand-père

Je n'ai pas conservé un souvenir bien vivant de mon grand-père qui est mort quand j'étais encore enfant. Je le vois petit, alerte, très brun, très vif, plein d'humour et de bonne humeur. Lorsque je vins au monde, s'approchant d'Henri qui jouait gaiement : « Ah ! Coquin, dit-il, tu n'as pas l'air de te douter que tes écus de trois francs ne valent plus que trente sous ! »

Il avait un grand plaisir à nous taquiner. Il ne craignait pas de nous emmener seuls avec lui à la promenade, et, tout en nous tenant par la main, il nous racontait des histoires à faire dresser les cheveux sur nos têtes. Je n'ai jamais su si c'était pour nous amuser ou pour nous faire peur qu'il inventait des choses aussi effrayantes.

1. Il s'agit de Jacques Nicolas Poincaré (1794-1865) et de Catherine Poincaré, née Rollin (1796-1880), les grands-parents paternels d'Aline Poincaré. Ceux-ci sont désignés dans la suite du texte, avec une certaine distance, comme le *grand-père* et la *grand-mère*. La grand-tante est Hélène Antoinette Poincaré, la sœur de Jacques Nicolas Poincaré (*tante Minette* dans la suite de l'ouvrage). Jacques Nicolas Poincaré était né à Neufchâteau dans les Vosges. Son père, Jean Nicolas Louis Poincaré, y exerçait la profession de marchand de bois. Après des études à l'hôpital de Saint-Quentin comme sous-aide pharmacien en 1813, il avait ouvert une pharmacie à Nancy. De son union avec Catherine Rollin devaient naître trois enfants : Clémence (1823-1902), Antoni (1825-1911), futur père de Raymond et de Lucien Poincaré, et Léon, futur père d'Henri Poincaré et d'Aline Boutroux. Sur les origines de la famille Poincaré, cf. [C. Croix 1935], [E. Hinzelin 1913], [E. Hinzelin 1929], [P. Richelet 1953] et [F. Poincaré 1994].

Il s'enlevait comme une soupe au lait. Je me rappelle qu'un jour qu'il m'avait prise avec lui pour aller dans son jardin, il entra en revenant au couvent des Jésuites avec lesquels il avait une affaire au sujet d'un mur mitoyen. Tout en discutant, il crut voir que le Père qui le recevait faisait preuve d'une certaine mauvaise foi. Alors, pris d'une colère subite, il s'écria : « Ah ! Cela, par exemple, c'est un peu jésuite ! »

Avec ceux de sa génération mon grand-père était extrêmement contradicteur et querelleur. Chaque soir, tous les habitants du second étage se réunissaient pour faire une traditionnelle partie de cartes. Mais au cours de la partie, mon grand-père ne manquait pas d'interpeller sa sœur, la tante Minette, au sujet d'une date ou d'une généalogie.

– « Te rappelles-tu Un tel, qui vivait à Neufchâteau en 1809 ?

– Oui, il avait alors trente ans.

– Je te dis qu'il en avait cinquante en 1815.

– Je te dis que non !

– Je te dis que si !

– Ah ! Par exemple ! Je sais compter, peut-être.

– Allons donc ! J'ai bonne mémoire, je crois.

– Je te dis que tu te trompes.

– Je te dis que c'est toi. »

Personne n'en voulant démordre, la discussion s'envenimait toujours, et les jeux retombaient sur la table, brouillés, découverts : jamais la partie n'était achevée.

Le frère et la sœur s'aimaient passionnément et n'avaient jamais su se quitter.

Ma grand-mère

Ma grand-mère était âgée de soixante ans quand je suis née et, en ce temps-là, une femme de soixante ans était une très vieille femme. Elle portait déjà un bonnet et un tour, qui encadrait son maigre visage de deux bandeaux sévères et ternes. Très nerveuse, elle recherchait avant tout la tranquillité. Elle ne s'occupait pas beaucoup de nous quand nous étions petits, car elle n'avait pas le sens des enfants et trouvait qu'ils sont surtout une cause de bruit et de dérangement.

Pendant vingt-trois ans je l'ai vue assise dans le même fauteuil et, semblait-il, avec le même tricot dans la main. Parfois maman lui traçait une tapisserie qu'elle n'avait plus qu'à remplir de points réguliers. Mais cela, c'était un ouvrage de luxe, une fête, un régal exceptionnel et, pour la vie de tous les jours, le tricot suffisait, alternant seulement avec un livre de prières. Car ma grand-mère avait une piété profonde et naïve à la fois.

Au fur et à mesure que nous avions grandi, elle nous a témoigné plus d'intérêt et plus d'affection. À force de la voir immobile dans son fauteuil, nous avons fini par croire qu'elle ne le quitterait jamais.

Le seul luxe qu'elle se permît était une terrasse plantée, sorte de jardin suspendu, qui séparait son appartement de celui de sa belle-sœur. Sans doute, la terre y était rare et les plantes chétives. Mais deux ou trois lauriers en pot y fleurissaient tous les deux ans. Pour ma grand-mère, cette terrasse, c'était mieux qu'une chambre : on y avait le ciel pour plafond ; et l'on pouvait plonger un regard indiscret, par-dessus la rue Saint-Pierre, dans la cour solennelle d'un hôtel aristocratique qui nous faisait vis-à-vis. Rigoureusement fermé par une lourde porte cochère, cet hôtel, de la rue, semblait inhabité. Mais nous, nous pouvions voir, dans la cour, un palefrenier éternellement occupé à laver les roues d'une calèche soulevée sur des tréteaux. Et c'était un spectacle tout à fait intéressant, que de voir la calèche s'atteler de deux chevaux, le palefrenier se transformer en cocher ; et, la porte cochère s'étant ouverte toute grande, d'entendre la calèche franchir cette porte à grand fracas, emportant deux dames dont nous ne pouvions voir que les ombrelles ouvertes.

La terrasse nous attirait, et nous avons gravi bien des fois, en nous donnant la main, le vieil escalier de pierre usé et glissant, qui conduisait du premier au second étage.

La Tante Minette

Je ne sais vraiment pas pourquoi tout le monde s'entêtait pour l'appeler Minette, tante Minette ou Mam'zelle Minette, car son vrai nom, qui était Hélène, s'harmonisait merveilleusement avec sa grâce pleine de gravité, avec sa robe de moire qui se tenait toute droite avec les deux grosses papillotes blanches qui lui cachaient les oreilles. Elle ne s'était jamais mariée, afin, disait-elle, de pouvoir rester attachée à sa famille « comme la vigne à l'ormeau ». Cette même métaphore revenait, accompagnée de larmes d'attendrissement, toutes les fois qu'elle croyait que quelqu'un de nous lui avait manqué d'égard. Elle était exigeante et susceptible, ainsi qu'elle en avait le droit. Ayant pour nous une affection de grand-mère et des générosités de grand-mère, elle prétendait être aimée comme une grand-mère.

Elle vivait de très modiques revenus, à force d'ordre et d'économie. Son budget tenait du prodige, et elle trouvait même le moyen d'augmenter son capital. Pourtant, jamais on ne la voyait se priver de rien ; elle faisait toutes choses convenablement, donnait largement, s'habillait élégamment et recevait chez elle un cercle de vieilles dames cossues. Mais comme tout devait être compté et pesé minutieusement, dans la maison de tante Minette !

C'est ainsi que la tante Minette portait fièrement le célibat et la pauvreté. On la disait d'humeur acariâtre, mais elle savait se montrer bonne et indulgente tout en parlant avec franchise, et l'affection particulière qu'elle m'a témoignée est l'une des plus précieuses que j'aie rencontrées.

Avec ma grand-mère, elle avait des piques d'amour-propre continuels. Qu'arriva-t-il le jour où Henri, qui était distrait et touche-à-tout, transporta par mégarde les jarretières enrubannées de tante Minette, qu'il avait prises sur la cheminée, dans l'austère corbeille à ouvrage de ma grand-mère ? Le coupable dut aller s'accuser lui-même pour rétablir la paix.

La tante Minette est morte lorsque j'avais vingt ans. Ce fut un de mes premiers gros chagrins. J'approchais de la mort pour la première fois. Jamais je n'oublierai les sentiments troublants qui s'agitèrent en moi, quand je vis le masque d'ivoire, la bouche sereine et les yeux fermés de celle qui me souriait encore la veille.

Fifine

La tante Minette n'avait pas de bonne. Elle vivait avec une ancienne ouvrière à la journée qui s'était attachée à elle et qui lui tenait lieu d'amie, de demoiselle de compagnie, de cuisinière et d'esclave, tout à la fois. La longue silhouette hésitante et le buste effacé de celle-ci semblaient la prédestiner aux sacrifices obscurs ; ses doigts rouges, noueux et crochus paraissaient faits pour les besognes ingrates ; seules ses lèvres, qui se plissaient jalousement sur chaque bouchée qu'elle venait de manger, comme pour receler un trésor, trahissaient une passion égoïste : la gourmandise. Encore, cette passion n'était-elle que bien rarement satisfaite, car, chez la tante Minette, on faisait maigre chère.

Avec « Mam'zelle Minette », Finette était un vrai chien couchant, qui remuait la queue sous les coups, rongeait les os et avalait les horions. Avec nous, elle était l'endurance même. Nous prenions un malin plaisir à faire chavirer son corps et son esprit qui n'étaient bien d'aplomb ni l'un ni l'autre. Nous grimpions à l'assaut de ses épaules, ou bien nous l'amenions traîtreusement à dire quelque grosse bêtise qui nous faisait éclater de rire. Pour toute vengeance, Fifine gémissait : « Oh ! Les méchants, les méchants : ils vont me faire tomber ! Oh ! Les vilains, les vilains : ils vont me faire perdre la tête ! » Et elle ajoutait aussitôt, comme pour nous encourager : « Vous aurez beau faire : vous ne pourrez jamais être si mauvais que l'était votre père ! »

Car Fifine avait vu grandir, déjà, la précédente génération. Vingt ou vingt-cinq ans plus tard elle devait devenir, pour obéir à la tradition, le souffre-douleur de nos enfants, et elle répétait le même refrain. Mais il aurait fallu moins d'effort que jamais pour la jeter vraiment par terre à ce moment-là, sa tête et ses jambes étant, pour diverses raisons, moins solides à mesure qu'elle vieillissait.

Dans ses dernières années, quand je me trouvais à Nancy, mon grand plaisir était, à chacune de ses visites, d'aller faire un tour à l'office et de lui en rapporter des friandises et un verre de Marsala. Ce repas était toujours le bienvenu, à n'importe quelle heure, car l'ordinaire n'était pas fameux dans le triste couvent où Fifine s'était retirée pour attendre la mort. Elle appelait celle-ci à grands cris, mais la mort se faisait désirer. Quand elle vint enfin, ce ne fut pas long, et cinq ou six personnes seulement accompagnèrent le pauvre corbillard au cimetière.

***

Notre maison de famille était située à l'angle de deux rues d'un caractère très différent ; et ses deux façades correspondaient au caractère des deux rues où elles se trouvaient. Sur la rue Saint-Pierre, vieille rue aristocratique et déserte, la maison avait un aspect sévère, triste, silencieux. La porte d'entrée, qui s'ouvrait de ce côté, était surmontée et entourée d'un joli bandeau de pierre sculptée ; les fenêtres étaient rares et discrètes. Sur la rue Ville-Vieille, au contraire, grande artère animée et populeuse, notre maison avait l'air bon-enfant. C'est là que s'ouvrait la baie roturière de la pharmacie et que s'étalaient les grands bocaux pleins de liquide bleus ou jaunes. Des fenêtres du premier étage, nous apercevions, en face la chapelle ronde[2], à droite les gargouilles du vieux palais ducal, à gauche, la pittoresque porte de la Craffe.

Mon grand-père s'était installé dans cette maison vers 1820 avec tous les siens : sa femme, qui était comme lui de Neufchâteau, ses vieux parents et ses deux sœurs non mariées. C'est là qu'étaient nés ses trois enfants, une fille et deux fils. Il avait exercé le métier de pharmacien pendant trente ou trente-cinq ans ; et, après s'être retiré, il était resté dans la maison, dont il était devenu propriétaire.

Son rêve eût été de voir un de ses fils lui succéder. Et, l'aîné s'étant de bonne heure destiné à l'École polytechnique, il s'était rabattu sur le second, mon père, qui était plus doux et peut-être un peu moins brillant dans ses études. C'est en vain que le pauvre papa avait annoncé sa vocation pour la marine et les voyages lointains : on l'avait d'avance voué à l'officine. Tristes années, où se croyant moins aimé que sa sœur et son frère, il se repliait mélancoliquement sur lui-même ! Pour l'initier d'avance aux secrets du métier, mon grand-père l'employait à de menues besognes,

2. Il s'agit aujourd'hui de l'Église Saint-François des Cordeliers. La chapelle ronde, qui appartenait autrefois au couvent des Cordeliers, contient les tombeaux des Ducs de Lorraine.

lui apprenait à manier les poudres et à transvaser les liquides, à peser, filtrer, mêler les médicaments, et à coiffer les fioles de jolis papiers frisottés, ce qui, comme on sait, est le comble de l'art. Au bout de quelques années, papa était, de plus chargé de garder la pharmacie, les dimanches de beau-temps, tandis que le reste de la famille allait se promener.

Bien décidé à n'être pas pharmacien, papa résolut de se faire médecin, parce que les études de médecine étaient pour lui plus faciles à aborder en cachette. C'est ainsi qu'il prépara tout seul ses premiers examens, qu'il alla passer à Strasbourg. Lorsqu'après un âpre combat il devint étudiant à Paris, son père se vengea de sa résistance en lui mesurant l'argent, et il dut vivre de privations et de dégoûts ; l'amertume qu'il ressentait encore, dix ans plus tard, faisait parfois explosion, et il nous racontait comment, invité chaque semaine à dîner chez une cousine riche, il était chargé de reconduire chez elle en voiture une cousine non moins riche, qui lui laissait négligemment le soin de payer le cocher : c'était le condamner à plusieurs jours de pain sec.

Mon grand-père avait donc cédé sa pharmacie à un étranger, M. Leclerc[3], qui devint père de deux enfants, dont une fille de mon âge et un garçon de quelques années plus âgé. Blanche Leclerc était une bonne fille inoffensive et qui m'a montré plus tard combien elle était capable de dévouement. À partir du moment où Henri commença à être absorbé par ses devoirs, elle passa la plus grande moitié de son temps chez mes parents. Dans nos jeux à la poupée, elle acceptait toujours le rôle de bonne : elle faisait, d'ailleurs, tout ce que je voulais.

Quant à son frère René, nous n'avions aucun rapport avec lui. Nous savions seulement que son père le battait plusieurs fois par semaine, parce que les bruits de ses cris nous arrivaient, scandés du même rythme que les coups de martinet. Nous qui n'avions jamais subi de traitement de ce genre, nous condamnions le père sans hésitation. Or il arriva qu'exceptionnellement, à la veille de quelque départ, ou à la veille même de notre déménagement, maman me laissa aller jouer avec Blanche au rez-de-chaussée, dans une petite pièce qui communiquait avec la pharmacie par une porte ouverte. Blanche me présenta une poupée neuve et son grand berceau également neuf. À ce moment René Leclerc revenait du lycée et son père lui déclara, en présence d'un client, qu'il était en retard et qu'il serait corrigé dès que le client serait parti. Il ajouta même : « Tu peux te préparer. » L'écolier se prépara, en effet : sa manière de se préparer était de crier comme s'il était déjà battu. Je n'eus pas une seconde d'hésitation :

– « Où est le martinet ? » demandai-je à Blanche.

3. Cette vente avait eu lieu en 1850 au profit d'un ancien élève de Jacques-Nicolas Poincaré : Camille Leclerc.

Et, comme elle hésitait, « Donne-le-moi » commandai-je.

Alors je pliai l'instrument en deux et, forçant un peu l'ouverture, je l'introduisis dans la paillasse de la poupée et l'enfouis soigneusement dans le varech. Le frère et la sœur me regardaient avec stupéfaction. Pendant ce temps, j'avais refait le lit et berçais la poupée avec sollicitude.

M. Leclerc, débarrassé de son client, cherchait partout l'instrument. « Où donc ai-je bien pu le remettre hier ? » se demandait-il. Il n'accusait que lui-même, supposant que nul autre n'aurait pu être assez osé pour toucher au martinet. Et il ajouta : « Sois tranquille : tu ne perdras rien pour attendre ».

Le lendemain, je sus par Blanche que la poupée dormait toujours sur le martinet. La pauvre fille n'avait plus aucun plaisir à lever et à coucher sa poupée ; elle vivait dans les transes, avec ce gros secret qui lui pesait. Moi, la seule coupable, j'avais tiré trop facilement mon épingle du jeu.

Les terribles cris ne montèrent plus jusqu'à nous. Bientôt, nous quittâmes la maison. Je n'ai jamais su, ou, ce qui revient au même, je ne rappelle plus comment l'aventure s'est terminée. Ainsi, à l'âge de six ans à peine, j'ai nargué l'autorité. Je n'en avais aucun remord.

***

En dehors des Hinzelin, des Leclerc et d'une famille de Mondésert qui était très liée avec mes parents et comprenait, elle aussi, un fils et une fille, nous n'avions pas beaucoup de relations dans la Ville-Vieille. Je me rappelle pourtant avoir pénétré dans deux intérieurs.

C'était d'abord celui d'un colonel en retraite et de sa femme, dont j'ai oublié le nom. Ils avaient une bonne négresse, aussi noire que ses chaussures, dévouée et servile comme un chien et qui s'appelait Fatma. Cette négresse m'avait prise en affection, elle venait sans cesse me chercher de la part de ses maîtres, elle m'embrassait seulement un peu plus que je n'aurais voulu. Le colonel et sa femme passaient tout leur temps à faire tourner une petite table munie d'un crayon. Cette table écrivait des choses prodigieuses : un jour elle sut écrire que ma poupée était habillée d'une robe rose.

– « Tu vois, me dit la colonelle, comme ma table est savante. Car elle n'a jamais vu ta poupée…

– Oui, mais vous vous, vous l'avez vue. » Répondis-je.

Je n'y mettais point de malice, mais ma réponse fit scandale.

Un autre jour papa m'emmena chez de vieilles dames qui avaient demandé à me voir. J'étais très flattée de ce désir car c'étaient la mère et la sœur de Mme Amable

Tastu[4], dont j'avais appris des poésies par cœur. Les deux dames paraissaient aussi vieilles l'une que l'autre, c'est-à-dire extrêmement vieilles toutes deux. On distinguait la mère à sa mine autoritaire et la fille à son air obéissant. J'ai compris ce jour-là que certaines créatures restaient des petites filles toute leur vie.

4. Amable Tastu (1798-1885) est une écrivaine française. Elle était la fille de l'homme de lettres Jacques Philippe Voïart. On lui doit de nombreux recueils de poésies [A. Tastu 1823], des ouvrages de synthèses sur la poésie allemande [A. Tastu 1843] et italienne [A. Tastu 1870] ou des ouvrages sur l'éducation maternelle [A. Tastu 1848].

III.
Premières promenades – premiers voyages

Maman nous promenait beaucoup. Elle avait été élevée à la campagne, et il lui en était resté un amour passionné du grand air et de la terre. Elle aimait la terre pour la remuer, la toucher, la travailler, l'arroser, en respirer l'odeur fraîche et grasse, et surtout pour en voir sortir les plantes.

Nous allions souvent à la Pépinière, le grand parc du duc Stanislas, célèbre pour ses arbres splendides, ses longues allées droites et ses bosquets mystérieux. Nous recherchions les endroits les moins fréquentés et nous nous amusions à prendre d'assaut les bancs que d'autres promeneurs auraient voulu nous disputer. Ce parc était d'ailleurs situé à notre porte.

Mais cela ne suffisait pas au besoin qu'avait maman de remuer la terre, au besoin que nous avions tous de jouir de la liberté. Aussi a-t-on toujours eu des jardins dans la famille. Situés à quelque distance de la maison, ces jardins étaient pourtant enfermés entre quatre murs. Mais on y était chez soi, on pouvait s'y mettre à l'aise. Dans ma toute petite enfance, mon grand-père et la tante Minette étaient locataires de jardins de ce genre. Plus tard mes parents en louèrent également, et finirent par en acheter un auquel nous nous attachâmes beaucoup. Maman y plantait des fleurs. Nous, nous y faisions nos devoirs et y prenions notre goûter. Cette habitude, que j'avais contractée, de travailler en plein air est cause qu'aujourd'hui encore ma tête est plus libre quand je suis assise dehors.

Mon grand-père possédait mieux qu'un jardin, il avait une vigne sur le coteau de Maxéville et une famille de vieux vignerons pour la travailler. On avait bien chaud pour arriver là-haut. Aussi n'y allions-nous guère qu'à l'époque des vendanges. Nous cueillions d'abord le raisin vaillamment. Mais bientôt le jus chaud, qui commençait à fermenter dans les cuves, nous écœurait, nos doigts et nos ciseaux poissaient et nous n'avions plus que deux désirs : laver nos mains et nous en aller.

Maman adorait la marche et, à mesure que nos jambes grandissaient, elle nous emmenait nous promener un peu plus loin. Nous allions volontiers à Malzéville, sur les bords de la Meurthe. L'herbe y sentait si bon ! Un jour nous y rencontrâmes un troupeau de moutons, ce qui fut une joie. Henri s'étant un peu rapproché du bélier, celui-ci se mit à le poursuivre à coups de cornes. Heureusement, maman n'était pas loin. Henri, réfugié dans ses jupes, pleurait de bon cœur.

« Tu as mal ? demandait maman inquiète, il t'a fait mal ? Où t'a-t-il fait mal ?

Henri finit par répondre, avec un gros soupir : « C'est qu'il riait, encore ! »

Voilà bien la sensibilité d'Henri. Les intentions perverses du bélier l'affligeaient beaucoup plus que les coups de cornes, et il était péniblement surpris de voir qu'une bête qu'il avait voulu caresser le recevait si traîtreusement.

J'ai oublié de parler d'un cher compagnon qui était venu partager notre vie. Si je l'ai jusqu'ici passé sous silence c'est que je ne saurais dire au juste à quelle époque il arriva dans la maison. On nous donna, à un certain moment, un gros chien, moitié Terre-Neuve, moitié Saint Bernard, qui devint vite notre meilleur ami. Toujours entre nous deux, on aurait dit qu'il s'intéressait à nos jeux. Il était de toutes nos promenades à pied, portant le panier de provisions et remuant la queue tout le long du chemin. Quand Henri alla au lycée, le chien vint régulièrement, avec maman et moi, le prendre à la sortie de la classe. Notre bonne bête rapportait la serviette pleine de cahiers et de dictionnaires jusqu'à la maison. Tous les lycéens, j'en suis sûre, connaissaient et enviaient ce fidèle porteur. Lorsque vinrent les vacances, Tom eut une fois de plus le chagrin de constater notre disparition. La maison était morne et on ne faisait plus de promenades ! Le pauvre chien eut alors l'idée qu'il pourrait retrouver Henri en allant le chercher au lycée. Et tous les jours, à dix heures moins quelques minutes, bien ponctuellement, il s'en allait tout seul vers le lycée. Il restait là une heure devant la porte close, et finissait par rentrer, la tête basse, la queue entre les pattes, comme un chien enragé. Aussi quelle joie ne manifestait-il pas lorsque nous revenions enfin à Nancy ! Il avait plus de soixante fois éprouvé la même déception depuis notre départ.

Tom était un chien si décoratif qu'il a été photographié plusieurs fois, tant avec nous qu'avec Raymond Poincaré. Malheureusement, il était trop bien nourri et ne prenait pas d'exercice : il devint promptement obèse et mourut prématurément. Il avait alors onze ans comme moi, car nous étions du même âge.

Il y avait alors à Nancy une rue qui longeait un ruisseau, traversé ici et là de petits ponts. Un jour qu'Henri était distrait, il ne s'était pas aperçu que nous traversions et il avait continué à marcher sur l'autre rive. Découvrant son erreur, il eut hâte de la réparer, et entra bravement dans le ruisseau pour le traverser. Le brave Tom, alors, se jeta à l'eau pour le protéger en cas de besoin.

Nous faisions très fréquemment une chose qui n'était pas du goût de Tom parce qu'il restait alors seul à la maison. Papa, lorsqu'il était appelé aux environs pour voir des malades, nous emmenait volontiers avec lui, en voiture découverte l'été, en voiture fermée l'hiver. C'est ainsi que nous avons appris à connaître les jolies vallées de la Moselle et de la Meurthe, les hauts plateaux d'où l'on voit s'étendre bien loin à l'est la plaine de Dieuze et de Château-Salins, et, à l'ouest, les grandes futaies de la forêt de Haye. Nous avons vu s'endormir les villages et s'allumer les étoiles ; nous avons regardé fuir les peupliers noirs qui strient le ciel comme une rangée de bâtons bien droits. Les courses avaient lieu généralement le soir, ou même la nuit, quand les clients de la ville étaient servis. Il m'en est resté une foule d'impressions mystérieuses et douces que je reconnais comme des amies chaque fois que je les retrouve, mais qu'il me serait bien difficile d'analyser, d'autant que je sais bien que leur charme vient surtout de ce qu'elles sont infiniment vagues.

***

Je crois bien que je devais avoir à peine six mois lorsque je fis mon premier voyage. Nous avons été régulièrement, jusqu'à la mort de ma grand-mère maternelle[1], deux fois par an à Arrancy[2], dans la maison où maman avait été élevée. De très bonne heure maman, qui ne quittait jamais papa pour plus de quelques jours, nous a confiés à ma grand-mère, à la *mémère*, comme nous disions tous, laquelle, certes, méritait une telle confiance. Et, à partir du moment où Henri est entré au lycée, nous avons passé chaque année à Arrancy environ deux mois aux grandes vacances et deux semaines à Pâques.

Tout d'abord, le chemin de fer n'allait que jusqu'à Metz. Il fallait prendre ensuite une diligence qui nous cahotait pendant des heures, de Metz à Briey et à Pierrepont, d'où Arrancy n'est pas à plus de trois ou quatre kilomètres.

Nous étions obligés de coucher à Metz, à l'hôtel, parce que le seul départ de la diligence avait lieu de très grand matin. À Metz, nous allions voir quelques vieilles amies de la famille qui nous comblaient de bonbons. Je me souviens même d'avoir été voir au lycée mon oncle Adrien, le plus jeune des frères de maman, qui y était encore élève, et même d'avoir pénétré dans le cabinet du proviseur, homme sévère à lunettes. Il m'arriva, tant ce personnage rébarbatif m'intimidait, de lâcher la boîte de bonbons qu'on venait de me donner, si bien que mes pralines se répandirent dans tous les coins, sous le bureau, sous le canapé, partout, et que le grave proviseur dut se mettre à quatre pattes pour m'aider à les ramasser. Il n'était peut-être pas, après tout, si terrible qu'il en avait l'air.

Je me rappelle les départs de Metz dans le brouillard du matin et l'écœurante odeur de cet intérieur de diligence qui sentait la paille fraîche et le vieux cuir. Quelque bonne femme voyageait avec nous et profitait pour se répandre en de longues confidences. Mais nous n'en entendions pas tout. Nous tombions dans un demi-sommeil très pénible et accompagné de vagues nausées. Nous ne nous

1. Il s'agit d'Euphrasie Launois (1806-1881), la *mémère* dans la suite du texte. Elle était la fille de Marie-Anne Marchal, dont le père, Robert Daubrée, était négociant à Nancy. Comme on pourra le constater dans la suite du récit d'Aline Boutroux, la famille Daubrée était très proche de la famille Poincaré.

2. Aujourd'hui Arrancy-sur-Crusne.

réveillions que lorsque le conducteur poussait ses chevaux un peu plus brutalement et que ceux-ci protestaient en secouant les sonnettes de leurs colliers.

– « Est-ce que nous arriverons bientôt, maman ?

– Encore une heure, une demi-heure. »

Et plus nous avancions, plus le temps nous semblait long.

Je devais avoir quatre ou cinq ans lorsque fut achevé le chemin de fer qui nous permit d'aller de Nancy à Pierrepont en quatre heures, en passant par Metz et Thionville. Je me rappelle encore comme il faisait bon, à la descente du train, tomber dans les bras de mon grand-père, le *pépère*, qui nous attendait sur le quai. Hors de la gare, nous trouvions la voiture, le chariot pour les bagages, le domestique, qui était pour nous un ami. Et nous partions, au bon trot du cheval, sur une route dont nous connaissions toutes les bornes. Il fallait faire un grand détour, s'élever au-dessus de Pierrepont dont on voyait fumer dans le fond les hautes cheminées, entrer dans le bois, puis redescendre en lacets, traverser le chemin de fer et monter une autre côte au sommet de laquelle pointait le clocher béni, le pauvre petit clocher, bien modeste vu de près, mais qui avait su si bien se percher tout en haut, au-dessus des maisons du village, que, de loin, il avait grand air.

Et, dans la grande cour de la maison, moitié ferme et moitié château, les poules qui se sauvaient sous les roues de la voiture avec des cris indignés ; et là-haut, sur le perron, la mémère avec son tablier et son bonnet ruché[3]. Car, bien qu'elle fût la dame du village, elle portait un costume rustique, en semaine chez elle. C'était plus pratique pour voir à tout, du poulailler à la chambre à four et de la cave au grenier. Et puis, l'habit ne fait pas le moine : ma grand-mère en était bien persuadée. Sa bonne figure si expressive, où tout remuait suivant les mouvements de son cœur, était rouge de plaisir. Elle nous embrassait comme on embrasse quand on aime, et elle nous emmenait dans la cuisine où flambait un beau feu et où les domestiques étaient à table. Nous disions bonjour à tout le monde.

Et puis, c'était bientôt notre tour, en cercle autour de la nappe blanche, plus blanche que toutes les nappes du monde. Nous avions si bon appétit ! Et la cuisine était si bonne : les œufs, la crème, les légumes, les volailles, tout était si frais, si authentique, si bien préparé sous la surveillance de la mémère ! De plus, nous y ajoutions le meilleur de tous les assaisonnements : la bonne humeur, la joie d'être ensemble et de dire tout ce qu'on pense, notamment des bêtises.

Je n'ai pas oublié non plus les lits, si bons que le coucher était une joie. Ils étaient doux, ils étaient moelleux et chauds ; on y enfonçait juste assez, entre des draps

3. Le terme de ruche désigne en couture une bande d'étoffe plissée ou froncée ornant les bonnets, les tours de cou ou les robes.

très blancs (blancs comme les nappes), et on y trouvait une chaleur d'autant plus délicieuse qu'on y avait été précédé par un moine, grande carcasse de bois portant un pot plein de braises incandescentes.

Et le réveil, le lendemain ; la première visite au jardin et à tous les coins les plus retirés, car ce jardin était grand et varié. Il était traversé par un canal qui s'élargissait pour former une pièce d'eau. Dans la pièce d'eau, il y avait une île, et tout autour des fleurs. C'était dans les beaux jours d'Arrancy, la partie soignée du jardin, je veux dire du jardin d'agrément. Car il y avait à droite et à gauche le potager où s'alignaient les plans d'artichauts, de tomates et d'asperges, les melons et les concombres, sans parler des pommes de terre, des choux et des carottes ; il y avait les arbres fruitiers qui présentaient au soleil leurs poires et leurs pêches. Donc on travaillait dans ce jardin, on travaillait beaucoup. Mais il y restait toute une partie inculte qui était bien à nous. Il y avait d'abord, dans la grande pelouse centrale, des bouquets d'arbres si touffus qu'on pouvait s'y perdre et s'y laisser oublier toute une après-midi. Il y avait surtout trois espèces de clairières creusées dans les sapins qui bordaient le mur de droite. Elles se refermaient comme des salles de verdure. On y était si loin du monde ! Ce sont ces clairières qui, plus tard, ont été nos domaines ; nous en avons fait des salles de théâtre et bien d'autres choses. Dans l'une d'elles, plus fermée et plus mystérieuse encore que les autres, j'eus la visite quotidienne d'un ami orvet. Ce petit serpent inoffensif, blanc comme de l'argent, se glissait dans l'herbe et venait faire des grâces à mes pieds lorsque je chantais une certaine chanson. Il suffisait de trois notes pour le faire paraître. Je ne manquais jamais à ces rendez-vous romantiques. Mais l'année suivante, hélas ! je n'ai plus retrouvé mon orvet.

Outre ce grand jardin, la propriété offrait mille ressources que nous découvrîmes petit à petit. Il y avait le manège, batteuse de ce temps-là, où l'on attelait des chevaux dont on bandait les yeux. Souvent nous nous attelions à notre tour, pour tourner à vide ; mais, faute de nous être bandé les yeux comme les chevaux, nous étions bien vite étourdis. Je me demandais pourquoi on ne bandait pas aussi les yeux des chevaux de bois de la foire. Sous le toit qui abritait le manège on nous avait installé une petite balançoire. Notre cousin Louis et nous, nous nous la disputions. Et, pour établir une règle et remplacer les montres que nous n'avions pas encore, Henri avait imaginé de mesurer le temps en prononçant une série de mots tirés de la zoologie. On terminait sur le mot cétacé, ce qui faisait calembour. Malheureusement, on pouvait débiter la kyrielle plus ou moins vite ou passer un mot par inadvertance, si bien que la justice absolue ne régnait pas encore.

D'un côté du manège, il y avait le chenil plein de bêtes remuantes et bruyantes qu'on ne lâchait que pour les grandes chasses. Nous assistions parfois au repas de la meute. De l'autre côté il y avait la grange, où il faisait bien bon, les jours de pluie, se vautrer dans la paille ou le foin. Il y avait l'écurie, les étables, le poulailler et la remise, où l'on pouvait monter en voiture et faire des voyages de fantaisie en fouettant des chevaux imaginaires. Il y avait la chambre à four où l'on cuisait périodiquement le pain et la lessive. Quel plaisir de voir remuer la braise rouge ! On aurait dit la gueule de l'enfer ! Il y avait la chambre aux outils, et bien des coins oubliés où nous trouvions des choses sans nom. Il y avait enfin, dans la maison même, trois étages de greniers somptueux. Le premier servait à faire sécher le linge. Il était traversé de grandes lattes de sapin frais qui sentaient la résine. C'est là qu'on étalait la lessive, c'était une immense pièce vide, blanchie à la chaux, qui pouvait avoir quatre ou cinq mètres carrés, et qui regardait les quatre points cardinaux par des fenêtres dépourvues de rideaux. Au-dessus, était le grenier à grains où s'étalaient des tas bien réguliers de froment et d'avoine, de pois secs et de haricots. Ce grenier renfermait en outre de grandes caisses, des coffres pour la farine, des instruments pour vanner et cribler, et la balance qui nous pesait. Enfin, au faîte de la maison, se trouvait un bien plus petit grenier qui ne servait qu'à mettre de vieilles choses. Il y avait entre autres un tas de vieux papiers que nous avons déchiffrés plus tard, espérant y découvrir des documents intéressants. Mais ce n'étaient que d'anciennes factures acquittées, où l'orthographe manquait la plus souvent.

En ce qui concerne Arrancy, mes souvenirs n'ont pas de chronologie. Nous avons mis plusieurs années, évidemment, à découvrir toutes les ressources de cette grande maison et de ce grand jardin. Nous ne nous sommes initiés graduellement aux mystères qui sont au fond des plantes et des bêtes et même, sous ce rapport, nous aurions encore aujourd'hui beaucoup à apprendre. Je ne veux donc pas m'attarder davantage pour le moment, à la description de notre paradis. Je préfère, aujourd'hui, parler un peu des habitants de cette maison qui étaient encore ce qu'il y avait de meilleur en elle.

Le pépère

J'ai dit comme il nous recevait dans ses bras. Il était, en effet, bon et tendre. Silencieux et replié sur lui-même, il n'avait pourtant rien d'un égoïste. Un accident l'avait rendu sourd à l'âge de trois ans et l'avait empêché de faires des études régulières. Il n'avait que très peu communiqué avec les autres. Pourtant il savait ou il devinait tout ce qui nous concernait. Maman était la personne qu'il entendait le mieux, qui savait le mieux le mettre au courant de ce qui se passait et de ce qui se disait. Aussi la figure du pépère rayonnait-elle quand elle était là, et on la voyait se rembrunir dès qu'elle était partie. Et maman rajeunissait dès qu'elle mettait le pied sur le sol natal, elle bondissait comme une petite fille. Elle avait eu beaucoup de peine, m'a-t-elle raconté, à se faire à la marche régulière qui convient sur le trottoir des villes.

Mon grand-père surveillait de haut la culture d'une partie de ses terres. Il se levait souvent de très grand matin pour faire le tour, pour voir si c'était le temps de labourer, de semer ou de récolter, pour voir si les travailleurs étaient bien à l'ouvrage. C'était un prétexte pour prendre de l'exercice. Mais, quand il avait une décision à prendre, une responsabilité à encourir, on sentait qu'il était malheureux. Ma grand-mère alors, le poussait, le stimulait, lui suggérait les décisions qu'il devait prendre et, en somme, les prenait pour lui. Lorsque j'ai étudié l'histoire des rois fainéants, ils m'ont rappelé mon grand-père, et j'ai pensé que ma grand-mère était un excellent maire du palais.

La surveillance des champs occupait une partie de la matinée. En rentrant le pépère trouvait son courrier, et il se mettait à lire son journal *Le Siècle*, de la première ligne à la dernière. Il s'étendait pour cela sur un canapé et entremêlait sa lecture de nombreux petits sommes. Parfois, vers le soir, il faisait encore un tour.

Dans la saison de la chasse, il restait plus longtemps dehors et emportait souvent son fusil. Malgré sa surdité qui lui nuisait, il rapportait du gibier. Lorsqu'il nous emmenait avec lui, nous le voyions s'enfoncer dans les terres labourées où ses gros souliers creusaient des trous. Il marchait lourdement, vêtu d'un ample costume de toile kaki, coiffé d'un chapeau aux bords tombants, où l'eau de mainte averse avait séché au soleil, et il traînait sa gibecière souvent vide. Le chien furetait à droite et à gauche le long des sillons. Henri et moi, nous sautions légèrement de motte en motte ; et, bien souvent, nous faisions lever un lièvre ou un perdreau, auquel volontiers, nous sauvions la vie. Mon grand-père ne nous grondait pas, mais nous voyions que nous lui faisions de la peine.

Le pépère avait un appétit préhistorique. Il était le premier et le dernier à table. Il mangeait avec calme, lentement, de manière que chaque bouchée lui profitât. Aussi assimilait-il trop : il devenait de plus en plus gros. Son ventre proéminait énormément, sous sa bonne tête socratique, qui restait solide et lucide. Ses paroles devenaient de plus en plus rares, mais on était étonné de voir les idées justes et fines qu'elles révélaient. Le pépère connaissait le monde mieux que bien des gens qui entendent.

La mémère

La mémère était née et avait été élevée dans la grande maison d'Arrancy. Elle ne l'avait quittée que pour quelques années, à la suite de son mariage, puis les circonstances l'y avaient ramenée, mère cette fois de trois enfants : le quatrième devait naître quelques années plus tard. Ce fut un petit Benjamin, charmant et docile, que tout le monde adorait[4].

La mémère était la cheville ouvrière de cette grande maison ; c'est grâce à elle que tout y marchait. Elle savait tout faire : la lessive et les confitures, les fromages et les boudins, les pâtés et les gâteaux, les sirops et les liqueurs, le vinaigre et le beurre. Que de bonnes ont tout appris par elle, et se sont plu à lui rendre grâce ensuite ! Les choses se faisaient en grand, rassemblant plusieurs travailleuses sous l'œil averti de la maîtresse. Ah ! quel œil, ou plutôt quels yeux ! Malheureusement ils ne pouvaient voir sans lunettes et quand les lunettes étaient égarées, jamais la pauvre mémère ne parvenait à les retrouver si on ne l'y aidait pas.

Mais, pour lire dans le domaine secret des consciences, elle relevait ses lunettes au milieu de son front. On apercevait alors la couleur de ses yeux, qui étaient d'un bleu de myosotis, et leur regard pénétrant. Joints aux yeux de verre qui brillaient sur le front et qui paraissaient également perspicaces, ces yeux bleus étaient irrésistibles. Le coupable le plus endurci se serait accusé lui-même. Nous n'aurions jamais pu cacher la vérité à notre mémère, d'abord parce que nous l'aimions, et ensuite parce que, la vérité, elle la savait toujours d'avance.

Elle n'avait pas beaucoup étudié et se disait ignorante. Pourtant elle écrivait de longues lettres à tous les absents, d'une belle écriture bâtarde, d'un style clair, ferme, logique et très suffisamment correct. Elle comptait merveilleusement et résolvait les problèmes souvent compliqués de la vie courante, des fermages, des ventes et des achats, sans papier ni crayon. Pour le reste, elle affirmait qu'il est toujours très facile de se taire quand on ne sait pas. Elle n'avait pas besoin, d'ailleurs, d'éclairer les événements du jour de la lumière de l'histoire : elle y projetait une lucidité qui lui était propre. Son jugement sage et juste faisait qu'en dehors même de la famille on la prenait pour conseil. Les bonnes femmes du village lui faisaient leurs confidences, lui contaient leurs peines, lui demandaient son aide. Elle avait une petite pharmacie et une provision de vieux linge dans lequel tout le monde venait puiser. Elle fournissait des pansements pour les blessés, des langes pour les nouveau-nés, des linceuls pour les morts.

Elle possédait cette gaieté française qui avait été si vive chez les grands-mères du XVIIIe siècle. Elle aimait les taquineries qui ne blessent pas, les farces qui ne trompent pas, l'esprit qui chatouille sans mordre. Elle prenait plaisir à nous déguiser et à se

4. Euphrasie Launois semble en fait avoir eu cinq enfants : Eugénie – la mère d'Aline Boutroux et d'Henri Poincaré – Odile, Aimé, Edmond et Adrien. Aimé mourut en 1835 à l'âge de 2 ans et c'est probablement lui que le texte omet de mentionner. En revanche, le benjamin est sans nul doute Adrien Launois, né sept ans après son frère Edmond.

déguiser elle-même, pour animer les longues soirées d'automne. Ainsi métamorphosé, on venait intriguer le reste de la famille, qui faisait semblant d'être dupe. Elle aimait, d'ailleurs, nous affubler de ses affaires, et, quand nous manquions de chemises de nuit, elle nous enfilait les longues manches de ses camisoles et voulait nous coiffer de ses cornettes. Comme nous avons ri, tout petits, de ces travestissements, en nous couchant sur l'édredon, pour pouvoir nous laisser secouer par le rire sans risquer de tomber par terre !

La mémère aimait tous les jeux de hasard et tous les jeux de réflexion. Elle battait tout le monde aux cartes. Elle n'était pas très versée dans les arts, mais elle chantait d'une voix fausse, de vieilles chansons un peu lestes qu'elle épurait pour notre usage. Telle elle m'apparaît dans mes vieux souvenirs ; mais j'aurai à parler d'elle encore bien des fois : elle a tenu une telle place dans ma vie !

L'oncle Edmond

La mémère n'avait jamais eu qu'une faiblesse : elle avait un peu gâté son fils aîné, le troisième de ses enfants. Il s'était montré, dès l'enfance, paresseux et menteur, et, pour le punir, sa mère l'avait bien promené dans tout le village, portant sur le dos un écriteau où ses défauts étaient inscrits en gros caractères. Mais l'amour-propre de l'oncle Edmond était probablement nul ou déjà cuirassé : en rentrant de ces humiliantes promenades, il recommençait.

Plus tard il entra au lycée. Il y apprit de ses camarades toutes les recettes classiques sur l'art de tromper les professeurs et les pions, de dépister l'autorité et d'éviter les punitions. À ces recettes, il en ajouta d'autres de son cru. Pour apprécier son habileté, il suffit de savoir qu'il passa un mois à l'infirmerie avec une maladie simulée, et qu'il obtint ensuite un congé de trois mois pour achever de guérir de la même maladie. Quelques minutes avant la visite du médecin, il se serrait violemment le bras en l'entourant d'une ficelle sous sa manche de chemise ; et le médecin lui trouvait de la fièvre.

Il parvint pourtant à se faire recevoir bachelier, grâce à des tricheries qui ne font pas honneur à la clairvoyance de ses examinateurs. Puis il devint clerc de notaire à Nancy. Je n'étais pas née alors. Mon oncle prenait ses repas chez mes parents à qui il prétendait imposer ses heures. Il souhaitait un dîner précoce permettant d'aller au théâtre. Papa souhaitait un dîner tardif permettant à ses malades de se reposer le soir au lieu de l'attendre. Maman était obligée de dîner deux fois pour les satisfaire tous les deux.

Son stage de clerc terminé, mon oncle retourna à Arrancy, où il mena une vie de fils de famille. De temps en temps il parlait d'acheter une étude, mais il restait chez ses parents.

Il se levait tard, il ne faisait rien ; mais il ne s'ennuyait pas. Il y avait la chasse et la pêche qui l'occupaient en leur temps. Il était habile à l'une comme à l'autre. Il s'était lié avec quelques chasseurs des environs dont plusieurs étaient des gentilshommes. À tour de rôle, on organisait des parties de chasse au bois qui supposaient des repas interminables au retour, et donnait lieu parfois à l'hospitalité de nuit. Je vois encore tous ces visages hâlés, vulgaires, qui s'animaient de plus en plus sous l'influence du bon vin ; ces vestons tendus sur de larges poitrines et qui se déboutonnaient dès le milieu du repas. J'en admirais surtout les poches nombreuses. On nous renvoyait au dessert. Ce n'était pas d'ailleurs ce dîner plantureux qui nous intéressait : c'étaient les préparatifs poursuivis pendant toute la journée ; l'affairement des servantes qui plumaient des volailles, battaient des œufs, tournaient des sauces ; et les petits pâtés et gâteaux qu'avec des restes de pâtes nous avions fabriqués et auxquels nous avions donné des formes excentriques que la cuisson défigurait. C'était aussi le retour des meutes aboyantes, et des piqueurs, qui suspendaient le gibier dans la cour : les sangliers, les renards, les loups, les chevreuils. On faisait la part des chasseurs, et celle des chiens.

La fête patronale d'Arrancy tombait à la fin de septembre. C'est à cette occasion surtout que l'on mettait les petits pots dans les grands. La maison hébergeait jusqu'à soixante personnes pendant trois ou quatre jours. On installait des dortoirs pour les hommes dans le grenier à linge. Les amis de chacun étaient les bienvenus. On festoyait, on dansait, on jouait la comédie. C'était une époque d'innocentes folies et de discrètes orgies. Pourtant, nous préférions, Henri et moi, la période calme des vacances et les bosquets déserts où personne ne venait nous déranger.

L'oncle Edmond était pour nous plein d'affection, de bienveillance et de bonté. Nous avons beaucoup chevauché sur ses genoux. Il nous a fait des tours de passe-passe et des tours de cartes, des devinettes et des calembours. Sa présence à Arrancy a égayé nos vacances et réjoui nos cœurs. C'est ce qu'il ne faut pas oublier.

IV.
Robe blanche et gilet rose, nouvelle tournée de famille

Deux dimanches de suite, chaque année, à la Fête-Dieu[1], on faisait des processions solennelles dans les rues de Nancy. Le jour de la grande Fête-Dieu, toutes les paroisses se réunissaient et la procession était plus grandiose, plus longue, plus riche de costumes ecclésiastiques. L'évêque lui-même marchait sous le dais. Mais, le second dimanche, la fête se faisait plus intime, entre fidèles d'une même paroisse, et j'ai défilé bien des années parmi les petites filles couronnées de roses qui marchaient devant les demoiselles plus ou moins mûres qu'on appelait *congréganistes*. Les petites filles portaient toutes des bannières ou des emblèmes, ou bien des corbeilles pleines de pétales de roses qu'elles répandaient sur le sol tout en marchant. Un jour, l'une d'elles conduisit un petit agneau docile au bout d'un long ruban bleu. Elle eut beaucoup de succès. Maman imagina alors de me faire promener l'année suivante, sur un coussin de satin blanc, une petite colombe apprivoisée que nous possédions. La colombe resta très sagement sur son coussin jusqu'au dernier reposoir, et là, à la fin de la bénédiction, elle se mit à roucouler, ce que l'on jugea providentiel.

Les personnes que l'on chargeait d'organiser les reposoirs étaient des dames riches et bien posées. Elles se donnaient beaucoup de peine pour trouver quelque chose d'inédit dans le domaine des fleurs naturelles et dans celui des fleurs artificielles. Elles appelaient des conseils et des aides ; pendant plusieurs jours on travaillait au milieu de la mousse et des branches vertes, et l'on était intoxiqué par l'odeur amère des thuyas et les doux effluves des roses. Sur tout le parcours de la procession, chacun pavoisait sa maison de branchages, de guirlandes, de tapis et de draperies. Au dernier moment le pavé de la rue lui-même était couvert de verdure.

Je me rappelle surtout la procession qui eut lieu en 1859. Je ne portais ce jour-là qu'un modeste drapeau, mais maman m'avait recommandé avec insistance ne pas salir ma robe qui était neuve et destinée au mariage de mon oncle Antoni, le frère de papa[2]. Nous devions partir le lendemain dès le matin pour Bar-le-Duc où il se

1. La Fête du Saint Sacrement, ou *Corpus Christii*, est célébrée soixante jours après Pâques.

2. Frère aîné de Léon Poincaré, Nicolas Hélène Antonin Poincaré (1825-1917) s'était marié en 1859 avec Marie-Nanine Ficatier-Gillon (*tante Marie* dans la suite du journal). De cette union devaient naître Raymond (1860-1934) et Lucien Poincaré (1862-1920). *L'oncle Antoni* devait être très proche de Henri et d'Aline Poincaré ; la correspondance de jeunesse montre qu'il visitait

mariait le surlendemain. Je faisais donc bien attention à ma robe : je ne pensais qu'à elle, non par coquetterie, mais par conscience. Or, sur l'un des reposoirs, l'on fit monter les plus jeunes d'entre nous, dont j'étais (j'avais alors trois ans), et l'on nous disposa, ainsi que petits anges, de chaque côté de l'autel. Je n'avais pas le loisir de m'enorgueillir d'une telle dignité : je ne prenais garde qu'à ma robe. Tout à coup, tandis que le curé chantait, une rumeur se fit dans la foule, et je vis voler autour de nous des lambeaux de papier enflammés. Le haut du reposoir flambait ; chaque rose de papier était devenue une rose de feu et les branches de sapin commençaient à crépiter. Ce fut une si affreuse panique que j'en oubliai ma robe. Au milieu de la mêlée je me sentis saisie et emportée par deux tendres bras. C'était maman elle-même qui, dans sa sollicitude, achevait de friper la malheureuse robe.

Cette journée était vraiment bien compliquée. En rentrant, maman trouva un message de mon oncle qui lui demandait de lui apporter un gilet de flanelle rose chair, pour porter sous la chemise à jours que lui avait donnée sa fiancée. Maman courut tous les magasins de Nancy et ne put trouver qu'un gilet rose vif, presque

---

régulièrement Henri Poincaré à l'École polytechnique lors de ses fréquents voyages à Paris. Né à Nancy le 13 février 1825, il entra à l'École polytechnique en 1845 et intégra ensuite l'École des ponts et chaussées. À sa sortie en 1850 il commença sa carrière d'ingénieur dans le Cantal à Aurillac avant d'être nommé l'année suivante dans le département de la Mayenne. Il y demeura quelques années et en 1856 il obtint une résidence dans la Meuse en tant qu'attaché au service hydraulique : il jouera ainsi un rôle important dans les travaux de construction du chemin de fer de Lérouville en 1867 (section Lérouville-Verdun) et dans les travaux du canal de la Moselle à la Meuse et à la Saône (1869). En décembre 1879, il fut nommé membre permanent de la commission chargée de procéder aux examens du second degré pour l'admission au grade de conducteur des ponts et chaussés. Il devait revenir l'année suivante en résidence à Paris, où il prit en charge le contrôle de l'exploitation technique du réseau des chemins de fer de l'État. Il prit sa retraite en 1887 après avoir été pendant un an inspecteur général de l'hydraulique agricole pour le ministère de l'Agriculture. Il publia quelques travaux dans les *Annales des ponts et chaussées* – notamment un « Rapport sur la mise en valeur des terrains communaux dans le département de la Meuse » [A. Poincaré 1862] et une « Étude sur l'annonce des crues et le service de correspondance » [A. Poincaré 1864] – ainsi que plusieurs brochures consacrées au drainage et à la météorologie. Personnalité influente dans le département de la Meuse, il était très proche de certains élus locaux, en particulier du député et ministre Jules Develle, qui devait lancer la carrière de Raymond Poincaré (voir le chapitre xviii). Il était également très lié avec le chimiste Clément Georges Lemoine, avec le mathématicien Edmond Laguerre et avec le géologue Gabriel Auguste Daubrée, tous trois professeurs de Henri Poincaré à l'École polytechnique et à l'École des mines. Pour plus de détails sur son parcours, on consultera son dossier de carrière conservé aux Archives nationales, F/14/2301/2, ainsi que la thèse d'Antoine-Paul Naegel, *Le département de la Meuse (France) : industrialisation en 1790 et 1914* [A.-P. Naegel 2006].

digne d'une écrevisse. Elle passa la nuit à faire déteindre le gilet, à lessiver ma robe ; et, le lendemain, pendant le voyage, sur une corde tendue dans le wagon, nous vîmes osciller au-dessus de nos têtes mes petites jupes qui dansaient et le gilet couleur chair qui se balançait d'une façon plus noble.

Du mariage même je ne me rappelle qu'un fait. Je m'étais réjouie de défiler avec Henri, pour qui j'avais déjà une affection passionnée et exclusive. Mais voilà qu'on lui donne à conduire une petite fille de son âge tandis qu'on me laissait aux soins d'une bonne ! Le dépit m'arracha des larmes pendant la cérémonie et j'eus à subir les gros yeux du suisse qui m'expulsa sans pitié : ce n'était pas fait pour me réconforter avec l'existence.

Ma nouvelle tante était très belle, grande, élancée, brune avec le teint mat. Mais ce fut trop court pour la connaître. D'ailleurs je ne connaissais pas beaucoup mieux mon oncle Antoni. Je ne savais pas encore combien je les aimerais plus tard, l'un et l'autre. Mon oncle avait des manières douces, cordiales et distinguées, un sourire fin qui le faisait aimer de tout le monde. Mais, en ce temps-là, il ne souriait guère qu'à ma tante, qui semblait absorber toutes ses pensées. Je ne parlerai pas non plus maintenant, naturellement, des deux cousins aux destinées illustres qui devaient naître de ce mariage.

***

La sœur aînée de papa, la tante Clémence, dont j'ai déjà parlé à propos de sa petite fille morte à huit ans et devenue un ange du ciel, était mariée à un pharmacien, l'oncle Théodore Magnien[3]. Celui-ci était installé sur la place du marché où il faisait de brillantes affaires. Malheureusement, la mort avait visité deux fois la maison. Elle avait pris, avant d'emporter Hélène, un petit garçon mort avant ma naissance. Aussi, lorsque deux petites filles vinrent au monde, en 1859 et en 1861, ma tante eut-elle l'idée fixe de les élever à la campagne afin de les préserver de

3. Théodore Magnien (1817-1892) avait épousé la sœur du père de Poincaré, Clémence Poincaré, en 1845. Pharmacien de formation, il publia avec Léon Poincaré, une « Note sur l'action toxique de la delphine » dans les *Mémoires de l'Académie de Stanislas* [L. Poincaré et T. Magnien 1866]. On trouve sa signature sur l'acte de naissance d'Henri Poincaré (avec celle d'Alphonse Hinzelin). Aline Boutroux revient à plusieurs reprises sur son parcours de carrière singulier (voir ainsi les pages qui suivent). Elle évoque également le parcours d'un de ses neveux Alphonse Magnien (1832-1900) qui devait reprendre sa pharmacie (cf. chapitre xvi). Théodore Magnien semble avoir été très présent dans la vie locale : il fut maire de la petite commune d'Heillecourt de 1865 à 1876 et participa au Congrès des Américanistes de Nancy en 1875 [E. Logie et P. Riviale 2009].

la maladie. Peut-être la perspective de devenir des rentiers, des gens indépendants, et d'abandonner cette profession pharmaceutique qui se rattachait au commerce plus qu'à la science pesa-t-elle, pour mon oncle comme pour ma tante, dans la balance. Toujours est-il qu'avec une fortune relativement modeste, ils s'installèrent à quatre kilomètres de Nancy, dans une maison blanche qui dominait un long jardin en pente. De l'autre côté, la maison n'était séparée de la rue du village que par une cour où s'élevait une petite butte.

La tante Clémence

La tante Clémence avait un cœur chaud, une bonté primesautière qui, tout de suite, vous attachaient à elle. Elle aurait voulu partager avec les autres tout ce qu'elle possédait, mais elle n'aimait pas, d'un autre côté, à voir jouir les autres de biens qu'elle ne possédait pas. Elle avait une sincérité ingénue, une confiance enfantine, une mobilité d'impressions qui la conservaient éternellement jeune. Elle s'inquiétait vite, mais se rassurait de même ; elle se froissait vite, s'indignait, se calmait, s'enthousiasmait tour à tour, avec une égale facilité. Ses yeux étaient toujours prêts à pleurer et sa bouche prête à rire. Ses traits fins auraient fait d'elle une jolie femme, mais elle était toujours mal coiffée et portait habituellement son chapeau de travers. Elle arrivait en coup de vent, parlait avec volubilité, laissait toujours, en l'oubliant, quelque chose derrière elle

Mais comme elle nous accueillait bien dans la maison blanche d'Heillecourt ! Et comme, nous conduisant sous les pruniers de son verger, elle nous disait de bon cœur :

– « Secouez mes arbres, mes enfants ; dépouillez-les de leurs fruits : vous n'en mangerez jamais assez ! »

Elle aurait voulu posséder le Pérou pour pouvoir nous le donner.

L'oncle Théodore

Cette bonne tante était doublée d'un excellent oncle, d'un caractère très différent, d'ailleurs. C'était un brave homme assez rustique, d'un sens très solide, d'une obligeance toujours prête. Il s'était mis avec bonheur à cultiver son jardin et il aimait faire admirer ses treilles. Avec lui le tour du propriétaire était complet et méthodique. C'était chaque poire, chaque pomme, qu'il fallait soupeser avant qu'elle fût mûre.

Mais, deux ou trois fois par semaine, l'oncle Théodore redevenait un citadin. Il revêtait une belle redingote qui n'avait jamais ni un pli ni une tache ; et il se rendait à son cercle, le cercle le plus aristocratique de Nancy, dans l'espoir d'y faire une partie d'écarté avec le comte Chose ou le baron Machin. Nous avons su indirectement que ces nobles personnages se moquaient de ses prétentions et l'appelaient le *Bourgeois gentilhomme.* Certes, ceux-ci ne le valaient pas pour la générosité, la droiture, la franchise, la bonté simple et serviable. Pour conduire lui-même sa victoria, il recouvrait sa redingote d'une vieille houppelande, qui le faisait surnommer *le convoyeur.* On appelait ainsi, pendant la guerre, les charretiers déguenillés qui accompagnaient les armées.

L'oncle Théodore était jovial et il aimait à répéter certaines plaisanteries, toujours les mêmes. Par exemple, il ne vous disait jamais au revoir sans ajouter :

– « Porte-toi bien : je paierai le médecin. »

Ces plaisanteries étaient, en quelque sorte, ses *leitmotive.*

L'oncle Théodore faisait, sans s'en apercevoir, tout ce que voulait sa femme, et, comme sa femme fit bientôt, de même, tout ce que voulaient ses filles, ce fut une autorité retournée, de bas en haut, qui gouverna cette maison.

V.
Rue Lafayette N° 6

Il est temps d'arriver dans l'appartement de la rue Lafayette que nous devions occuper pendant douze ans, entre ma septième et ma dix-neuvième année. C'est là que, véritablement, j'ai commencé à vivre ; que j'ai assisté aux succès prodigieux d'Henri et à son entrée triomphale à l'École polytechnique. C'est là que j'ai vaincu ma paresse et mon ignorance. C'est là que j'ai atteint ma taille définitive, que je me suis transformée d'enfant en jeune fille ; c'est là, enfin, que j'ai souffert le plus terrible malheur de ma vie, le malheur public de 1870-1871.

L'appartement était spacieux, commode, confortable. Il comprenait plusieurs très grandes pièces dont plusieurs, il est vrai étaient prises par papa à l'heure de sa consultation. Selon notre habitude, nous travaillions tous les deux au milieu de la chambre de maman, sur une grande table de chêne. Et, tout en faisant nos devoirs, nous écoutions d'une oreille les petits cancans que de vieilles parentes ou amies venaient, *entre chien et loup*, raconter à maman. Nous prenions ainsi une connaissance du monde qui, malgré ses lacunes, nous donnait un avant-goût des complexités psychologiques au milieu desquelles il nous faudrait vivre.

À côté de la chambre de maman était la mienne, qui recevait la lumière par une large fenêtre. Tenté par la tranquillité et par le bel éclairage de cette pièce, papa y avait installé son microscope et, sur une petite étagère, ses préparations microscopiques. Pendant des années, je vis s'aligner là des bocaux dont chacun, je le savais, contenait un cerveau de fou. Dès qu'un aliéné mourait à l'asile de Maréville, on envoyait à papa son cerveau : c'était une chose convenue. Il en détachait de petites tranches pour les examiner au microscope ; une fade odeur d'alcool se répandait dans la chambre ; et je voyais au jour douteux du matin, nager cette substance blanche et cette substance grise à l'aide desquelles ces malheureux avaient pensé, voulu, aimé, cru. Cela m'inspirait, sinon une crainte superstitieuse, du moins un certain dégoût. Mais c'est ainsi que papa put, profitant de tous les petits moments perdus, préparer son ouvrage sur la physiologie du système nerveux [1].

1. Situé au sud-ouest de Nancy, l'asile de Maréville (hôpital départemental des aliénés depuis 1838) était l'un des plus importants de France vers la fin du XIXe siècle. Léon Poincaré devait utiliser les résultats de ses observations dans ses *Leçons sur la physiologie normale et pathologique du système nerveux* [H. Bernheim 1892] – l'un de ses plus ambitieux ouvrages – ainsi que dans quelques autres

C'est aussi vers cette époque que nous allâmes avec papa faire visite au directeur de cette maison de fous de Maréville. En nous promenant dans son jardin, il nous conduisit au bord d'une terrasse qui dominait une cour de récréation. Tous ces pauvres gens avaient l'air d'être seuls et de ne pas voir les autres. L'un d'eux parlait dans un coin avec des gestes éloquents, devant une foule imaginaire. Une femme accroupie faisait entendre de bruyantes lamentations tout en se brisant la tête contre le mur ; tout près d'elle une autre femme dansait et riait aux éclats. Folie triste et folie gaie se coudoyaient sans se connaître. J'en fus profondément frappée. Et cependant, je ne pouvais comprendre alors que tous les hommes que l'on dit sains poursuivent, eux aussi, leur caprice individuel, leur chimère particulière, et qu'ils ne se comprennent pas les uns les autres. Joies et douleurs sont des choses subjectives : c'est une illusion de croire que nous puissions partager celles des autres ou leur faire partager les nôtres. Ainsi, nous sommes plus ou moins des fous, tous autant que nous sommes.

***

Nous avions pour propriétaire une grosse dame riche, despote et fantasque qui habitait au-dessus de nous au second étage. Elle avait une fille qui pouvait avoir seize ou dix-huit ans quand nous arrivâmes dans la maison. Celle-ci devait renoncer au mariage pour pouvoir continuer à se dévouer à sa mère. Elle partageait une vie sédentaire qui l'anémiait, elle s'effaçait de plus en plus pour faire place à l'égoïsme envahissant de l'autre. La tendresse qui brillait dans les yeux de Mlle Barbas lorsqu'elle voyait sa mère contente tenait de la tendresse maternelle.

Pour animer leur tête à tête, les dames Barbas avaient une chatte blanche très gâtée, séquestrée comme elles mêmes et nourrie de blanc de poulet ; et un perroquet très bavard. Il arriva, au sujet de ce perroquet, une histoire assez drôle. La bonne que nous avions alors, la brave Marthe, avait pris la mauvaise habitude d'exprimer son mécontentement tout en ouvrant la porte aux gens – clients de papa pour la plupart – qui la dérangeaient dans son travail.

– « Ah ! Les embêtants, les embêtants ! » criait-elle en tirant le cordon.

Au bout de quelque temps le perroquet s'était assimilé le mot de Marthe et le ton peu aimable dont elle le disait. Il répétait ce mot impitoyablement dès que, de sa fenêtre, il la voyait paraître, et il le répétait même au nez des clients de papa ; tandis que Marthe, pour ne pas les injurier, s'arrêtait avant qu'ils pussent l'entendre.

---

travaux (notamment [L. Poincaré 1876] et [L. Poincaré 1877]). Pour une analyse plus détaillée, voir [R. Drouelle 1986] et [J.-S. Joly 2000], ainsi que [E. Salf 2000].

Elle fut instantanément corrigée : le perroquet réussit là où maman avait échoué. Et j'ai pensé depuis que des perroquets bien dressés pourraient être des agents pédagogiques de premier ordre.

Le rez-de-chaussée était habité par une famille juive qui tenait un magasin d'antiquités. Nous avions peu de rapports avec eux, mais nous étudiions de loin leurs mœurs patriarcales, l'autorité absolue du père, la situation inférieure des femmes. Quand le chef de la famille mourut, ses filles suivirent son cercueil dans la rue en poussant des cris rythmés, comme les pleureuses antiques. Ensuite elles s'enfermèrent avec la veuve, pendant six semaines, dans une chambre obscure où elles restaient inactives et immobiles assises directement sur le plancher et sans recevoir personne. Les rites de la religion, les jeûnes consacrés étaient observés rigoureusement par cette famille.

***

Henri entra au lycée dans l'automne de 1862. Ce fut un événement dans ma vie comme dans la sienne. Désormais, il ne pouvait plus guère partager mes jeux, et pendant quatre heures par jour il était hors de ma portée, entouré de murs et de grilles qui me faisaient penser à une prison.

La veille de la rentrée avait été pour moi un jour d'humiliation. Deux cousins, l'un germain, et l'autre issu de germain, devaient entrer au lycée le même jour que lui et dans la même classe. Malheureusement tous deux devaient être internes, leur famille n'habitant pas Nancy. Leurs mères respectives les amenèrent, bien sages, bien pommadés, bien préparés pour le sacrifice.

L'un d'eux était Louis, le fils de la tante Odile[2], qui était la sœur de maman. Nous étions très liés avec lui et le considérions comme un frère, car il avait vécu

2. Odile Comon (1832-1927), née Launois, était la sœur de la mère de Poincaré, Eugénie. Elle épousa le médecin Charles Comon (1825 1895), qui fut maire de Longuyon et également membre du Conseil départemental de l'Instruction publique. De cette union devaient naître Lucie et Louis Comon. Lucie Comon (1862- ?) épousa en 1885 le chimiste Albin Haller (1849-1825). Aline Boutroux consacre plusieurs paragraphes à Odile Comon (cf. chapitre VI). Louis Comon (1854-1918), quant à lui, épousa Marie Tonnelier, dont il eut trois fils et une fille. Ingénieur agricole de formation, il fit toute sa carrière dans le Nord-Pas-de-Calais en tant que professeur départemental d'agriculture (il passa notamment de nombreuses années à enseigner l'horticulture pratique à l'École normale d'Arras). Pour plus de détails sur sa carrière, cf. son dossier administratif aux Archives nationales, F/17/22803.

avec nous à Arrancy, pendant les vacances, et il était entier dans nos jeux. C'était un garçon franc, jovial et toujours prêt à rire.

L'autre était Roger, que nous connaissions beaucoup aussi, car sa mère, la tante Amélie[3], avait été élevée avec la nôtre dont elle était la cousine germaine, et elle venait très souvent, de la campagne qu'elle habitait, demander l'hospitalité à mes parents.

Nos deux tantes, donc, amenant leurs fils au lycée, passèrent l'après-midi à vanter la science que ceux-ci possédaient déjà. Et, tandis qu'elles énuméraient les règles compliquées qu'ils pouvaient résoudre, les histoires qu'ils savaient sur le bout des doigts, les géographies qu'ils connaissaient comme le fond de leur poche, maman répétait modestement :

– « Henri n'en sait pas tant. Henri est bien en retard. J'ai bien peur qu'il ne puisse pas suivre les autres. »

Autant de paroles qui me brûlaient comme des fers rouges.

Je ne sais pas si maman pensait ce qu'elle disait. En tout cas elle ne le pensa pas longtemps. Dès la première composition Henri fut le premier et il persista à l'être. Quant aux deux petits savants, hélas ! ils étaient classés à la queue et se disputaient seulement à qui serait le dernier. Lorsque nous allions les voir au parloir pour échanger, Henri et moi, des gâteaux succulents contre le pain de l'administration dont nous faisions notre goûter, on ne parlait que de pensum, de retenues, de privation de sortie, voire même de prison ; et maman passait son temps dans le cabinet du proviseur ou celui du censeur pour demander des grâces.

Louis et Roger passaient chez nous la journée du dimanche, toutes les fois qu'ils parvenaient à sortir, mais ce n'était pas toutes les semaines. Ils étaient pourtant très différents l'un de l'autre. Louis n'était que paresseux. Tant qu'on ne parlait pas de travail, de devoirs, de livres, c'était un garçon moyennement intelligent, d'un esprit assez curieux et réfléchi. Mais dès que cela sentait la leçon à apprendre, le devoir à écrire, ou même le livre à lire, il refermait son intelligence comme à l'aide d'une coulisse, ses yeux devenaient ternes, leur expression ennuyée : c'était un cancre !

---

3. La sœur de la grand-mère maternelle d'Aline et d'Henri Poincaré (*la mémère*), Élisabeth Marchal s'était mariée avec Jean-Baptiste Barthélémy et de cette union devaient naître quatre enfants : trois filles, parmi lesquelles Amélie et un garçon Adolphe. Amélie se maria avec un membre de la famille Berment et donna ainsi naissance à Roger et à Lucie Berment. Probablement suite au décès de son épouse, Jean-Baptiste Barthélémy épousa en seconde noce Marie-Anne le Bourgeois de Ménil (désignée dans le journal d'Aline Boutroux comme la tante Anna). Lors de ses études à l'École polytechnique, Poincaré visitait régulièrement une famille Barthélémy à Paris et on peut supposer qu'il s'agissait de cette tante Anna.

Roger avait l'esprit plus vif, mais, comme beaucoup de mauvais sujets qui l'ont précédé ou suivi, il ne prenait plaisir qu'à tromper ses maîtres, à scandaliser ses camarades, à désespérer ses parents. Tout ce qu'il avait d'intelligence et d'ingéniosité était employé à imaginer des ruses, des farces, des méchancetés. Lui non plus, pourtant, n'était pas un mauvais garçon, mais il était mal entré dans la vie, il avait mis son amour-propre à faire le mal, et, une fois engagé dans cette voie, il ne voulait pas rétrograder : c'était un fanfaron du vice.

***

Si je n'ai pas parlé jusqu'ici de nos études musicales, c'est qu'elles n'étaient pas particulièrement brillantes. De bonne heure, Henri avait suivi un petit cours de solfège. La théorie musicale n'était pour lui qu'un jeu : il l'aurait inventée au besoin. De plus il comprenait la musique et il chantait juste. Mais il ne put jamais arriver à battre la mesure. Il la scandait d'abord assez régulièrement, avec des mouvements roides du bras tout entier, mais il s'énervait bientôt et n'exécutait plus qu'un moulinet désordonné.

Il commença le piano un peu plus tard. La même nervosité lui nuisait. Il avait les doigts raides. Cela allait pourtant tant bien que mal, jusqu'au moment où le professeur, M. Rubin, donnait tout à coup de violents coups de poing sur le clavier. Toutes les cordes se heurtaient, plusieurs même éclataient, l'instrument tout entier résonnait comme une grosse caisse, et le pauvre Henri abasourdi n'était plus capable de distinguer un *do* d'un *si*.

Henri cessa de prendre des leçons de piano peu de temps après son entrée au lycée ; et, certes les colères intempestives de M. Rubin furent pour quelque chose dans cette décision. Ce fut bien pis plus tard, lorsqu'élève de mathématiques spéciales, ayant un goût toujours plus marqué pour la musique, Henri se décida à reprendre quelques leçons. À la moindre fausse note, M. Rubin s'écriait :

– « Qu'y a-t-il encore ? Vous êtes dans les nuages ? je parie que vous venez encore de faire des mathématiques !! »

Faire des mathématiques ! Un élève de mathématiques spéciales !

C'était vraiment un crime abominable ! Pour ne plus encourir un tel reproche, Henri renonça définitivement au piano, et ce fut dommage.

Je n'ai pas poursuivi le cours de solfège, pour la raison, je crois bien, qu'il n'existait plus. Après avoir appris à lire mes notes en une leçon, j'ai abordé l'étude du piano. Mais mes petites mains étaient également très nerveuses et roides ; mes doigts étaient comme soudés les uns aux autres ; je n'arrivais pas à les désolidariser. Et il fallait penser à tant de choses à la fois ! À son dos, à ses épaules, à ses coudes, à ses poignets, à la mesure, aux silences, aux points d'orgue, et aux notes, surtout, qu'il fallait lire sur la musique et trouver en même temps sur le clavier, comme si l'on avait plusieurs paires d'yeux à sa disposition. Je pense que je manquais principalement d'attention ; car lorsque je répétais un passage, je le faisais moins bien la seconde fois que la première et la troisième que la seconde.

Les âneries de ma méthode dépassées, on me confia des morceaux d'opéra. Tous les motifs principaux d'un opéra comique, par exemple, étaient ainsi rassemblés en quatre ou cinq pages, raccordés entre eux par quelques accords suivis d'un trait. Ces traits étaient l'écueil du morceau, aussi portait-on sur eux tous ses efforts. Composés de trilles, de gammes et d'arpèges, ils montaient jusqu'au haut du piano où ils se terminaient par une note qui était à peine une note. Il fallait les reprendre vingt fois de suite, et toujours on échouait au même point. Aussi le découragement ne tarda-t-il pas à me gagner, moi aussi.

M. Rubin, par égard pour mon sexe et ma faiblesse, sans doute, ne se livrait pas avec moi à des explosions de colère, mais son attitude n'en était que plus déconcertante. Il entrait comme un condamné qui marche au supplice, la tête basse, les bras ballants et il répétait d'une voix lugubre :

– « Quel métier, mon Dieu, quel métier ! J'aimerais mieux casser des pierres sur les routes. J'aimerais mieux rouler le boulet d'un forçat. »

Puis il se laissait tomber sur sa chaise et la leçon commençait. Quand je lui faisais une fausse note, il se bornait à murmurer d'une voix pâmée, avec un air douloureux.

– « Si bémol ! Si bémol ! »

Et il fermait les yeux comme s'il allait se trouver mal.

Interrompues par une maladie, quand j'avais dix ans, mes leçons reprirent avec de nouvelles difficultés. Mais trois ans plus tard elles furent interrompues de nouveau, par la guerre et l'occupation. Tant qu'un allemand souilla nos trottoirs du pas de ses lourds souliers, la clef du piano resta dissimulée dans une cachette où je l'avais mise le jour même de la déclaration de guerre. Ainsi, j'étais arrivée à dix-sept ans avec les doigts toujours plus roides et moins exercés. Mes amies, pendant ce temps, étaient devenues des virtuoses. Maman eut enfin pitié de moi. Nous eûmes recours à un arbitrage. Un ami de ma famille, très bon pianiste lui-même, mais n'ayant pas la superstition du piano obligatoire, m'examina consciencieusement. Sa conclusion, très poliment formulée d'ailleurs, fut que je pouvais employer mon temps plus utilement dans un autre domaine. Ainsi je fus débarrassée de M. Rubin et de ses mines de victime.

***

De très bonne heure aussi, on nous enseigna la danse. J'ai toujours montré beaucoup de dispositions pour cet art profane, et il m'a toujours semblé bien plus facile de marquer la mesure avec ses pieds qu'avec ses mains.

Notre maître de danse prêtait à rire comme tous ceux de son métier. Se moquer du professeur est un des plus grands plaisirs des leçons de danse. Celui-ci était particulièrement drôle quand il tenait les pans de son habit pour montrer aux petites filles à faire la révérence. Je dis *petites filles* à dessein, car nous n'étions encore que des enfants. Néanmoins comme les invitations étaient libres, nous étions déjà très flattées d'être choisies les premières. C'étaient toujours les mêmes qui restaient d'abord sur les chaises et n'étaient invitées que d'office, sur l'ordre du professeur, pour compléter le quadrille.

Ces leçons avaient lieu le jeudi dans une famille amie. À la fin de la leçon, les élèves à tour de rôle, présentaient le cachet du professeur, entre deux révérences, avec un geste particulièrement gracieux qu'il leur avait enseigné. C'était le moment terrible où tout le monde vous regardait.

***

Nos talents chorégraphiques étaient déjà mis en œuvre dans de petits bals d'enfants où nous figurions généralement dans des déguisements. J'ai vu Henri en marquise et en faucheur polonais. J'ai été le classique petit chaperon rouge. Ces réunions servaient de prétexte pour distribuer généreusement aux enfants des objets divers. Un jour je me réjouissais particulièrement d'avoir un bouquet de violettes odorant. Mais les fleurs étaient pour les dames : on repoussait la main que je tendais. Je connus la honte de ceux à qui on refuse l'aumône.

***

La plupart de nos dimanches, ainsi que je l'ai dit, étaient employés à recevoir nos deux collégiens. Nous passions généralement l'après-midi au jardin. C'était une joie pour eux de déposer leurs lourdes tuniques et de prendre leurs ébats en liberté. Parfois ils se querellaient et même en venaient aux mains, habitude prise dans les cours de lycée. Je me rappelle qu'ils se mettaient d'accord pour s'asperger mutuellement lorsqu'il faisait bien chaud, avec la pompe d'arrosage, en prenant seulement la précaution, pour garantir un peu leurs vêtements, de se rouler dans un vieux paillasson, destiné à habiller les poiriers pendant l'hiver. Mais c'était aux repas surtout que Louis et Roger se montraient à leur affaire. Ils dévoraient les plats cuisinés par Marthe tout en nous décrivant les infâmes ragoûts qu'on leur faisait manger au collège, les lits infects où on les faisait coucher, tous les odieux détails de la vie dans ce vieux lycée, où l'incurie de l'administration n'avait su ajouter que la poussière et la crasse du temps du régime de 1830. On peut se demander si le dégoût continuel dans lequel vivaient ces enfants de neuf ans n'était pas pour quelque chose dans leur découragement, leur paresse et leur mauvaise conduite.

La sœur de Roger Berment, Lucie, une grande fille plus âgée que nous de trois et cinq ans, était pensionnaire au couvent des Dominicains, à Nancy. Elle sortait également chez mes parents, mais une fois par mois seulement, et le jeudi. Elle aussi, se plaignait de l'internat et du régime du couvent. Elle nous racontait que lorsqu'une élève était punie, elle devait ensuite aller s'agenouiller devant la Mère Supérieure, dans le cabinet de cette dernière, et dire d'une voix contrite :

– « Merci, ma Mère : je l'ai mérité. »

Cet aveu était bien plus pénible que la punition elle-même, et il soulevait dans le cœur des coupables de sourdes révoltes qui s'y accumulaient. Lucie nous racontait aussi les étranges lubies de certaines pensionnaires détraquées, par exemple l'acte extraordinaire d'une petite fille qui, pour poser devant ses camarades, s'était fait avec son canif une entaille dans le bras et avait sorti au-dehors tout un long ruban de veine bleue, sur lequel elle tirait pour l'allonger, comme sur du caoutchouc. Les sœurs, absorbées dans leurs prières et séparées du monde par les ailes de leurs cornettes, ne s'apercevaient de rien.

Quand nous allions voir Lucie au parloir, j'admirais l'immense pièce au parquet luisant comme une glace et les rideaux de mousseline éclatants de blancheur. Des religieuses en blanc circulaient à travers les chaises, faisaient des caresses aux pensionnaires et des protestations de dévouement aux mamans. Mais je remarquais que les élèves faisaient la moue et ne se laissaient pas embrasser de bon cœur. Quant à moi, j'étais encore bien plus choyée que les élèves : j'étais une pensionnaire possible, une pensionnaire de l'avenir, et on faisait tout pour me gagner. Je me demandais naïvement ce qui pouvait bien me valoir cette tendresse angélique. Il y avait entre autres une religieuse qui était une Maggiolo, la sœur du recteur de l'Académie de Nancy. Elle mettait à ses démonstrations une ardeur toute italienne et les accompagnait de grimaces nerveuses tellement semblables à celles de son frère, que nous croyions voir un recteur déguisé en religieuse, ce qui était troublant.

Nous aimions beaucoup Lucie qui avait une nature franche et affectueuse. Elle fit plusieurs maladies et eut un abcès qui dura très longtemps et qu'elle vint soigner à Nancy auprès de papa. Son bonheur, à elle, était de voir les magasins. Elle était très pressée de devenir une grande demoiselle, promettait d'être très jolie et attachait une grande importance à la toilette. Je me rappelle sa première robe longue et son premier chignon comme des événements importants : je ne me rappelle rien de semblable en ce qui me concerne.

Les visites fréquentes de la mémère, de tante Odile ou tante Amélie, et de beaucoup d'autres parentes nous faisaient une vie assez agitée. Lorsque mes tantes venaient, nous les accompagnions dans les magasins, on compulsait toutes les étoffes, on instituait un conseil de famille avant d'acheter une robe. Mais aussi, dans ce temps-là, une robe était une chose durable qui faisait plusieurs saisons, et qui reparaissait encore, au bout de trois ou quatre ans, sous une forme rajeunie.

VI.
Les vacances

Deux fois par an, dès qu'Henri était en vacances, nous partions pour Arrancy. J'ai déjà dit la bonne vie libre qui nous y attendait. Le matin, aussitôt levés, nous devenions nos maîtres : on ne nous réclamait qu'aux heures des repas.

Selon le temps qu'il faisait nous variions nos occupations. Durant les chaleurs nous restions des heures étendus sur le dos, couchés sur l'herbe ou sur les aiguilles des sapins. Le premier lit était plus moelleux, l'autre plus frais. Quand on était dans l'herbe, on découvrait tout un monde ignoré qu'on n'avait jamais vu de plain-pied. Mille insectes inconnus surgissaient de terre et se promenaient entre les brins d'herbe. Pour eux c'étaient des arbres géants : pour nous, à peine un oreiller. Nous percevions des murmures infiniment subtils, un concert que l'on n'entend que dans le silence. Henri me demandait parfois :

– « Est-ce que nous avons déjà dîné ? »

Je ne m'en souvenais pas plus que lui, et tous deux nous préférions que soit passé le dîner, qui était le repas de midi en Lorraine, afin d'avoir des heures devant nous sans être dérangés.

Louis partageait habituellement notre vie d'Arrancy sauf que, depuis qu'il était au lycée, ses parents le réclamaient davantage à Longuyon, la ville voisine. Mais Longuyon avait beau être une très petite ville, il y régnait cependant une certaine étiquette ; et Louis préférait la liberté des champs. C'était une lutte incessante entre lui et ses parents.

Nous avions des jeux à nous, pour les jours où nous voulions remuer. Henri en avait notamment inventé un qui s'appelait le minotaure et qui nous amusait beaucoup. J'en ai malheureusement oublié les règles. Et puis, on nous avait donné un terrain où, autour d'un massif central, nous avions chacun notre petit jardin. Le partage du terrain et les premières cultures avaient été faits pendant les vacances de Pâques par nos mamans et leurs deux frères. Tous étaient si bien unis, si heureux de se retrouver ensemble et de faire quelque chose en commun ! Nous assistions à ces travaux qui étaient faits pour nous mettre en train. Louis se montra très bon jardinier. Henri le fut moins parce que cela lui faisait de la peine d'arracher les mauvaises herbes et de chasser les insectes nuisibles qui, eux aussi, avaient droit à l'existence. Quant à moi je transplantais dans mon terrain des fleurs des bois et des champs et ces essais d'acclimatation étaient toujours malheureux.

Pour les jours de pluie, nous n'étions pas non plus privés de distractions. L'espace couvert ne manquait pas, et nous avions le droit de puiser dans les armoires de la mémère, et de fouiller ses greniers, pleins de vieilles choses dont elle-même avait oublié l'existence.

C'est vers cette époque que j'ai appris à aimer les chats, passion qui chez moi ne devait faire que croître et embellir. C'était une vieille chatte grise et pleine d'expérience qui habitait généralement la grange, où on lui portait sa maigre assiettée de soupe. Elle ne pénétrait jamais dans la maison, soit qu'on le lui ait défendu, soit qu'elle ait peur des chiens de chasse qui y pénétraient en maîtres. Elle ne recevait jamais de caresses, et, dès qu'elle apercevait quelqu'un, elle se sauvait, la queue basse. Pourtant, une fois, elle se laissa approcher par nous sous le toit du manège, et chaque jour d'un peu plus près, jusqu'à ce que nous fussions devenus les meilleurs amis du monde. Ah ! Elle ne se sauvait plus en nous voyant paraître : elle courait à nous, miaulait, frottait contre nos jambes sa maigre échine, et nous racontait avec volubilité mille choses que nous ne comprenions pas. Elle nous reconnaissait d'une vacance à l'autre et se trouvait au rendez-vous, toujours au même endroit et à la même heure, comme si la pauvre bête n'avait pas manqué d'y venir chaque jour pendant mon absence dans l'espoir de m'y rencontrer. Touchée de cette affection, je la lui rendais avec usure. Mon bonheur était d'obtenir à la cuisine quelque bon morceau pour le lui apporter.

Un jour je la trouvai très émue, inquiète, agitée. Elle miaulait nerveusement, faisait trois pas, retournait en arrière, et m'invitait évidemment à la suivre. Je lui obéis. Elle me conduisit ainsi hors de la grange, dans la cour ; hors de la cour, dans la rue ; et enfin dans la grange du voisin. J'avais bien des scrupules, parce qu'il ne m'était pas permis d'aller si loin ; mais il m'était impossible d'abandonner mon amie dans l'état d'émotion où je la voyais. Arrivée dans la grange du voisin, elle escalada une échelle, et la voilà tout en haut, sur le foin, continuant à miauler et à m'appeler avec insistance. Alors, je ne fis ni une ni deux, je grimpai à l'échelle, comme elle, et un charmant spectacle s'offrit à mes yeux. Quatre petits chats nouveau-nés étaient couchés dans un trou du foin, et en train de téter la bonne chatte grise. Elle avait tenu à me présenter sa famille. Or, elle le savait bien la pauvre bête, ses petits chats allaient généralement pourrir au fond du canal : c'est pour cela qu'elle les cachait si loin. Elle avait eu confiance en moi : je ne révélai jamais son secret à personne pour ne pas la trahir.

Dormir dans une grange, ou bien dans l'herbe, à la belle étoile ! J'avais lu cela dans les histoires, et c'était là toute mon ambition. Un soir je m'éclipsai au moment où on allait se coucher, et je m'enfuis dans le jardin, avec l'espoir qu'on ne découvrirait pas mon absence. J'entendis mon grand-père faire sa tournée, fermer et verrouiller les portes : le tour était joué ! J'allais donc enfin passer une nuit romantique comme on en passe dans les livres ; entendre ce qui se dit dans le recueillement de la nuit, voir les étoiles s'éteindre et le soleil s'éveiller ! Hélas ! Dix minutes ne s'étaient pas écoulées depuis que la porte était fermée, lorsqu'elle se rouvrit. Des voix inquiètes m'appelaient. Alors, d'un bond, je fus rentrée au bercail, pour y dormir dans un lit, de façon banale.

L'oncle Adrien

Vers 1865, mon oncle Adrien, sorti de l'École de Saint-Cyr, était sous-lieutenant de chasseurs à pied, en garnison à Metz[1]. Il venait souvent à Arrancy en permission, et toute la maison s'égayait quand il était là. Il était si heureux de vivre ! Il aimait tant son métier, il aimait tant le pays natal, la maison paternelle, dont les murs, accoutumés à rire, se mettaient à vibrer dès qu'il était arrivé ! Il était petit, vif, blond et de teint coloré ; et il avait les jolis yeux bleus de la mémère avec cette différence que les siens n'avaient jamais pleuré et ne se cachaient pas derrière des lunettes. Il était pour nous comme un grand-frère, de même que, pour maman qui avait treize ans de plus que lui et l'avait élevé, il était comme un fils aîné. Nous osions lui manquer de respect. Ce n'était pas notre respect qu'il réclamait, d'ailleurs : c'était notre affection et nous la lui donnions sans compter.

La tante Odile

Quand maman était là et l'Oncle Adrien également, on cherchait à décider la tante Odile à venir s'installer à Arrancy. Mais c'était parfois très difficile. La tante Odile était une femme de devoir. Or son devoir était de rester auprès de son mari,

1 Adrien Launois (1842-1917) est évoqué de manière récurrente dans ce journal. Il avait en effet fait des études à l'École militaire de Saint-Cyr en 1860-1862 (45e promotion, dite « du céleste empire »). Il fit l'essentiel de sa carrière comme lieutenant dans l'infanterie. Il fut fait prisonnier dès le début de la guerre de 1870 et il revint à la vie civile après sa libération. Il s'associa ensuite à son frère Edmond Launois pour cultiver les terres familiales de Sorel, entreprise éphémère qui se solda par un échec financier (voir chapitre le chapitre XVIII). Il se maria dans les années 1874-1875 avec Ernestine Thouvenin (1849-1894) – dont la personnalité est évoquée de manière beaucoup moins sympathique plus loin (cf. chapitre XXIV) – et il exerça ensuite le métier de percepteur autour des communes de Lunéville et de Mars-La-Tour.

qui, du reste, ne l'encourageait pas bien chaudement à le quitter. Elle venait toutefois, avec lui, assez souvent dans la journée, et c'étaient alors de longs conciliabules à voix basse, dans les petits coins, pour obtenir qu'elle restât jusqu'au lendemain. Quand par hasard elle ou il cédait, comme elle était bonne musicienne, elle nous faisait danser ; ou bien elle déchiffrait au piano les airs du dernier opéra comique, tandis que maman et mes deux oncles, penchés sur la partition, chantaient à gorge déployée leurs morceaux préférés. Ce n'était pas de la grande musique – Aubert ou Adam[2], la plupart du temps –, mais les chanteurs y mettaient tant d'entrain que cela faisait beaucoup d'effet. Ils étaient tous grands amateurs d'opéras, et connaissaient tout le répertoire.

La tante Odile faisait parfaitement tout ce qu'elle faisait, et elle le faisait avec une remarquable aisance. Elle était toujours douce et souriante ; sa maison était bien tenue et soignée ; sa cuisine excellente ; elle faisait de minutieux petits ouvrages. Mais elle était souvent en retard, comme il arrive à ceux qui entreprennent beaucoup de choses et prétendent les faire à la perfection. Elle écrivait à maman de longues lettres très bien tournées. Quand elle exprimait des idées compliquées, son style était d'autant plus savant, et elle ne reculait pas devant des idées compliquées.

L'oncle Charles

Son mari, l'oncle Charles, était médecin comme mon père[3]. Mais un médecin de campagne à la vie particulièrement rude. Il lui fallait se lever de grand matin, partir au petit trot de son cheval, conduisant lui-même, sous un dur climat, son cabriolet, pour aller soigner les paysans à plusieurs lieues à la ronde. Il était toujours un peu malade et triste. Tendrement bienveillant pour les enfants, il avait le caractère grognon avec les grandes personnes. La mémère avait assez peur de lui et elle connaissait si bien son esprit de contradiction qu'elle préférait ne rien lui proposer. Le soir, il aimait sa pipe et ses pantoufles ; il souriait dans sa barbe pendant que nous lui jouions des charades. Mais il donnait impitoyablement le signal du coucher, en allumant lui-même et en distribuant les bougies.

Nous passions chaque année quelques jours à Longuyon. La maison était petite, assez citadine, et ne nous offrait pas grande ressource. Mais la tante Odile se mettait en quatre pour nous amuser. Elle nous promenait chaque jour dans les charmants

2. Aline Boutroux fait peut-être référence à Daniel François Esprit Auber (1782-1871), qui perpétua en France la tradition de l'opéra-comique, tout comme Adolphe Charles Adam (1803-1856).

3. Sur Charles Comon, cf, chapitre v.

environs de Longuyon. C'étaient des parties de bois, des parties de pêche, des goûters sur l'herbe, et, en rentrant des charades et des danses. Ma bonne tante avait une telle variété de talents, une telle fécondité d'imagination, et, surtout, une telle tendresse pour nous, qu'elle savait toujours trouver ce que nous aurions choisi si nous avions eu le loisir de désirer quelque chose, et de réaliser nos rêves les plus ambitieux avant même que nous ayons eu le temps de les faire.

Outre Louis, notre compagnon habituel, la tante Odile avait une fille de cinq ans plus jeune que moi, mais qui en grandissant devint ma meilleure amie. Lucie Comon petite fille était d'une santé délicate, un peu douillette et gâtée et étonnamment sujette aux larmes. Elle redoutait nos jeux qu'elle trouvait trop forts pour elle. Mais en grandissant elle se fortifia, s'enhardit, et il se trouva qu'elle avait été gâtée en vain : rien n'aurait pu corrompre une aussi bonne nature.

En l'année 1865 les divertissements qui avaient pour prétexte la fête patronale d'Arrancy prirent une intensité extraordinaire. La fête dura plus longtemps, attira plus de monde, provoqua plus de dîners, plus de danses encore qu'à l'ordinaire. Mon oncle Adrien avait amené avec lui plusieurs amis officiers de la garnison de Metz. La grande pelouse, qui généralement nous appartenait, avait été envahie. On y avait planté une tente, et, un peu plus loin, attaché un malheureux renard à un piquet. Sous la tente, les officiers se mettaient à cheval sur des chaises, fumaient des cigarettes, jouaient aux cartes, et surtout faisaient mille sottises auxquelles je ne comprenais rien. Ils m'attiraient près d'eux, me taquinaient, m'appelaient « la petite cantinière ». L'un d'eux prétendit même que je serais sa femme malgré moi. Je leur répondais des impertinences et je leur versais, avant les repas, de subtils mélanges qu'ils m'apprenaient à composer. Dans mon innocence je leur préparais de l'absinthe et du vermouth sans me douter que je les empoisonnais. Je crois pourtant qu'à cette époque je n'avais pas une très haute idée de l'armée française.

Le jour de la fête on dîna dans la grande salle où tenaient à la rigueur quatre-vingt convives. On chanta des chansons au dessert. Quelqu'un entonna *La femme à barbe*. L'oncle Adrien chanta avec conviction : « Nous l'avons eu, votre Rhin allemand. »

Et tout le monde reprenait le refrain : nous étions en plein Second Empire.

Ensuite on dansa toute la nuit. On oublia de nous envoyer coucher et nous restâmes à regarder les danses jusqu'au moment où le petit jour, se glissant par la fenêtre, nous révéla que les bougies n'avaient plus qu'un éclat misérable, que les guirlandes de feuillage étaient flétries, et que les demoiselles du bal ne valaient guère mieux. Pourtant, elles continuaient à danser, toujours avec plus d'ardeur, en faisant tourner leurs crinolines autour des brillants officiers. Nous avions perdu la notion du jour et de la nuit. Lorsque nous nous éveillâmes, au sortir d'un sommeil de plomb, on nous apprit qu'il était cinq heures du soir. Et, déjà, on se remettait à danser.

Quand tout le monde fut parti, il ne resta plus que le renard mélancolique, qui faisait sans s'arrêter le tour de son piquet. Quand nous passions, il avait peur et tournait plus vite. Un jour sa queue fut prise dans un nœud de la corde autour du piquet. Nous avions grand'pitié de la pauvre bête.

***

En ce temps-là, la mémère possédait des domestiques très dévoués dont je voudrais dire deux mots. C'était d'abord deux frères, Charles et Michel, que la mémère avait sauvés du choléra quand ils étaient tout petits. Elle les avait enlevés, alors que l'épidémie venait de frapper leurs parents et grands-parents, sans compter les frères et sœurs. En cette maison de paysans où la mort avait couché tant de cadavres, les deux petits orphelins jouaient avec inconscience. La mémère les prit sous son bras, au milieu de la nuit, et les apporta à ses filles. Puis elle retourna ensevelir les morts. Ce n'est pas la guerre seulement qui réclame de l'héroïsme.

Charles et Michel devenus grands étaient nos amis autant que nos serviteurs. Charles avait plus de cœur et Michel plus d'intelligence ; mais tous deux étaient excellents. Quand Charles menait les chevaux à l'abreuvoir, il me perchait sur l'un d'eux et j'étais toute fière de chevaucher ainsi à travers les rues du village. Seulement, il fallait bien se tenir pour ne pas glisser dans le bassin lorsque le cheval baissait la tête pour boire.

La cuisinière s'appelait Marguerite. C'était une fougueuse ouvrière, capable d'égorger, de plumer, de cuire toute une basse-cour en moins de temps qu'il n'en faudrait pour l'ordonner. Pourtant elle se désolait de ne pas aller encore plus vite, et répétait avec mauvaise humeur :

– « Je me pêche, je me pêche toujours, et je ne vance pas. »

Elle était originaire du Luxembourg.

***

Nous n'allions guère dans le village que pour la messe du dimanche. La messe était longue. Nous occupions un banc privilégié, qui faisait pendant à celui du château. M. le Curé en profitait pour nous adresser des sermons et tonner contre « certains hommes qui devraient donner le bon exemple et qui… ».

Nous reconnaissions sans peine mon grand-père, qui n'allait jamais à l'église. Mais la grand-mère ne bronchait pas. Chaque fois que nous étions là, il y avait quelque enfant grondé et puni. La curiosité que suscitait notre présence mettait le trouble dans la jeunesse des écoles. Alors M. le Curé agenouillait les coupables dans le chœur sur des bûches de bois aux arêtes coupantes. Il aurait mieux fait de tirer les oreilles à ses chantres qui chantaient faux au point de faire aboyer les chiens du voisinage.

Le soir, on nous permettait de nous asseoir sur un banc, devant la porte, pour voire revenir le troupeau de moutons. Ils arrivaient en bêlant, serrés les uns contre les autres ; puis, d'eux-mêmes, ils se groupaient par petites bandes et allaient se ranger devant la porte de leurs propriétaires respectifs. Jamais je n'oublierai la plainte mélancolique dont s'emplissait alors la rue du village. Pourtant, ces bêtes avaient tout ce qu'elles voulaient. Elles rentraient bien repues et retrouvaient le bercail à sa place.

VII.
Première communion d'Henri. Premier voyage au long cours. Premiers amis

Henri, Louis et Roger firent tous trois leur première communion au lycée de Nancy dans l'été de 1865. Henri était profondément ému, tout enveloppé de rêveries mystiques. Quand il revint de la table sainte, le front pâle, les yeux fermés, on croyait voir marcher sa petite âme blanche. C'est ainsi que me fut révélé le sens mystérieux de la religion.

Après la cérémonie, la famille des trois communiants se réunit chez mes parents pour un repas de fête. Tous les convives furent empoisonnés par la cigüe qui s'était glissée dans le persil, et le lendemain la maison était transformée en hôpital.

***

C'est la même année que l'on nous fit faire notre premier voyage de touristes. Avec des sacs et des gourdes en tous sens, nous nous mîmes en route un beau matin. Nous devions d'abord passer quelques jours à Gérardmer, sans papa et en compagnie de la famille Xardel.

La famille Xardel nous était connue depuis notre plus tendre enfance[1]. Nous savions déjà que M. Xardel, collègue de mon père, était plus souvent en tête à tête avec sa bouteille qu'au chevet de ses malades. Il en résultait un grand malaise dans la maison. Mme Xardel, qui pourtant se croyait née pour être princesse, acceptait

1. La famille Xardel habitait dans les années 1870 rue Stanislas à Nancy, non loin du domicile de la famille Poincaré. Né le 11 avril 1825, Jean Pierre Romain Xardel était un collègue et un ami de Léon Poincaré : d'abord chef de clinique médicale à l'École préparatoire de médecine et de pharmacie de Nancy en 1854, il fut ensuite nommé professeur suppléant en 1856 puis professeur adjoint en 1858. Il semble avoir terminé sa carrière en 1872, comme professeur adjoint de clinique interne à la Faculté de médecine nouvellement créée à Nancy suite au transfert de la Faculté de médecine de Strasbourg. Il avait par ailleurs un cabinet médical et disposait d'une « belle clientèle ». Voir son dossier de carrière, Archives nationales, F/17/21891. Son épouse, Marie Catherine Victoire Xardel, était née Madelin, et venait d'une famille influente : son père, Sébastien Jules Madelin, était premier juge au tribunal de commerce de Nancy et était, semble-t-il, apparenté à la famille d'Abel Transon. Sur ce dernier, voir ce qu'en dit Paul Xardel dans son texte « J'avais un ami… Henri Poincaré » à la fin de cet ouvrage.

vaillamment son infortune. J'ai surpris deux fois le geste hautain par lequel elle invitait son mari à se relever quand il était à genoux devant elle. Je n'ai jamais su si lui-même avait pris cette attitude pour demander pardon à sa femme ou pour lui faire une déclaration. En tout cas, il conservait vis-à-vis d'elle un air humble et contrit. Généralement il se cachait. C'est à peine s'il appartenait à sa famille ; aussi quand j'ai dit plus haut que nous voyagions avec la famille Xardel, j'ai sous-entendu que le père était resté chez lui.

Il y avait cinq enfants dans la maison. Marie, l'aînée était dévouée à tous, ne reculant devant aucun travaux pour assurer aux siens un minimum de bien-être. Ce n'est jamais facile à atteindre dans une famille où il y a plus d'enfants que d'argent. Je la vois encore porter de lourds paniers, pousser sa mère dans le dos pour l'aider à monter les côtes, raccommoder les bas de ses frères, et faire disparaître les bouteilles vides que son père oubliait dans les coins. Ensuite venait Paul, le compagnon d'études d'Henri. Beau, rêveur, bientôt poète et très admiré par sa mère, Paul était singulièrement content de sa personne[2]. Louise, ma contemporaine, était délicate et précieuse, mais d'un charme naturel irrésistible.

– « Moi, disait-elle, je suis née pour me promener en voiture et manger des gâteaux. »

---

2. Né le 20 août 1854, Paul Sébastien-Romain Xardel fit ses études au Lycée impérial de Nancy dans la même classe qu'Henri Poincaré. Après des études en classe préparatoire chez les Jésuites à l'École Sainte-Geneviève, il intégra l'École de Saint-Cyr en 1874 puis il fit toute sa carrière dans l'infanterie. Il fut sous lieutenant (1876) puis capitaine (1887) au 104e régiment d'infanterie. Il passa ensuite au 149e régiment d'infanterie et devint lieutenant colonel en 1901. Placé hors cadre, il intégra le Gouvernement militaire de Paris en 1905 avant d'être nommé général de brigade en juin 1913. Jusqu'en 1915 il eut ainsi le commandement de la 62e brigade d'infanterie et des subdivisions de région de Mende et de Rodez. Durant la Grande Guerre il fut d'abord conduit à mener combat en Lorraine : il fut ainsi engagé dans les batailles de Morhange (20 août 1914), du Grand Couronné de Nancy (25 août) et de Flirey (22 septembre). Il commanda ensuite ses troupes dans la bataille d'Ypres (26 octobre 1914) avant d'être chargé de l'occupation d'un secteur près de Hollebeke, non loin d'Ypres. Le général Joffre le priva de commandement au front en février 1915. Il commanda ensuite la 303e brigade d'infanterie de réserve puis la 175e brigade d'infanterie territoriale. Il termina sa carrière en tant qu'intendant de la subdivision de Béziers et de la subdivision de Montpellier. Chevalier de la Légion d'honneur, il mourut en 1933. Il rédigea en 1913 un manuscrit en mémoire de son ami d'enfance Henri Poincaré « J'avais un ami… Henri Poincaré », demeuré inédit jusqu'à aujourd'hui et que l'on pourra lire à la fin de cet ouvrage. Pour plus de détails sur Paul Xardel, cf. son dossier de Légion d'honneur, Archives nationales, LH/2763/79 ; voir également sa notice biographique dans le *Dictionnaire des généraux et amiraux français de la Grande Guerre (1914-1918)* [G. Géhin et J.-P. Lucas 2007-2008].

On lui épargnait le plus qu'on pouvait la prose de la vie, mais il en restait encore beaucoup trop pour ses goûts de princesse. Enfin, venaient deux garçons, dont le plus grand, Henri, avait le visage extrêmement mal tourné. C'était un véritable héros de roman anglais, disgracié de la nature, éternellement persécuté. Chaque fois qu'un accident quelconque arrivait dans la maison, tous s'écriaient en chœur :

– « C'est Henri ! C'est Henri ! »

Il était l'âne de la fable, mais un âne fort peu modeste au fond, et qui rongeait son frein. Quand, tandis que les autres se promenaient gaiement en grande bande, sa mère, pour se débarrasser de lui, l'envoyait tout seul à pied à Champigneulles, à quelques kilomètres, pour acheter des biscuits qui portaient une marque déterminée, il ne mangeait pas les biscuits en route, mais il les roulait dans la poussière. Et, dans son masque grotesque, on pouvait lire la révolte et la soif de vengeance. Il s'est vengé royalement en entrant à l'École polytechnique et en épousant une femme charmante[3]. Je crois bien que, depuis lors, il n'a pas eu de fréquents contacts avec sa famille. Léon, le dernier, n'était encore qu'un bébé insignifiant. Il a cessé d'être un bébé, mais il est resté insignifiant.

Le premier intérêt de notre voyage en chemin de fer, de Nancy à Remiremont, fut donc d'étudier plus à fond ces caractères variés et généralement pittoresques. À Remiremont, une voiture nous attendait, publique ou privée, je ne sais plus, et nous fîmes connaissance de la montagne, des grands sapins, de l'eau limpide qui bouillonne à travers les pierres. C'était un enchantement qui ne fit que croître les jours suivants[4].

Les Xardel n'avaient pas seulement l'admiration contemplative : ils auraient voulu s'emparer de toutes les beautés de la nature, ou les détruire sous prétexte de les emporter. Ils arrachaient les plantes et les arbustes, et prenaient la terre avec les racines ; ils buvaient avidement l'eau des sources, dévoraient les framboises et les brimbelles, et, ne pouvant mettre la main sur les torrents, ils y plongeaient du moins leurs pieds et en troublaient l'eau avec ivresse. Un caillou avait-il une forme ou une couleur intéressante, vite on l'enlevait du creux où il gisait, dût-on, le trouvant trop lourd, le jeter un peu plus loin. Nous assistions à ces scènes de vandalisme qui devenaient souvent, entre frères et sœurs, des sujets de rivalité et de querelle ; et nous interrompions docilement nos promenades, lorsque le caprice venait à nos compagnons de prendre un bain de pied intempestif.

---

3. Henri Xardel (1856-1925) intégra l'École polytechnique en 1875. Il fit une carrière d'officier dans le Génie.

4. Paul Xardel revient sur ce séjour à Gérardmer dans son témoignage de 1913 « J'avais un ami… Henri Poincaré » et donne quelques détails intéressants sur l'adoration portée par Aline Boutroux à son frère.

Papa vint, au bout de trois jours, interrompre, nos études de mœurs, et nous continuâmes avec lui d'admirer la nature. Les lacs de Longemer et Retournemer, la Schlucht, la belle plaine d'Alsace, Colmar, Strasbourg et sa cathédrale : toutes ces merveilles parcourues très vite sont restées gravées dans ma mémoire avec une netteté étonnante. Lorsque je les ai revues plus tard, je les ai retrouvées exactement telles que je les avais vues à l'âge de neuf ans.

***

Une autre famille était en relations intimes avec mes parents : c'était la famille Rinck[5]. M. Rinck avait été marchand de drap, mais il s'était retiré avec une certaine fortune, s'était fait construire une jolie maison (celle-là même où avaient lieu nos premières leçons de danse), et il était devenu un bourgeois correct et élégant, très à cheval sur les convenances, solennel et pompeux. Il faut dire que la mère de Mme Rinck avait épousé en secondes noces un frère de Mgr Darboy[6], évêque de Nancy puis archevêque de Paris. Cette vague parenté se faisait sentir dans le moindre geste de M. Rinck. C'est elle, d'ailleurs, qui me valut, le jour de la confirmation d'Henri, quelques questions amicales, une caresse et une bénédiction de celui qui devait être victime de la Commune.

Dans nos premières années les grandes manières de M. Rinck m'imposaient beaucoup : ce n'est que beaucoup plus tard que j'ai vu le vide sous la prétention ;

5. La famille Rinck était très liée à la famille Poincaré. Jules Rinck, né en 1825, avait repris la fabrique de broderies de son père, Pierre Rinck, à Nancy. Il en avait fait une entreprise prospère, située rue Saint-Dizier, une des grandes rues commerçantes de la ville. Il s'était marié à 28 ans avec Madeleine Ernestine *Ida* Rinck, née Vogien, qui devait donner naissance à leur fils Élie. La lecture des lettres de jeunesse d'Henri Poincaré témoigne de sa longue amitié avec Élie Rinck lors de ses études à l'École polytechnique et à l'École des mines. La famille Rinck semble avoir été la famille correspondante de Poincaré durant ses études l'École polytechnique. Elle avait en effet quitté Nancy pour Paris afin de suivre les études de leur fils, entré à Polytechnique en 1872. Dans les années 1873 et 1874 Poincaré leur rendait visite quasiment tous les week-ends et était constamment associé à leurs activités mondaines et culturelles (voir le chapitre XXIV). Concernant la vie d'Élie Rinck, voir le chapitre I.

6. Aline Boutroux fait référence à l'archevêque Georges Darboy (1813-1871), qu'elle écrit Darbois dans son journal. Né en Haute-Marne, il fut évêque de Nancy de 1859 à 1863, puis archevêque de Paris de 1863 à 1871. Lors de la Commune de Paris, il fut exécuté comme otage pendant la Semaine sanglante. Le frère dont il est fait mention est peut-être Élie Jean Baptiste Darboy, négociant à Nancy (il signe l'acte de naissance d'Élie Rinck en 1853). Henri Poincaré l'évoque assez souvent dans sa correspondance avec sa mère dans les années 1873-1874, à l'époque où il fréquente beaucoup le salon d'Ida Rinck.

Mme Rinck, en revanche, était aussi modeste qu'excellente. Elle était, elle aussi, bien mise, élégante, correcte ; mais cela sans effort, et, pourvu que l'on voulût bien admirer un peu son mari, pour lequel elle avait un culte passionné, elle vous aimait de l'affection la plus dévouée.

Le fils unique des Rinck, Élie , était élevé selon des méthodes pédagogiques savantes. On lui avait fait construire une petite cage dans laquelle on l'enfermait avec son couvert, à table, pour le corriger de la manie de toucher aux couverts de ses voisins. Un autre jour on lui servit sur une assiette des brins d'herbe et des graines toutes sortes, pour le déshabituer de grignoter, tout en se promenant, tout ce qu'il s'amusait à cueillir. M. et Mme Rinck ne vivaient d'ailleurs que pour leur fils ; et, pour lui prouver son dévouement, M. Rinck faisait pour lui une magnifique collection de timbres-poste, rassemblés dans des albums luxueux, et qui avait une grande valeur[7]. Élie n'avait pas le droit de toucher et c'est à peine s'il avait le droit de regarder sa collection ; son père la lui réservait pour quand il serait adulte. Élie était meilleur enfant que son père ; il était intelligent et travailleur, respectueux et rangé. Mais il avait une mesquinerie dans l'esprit, une façon de juger les choses au point de vue de l'intérêt, qui me le rendirent bientôt odieux.

***

J'avais trouvé une amie selon mon cœur. Je ne sais plus au juste par qui et à quel moment nous avions été mises en relation, mais je me rappelle qu'avant de la connaître, je l'aimais déjà, rien que pour l'avoir aperçue et pour avoir entendu vanter ses qualités. Sophie Forthomme était la seconde fille d'un professeur de la Faculté des Sciences[8]. Elle avait perdu sa mère dès sa naissance et avait été élevée par une tante, sœur de son père.

7. Fin observateur de ses proches et doté d'un sens certain de la dérision, Poincaré évoque à plusieurs reprises cette collection de timbres dans sa correspondance avec sa mère dans les années 1873-1874.

8. Né en Bretagne, Camille Forthomme (1821-1884) fit ses études à l'École normale supérieure (promotion 1843, la même que celle de Louis Pasteur). Après son agrégation (1846) il fut successivement professeur aux lycées d'Angoulême et de Bourges. Il fut ensuite nommé en 1848 professeur de physique au Lycée impérial de Nancy, poste qu'il occupa jusqu'à sa nomination sur la chaire de chimie de la Faculté des sciences de Nancy en avril 1869. Figure bien connue des milieux intellectuels nancéiens, conseiller municipal, membre de l'Académie de Stanislas, il rédigea le rapport (positif) sur la candidature de Léon Poincaré en juillet 1862. Son épouse était décédée en 1854. Pour plus de détails, cf. son dossier de carrière, Archives nationales, F/17/22868.

M. et Mlle Forthomme possédaient une grâce irrésistible, lui, de façon plus discrète, avec sa bonhomie fine et spirituelle ; elle de façon plus bruyante, avec son exubérance, son aimable étourderie, son sans gêne, son humeur et son esprit sautillants, sa sincère bienveillance qui promettait prématurément, son égoïsme ingénu qui reprenait sans s'en apercevoir, et tout l'entrain qui émanait de sa grosse et encombrante personne. Son frère et elle avaient un joli accent tourangeau, qui, au regard du lourd accent de Nancy, me paraissait être de la musique. J'oublie de dire que Mlle Forthomme, lorsqu'elle avait vu son frère dans la peine et l'embarras, était accourue à son secours sans regarder derrière elle, brisant ainsi son mariage en projet avec un des fils de la maison de commerce où elle était employée.

Sophie avait hérité d'un certain nombre des qualités qui rendaient son père et sa tante si attrayants ; mais elle y avait ajouté un calme, une impartialité, une solidité qui, sans doute, lui venaient de sa mère. Elle n'était pas jolie, mais infiniment agréable, avec sa fine gaieté et son sourire doucement malin. Elle possédait, de plus, un joli talent de pianiste.

M. Forthomme n'était pas féministe. Il ne fit donner à ses filles qu'une instruction déjà mince pour l'époque. Il ne me pardonna pas de vouloir conquérir mes brevets, et, pour m'en détourner, il me fit passer un examen de chimie en pleine rue. Il s'avoua d'ailleurs désarmé. Cependant j'étais frappé de voir, par l'exemple de Sophie, combien peu l'instruction est utile aux femmes ; combien un sens droit, une tournure d'esprit spirituelle et la liberté de jugement qu'on laisse parfois dans les livres valent mieux qu'une sèche érudition. Des dates ? Qui donc cite des dates dans la vie ? Qui donc parle de plus petit commun multiple et de plus grand commun diviseur, dans la vie ? La science est un fatras qu'il faut bien ranger dans l'armoire, quand on la possède, et qu'il ne faut sortir que les jours d'examen. Elle ne fait que du mal. À moins qu'on ne la considère, comme on regarde la vie, de haut et d'un œil amusé, si bien que notre expérience puisse s'étendre dans le temps et l'espace sans changer de nature.

J'avais toute confiance dans Sophie, à cause de son jugement sûr. Il me semblait parfois que je n'étais pas pour elle tout ce qu'elle était pour moi, et j'en avais du chagrin. Témoin cet essai poétique, le premier auquel je me sois laissé aller :

De mon amitié
Être gratifié
Est un honneur très rare,
Car j'en suis fort avare.
L'avoir est donc déjà,
Et nul ne le niera,

Un sort digne d'envie :
Or elle est à Sophie.
Si l'orage était à son fort,
Son cœur, alors serait le port
Où j'irais abriter ma tête.
Mais il n'est pas pour moi de fête
Sans qu'elle en ait aussi sa part.
De se faire aimer elle a l'art ;
Et c'est ce qui me porte ombrage,
Car jouir d'elle sans partage
Eût été pour mon cœur jaloux
De tous ses rêves le plus doux.

Je ne sais pas si Sophie trouva mes vers mauvais ; elle en aurait eu le droit. Mais je suis sûr qu'elle trouva mon sentiment détestable, et, aujourd'hui, je suis de son avis.

VIII.
Visites de souverains

Nancy était une ville frontière. L'histoire de la Lorraine la rattachait à la Maison d'Autriche dont quelques ancêtres vénérables étaient là, dormants dans la chapelle ronde de notre première demeure.

L'empereur François-Joseph et l'impératrice Élisabeth[1], tout jeunes, vinrent vers 1864, visiter pieusement ces tombes familiales. Ce fut l'occasion de cavalcades historiques qui mirent la ville en rumeur. Tous les ducs de Lorraine défilèrent devant nous en même temps que devant le couple impérial. Et nous admirions les brillants costumes des hommes et des chevaux. C'était mon premier contact avec le Moyen-Âge et la Renaissance. Nous vîmes aussi les deux souverains passer en voiture. Le drapeau tricolore mêlait ses plis à ceux du drapeau autrichien, et nous éprouvions un enthousiasme patriotique, assez étrange en cette circonstance.

***

Mais ce fut deux ans plus tard que notre patriotisme eut vraiment une fête digne de lui. On célébrait le centenaire de la réunion de la Lorraine à la France[2]. Nous nous sentions français et lorrains tout ensemble, fiers d'appartenir à une grande nation et à la belle province qui faisait la gloire de cette nation.

Les fêtes durèrent cinq ou six jours. Depuis des mois on ne parlait pas d'autre chose. Les dames se commandaient des robes et des bijoux pour paraître devant l'impératrice. Quelques-unes d'entre elles ruinèrent leurs maris, d'autres devinrent

1. François Joseph Charles de Habsbourg-Lorraine (1830-1916), dit François-Joseph Ier, empereur d'Autriche (1848-1916) et roi de Hongrie (1867-1916). Il était issu de la maison de Habsbourg-Lorraine. Il épousa en 1854 Élisabeth Amélie Eugénie de Wittelsbach (1837-1898), qui devint donc impératrice d'Autriche-Hongrie, mais qui est aujourd'hui connue du grand public sous le nom de Sissi.

2. Cette fête eut lieu en 1866. Le duché de Lorraine avait été un objet de convoitise durant des siècles. Craignant que ce territoire ne passe sous domination autrichienne, Louis XV (1710-1774) l'avait remis, à titre viager, à son beau-père, l'ex-roi de Pologne Stanislas Leszczyński (1677-1766). Celui-ci en fut donc à partir de 1737 le dernier duc souverain, même si le pays était de fait gouverné par un chancelier nommé par la France. À sa mort, en 1766, la Lorraine fut définitivement annexée à la France et devint donc une province française.

littéralement folles. Posséder à Nancy la famille impériale avec toute sa cour ! Il y avait de quoi rendre bonapartistes les plus récalcitrants ; et toutes les dames en particulier étaient gagnées d'avance par la beauté de la souveraine.

On dressait des arcs de triomphe et des estrades, on alignait partout des lampions pour les illuminations, et les fenêtres se décoraient de drapeaux tricolores sur lesquels se dessinait un N majestueux.

Maman avait ouvert sa maison à tous ceux de la famille qui habitaient la région. On avait mis des lits partout et préparé des plats froids dignes de la table de Gargantua. La mémère avait amené d'Arrancy l'active Marguerite et l'habile Michel, portant des pâtés, des galantines, des jambons. La table restait constamment dressée et chacun mangeait à son heure : on entrait, on se servait, on avalait un morceau, et on repartait sans rendre de comptes à personnes. Dans la maison c'étaient des allées et venues continuelles de dames en grande toilette, rouges de chaleur et d'émotion, qui étaient restées sur le trottoir toute la matinée, pour apercevoir, par-dessus les épaules de la foule, le chapeau à plumes de Sa Majesté, et qui, fières de leur succès, humiliaient celles qui n'avaient rien vu.

La mémère avait pris la direction de cette auberge, car c'était bien une auberge, pour laisser à maman le temps de remplir ses obligations officielles. Car maman avait des obligations officielles, et moi-même, malgré mon jeune âge, j'en avais de très importantes.

L'Empereur et l'Impératrice, accompagnés du prince impérial, devaient descendre au palais du gouvernement où résidait alors le général Forey[3]. Celui-ci, qui était célibataire ou veuf, avait souhaité garnir son vestibule d'un essaim de jeunes filles pour souhaiter chez lui la bienvenue à l'impératrice et lui offrir des fleurs. On avait donc recruté trente ou quarante jeunes personnes de dix à dix-huit ans. J'étais au nombre des trois plus jeunes qui avaient dix ans et on nous plaça par-devant pour offrir le bouquet. Celle qu'on avait mise au milieu devait, en outre, réciter un compliment. Grandes et petites, nous avions toutes le même uniforme dont le patron avait été dessiné par la préfète[4] : une ample robe de mousseline blanche, une basquine de même étoffe bordée d'un ruban rose. Il y eut plusieurs répétitions pour nous préparer à la cérémonie. On nous faisait faire la révérence en mesure et la préfète dirigeait ; mais le général était là et nous donnait des conseils très judicieux sur la manière de reculer le pied. On faisait aussi dire et redire le compliment par ma

3. Aline Boutroux fait une erreur sur le nom et écrit « Forêt ». Concernant le général Forey, voir le chapitre xv.

4. À cette époque, le préfet de la Meurthe était G. Podevin. Il occupa ce poste de septembre 1865 à 1870.

malheureuse voisine, à qui l'art et la mémoire faisaient également défaut. La préfète confiait au général ses inquiétudes sur le succès de cette partie du programme.

Enfin, le grand jour arriva. Groupées d'avance dans le somptueux vestibule, avec des attitudes de fleurs, nous attendions. Et le temps nous paraissait d'autant plus long qu'avant de se rendre au palais, l'impératrice avait vu défiler devant une estrade toutes les députations de la Lorraine. Pourtant le canon avait tonné : nous savions qu'elle était là. Tout à coup, il se produit un brouhaha dans la foule qui encombre la porte ; on voit aller et venir de beaux uniformes ; et l'impératrice est devant nous, grande, belle, avec sa large robe à volants, ses épaules tombantes sous le mantelet, sa tête fine et charmante. Près d'elle, le prince impérial, juste devant moi, tout habillé de velours noir et son grand cordon rouge en sautoir. Sa figure fine porte des marques de fatigue. Il a salué trop de députations, à la suite du voyage. Le métier d'empereur ne s'apprend pas sans effort. L'impératrice sourit ; elle nous trouve « délicieuses » ; elle trouve « charmant et très bien dit » le compliment dont elle n'a pas entendu une syllabe, et pour cause ; elle trouve « merveilleuses » les fleurs que nous lui offrons. Elle embrasse tendrement les trois petites filles de dix ans. Les grandes nous regardent avec envie. Et, aussitôt, Sa Majesté nous déclare qu'elle aurait eu grand plaisir à causer avec nous, mais qu'elle est horriblement fatiguée. Et qu'elle serait très reconnaissante à nos mamans si celles-ci voulaient bien nous amener avec elles le jour de la présentation des dames, car elle a tant de choses à nous dire !

Le jour de la présentation des dames donc, donc, nous revêtîmes de nouveau notre uniforme. Mais, ce jour-là, nous le sentions bien, nous passions par-dessus le marché. La grosse affaire, c'était la toilette des mamans, qui voulaient s'écraser les unes les autres. Je vois encore le grand escalier rempli de robes neuves, et, dans les robes, des dames qui se tenaient toutes droites et semblaient aussi émues que si elles eussent joué dans cette présentation le sort de toute leur famille et notamment la carrière de leur mari. On nous groupa au milieu du grand salon au fond duquel on avait dressé un trône tout parsemé d'abeilles d'or ; on nous planta là comme des pots d'hortensia et on nous y oublia. L'impératrice n'eut pas l'air de se rappeler qu'elle avait beaucoup de choses à nous dire. Peut-être même ne daigna-t-elle pas nous voir. Nous jouâmes dans cette fête un rôle purement décoratif, mais ce rôle ne me déplaisait pas. Je pouvais observer tout à mon aise les manières des dames, leurs minauderies, leurs gauches révérences, la rougeur de leur visage lorsque, leur nom ayant été annoncé par la préfète, l'impératrice voulait bien leur adresser deux mots. Je crois bien que cette faveur était octroyée au hasard, à une dame sur trois ou quatre. Mais, néanmoins, quand la souveraine avait passé, on pouvait lire l'orgueil des unes et le dépit des autres sur des visages également contractés par le triomphe ou par la défaite. Et toutes se disaient plus ou moins :

– « Comment, c'est déjà fini ? C'est pour cette seule minute que j'ai dépensé tant d'argent ? »

Si jamais j'ai vu la foire aux vanités, c'est bien ce jour lointain où notre société provinciale se brûlait à la chandelle.

Ensuite, il y eut le bal, auquel, bien entendu, nous n'assistions pas. Mais plusieurs des hôtes de la maison étaient invités. Dans la grande chambre de maman, le coiffeur frisa toutes les dames les unes après les autres. Je lui passais les épingles pour attacher les boucles postiches et les lourdes guirlandes de fleurs dont on se chargeait la tête en ce temps-là.

Bien que la présentation du gala eût lieu le soir, on nous y emmena parce que c'était là seulement que nous pouvions avoir l'occasion de voir l'empereur qui n'était arrivé que pour la fin des fêtes. Il promenait, du haut de la loge impériale, son regard impénétrable sur la salle en habits de gala ; il effilait entre deux doigts sa longue moustache pointue ; il avait l'air triste et indifférent.

IX.
Premiers contacts avec l'Allemagne et avec la guerre. Encore deux portraits de famille

C'est pendant ce même été qu'éclata la guerre austro-prussienne[1] à laquelle, toute jeune que j'étais, je m'intéressais beaucoup. On en parlait à table devant moi, et Henri me donnait des explications sur la carte. Je savais que l'issue de cette guerre était de première importance pour la France et pour l'empereur. Comme dans les départements de l'est on s'attend toujours à la guerre, chaque fois que le journal arrivait nous demandions : « Allons-nous nous battre ? » et nous étions sur le qui-vive perpétuel.

Pourtant, les hostilités à peu près terminées, nos parents nous emmenèrent faire le voyage des bords du Rhin, et, même, l'oncle Adrien, ce joyeux, cet ardent officier que nous considérions comme un grand frère, fut aussi du voyage. Cela nous promettait quelques journées de franche gaîté. Quel meilleur compagnon de voyage pourrait-on trouver, en effet, qu'une personne qui sait tout prendre du bon côté et vous faire partager sa manière de voir ?

Le plan était de prendre l'oncle Adrien à Metz, en passant, et d'aller coucher à Sarrebruck où papa nous rejoindrait le lendemain matin. Mais à Metz, par suite de je ne sais quel malentendu, nous manquâmes oncle Adrien. Maman écrivit alors une série de petits billets qu'elle distribua à tous les employés de la gare en leur donnant le signalement de mon oncle ; et elle y ajouta de généreux pourboires. Mais il fallait rester vingt-quatre heures sans connaître le résultat de toutes ces peines, et cela troublait notre plaisir.

1. En 1866, la Prusse, soutenue par l'Italie, engagea une guerre contre l'Autriche afin de la contraindre à renoncer à son statut de puissance dominante en Allemagne. Dirigée par Von Moltke, la campagne se déroula sur trois théâtres d'opérations : en Bohème, à Náchod et surtout à Sadowa, ou la Prusse remporta une bataille décisive le 3 juillet. La Prusse parvint ainsi à exclure l'Autriche de la Confédération germanique, qui devint alors la Confédération de l'Allemagne du Nord. Le traité de Prague (23 août 1866) scella cette nouvelle organisation. Suite au traité de Vienne (3 octobre 1866), et grâce à l'arbitrage de Napoléon III, l'Italie reçut la Vénétie.

À Sarrebruck, nous avions été adressés, je ne m'explique pas pourquoi, à un boucher retiré qui nous promena dans la ville. Cet homme ne manquait pas d'esprit et, parlant de Napoléon III, il expliqua qu'il avait la « maladie du Rhin » ?

Nous retrouvâmes bien papa à Sarrebruck, puis l'oncle Adrien à Francfort, et, la bande au complet, nous visitâmes cette dernière ville. Ce qui me frappa le plus, à cause de mon âge, sans doute, ce fut la rue des Juifs, qui était encore, en ce temps-là, resserrée entre deux rangs de vieilles maisons moyenâgeuses, noires de poussière et de toiles d'araignées. Les petites vitres des fenêtres, bombées et vertes ressemblaient à des fonds de bouteilles, et elles étaient recouvertes de suie séculaire qui les rendaient plus opaques que des murs. Une vieille femme au nez crochu, à laquelle nous avions été recommandés, nous reçut dans sa chambre sombre, où seuls des candélabres de cuivre brillaient dans l'ombre. C'était l'ancêtre de tous les Rothschild : elle avait toujours refusé de quitter l'antre noir où elle était née.

Voilà pour la ville elle-même, dans sa réalité permanente. Mais elle offrait alors un aspect accidentel qui nous fit encore plus d'impression que la rue des Juifs. Sur les places publiques, d'énormes canons étaient braqués, la bouche ouverte, pour tenir en respect la population, et des soldats prussiens s'étalaient partout, répandant dans les rues, l'âcre fumée de leurs cigares triomphaux. Les habitants de ville restaient chez eux ou se rendaient rapidement à leurs affaires. On me dit que Francfort jusque-là était une ville libre, et qu'elle ne le serait plus désormais ; et dans mon petit cœur de dix ans bouillonnait la révolte et pleurait la pitié. Je tremblais déjà devant cette force qui s'affirmait ; je me disais : « Demain, ce sera nous ! » Oui, ce mélange, ce coudoiement dans les rues de vainqueurs outrecuidants et de vaincus blessés, nous devions le retrouver quelques années plus tard. Cette atmosphère de lendemain de défaite, nous devions la respirer de nouveau, avec cette différence que ce seraient nous les vaincus.

L'oncle Adrien bouillait et contenait avec peine son ardeur belliqueuse.

– « Ah ! Les coquins ! Les coquins ! » s'écriait-il sans cesse.

À l'hôtel où nous étions descendus nous étions seuls avec des officiers. C'était si plein, qu'on avait couché mon oncle dans une baignoire. La longue table d'hôtes était entourée de brillants uniformes. Nous considérions ces visages durs et méprisants ; nous nous étonnions de ces appétits robustes ; et nous réprimions l'élan de l'oncle Adrien, qui se serait jeté volontiers sur un certain cuirassier blanc auquel il murmurait à voix basse par-dessus la table :

– « Mon ami, je te donne rendez-vous sur le champ de bataille, et je te promets que tu passeras un mauvais quart d'heure. »

Souvenir pénible s'il en fut !

Le lendemain, à Mayence, en allant du chemin de fer au bateau, je faillis rester sous une locomotive allemande. On m'avait dit que le train avait du retard et que nous risquions de manquer le bateau. Je me mis aussitôt à marcher devant, le plus vite que je pouvais, servant aux autres de point de ralliement, grâce à mes habits rouges qui m'avaient fait surnommer par mon oncle : « le petit drapeau ». Je ne perdis pas mon temps à regarder en arrière. Je n'avais même pas remarqué que je passais sous une barrière qui retombait comme une guillotine et me séparait du reste de la famille. J'entendis alors des cris par-devant et par-derrière : « *Harsch ! Donnerwetter. Teuffel* » disait-on par-devant (ou quelque chose d'approchant). « Recule » criait-on par-derrière. Automatiquement j'avançai, en vertu de la vitesse acquise, et je vis à ma droite, à deux pas de moi, l'œil énorme, enflammé et menaçant d'une machine qui arrivait. De l'autre côté de la voie, je me trouvai en face du garde-barrière qui vociférait de plus belle et levait les bras comme pour me battre. Je le regardai bien tranquillement, et profitai de ce que la seconde guillotine s'était relevée pour me mettre hors de sa portée. Maman arrivait toute tremblante. Mais le bateau allait partir : on n'avait plus le temps de me gronder.

La descente du Rhin entre des coteaux romantiques ; l'arrivée à Cologne où la cathédrale se reflète dans le fleuve sans qu'on puisse dire lequel est le plus majestueux ; le retour par Aix-la-Chapelle où l'on vous montre le crâne de Charlemagne dans sa jeunesse, m'ont laissé des impressions que je n'essaierai pas de noter ici. Je veux dire seulement la douce émotion que nous causée, lorsque nous l'avons retrouvé notre cher pays français, où les gens avaient des visages aimables et pacifiques ; où le pain n'est pas un amalgame compact de farine et de grains de raisins ; où, enfin, nous nous sentions chez nous. Ah ! La douce France, pour bien la connaître, pour bien l'apprécier, il suffit de passer de la frontière.

***

Je n'ai pas encore parlé des deux oncles de maman, des Launois comme son père, qui vivaient, non à Arrancy, mais dans les environs.

Maman était née à Remenoncourt, propriété isolée qui se trouvait à peu près à quatre kilomètres d'Arrancy. Cette propriété se composait d'une grande ferme et d'une maison d'habitation. La maison basse, et portant un seul étage logé dans le toit, avait un caractère très poétique. Chaque pièce la traversait dans toute son épaisseur et regardait ainsi, d'un côté sur la cour, de l'autre sur le jardin. Les vieux murs gris étaient tous tapissés de vigne. Le jardin se perdait dans la perspective de très longues allées droites enfermées entre des noisetiers et des bouleaux. Le croisement de ces allées formait des places circulaires et mystérieuses, où les débris couverts de mousse de vieilles tables de pierre faisaient songer à des monuments druidiques. Remenoncourt était situé sur la hauteur et de tous les côtés on voyait descendre en pente douce les champs de blé et d'avoine.

C'était là qu'avait vécu, pendant la petite enfance de maman, une famille patriarcale et unie. Le patriarche, grand-père de maman, était un notable bourgeois de Bar-le-Duc, qui n'avait d'abord considéré Remenoncourt que comme un lieu de villégiature. Mais plus tard il s'y était retiré, et autour de lui vivaient ses fils, sa belle-fille, ses petits-enfants. Il aimait à y organiser une large hospitalité. Le journal d'enfance de maman montre combien d'hôtes de passage se succédaient dans cette maison.

À la mort du patriarche la famille se dispersa. L'aîné des fils, Justin, resta seul dans la maison paternelle, le plus jeune, mon grand-père, s'installa avec sa famille dans la maison natale de la mémère, à Arrancy.

L'oncle Justin

L'oncle Justin était resté célibataire à cause de sa timidité et de son indécision naturelle. Pour la même raison, il n'était pas entré à l'École polytechnique à laquelle il s'était d'abord destiné. Mais il ne pensait pas avoir gâché sa vie. Il était resté là, gardien de la tradition, dans cette vieille maison qu'il aimait. Il y vivait en anachorète, entre ses deux domestiques. Il y travaillait sans relâche à des études qui n'ont jamais rien donné.

C'était un fanatique de la propreté. Tout ce qu'il touchait devait être blanc et immaculé comme son fin visage, comme sa belle barbe soyeuse, comme ses jolis cheveux ondulés, comme ses mains fines et délicates. Durant l'été, il était toujours vêtu de coutil d'une blancheur irréprochable. Il avait un menuisier toujours occupé à lui fabriquer des boîtes et des instruments variés qu'il avait lui-même dessinés, et le tout était découpé dans du bois blanc à peine veiné. Certaines boîtes étaient divisées en compartiments dont chacun devait contenir un franc en monnaie de billon[2]. Mais cette monnaie était lessivée et récurée dès qu'elle pénétrait chez lui : jamais il n'aurait consenti à toucher le cuivre crasseux que tant de mains avaient manié. D'autres boîtes étaient faites pour renfermer des pièces d'or. À la déclaration de guerre, en 1870, l'oncle Justin se trouvait avoir chez lui une vingtaine de mille francs en espèces. Il résolut de cacher ce trésor en cas d'invasion. Il l'enfouit

2. Le billon est un alliage de cuivre et d'une faible dose d'argent. Cet alliage a pendant longtemps servi à la frappe de pièces dévaluées. L'expression « monnaie de billon » relève de l'argot et signifie *menue monnaie* ou *ferraille*.

donc dans la terre de son jardin en un point qu'il avait déterminé à l'aide d'une savante construction géométrique. Il conserva la donnée du problème et la cacha soigneusement au fond d'un tiroir. Quelques mois plus tard, il retrouva bien cette donnée, mais le problème ayant été de nouveau résolu, l'argent ne se retrouva pas au point voulu. Mon oncle, toujours, crut que sa seconde solution n'était pas pareille à la première. Mais il était plus probable que son domestique, lequel était extrêmement rusé, n'avait eu besoin ni de données ni de solution pour retrouver l'argent.

Les fouilles de mon oncle ne furent pas pourtant infructueuses : il retira de la terre une petite croix russe qu'un pauvre cosaque avait laissée là en 1814. Je possède encore cette croix que mon oncle m'a donnée.

Le domestique rusé de l'oncle Justin était si laid qu'il semblait qu'on lui eût labouré le visage à coup de marteau lors de sa naissance. Il accompagnait son maître tous les dimanches quand il venait dîner à Arrancy. On les voyait arriver dans le petit cabriolet, et le contraste était frappant entre ces deux hommes : l'un, tel un Hindou sculpté dans l'ivoire et beau d'une beauté presque surnaturelle, l'autre affreux sous sa blouse bleue, et parvenant, par sa laideur, à faire douter de l'humanité.

L'oncle Justin avait des manières douces : il ne se fâchait jamais. Il se faisait habiller par une couturière de village. Un jour qu'en essayant un vêtement elle avait consciencieusement planté des épingles dans la peau de son client, celui-ci ne fit entendre aucune protestation. Il demanda seulement, au moment où elle retirait la dernière épingle :

– « Cela tient mieux, sans doute, quand c'est dans la peau ? »

Jamais, non plus, il n'opposait que la douceur à l'obstination têtue qui barrait comme d'une tige de fer le front de son domestique. À quoi bon se fâcher ? Celui qui perd son sang-froid fait surtout tort à lui-même.

L'oncle Justin était extrêmement méthodique et était toujours armé de sa règle et de son compas. Un jour, vers ma quinzième année, comme je parlais de dessiner son pigeonnier qui surmontait une porte pittoresque, il ne me permit pas de commencer, avant qu'on n'eût été chercher deux ouvriers qui montèrent sur de hautes échelles, au péril de leur vie, pour en mesurer minutieusement tous les ornements et toutes les ouvertures. Il faisait nuit quand j'aurais pu enfin tracer un trait de crayon. Quand l'oncle Justin nous expliquait quelque chose, il le faisait si longuement que nous avions de la peine à l'écouter jusqu'au bout. Mais il s'accrochait à un de nos boutons afin que nous ne puissions pas lui échapper.

Le lendemain du mariage de maman, il entreprit de donner ainsi à papa une explication savante. Mais il lui manquait un document à l'appui, ce document se trouvant être à Remenoncourt. Il saisit alors papa par un bouton, l'entraîna de force jusqu'à sa voiture et l'emmena à Remenoncourt. Maman seule était dans la confidence, et elle s'amusa beaucoup, quand l'heure du dîner arriva, de voir les mines intriguées de toute la famille qui interprétait d'une façon malveillante l'absence du nouveau marié.

Puisque j'ai parlé du mariage de maman et de ce lendemain de noce où les jeunes époux avaient si peu de liberté, j'ouvrirai ici une parenthèse, pour ajouter que, trois jours après leur mariage, mes parents se mirent en route pour Nancy. Mais maman était accompagnée des siens qui allaient présider son installation ; papa conduisait son père et sa mère, et chacune des deux familles voyagea dans une voiture différente séparant ainsi sans pitié ce que Dieu avait uni.

Ce fut là tout le voyage de noce de mes parents. En ce temps-là on ne permettait pas aux jeunes mariés de vivre pour eux-mêmes et de se laisser aller pendant une ou deux semaines à l'égoïsme à deux : on avait mille obligations, mille corvées à remplir, et on avait notamment à se faire accepter par sa nouvelle famille, ce qui n'est peut-être pas plus facile aujourd'hui qu'alors, mais ce dont on se soucie beaucoup moins.

Pendant les vacances de 1866, maman annonça à l'oncle Justin, qui s'intéressait particulièrement à nos études.

– « Nous allons mettre Aline à l'école.

– Pour quoi faire ? répondit-il brusquement ; est-ce pour faire la classe aux autres ? »

Cette conversation me causa un grand saisissement. C'était la première fois que j'entendais parler de me mettre à l'école, et ce projet ne me souriait guère, puisque je devais y laisser ma liberté. Mais la réponse de mon oncle m'étonnait bien davantage. Où et comment avait-il pu prendre de moi une opinion si favorable ? Les viles supercheries auxquelles je me livrais pour écrire une lettre, les signes ambigus dont je me servais pour éviter les fautes d'orthographe, tout cela n'éclatait-il pas aux yeux ? Et pouvait-on ignorer les doutes atroces dans lesquels me plongeait chaque mot qu'il me fallait écrire ?

L'oncle Auguste

Le cadet des trois frères Launois, l'oncle Auguste[3], habitait également à quelques kilomètres d'Arrancy un château historique flanqué de quatre tourelles. Une plaque

3. Gaspard-Auguste Launois (1806-1886) était le frère de Justin Launois (l'*oncle Justin*) et de Louis-Eugène Launois (*le pépère*). Pour autant qu'on puisse en juger, il n'était cependant pas le cadet des trois frères, Justin étant né en 1802 et Louis-Eugène en 1807. Il avait épousé en 1838, dans la

de marbre commémorait la défense héroïque de ce château au XVIIe siècle. L'inscription avait été rédigée dans un vieux français très savoureux par notre oncle Auguste, qui avait des aptitudes littéraires. Il tournait fort bien les vers de circonstance, ce qui ne l'empêchait pas de se passionner pour la géométrie. Le tableau noir était chez lui un meuble essentiel. Les problèmes auxquels il se livrait étaient sans nul doute très élémentaires mais prouvaient du moins son goût pour ces choses-là. L'oncle Auguste avait passé par Saint-Cyr, mais il avait de bonne heure abandonné l'armée pour faire un mariage riche qui l'avait rendu châtelain de Sorbey[4]. Je crois bien, hélas ! qu'il expia toute sa vie cette erreur de jeunesse. La tante Julie n'était pas méchante, mais elle était inexistante : elle n'existait pas intellectuellement, elle n'existait pas moralement et elle n'existait guère physiquement, puisqu'elle ne se mouvait que rarement et avec une lenteur de tortue. Son visage même, ses yeux avaient une fixité étrange. Pourtant, elle s'occupait de son ménage. On la trouvait souvent, sous le manteau de la cheminée monumentale de sa cuisine, surveillant sa cuisinière, voire même ses casseroles directement.

À partir d'une certaine époque, la tante Julie porta le pouce de sa main gauche dressé en l'air et enveloppé d'un doigt de gant. Elle avait eu un tout petit bobo dont elle n'avait jamais voulu guérir. Son pouce avait fini par s'atrophier ; il avait alors comme vidé, ce qui confirmait ma tante dans l'idée qu'elle était malade. Lorsque nous allions à Sorbey, nous allions vite dire bonjour à tante Julie puis nous nous échappions aussitôt. Son silence et son inertie nous impressionnaient péniblement. Plus tard, la politesse exigea que je fisse avec elle un semblant de conversation. Je me couvrais de colifichets et de breloques qui attiraient son attention, et je n'avais plus alors qu'à satisfaire ses puériles curiosités.

Meuse, Julie-Louise Bonamy (la *tante Julie*). Comme le raconte Aline Boutroux, Auguste Launois passa par l'école militaire de Saint-Cyr en 1824. Il prit part à l'expédition d'Alger en 1830 ainsi qu'aux premières campagnes d'Afrique avant de démissionner de l'armée en 1838 avec le grade de capitaine. Il fut quelque temps ingénieur civil à Bône, une ville d'Algérie dans laquelle Poincaré faillit être envoyé comme jeune ingénieur des mines en 1879 [L. Rollet 2010]. Il se retira ensuite dans la Meuse pour administrer ses terres de Sorbey. Hostile au gouvernement de Louis-Philippe il se présenta comme candidat d'opposition aux élections législatives de septembre 1847 à Montmédy, sans succès. Cependant, après la Révolution de février, il fut élu en avril 1848 représentant de la Meuse à l'Assemblé constituante. Il fit partie du comité de la guerre et défendit des idées plutôt libérales : il vota ainsi avec la gauche pour le bannissement de la famille d'Orléans, pour l'abolition de la peine de mort, pour l'impôt progressif ou contre la campagne de Rome. N'étant pas réélu lors de l'Assemblée législative, il retourna exploiter ses propriétés. Cf. *Dictionnaire des parlementaires français*... [A. Robert, E. Bourloton et G. Gougny 1890-1891], volume III, p. 626.

4. Petit village à 6 kilomètres à l'ouest de Nancy.

– « Qui vous donne cela ma bonne ? D'où cela vous vient-il ma chatte ? »

Je savais d'avance les questions qu'elle allait me faire.

Généralement nous allions jouer dans le jardin, qui était immense et qui offrait des ressources infinies. Nous nous installions chacun dans un petit kiosque : temple grec, pavillon chinois ou cabane rustique ; car tous les styles étaient représentés dans ce parc. Et nous organisions des magasins où les plantes et les graines qu'on nous laissait cueillir formaient un fonds de commerce somptueux. Nous admirions aussi la belle volière, dans laquelle les faisans dorés, les tourterelles et les rouges-gorges faisaient ménage commun, et mille autres coins pittoresques et soigneusement entretenus. La rivière, qui limitait le parc sur deux de ses côtés, offrait des occasions de canotage et de pêches miraculeuses ; mais je n'ai jamais aimé voir pâmer un poisson que l'on vient de tirer de l'eau. Enfin, dans la maison elle-même, il y avait la salle de billard où les messieurs faisaient de longue parties, et, dans un salon toujours fermé, un vieux piano mécanique. L'oncle Auguste avait été député en 1848. Le coup d'État avait mis fin à sa vie politique et il était resté républicain dans l'âme.

Il adorait les enfants. La providence lui en ayant refusé pour son propre compte, il avait songé à adopter un de ses neveux, et maman de préférence. Mais la mémère n'était pas femme à abandonner un de ses enfants, même pour lui assurer la fortune. L'oncle Auguste avait donc dû se contenter d'élever, sans jamais l'adopter, un mauvais gamin qu'il s'était fait céder par des rouliers. Comme il l'avait pris pour égayer sa maison, il ne songea jamais à l'envoyer dans aucun collège, et l'instruisit lui-même devant son tableau noir. Il aurait pu faire de lui sinon un savant du moins un honnête homme. Mais ce garçon, qu'on appelait Pilot, tenait de l'atavisme une nature vulgaire à laquelle il ne sut ajouter que quelques prétentions de parvenu. Sa grossièreté nous révoltait, surtout lorsqu'il parlait à tante Julie. Il était vraiment incapable d'éprouver aucune reconnaissance. Il surveillait les jardiniers et tous les ouvriers qui travaillaient dans la propriété, et cela avec une telle dureté qu'il nous faisait toujours l'effet d'un planteur parmi ses nègres.

Plus tard, Pilot fit un mariage honteux à l'occasion duquel l'oncle Auguste le chassa de sa maison. Mais Pilot n'avait pas plus de fierté que de reconnaissance. Voyant que mon oncle vieillissait et, par suite, faiblissait, il réintroduisit habilement toute sa famille dans le château, en commençant par le plus petit : une fois de plus il exploitait l'amour de mon oncle pour les enfants.

Ce fut une vieillesse dégradée et triste que celle de l'oncle Auguste et de la tante Julie. Celle-ci, qui resta la dernière, et qui était tombée définitivement en enfance, finit par se laisser arracher un testament qui devait mettre le château de Sorbey aux mains des infidèles.

X.
L'ÉCOLE ET LE CATÉCHISME – LA MALADIE – MA PREMIÈRE COMMUNION

C'est, véritablement, à la rentrée de l'année 1866 que je parus inaugurer la vie sérieuse. J'entrai à l'école et commençai à suivre le catéchisme.

Le catéchisme avait lieu dans la chapelle Ronde, l'église Saint-Epvre, notre église paroissiale étant en reconstruction. Les petites filles étaient divisées en trois catégories distinctes, qui correspondaient bien exactement aux trois grandes classes de la nation : noblesse, bourgeoisie et peuple. Appartenant, de par ma naissance, à la seconde catégorie, je voyais devant moi les deux rangs de la noblesse garnis par la fleur de l'aristocratique ville-vieille. Ces enfants de dix ans paraissaient nous ignorer, et j'en souffrais en secret, sans réfléchir que derrière nous étaient les bancs plébéiens où l'on souffrait peut-être également de notre privilège.

Les leçons de la morale chrétienne que nous recevions avaient peine à contrebalancer les mauvais effets que ce régime produisait dans nos âmes.

On m'avait mise en classe dans une petite école tenue par de vieilles demoiselles amies de la famille. Nous pouvions être là une quarantaine d'élèves, de cinq à treize ans, toutes enfermées dans une même chambre. Nous étions réparties en cinq ou six divisions dont chacune occupait un banc. Entre les bancs, il y avait tout juste la place d'une chaise pour le professeur, si bien que nous pouvions suivre simultanément une leçon d'histoire, une leçon de grammaire et une leçon d'arithmétique, à la condition seulement d'avoir un grand nombre d'oreilles à notre disposition. Tout au fond de la salle, dans la pénombre, des bambines ânonnaient leur A B C D. J'avais été placée dans la seconde division au-dessus de laquelle il n'y avait que la première. J'étais donc dans ce qu'on appelait les grandes.

Les deux maîtresses, aidées d'une sous-maîtresse, se partageaient les divisions et allaient de l'une à l'autre.

Pendant les heures où elles ne professaient pas pour nous, nous faisions nos devoirs et étudiions nos leçons. Mais nous éprouvions beaucoup de difficultés à nous absorber dans ce que nous faisions, au milieu de tous ces enseignements qui se croisaient et se mêlaient. On me donna des leçons à apprendre. On reprenait le livre à la ligne même où on l'avait laissé l'année précédente. Je n'avais pas le temps d'étudier les pages du commencement, et, lorsque je demandais à mes compagnes de me dire ce qui s'y trouvait, elles me répondaient cyniquement qu'elles avaient tout oublié, les vacances ayant passé là-dessus. J'aurais pu avoir des explications par

Henri, mais malheureusement j'étais complètement séparée de lui qui était au lit avec une fièvre muqueuse[1]. J'errais donc toute seule dans un désert, et je me rappelle encore la peine et le dégoût que j'avais à apprendre ces paragraphes, qui pour moi ne se rattachaient à rien.

Un jour la directrice, à savoir l'aînée des deux vieilles demoiselles, se plaça devant ma division et nous raconta une histoire que je ne trouvais pas bien intéressante. Malgré moi, mon attention s'échappait, et je suivais un problème que Marie Xardel, faisait au tableau noir dans la première division. L'histoire était longue. Deux ou trois fois j'essayai de rappeler au devoir mon esprit vagabond, mais il me manquait trop de choses : je n'arrivais plus à saisir la suite des événements. À la fin, la maîtresse dit pour conclure :

– « Maintenant, vous avez une heure devant vous pour raconter cette histoire par écrit. »

C'était un désastre ! Je me penchais vers ma voisine Louise Xardel :

– « Je n'ai pas bien écouté, lui avouai-je.

– Bah ! Tu n'as pas beaucoup perdu » me répondit-elle en riant.

Et je renonçai à faire mon devoir.

***

Il y avait quinze jours ou trois semaines que je menais ma nouvelle vie, et je n'avais pas encore réussi à m'orienter dans mes études. Henri était déjà convalescent. Mais, chez moi, la maladie prit une forme nerveuse qui devait se prolonger jusqu'à Pâques.

Je crois bien qu'à un certain moment on était inquiet. La mémère et la bonne tante Odile accoururent pour aider maman à me soigner ; et, tandis que toutes deux me veillaient, une nuit, je les entendis faire des projets pour mon enterrement. Elles se demandaient qui de la famille se dérangerait pour y assister. Lorsque je répétai le lendemain ce que j'avais entendu, on prétendit que j'avais rêvé. Je savais bien, moi, que j'étais bien éveillée : j'avais la tête ferme et lucide, les sens parfaitement intacts. La preuve en est que je m'amusais à faire des vers dans mon lit.

La période aiguë terminée, la fièvre intermittente s'établit. Elle revenait tous les jours à la même heure. Je l'attendais comme un hôte familier : je m'y préparais. Et, comme elle débutait généralement par des frissons, j'exigeais que l'on me mît deux gros dictionnaires, à droite et à gauche, sur mes couvertures, afin qu'aucun

1. Forme légère de la fièvre thyphoïde.

courant d'air, aucun souffle ne pénétrât sous mes draps. On m'accusa bientôt de ne pas mettre à guérir suffisamment de bonne volonté ; on se demanda si je ne prolongeais pas à plaisir mon état maladif. Je me suis depuis lors plusieurs fois interrogée à ce sujet, et je puis affirmer que, si cela était, je n'en avais pas conscience, et qu'autosuggestionnée ou non, j'étais bien persuadée que la fièvre allait venir à son heure et qu'il fallait qu'elle vînt. La bonne volonté ne suffit pas pour guérir : il y faut ajouter la volonté tout court, qui seule, est capable de triompher du mal. Or, il est certains états où la force et l'énergie vous font défaut et où l'on est incapable de faire l'effort décisif.

L'oncle Charles se chargea de faire cet effort pour moi. À Pâques on me transporta à grand-peine à Arrancy, comptant sur le changement d'air pour couper cette fièvre tenace. Dès le premier jour, à l'heure fatale, l'oncle Charles jeta par terre les deux dictionnaires qui m'emprisonnaient au milieu de mon lit, et, me prenant dans ses bras il me porta au soleil, dans le jardin. La fièvre contrariée ne revint plus. Mais il me fallut ensuite réapprendre à me tenir debout et à marcher. Je m'exerçais entre deux rangs de chaises, et je commençais à reprendre l'espoir de faire ma première communion au mois de mai.

J'entends encore les cloches de Pâques qui me parurent cette année-là chanter l'alléluia avec plus d'allégresse que jamais. Pendant l'absence des cloches, une bande de petits paysans parcourait le village en agitant des crécelles et en chantant :

– « Au primier caou, au primier caou. »

Et, un quart d'heure plus tard :

– « Au darin caou, au darin caou. »

De cette façon les femmes du village savaient au juste quand il fallait se mettre à leur toilette et partir pour l'église.

Le jeudi saint, c'étaient des petites filles qui allaient de porte en porte, et, avec une formule en patois que j'ai malheureusement oubliée, réclamaient des œufs de Pâques. Les ménagères, dans chaque maison, allaient piller leurs corbeilles pour remplir celle des petites quêteuses. Le carême était dur alors : on vivait de morue et de harengs saurs pendant toute la semaine, mais, à Pâques de 1867, j'échappai à ces austérités. Je ne partageai que la joie du jour de Pâques où les cloches sonnaient gaiement, comme pour célébrer ma guérison.

***

Pendant ma maladie, j'avais été extrêmement gâtée. On m'avait donné une poupée neuve, pour laquelle maman avait confectionné, non seulement des vêtements, mais des livres et des cahiers de classe. Que ma poupée ne possédait-elle pas ? C'était une enfant bien élevée qui, sans luxe, pouvait mener une vie hygiénique et recevoir une éducation complète. Elle avait un piano, un violon, un chevalet, des plumes et de l'encre, une bibliothèque, du papier à lettre, des cartes de visite, une ombrelle, un parapluie, etc. Sa chambre était un modèle de confort.

En réalité, c'était ma fidèle amie Blanche Leclerc qui maniait et arrangeait toute chose. Je la surveillais de mon oreiller : elle était mes bras et mes jambes. Ma merveilleuse poupée devait une grande partie de son bien-être et de sa distinction au journal de *La Poupée Modèle*, auquel j'étais abonnée. J'attendais avec impatience la date où ce journal devait paraître, car il contenait toujours des surprises, des patrons, des cartonnages, et même des étoffes coupées et préparées.

J'avais reçu également deux serins dans une cage, avec un douillet petit nid pour loger la famille à venir. Vers le printemps, en effet, la femelle y déposa trois jours de suite un tout petit œuf élégamment tacheté et coloré, et elle commença à couver. Trois petits serins, dont on ne voyait guère que le bec, ne tardèrent pas à sortir des trois œufs, et les parents, à qui mieux mieux, s'occupèrent de les nourrir et de les dorloter. Le spectacle de leur touchante sollicitude me plongeait dans l'attendrissement. Quelle ne fut donc pas ma stupéfaction, lorsqu'à quelque temps de là, je vis le père et la mère assaillir leurs enfants à coups de bec et les jeter enfin tout pantelants dans un coin de la cage. Je ne devais pas tarder à comprendre ; les parents voulaient faire place, dans le nid comme dans leur cœur, à trois nouveaux petits œufs, qui devaient devenir à leur tour trois petits canaris aussi tendrement choyés que les premiers. J'avais recueilli les abandonnés que nous nourrissions à l'aide d'une plume d'oie, et je me disais que l'amour paternel et maternel peut n'être qu'un instinct animal, fugitif et irréfléchi, comme n'importe quel instinct physique.

Mais on m'avait donné mieux qu'une poupée, mieux même que des oiseaux : on m'avait donné un chat, une bonne bête tigrée, grise et noire, qui fut bientôt un de mes meilleurs amis. J'appris de plus en plus à apprécier cette race d'élite, à pénétrer dans ces âmes de chats qui ne se laissent voir que de quelques privilégiés. Un mouvement brutal, ou seulement un peu brusque vous les ferme pour toujours. En revanche avec de la douceur, de l'affection, de la discrétion, on y pénètre chaque jour plus avant ; et, en même temps que l'on comprend mieux, on est mieux compris soi-même. C'est une sorte d'initiation mutuelle, lente et progressive, qui donne à l'homme infiniment de plaisir : j'ignore ce qu'elle procure au chat.

Ma maladie terminée, le chat me resta. J'avais environ dix-sept ans lorsqu'il disparut un beau jour, ou plutôt un très vilain jour. On ignora toujours ce qu'il était devenu.

***

Mes forces revinrent avec une rapidité prodigieuse. Il semblait que je participasse au renouveau du printemps. Les feuilles poussaient, s'élançaient vers la vie, et je faisais comme les feuilles.

Je pus ainsi reprendre les exercices du catéchisme. Un vicaire était venu m'entretenir plusieurs fois pendant ma convalescence. Ma mémoire rafraîchie enregistrait le mot à mot du livre avec une activité nouvelle.

Le mois de mai arriva ; j'entrai en retraite ; et, le 26 mai, enfin, je traversai les émotions de la première communion. Je n'étais occupée ni de ma robe blanche, ni de mon voile, ni de la marche en rangs, ni des évolutions diverses de la cérémonie, ni du cierge dangereux que je portais, ni des cadeaux que j'avais reçus. Je n'avais pas non plus d'exaltation consciente. J'étais tout simplement dans les nuages, dans un rêve où je me mouvais comme un automate. On m'avait dit que le jour de la première communion est le plus beau jour de la vie. Je m'inquiétais un peu de ne pas mieux sentir mon bonheur. Cependant, revenues à nos places après la communion, nous entonnâmes un cantique qui m'avait déjà émue lorsque nous l'apprenions. Puis Monsieur le Curé, debout devant l'autel, nous harangua. Sa harangue était simple, et même je ne l'entendais pas. Mais je voyais briller autour de sa tête comme une auréole, un halo si lumineux que je n'avais rien vu jamais de si brillant. Des rayons d'or émanaient de sa figure et de ses riches ornements, ils venaient même jusqu'à moi. J'ai eu une hallucination. J'ai aperçu un monde de lumière, à travers les vitraux neufs qui s'encadraient dans les arcades gothiques de cette église blanche qu'on inaugurait.

Lorsque mon rêve redevint terne et quelconque, j'étais en train de sortir de l'église avec mes compagnes, dans une obéissance automatique. J'ai aperçu les miens qui m'attendaient et, parmi eux, deux beaux petits garçons habillés de velours violet qui n'étaient autres que Raymond et Lucien Poincaré. C'est le premier souvenir qu'ils m'aient laissé. Depuis lors je devais les revoir de plus en plus souvent. On les avait amenés ce jour-là pour assister à ma première communion, mais je ne jouis pas beaucoup de leur présence. Je ne me rappelle rien du dîner, rien des vêpres qui suivirent. Je sais seulement que j'opérai une réconciliation dont on m'avait chargée.

Maman avait invité toute la famille en cette occasion, et jusqu'à nos cousins les plus éloignés. Il y avait donc là les Daubrée et les Lecomte[2], dont je n'ai pas encore parlé. M. Daubrée, orfèvre et bijoutier, était un véritable artiste de la Renaissance[3].

---

2. On trouve dans l'arbre généalogique de la famille Poincaré la trace d'un mariage entre Joseph-Hyacinthe Poincaré (1698-1770) et Jeanne-Antoinette Lecomte (1705-1752).

3. La famille Daubrée était très proche de la famille Poincaré : la grand-mère maternelle d'Henri Poincaré, Euphrasie Launois, était en effet la petite fille de Robert Daubrée, négociant à Nancy.

Il en avait la tournure élégante, les grandes manières, les airs protecteurs et les mœurs faciles. Sa sœur, Mme Lecomte, femme insignifiante mariée à un homme plus insignifiant encore, habitait Heillecourt, juste en face de la maison blanche de la tante Clémence. Sans être parents entre eux, les Magnien et les Lecomte, alliés par notre intermédiaire, avaient d'abord fait très bon ménage. Mais il arriva qu'un jour M. Lecomte et l'oncle Théodore tirèrent en même temps sur le même lièvre et que tous deux prétendirent l'avoir tué. Ce fut l'origine d'une brouille au regard de laquelle celle des Montagus et des Capulets n'était qu'un léger malentendu. Et le voisinage, si précieux d'abord, devint odieux aux uns comme aux autres. Il y avait plusieurs années que durait cette brouille lorsque les deux familles ennemies se trouvèrent réunies le jour de ma première communion. M. Daubrée, qui voulait jouer un beau rôle, m'avait fait la leçon : j'allai prendre la main de ma tante, la conduisis près de Mme Lecomte et je dis d'une voix innocente :

– « Aujourd'hui, vous ne pouvez rien me refuser : vous allez vous donner la main. »

Chose étrange, ce moyen réussit à merveille.

***

Nous allions presque chaque jour voir les chères habitantes de la rue Saint-Pierre et nous rencontrions chez elles un charmant petit garçon qui demeurait maintenant au premier étage de la maison avec sa mère et sa grand-mère. Il avait, sous ses boucles noires, des yeux pleins de rêve. Sa mère, très soucieuse de sa santé, ne voulait rien lui apprendre. Aussi montait-il, dès qu'il nous apercevait, pour nous

---

Antoine Robert Alfred Daubrée (fils ou petit-fils de Robert Daubrée ?) était bijoutier à Nancy et habitait dans la rue Saint-Dizier, une des rues commerçantes de Nancy. Né en 1818, il avait épousé Louise Victoire Anne Thérèse Julliac (1818- ?) qui était la fille d'un négociant nancéien. Dans le *Rapport Général sur l'Exposition Internationale de l'Est de la France* [R. D'Avril et E. Nicolas 1909], la bijouterie Daubrée est décrite comme une maison très ancienne et très renommée dont les créations sont proches, par leur style, de l'*École de Nancy*. La famille Daubrée était probablement apparentée celle du géologue Gabriel Auguste Daubrée (1814-1896) qu'Henri Poincaré cotoya à l'École des mines de Paris lors de ses études en 1875-1878 (Auguste Daubrée en était le directeur depuis 1872). En revanche, il y eut un autre Daubrée (son frère ?), originaire de Nancy qui s'installa à Paris dans les années 1850 comme marchand de bronze et de bijouterie. Il coula un certain nombre de bronzes pour Christophe Fratin, Charles Cumberworth ou Léopold Kampf. Les Daubrée étaient sans nul doute liés avec la famille Contal qui apparaît à plusieurs reprises dans les souvenirs d'Aline Boutroux (le nom de François Contal apparaît en effet sur l'acte de naissance du premier fils d'Alfred Daubrée). Alfred Daubrée mourut, semble-t-il, à Nancy en 1885.

demander des leçons de lecture. Il s'appliquait avec une passion maladive. Plus tard, il a quitté la maison et nous l'avons perdu de vue. Nous l'avons retrouvé chez les frères Prêcheurs, ardent théologien et prédicateur enflammé. Mais nous ne l'avons retrouvé qu'en théorie : nous ne devions jamais le revoir. Il est mort jeune, laissant chez les Dominicains une réputation qui lui survit. Quand nous lui apprenions à lire malgré la défense de sa mère, il s'appelait Salva Schwalm.

XI.
L'Exposition universelle et la Trinasie

Paris ! Ce nom seul exerçait un prestige sur nous : Paris, si grand, qu'il renfermait dans ses murs des millions d'habitants. Paris, si beau, que tous les souverains du monde venaient pour l'admirer. Paris, capitale et centre de la France. Paris plein de palais et de souvenirs historiques. Paris, enfin, résidence impériale.

En cette année 1867, Paris ajoutait à ses attraits ordinaires ceux d'une grande foire internationale. Ce n'était donc pas seulement un voyage à Paris que l'on nous faisait faire : c'était encore une sorte de voyage autour du monde, et les deux nous intéressaient également.

Paris et l'exposition se disputèrent pendant huit ou dix jours notre juvénile curiosité[1]. On nous fit voir les principaux monuments. Une moitié de la journée y était généralement employée. L'autre moitié se passait à l'exposition et dans ses restaurants animés où nous admirions la dextérité des garçons. Nous n'avions jamais vu tant d'adresse et de virtuosité, si ce n'est chez les clowns du cirque. Louis, qui était notre compagnon de voyage et qui était là plus à l'aise qu'au lycée, ne manquait jamais d'éclater de rire quand il entendait crier, d'un bout à l'autre de la salle : « Versez ! Boum ! » Et nous subissions la contagion de son rire. Il admirait aussi, dans l'exposition, une certaine machine dans laquelle on introduisait un lapin vivant : il en ressortait sous forme de chapeau haut de forme, d'une part, et de civet, d'autre part. Si je n'ai pas de souvenirs très précis des collections qui se trouvaient là, c'est que j'ai trop vu, trop regardé : à distance ces souvenirs deviennent confus. Et j'ai laissé, à mon grand chagrin, dans un omnibus, le petit carnet que je m'étais fabriqué moi-même avec de la colle de pâte et où j'avais noté mes premières impressions.

Nous étions une joyeuse bande. La tante Odile et Louis nous avaient rejoints à Épernay, et nous avions achevé ensemble ce voyage, qui demandait en ce temps-là onze ou douze heures. Chaque arbre, chaque maison que nous apercevions du train était un sujet d'allégresse. Nos trois visages, penchés aux portières du wagon, avaient si bien percé la fumée pour voir au travers, que nous étions, en arrivant, plus noirs que le mécanicien.

1. L'exposition universelle eut lieu du 1er avril au 3 novembre 1867 sur le Champ de Mars.

L'oncle Adrien nous attendait à la gare, car il était alors à moitié parisien étant en garnison à Vincennes.

Chaque après-midi il venait rejoindre à Paris ses sœurs et ses neveux et leur faisait les honneurs de la capitale. On aurait pu se croire à Arrancy tant chacun apportait de bonne humeur, de grosse gaieté et d'insouciance dans ces promenades en famille. Le soir, les grandes personnes allaient au théâtre, tandis que notre ancienne bonne Julie, qui était mariée et concierge à Paris, venait nous garder à l'hôtel. Le lendemain, nous faisions raconter par nos mamans, *Don Juan* et *Hernani*, mis à notre portée. Nous eûmes d'ailleurs à notre tour une représentation au Châtelet. *Cendrillon* nous émerveilla. La splendeur des décors et des changements à vue, l'esprit un peu vulgaire du livret dont chaque bon mot nous était resté dans la mémoire, tout cela devait, pendant bien longtemps, alimenter nos conversations et surexciter notre besoin d'imitation.

Papa ne passa que peu de jours avec nous. Il n'abandonnait pas sa clientèle pour plus de trois ou quatre jours, à cette époque. Il désira surtout voir l'Exposition. Un jour que nous traversions une galerie, l'une des petites demoiselles nobles du catéchisme, étonnée de me voir là, vint à moi et me dit bonjour gentiment. Papa me reprocha ensuite de l'avoir reçue trop froidement.

– « Comment, répondis-je à papa, elle ne me connaissait pas hier, elle ne me reconnaîtra pas demain, et tu voudrais me voir lui sauter au cou aujourd'hui ? »

J'ai toujours conservé l'horreur de cette aristocratie provinciale, capricieuse et méprisante, qui croit vous faire beaucoup d'honneur en daignant, de loin en loin, s'apercevoir que vous existez.

Un jour, on nous conduisit dans un grand magasin qui a encore grandi depuis lors. Comme nous étions fatigués, on nous laissa dans un coin sur des chaises, tandis que nos mères poursuivaient leurs emplettes. Un vendeur s'approcha et se mit à m'interroger sur mes origines et nos habitudes. Je répondais d'abord très exactement à toutes ses questions ; mais Henri, m'ayant fait observer tout bas qu'il était inutile de raconter nos affaires à un monsieur que nous ne connaissions pas, je devins plus réservée.

***

Pendant tout ce voyage, l'esprit d'Henri avait travaillé sur ces questions : Qu'est-ce qu'un État ? Qu'est-ce qu'une capitale ? Qu'est-ce qu'un gouvernement ? Qu'est-ce que le pouvoir absolu ? Qu'est-ce qu'une constitution ? etc.

Ses méditations devaient donner à nos jeux de vacance une direction nouvelle. Nous transformâmes la propriété d'Arrancy en un royaume, ou plutôt en un triple royaume qui pendant quelques années et dont je vais raconter l'histoire.

La Trinasie était une sorte de trinité métaphysique une et trois tout ensemble : c'était une fédération ; mais comme nous étions à la fois souverains, ministres et sujets, les États confédérés n'avaient guère qu'une existence idéale, et le gouvernement central avait tous les pouvoirs. Nous avions partagé le jardin, la maison et ses dépendances en trois grands territoires à peu près égaux dont nous étions nominalement les souverains respectifs : Henri avait son domaine, Louis et moi nous avions chacun le nôtre ; mais c'était une souveraineté tout honorifique. Cette variété de nationalités nous permettait de nous recevoir les uns les autres et de nous offrir mutuellement des fêtes splendides comme celles que l'empereur Napoléon III avait offertes aux souverains étrangers qui l'avaient visité pendant l'exposition. Chacun de nos États portait un nom et chacun de nos peuples (lesquels n'existaient que dans notre imagination) parlait une langue différente. Mais nous avions aussi une langue commune : le trinasien, et c'est celle-là qui était le plus usitée. Nos langues particulières et notre langue commune étaient d'ailleurs de la même famille. C'était tout simplement du français où les voyelles et les diphtongues étaient changées. Ces permutations se faisaient régulièrement : on glissait les voyelles d'un, de deux, de trois rangs en avant ou en arrière, ce qui rendait le français assez méconnaissable. Nous rédigions quelques discours dans nos langues nationales afin d'affirmer notre individualité, mais toutes nos paperasses administratives étaient rédigées dans la langue internationale, le trinasien. Voilà qui ne m'aidait pas beaucoup à apprendre l'orthographe !

Ah ! Nous en barbouillions, du papier ! Henri surtout était toujours occupé à écrire. Il nous avait distribué les ministères : Louis avait le commerce, les finances, la guerre, la marine, l'agriculture ; moi, j'avais les beaux-arts, l'instruction publique, les fêtes ; Henri s'était réservé les affaires étrangères, la justice, le crédit et les lois. Ces deux derniers ministères n'avaient l'air de rien ; mais ils mettaient la constitution en péril. Tandis que Louis, ministre des finances, entassait laborieusement notre monnaie, faite des graines d'un arbuste très répandu dans le jardin et que nous appelions *coco ;* tandis qu'il opérait régulièrement nos rentrées et remplissait ainsi les coffres de la nation, Henri, ministre du crédit, émettait du papier-monnaie qui détruisait d'un coup l'équilibre budgétaire. Nous nous imaginions être nos maîtres dans nos domaines respectifs. Mais le ministre des Lois pouvait, d'un trait de plume, entraver notre indépendance et notre activité : chaque fois que nous voulions faire une chose qui ne lui plaisait pas, il promulguait une loi pour l'interdire. Ainsi il avait pris pour sa part, non seulement un tiers du pouvoir exécutif, mais encore le pouvoir législatif tout entier. L'expérience aboutissait à l'absolutisme le plus intangible. Lorsque je découvris qu'il était le maître, je me fâchai pour de bon et lui reprochai amèrement d'avoir spéculé sur notre ignorance. Mais, bientôt, mon désespoir prit une autre forme : je me mis à pleurer d'avoir un différend avec Henri. Il riait, sans répondre ; et la paix fut bientôt rétablie.

Les luttes politiques calmées, nous fûmes tout entiers aux fêtes et aux plaisirs. Ce ministère des fêtes, dont j'étais chargée, n'était, certes, pas une sinécure. Il y eut huit jours de réjouissances variées : cavalcades historiques, danses, comédies, banquets, illuminations, feux d'artifice : c'était moi qui montais tout, qui faisais les décors et les costumes, qui écrivais les programmes, etc. Tous les habitants de la maison, maîtres et domestiques, étaient invités et figuraient la foule de nos sujets.

Le clou, le vrai clou, ce fut un drame en vers sur Jeanne d'Arc, composé par Henri et donné en grande pompe dans un théâtre de verdure au milieu des grands sapins. Bien entendu, je jouais le rôle de Jeanne d'Arc et j'y entrais de tout mon cœur. Les autres cumulaient plusieurs rôles et changeaient de costumes derrière les sapins. Roger Berment, se trouvant à Arrancy, était entré dans la troupe, ce qui faillit faire tout manquer.

À l'une des dernières répétitions, Louis était en train de dire, conformément à son rôle :

– « À Domrémy, près Vaucouleurs »

lorsqu'il plut à Roger de l'interrompre pour le taquiner et de dire :

– « À Laxou, près Nancy. »

Et, chaque fois que Louis reprenait consciencieusement son rôle, Roger l'interrompait de la même façon. Or il faut savoir que Laxou (prononcez Lachou) est à Nancy à peu près ce que Pontoise est à Paris, et qu'il n'est pas honorable d'en revenir[2]. Louis finit donc par prendre cela pour une injure ; il se jeta sur Roger et tous deux se mirent à se rouler par terre dans une lutte sauvage. C'est en vain que nous essayions de les séparer. Ils se heurtaient à tous les meubles et, enfin, ils firent tomber sur eux une cuvette et un pot à eau qui les douchèrent avant de se briser en mille morceaux. La mémère, attirée par le bruit, arriva avec ses lunettes au milieu du front :

– « Vous voilà rebaptisés, dit-elle ; et ce n'est trop de l'être deux fois pour expier vos péchés. »

---

2. La ville de Laxou est aujourd'hui la quatrième ville de l'agglomération nancéienne. Dans les années 1860-1870, il s'agissait d'un village bien plus modeste, situé à l'ouest de Nancy. La plaisanterie autour de la prononciation de Laxou (*Lachou*) fait écho à la manière de prononcer les *x* dans la région.

Puis elle les envoya méditer dans une chambre.

Henri et moi étions consternés, car Louis et Roger mettaient chacun leur amour-propre à refuser de reprendre leurs rôles. En désespoir de cause, nous eûmes l'idée de transformer le drame en opéra : chacun improviserait la musique de son rôle selon l'inspiration du moment. Grâce à cette innovation, les boudeurs capitulèrent.

J'eus vraiment un moment d'extase lorsque je fus brûlée vive sur mon bûcher, un tas de vieilles bûches que nous avions apportées là. J'étais vêtue d'une chemise de nuit avec une grosse corde en ceinture et les cheveux épars. Henri portait une autre chemise de surplis. Il approcha de mes lèvres une croix de bois. Alors, je psalmodiai :

« Descendez, bon curé :

Le feu est allumé. »

C'était le signal qu'attendait Louis pour allumer des feux de Bengale rouges qui m'enveloppèrent tout entière.

La pauvreté de tout cela n'avait d'égales que notre ardeur et la bonne volonté de nos spectateurs.

Le ministère de l'Instruction publique me donnait également beaucoup d'ouvrage. La Trinasie ne possédait qu'un établissement d'instruction et cet établissement ne possédait qu'une élève. Mais notre élève était en chair et en os, ce que ne peuvent pas avoir tous les enfants qui jouent à l'école. C'était la fille de la cuisinière Marguerite, une enfant bornée et lourde d'esprit qui n'apprenait rien à l'école. Nous avions imaginé de l'instruire pendant les vacances, entre ses heures de pâture ; car, deux fois par jour, elle s'en allait aux champs derrière ses deux vaches et armée d'une longue baguette. J'avais construit des programmes savants, un ordre du temps minutieusement élaboré. Nous nous disputions les heures de liberté de notre élève, car nous nous étions partagé les ministères, et chacun de nous tirait sur le programme d'étude et l'allongeait en y ajoutant des sciences nouvelles.

Cela dura plusieurs années : aussi longtemps que la Trinasie.

À la fin de chaque vacance, j'organisais une distribution solennelle des prix à laquelle nous conviions les parents de l'élève. Nous prononcions chacun un discours en français, qui commençait par les mots : « Chère élève ! » La chère élève (le nom lui était resté) demeurait imperturbable lorsque nous lui prédisions le plus brillant avenir, mais notre éloquence arrachait des larmes d'attendrissement à sa mère. Les prix consistaient dans des bonshommes et des pipes en sucre rose que nous achetions chez l'unique épicier de l'endroit. Pour couronner la lauréate, qui naturellement remportait tous les prix, je tressais des couronnes de feuillage : cela rentrait dans les attributions du ministre de l'Instruction publique.

Les affaires extérieures et les opérations militaires de la Trinasie n'existaient guère que dans notre imagination. Cependant il y avait une bande de mauvais gamins en guenilles, qui ne faisaient guère que vagabonder et marauder, que nous appelions nos ennemis. Quand l'un deux surgissait hors d'un buisson, on était sûr que les autres allaient le suivre : ils s'enlevaient tous ensemble, comme une volée de moineaux. Nous les trouvions toujours et partout sur notre passage. Peut-être excitions-nous leur curiosité et leur convoitise. Ils ricanaient et grimaçaient en nous apercevant. Alors Henri et Louis s'avançaient vers eux d'un air martial, et les gamins prenaient la fuite. Nous appelions cela gagner une bataille. Bien entendu, comme nous nous ne sortions jamais seuls, les hostilités n'allaient pas plus loin.

Henri, ou plutôt Louis, je pense, avait baptisé nos ennemis du nom peu élégant de Saligots. La guerre contre les Saligots terminée, Henri en écrivit l'histoire en style épique. Le récit n'avait qu'un rapport bien lointain avec les événements, mais il nous couvrit de gloire.

XII.
Année de repos – Voyages et villégiatures

Ainsi, l'oncle Justin avait prédit juste : je faisais la classe aux autres et je n'allais pas à l'école. Pourtant, moi-même, je commençais à en sentir le besoin et à le désirer impérieusement. On me dit qu'il fallait d'abord me fortifier, et l'hiver suivant je fis à cet effet un séjour d'un mois à Arrancy.

Henri était entré en quatrième. Ses succès, dans toutes les branches, étaient toujours plus manifestes. Pourtant, lorsqu'il aborda véritablement les mathématiques, au début de sa quatrième, son professeur[1], qui était en même temps un ami, vint trouver maman et lui dit :

– « Henri sera mathématicien ! »

Puis, comme maman le considérait avec étonnement, il ajouta :

– « Je veux dire un grand mathématicien ».

(Vingt-cinq ans plus tard, le professeur de mathématiques de mon fils Pierre devait nous faire exactement la même prédiction.)

Je crois bien que maman n'y avait jamais songé. Quant à moi, qui étais présente, je pris la chose très au sérieux et vis aussitôt se dessiner l'avenir, tel, à bien peu de chose près, qu'il devait être en réalité. Je me trompais toutefois en ce qui concernait mon propre sort.

Pascal... Jacqueline Pascal... Je venais de lire leur histoire... Oui, je serais la Jacqueline de ce nouveau Pascal, avec cette différence que moi, je n'abandonnerais pas mon frère pour entrer au couvent, que je me donnerais à lui tout entière et pour toujours, que je travaillerais pour lui, que je m'illustrerais pour lui... M'illustrer, c'est bien ; mais comment ? J'avais renoncé à être Jeanne d'Arc autrement qu'au théâtre. Restait la littérature : pourquoi n'imiterais-je point Mme de Ségur, dont je savais tous les livres par cœur... C'est cela ! De cette façon, je gagnerais, pour mon frère, beaucoup d'argent, et il lui serait loisible, à lui, de se donner à la science qui n'est pas un métier.

---

1. Il s'agit de Victor-Zéphirin Elliot (1847-1894). Normalien (promotion 1866), il obtint son agrégation en 1869 et fut ensuite nommé au Lycée impérial de Nancy pour un an (en charge des élèves de mathématiques spéciales). Il fit ensuite un bref passage par le lycée de Rennes avant de revenir à Nancy en 1872 comme titulaire de la chaire de mathématiques spéciales. Il poursuivit ensuite sa carrière au lycée Saint-Louis (à partir de 1876) avant d'être nommé à la chaire d'analyse de la Faculté de Besançon.

Mon esprit désœuvré suivait cette piste et je faisais part à Henri de mes réflexions. Lui ne répondait rien. Un jour que j'insistais, il finit par me dire très sérieusement :

– « Comment veux-tu que je m'engage dès maintenant ? Je ne sais pas ce que je penserai dans vingt ans d'ici. »

Je versai beaucoup de larmes sur cette réponse. Car je connaissais bien Henri : très doux et toujours disposé à céder pour les petites choses, il était inébranlable pour les grandes. Il résistait d'une façon passive, sans bruit et sans éclat ; mais, à un certain petit clignotement de ses yeux, on voyait qu'il se raidissait et ne céderait pas. Il était extrêmement pondéré. Jamais il ne manifestait ni colère, ni émotion, ni passion d'aucune sorte : c'étaient ses sentiments les plus profonds qu'il cachait le plus soigneusement. Dans ses jugements sur les autres, il redoutait toute exagération. Il se refusait à les déclarer ou très mauvais ou très bons, car il ne croyait pas à l'absolu, surtout dans les choses morales. Parfois je lui reprochais de trouver que tout était pareil, que chacun, à travers le temps, restait semblable à lui-même, et qu'entre les individus il n'y avait que des différences négligeables. Je m'élevais contre cette neutralité systématique, qui plaçait tout le monde au même niveau et risquait de faire disparaître tous les traits particuliers, c'est-à-dire tout le pittoresque de la vie. Je vois bien maintenant que sous cette apparente indifférence se cachait une grande bonté, en même temps qu'un léger scepticisme. La bonté l'emportait en général, et c'est ainsi que, devenu homme influent, il obligeait, sans le dire, ceux-là même qu'il avait reçus et écoutés d'un air absent, avec une apparente indifférence.

Il s'amusait pourtant de la fougue de mon caractère, de mes jugements précipités et cassants, de ma franchise un peu brutale, de mon enthousiasme pour les uns et de ma sévérité pour les autres. Il me disait :

– « Tu fais le Dieu vengeur. »

Mais il déplorait ma propension aux larmes romantiques. Quand je pleurais, il avait toujours l'air gêné : je pense que c'est parce qu'il ne voulait ni m'approuver ni me blâmer. Il était pour moi bon, complaisant et confiant. J'aurais rêvé de plus de confiance encore. Mais Henri n'avait pas besoin de s'appuyer sur moi, comme font quelque fois les frères qui n'ont pas trouvé chez leurs parents tout ce dont leur cœur avait besoin. Il avait dans maman la plus tendre des confidentes, dans papa le plus sûr des amis. Sa vie s'écoulait sans heurts, sans remous, sans hâte et sans lenteur, d'un cours régulier et majestueux comme celui des grands fleuves qui iront loin. Maman lui épargnait tous les tracas de l'existence : il n'achetait rien, ne rangeait rien, ne nouait même pas sa cravate. Et sans efforts apparents, il emmagasinait dans sa forte tête des faits, des dates, des principes, des applications, des figures et des formules, qui en ressortaient transfigurés et ordonnés en une large synthèse. Il travaillait peu, semble-t-il. Son devoir était déjà fait dans sa tête quand il rentrait à la maison. Si maman, à ce moment, lui proposait une course ou une promenade, il était toujours prêt. Il aimait la marche, et il était sûr que son devoir n'en souffrirait pas. Une demi-heure lui suffisait pour le copier, puisque déjà il le portait en lui. Il ne travaillait jamais non plus après le dîner. Il est vrai que nous dînions tard et qu'avant le dîner on avait déjà passé une soirée.

***

Ce me fut un gros chagrin de quitter mon frère pour aller passer à Arrancy le mois de février 1868, car je m'étais accoutumée à juger à l'aide de son jugement, à me souvenir à l'aide de sa mémoire, et à penser, d'une manière générale, à l'aide de son cerveau. Sans lui j'étais donc un corps sans âme. Mais ce séjour eut l'avantage de me faire voir ce que c'était que l'hiver à la campagne et de me faire pénétrer plus avant dans l'intimité de ma bonne mémère. Je passais de longues heures avec elles, la suivant partout et la regardant agir tout en bavardant. Je ne cherchais pas à l'aider. D'abord je n'en étais pas capable et je n'aurais pu que la retarder et la gêner ; ensuite je n'aimais pas les tâches matérielles. D'une façon générale, tout ce qui ressemblait à une tâche obligatoire m'était désagréable, et je redoutais les compliments autant que le blâme. Me dire : ceci n'est pas mal, ou : ceci est mieux, ou même : ceci est bien, c'était m'humilier profondément. Je n'ai jamais pu y voir clair dans ce singulier mélange de paresse et d'orgueil. Au reste, lorsque plus tard j'ai dû, moi aussi, mettre les mains à la pâte, je me suis rappelé les méthodes de la mémère et les ai imitées de loin.

La mémère avait un si grand besoin de causer que la journée n'y suffisait pas. Elle aimait faire coucher ses filles et petites-filles dans sa chambre, en faisant ajouter des lits au fur et à mesure des besoins. Quand elle pouvait tenir maman et tante Odile, c'était presque toute la nuit qu'elle passait ainsi à chuchoter, en racontant ses espérances, ses soucis et ses chagrins. Bien souvent, après avoir dormi, vers deux ou trois heures du matin, je me réveillais, et j'entendais des secrets qui ne m'étaient pas destinés. Ces secrets étaient tout d'abord, pour moi, mêlés à des rêves qui leur donnaient une portée fantastique. Mais peu à peu je m'éveillais tout à fait et la réalité se dégageait du rêve. Lorsque j'étais seule à Arrancy, les conversations ne se prolongeaient pas autant, mais, pourtant, la mémère en arrivait à me faire des confidences qu'elle ne m'aurait pas faites en plein jour.

Il y eut cette année-là des journées de neige où les sapins étaient tout blancs, et où l'on entendait le cri lugubre des corbeaux. Nous nous serrions les uns contre les autres autour du feu, et, pour occuper les interminables soirées, la mémère et l'oncle Edmond, joueur expérimenté, me fit si bien la leçon que je devins une joueuse passable.

J'avais pour compagne ma poupée et j'avais apporté aussi quelques volumes de la bibliothèque rose. De plus, ma petite cousine Lucie Comon vint passer quelque temps avec moi. Les grands garçons n'étant pas là, je me rapprochai d'elle, et des liens plus étroits se nouèrent entre nous. Je lui racontais des histoires. Nous entendions gémir le vent dans les grands arbres.

***

J'avais conservé de la décision et de la bravoure.

Aux vacances de la Pentecôte de cette même année nous allâmes passer trois ou quatre jours à Neuvillers-sur-Moselle, où demeuraient l'oncle Berment et la tante Amélie. Lucie Berment venait de sortir du couvent et elle était toute à la joie d'être une grande demoiselle. L'oncle Berment était notaire, un mauvais notaire, d'ailleurs, dont les affaires finirent mal. La tante Amélie était bonne, facile à amuser et toujours disposée à rire, d'un rire qui la secouait et l'étouffait, sans qu'on n'entende aucun bruit. Elle était malade d'un diabète avancé, et si grosse, qu'elle avait peine à se remuer.

La tante Amélie n'avait pas eu sa part de bonheur dans la vie. Toute enfant elle avait perdu sa mère (sœur de notre mémère) ; et elle n'avait pas tardé à perdre également son père, car celui-ci s'étant remarié, on avait mis l'enfant au couvent et elle avait trouvé, en revenant, sa place prise par une quantité de petites demi-sœurs qui ne s'étaient pas attachées à elle. Aussi la tante Amélie s'était-elle mariée de bonne heure. Mais celui qu'elle avait épousé était vulgaire, brutal et volage, et il y avait dans la maison une belle-mère qui continua à y régner. Au premier malentendu, ma pauvre tante s'était aperçue qu'elle aurait à lutter contre forte partie, son mari se rangeant du côté adverse. Elle n'avait qu'à se soumettre.

La maison des Berment, à Neuvillers, ressemblait à toutes les maisons de notaire. Mais elle avait un beau jardin qui se terminait par des champs de colza descendant jusqu'à la Moselle. Aucun mur ne clôturait le jardin de ce côté-là.

Un soir, donc, que nous étions tous réunis à Neuvillers, deux vieilles dames se mirent à raconter des histoires mystérieuses de vols, d'assassinats et de revenants qui, disaient-elles, s'étaient passées dans les environs. Dans le salon peu éclairé on avait d'abord ri de ces histoires, mais peu à peu les esprits s'étaient frappés : on pouvait voir les visages de la jeunesse tout pâles d'épouvante et un profond silence régnait.

– « Qui d'entre vous, demanda quelqu'un, oserait maintenant faire le tour du jardin ?

– Moi », répondis-je.

Il était dix heures du soir, et la lune, qui était déjà haut dans le ciel, donnait aux choses un aspect fantastique. Mais, malgré les protestations de maman, je partis toute seule dans la nuit. Je fis un grand signe de croix pour assurer le salut de mon âme, puis me mis à marcher d'un pas délibéré. Le tour du jardin fut d'autant plus grand que je contournai les champs de sainfoin et de colza sur lesquels la lune semblait répandre des flots de lait. C'était si beau d'être là toute seule à cette heure que je ralentissais ma marche pour prolonger le plaisir. Pour revenir je dus m'enfoncer dans des arbres que les rayons de la lune ne parvenaient pas à pénétrer. Je n'étais guère qu'à une centaine de mètres de la maison, mais je ne distinguais plus mon chemin. J'entendis alors marcher et crier : des pas venaient vers moi. Les histoires n'y étaient pour rien : ce n'était pas un revenant, mais c'était un être réel qui avançait dans le bois. Par prudence, je m'adossai à un arbre sous lequel régnait une nuit profonde, et j'attendis. L'autre criait toujours ; ses cris devenaient plus distincts ; il me sembla qu'il appelait « Aline ! Aline ! » ; puis je reconnus la voix de maman : elle était inquiète et venait à ma recherche.

Lucie Berment reçut un jour la visite de quelques amies. Les jeunes filles se promenèrent en bande dans le village et m'emmenèrent avec elles. Sur la place se trouvait une somnambule dans sa voiture, et, prises d'une curiosité superstitieuse, mes compagnes entrèrent chacune à leur tour dans la voiture pour se faire dire la bonne aventure, puis elles me forcèrent à faire comme elles. J'éprouvais une certaine répugnance à me trouver en tête-à-tête avec cette femme étrange, mais je ne crus rien de ce qu'elle me disait : elle m'annonçait que je serais malheureuse en ménage et que je mourrais au retour d'un voyage en Amérique.

En quittant la somnambule, pourtant, les jeunes filles commencèrent à se sentir la conscience mal à l'aise et, persuadées qu'elles venaient de faire un gros péché, elles entrèrent à l'église pour s'en confesser immédiatement. Ici, je refusai de les suivre :

– « Si c'était mal d'aller là, leur dis-je, pourquoi m'y avez-vous emmenée ? En ce cas confessez-vous, car c'est vous qui avez fait le péché. »

Et je rentrai à la maison très indignée.

La pauvre Lucie n'expiait pas seulement ses péchés en se confessant. Malgré ses jupes longues et bien qu'une bonne fût là pour servir, son père lui demandait souvent de quitter la table. Il lui ordonna un jour de chercher le sucre en poudre, et comme elle reportait le sucrier sans l'avoir passé à tout le monde, il abattit sur elle sa grosse patte d'ours. Elle faillit lâcher ce qu'elle portait, toute la verrerie tinta sur la table. Nous nous sentions gênés et malheureux et nous n'osions regarder ni le père ni la fille. Celle-ci pouvait alors avoir seize ans.

***

L'année scolaire se termina par notre premier voyage en Suisse. Ce voyage, tour classique s'il en fût, comprit le passage des deux Scheideck, pour aller d'Interlaken à Meiringen. Je n'essaierai pas d'analyser l'effet que me produisirent les Alpes et en particulier la Jungfrau. De ces premières impressions de montagne est venue la préférence que j'ai toujours ressentie pour la Suisse. L'air pur, l'eau fraîche, le lait crémeux, l'odeur des sapins, la brise glacée qui vient des sommets, les chalets odorants qui font partie du paysage, j'ai aimé tout cela du premier coup comme on aime son élément. On sent que la nature est là plus près de sa source et qu'elle n'a pas encore eu le temps de se charger de toutes les impuretés qu'y ajouta la vie humaine.

Nous connûmes la joie de monter à cheval et de nous élever rapidement sur les flancs d'une montagne abrupte. L'ascension est la marche naturelle de l'homme : nous sommes faits pour monter toujours plus près des cimes. Nous nous sentions donc absolument dans l'ordre, Henri et moi, tandis que nous gravissions, dans l'intimité de nos bêtes, les pentes de la petite Scheideck. Nous étions déjà arrivés à mi-côte, lorsque nous nous aperçûmes que papa, resté en arrière avec maman, souffrait de palpitations. Henri lui céda son cheval et tout se termina bien ce jour-là. Mais le lendemain la pluie se mit contre nous ; il fallut ajouter un troisième cheval à la caravane et l'on dût, faute d'en trouver un quatrième, me mettre en croupe avec maman. Or il arriva que la selle tourna, que maman tomba dans la boue et que moi-même je côtoyai pendant quelques minutes le danger, c'est-à-dire un précipice, me cramponnant des deux mains sous le ventre du cheval. C'est assez pour pouvoir s'imaginer qu'on a vu la mort de près, et ce n'était pas fait pour me déplaire : j'avais l'amour du danger et des aventures au point que maman s'amusait à m'appeler *Mademoiselle Plaies et Bosses.*

***

C'est vers cette époque qu'Henri fut jugé digne de me servir de chaperon, et que nous commençâmes à arpenter côte à côte les rues de Nancy. Nous aimions l'un comme l'autre la marche au hasard à travers les rues, et les conversations que nous poursuivions en liberté et qui allaient au hasard comme nos pas. Parfois nous nous donnions pour tâche d'aller toucher du doigt les quatre vieilles portes qui marquaient les limites de l'ancienne ville. On remarquait déjà la parfaite intimité qui régnait entre nous.

Un des premiers plaisirs que nous procura le droit de sortir seuls fut l'achat, entouré de mystère, de *La Maison Rustique des Dames*, de Mme Millet-Robinet[2], livre que désirait maman et que nous voulions lui acheter en surprise pour sa fête.

2. Cora Élisabeth Millet-Robinet (1798-1890) est une publiciste française. Épouse d'un industriel de la soie, elle publia de nombreux ouvrages sur l'agriculture et l'économie domestique. Son ouvrage *Maison rustique des dames* [C.-É. Millet-Robinet 1844-1845] connut près de dix éditions.

XIII.
Travail et plaisir

Mlle Barbas nous avait fait connaître mademoiselle Vidart, à qui elle devait toute son instruction. Mlle Vidart avait l'aspect modeste et faisait chez elle, dans son petit appartement, un cours sans ostentation ni réclame. Elle avait le secret, avec un minimum de moyens, d'obtenir un maximum de résultats. Pas de livres, quelques cahiers de papier blanc, de l'attention et de la bonne volonté : voilà ce que devaient apporter les élèves. Elle-même ne vous offrait qu'une grande table et un tableau noir. Mais elle était là, possédant tout ce qu'elle enseignait, et même le recréant, le revivant devant nous. Rien de ténébreux, rien d'inexpliqué, rien de machinal. Un choix judicieux de faits, l'élimination, en quelque sorte spontanée, de tous les détails inutiles et encombrants, une logique impeccable, et surtout l'art de donner de la vie et de l'intérêt à toutes les choses les plus arides : tel est, je le crois bien, le secret de son enseignement.

Le cours de Mlle Vidart commençait à être réputé. Mes amies Marie et Louise Xardel le suivaient déjà, ayant abandonné la petite école où j'avais si mal débuté deux ans auparavant ; enfin, ce cours avait le grand avantage de laisser aux élèves beaucoup de liberté, puisqu'il ne leur prenait que six heures par semaine. Toutes ces raisons réunies firent que maman se décida à en essayer pour moi.

Mon entrée au cours fut très émouvante. On faisait, je m'en souviens, des réductions et des fractions au même dénominateur. Je ne savais pas ce que c'est qu'un nombre entier, ou plutôt j'employais des nombres entiers sans le savoir, à la façon de M. Jourdain. Le nombre entier m'apparut donc tout d'abord sous la forme de 5/5 ou de 10/5 : on peut aborder l'arithmétique par tous les bouts, et, des fractions, je passai facilement au reste. Comment se fait-il qu'avant de rien expliquer aux enfants, on leur fasse faire de grandes divisions de huit ou dix chiffres, qui seraient un casse-tête pour les mathématiciens les plus exercés ? Les quatre règles, comme on dit, ne peuvent pas se séparer de tout le système arithmétique, ou bien elles deviennent ingrates et sans but.

Je faisais, bien entendu, encore beaucoup de fautes d'orthographe, mais elles m'étaient si bien expliquées que je refaisais rarement les mêmes et que bientôt elles s'espacèrent de plus en plus. La grammaire également devenait pour moi quelque chose de clair et de cohérent et je n'oubliais plus les règles pour ne me rappeler que les exceptions, ainsi qu'il arrive quand on apprend par cœur des listes de mots sans savoir très bien à quoi elles se rapportent. Mlle Vidart savait distinguer le principal de l'accessoire.

Je la vois encore faire un cours d'histoire. Elle commençait par nous dicter un petit sommaire très bien fait. Puis elle disait :

– « Maintenant, fermez vos cahiers, posez vos plumes, et écoutez. »

Et nous écoutions ses récits lumineux, vivants, réels, concis sans être secs, abondants sans être longs, et qui mettaient les choses à leur place. Ah ! nous n'aurions pas pu nous imaginer que Périclès avait vécu après Philippe-Auguste ou Sésostris après César ! C'était comme si nous avions toujours devant les yeux un tableau synoptique de l'histoire de l'humanité et une carte exacte du monde. Ensuite nous rédigions chez nous, guidées par le sommaire, ce que nous avions entendu, et c'était gravé pour toujours dans nos mémoires. Ce qui restait dans nos mémoires, ce n'était pas un fait ou une date isolé, c'était l'impression juste que ce qui s'était passé à une certaine époque, et de la façon dont cette époque se rattachait, s'enchaînait à l'époque précédente et à l'époque suivante. Ainsi l'histoire des Grecs et celle des Romains, l'histoire de France et l'histoire d'Angleterre n'étaient pas des monographies séparées : c'étaient les différents chapitres d'une même histoire. Cela paraît tout simple. Mais quand je compare l'enseignement de Mlle Vidart à celui que l'on donnait alors – et qu'on donne peut-être encore aujourd'hui – dans la plupart des établissements d'instruction féminine, je trouve qu'il n'est pas inutile d'insister.

Qu'elle enseignât l'histoire, la géographie, la littérature ou la chimie, Mlle Vidart parlait toujours sans notes, elle n'en avait pas besoin. De même, elle préférait pour nous, aux livres de classe, dont les élèves les plus consciencieux laissent toujours échapper quelque chose, le cahier où nous avions écrit nous-mêmes tout ce qu'elle nous apprenait, et qui était comme un livre que nous avions fait : elle était plus sûre qu'ainsi nous posséderions son cours, puisqu'on ne possède bien que ce dont on est l'auteur.

Pour les cours de science, physique et chimie, elle possédait un petit matériel, bien incomplet sans doute, qui lui permettait de nous faire voir en quoi consistait une expérience. Ensuite nous la croyions sur parole, et nous savions que les expériences qu'elle nous décrivait, sans pouvoir les faire devant nous, avaient été faites de la même manière.

Son cours de littérature était un des plus intéressants parce qu'elle y faisait des lectures très bien choisies et très bien dites. Elle ne nous donnait que des échantillons là où le texte n'était pas à notre portée, mais les coupures qu'elle lui faisait subir étaient si ingénieusement faites qu'elles ne donnaient rien de décousu à sa lecture. Nos mères les plus sévères et les plus délicates lui rendaient cette justice qu'elle ne nous disait rien qu'elle ne dût nous dire. Et nous ignorions notre ignorance même, quand il s'agissait de choses que nous ne devions pas savoir. Cela nous préservait des curiosités malsaines et des doutes pénibles.

Elle avait la même discrétion dans les questions religieuses. Son cours était fréquenté par des élèves de toutes religions, par des juives notamment (et ce n'étaient pas les moins intelligentes et les moins travailleuses de ses élèves). Mlle Vidart savait rester neutre, de cette neutralité parfaite où n'a pas su s'arrêter la troisième République. Cela n'empêchait pas certains cléricaux de la dire libre-penseuse. Je fus bien troublée le jour où une dame dit devant moi à maman qu'elle voulait ma perdition. J'avais un tel culte pour mon professeur qu'on ne pouvait en vain l'attaquer devant moi. De même, je souffrais de la voir dans un salon, où elle se montrait trop modeste, timide et gauche. C'était sur la chaise de paille qui lui servait de chaire et en face d'une trentaine d'élèves qu'il fallait la voir pour pouvoir la juger.

Pendant quatre ans et demi le cours de Mlle Vidart m'a procuré les meilleures heures de mon existence, et j'ai trouvé bien dur, mes examens passés, de ne plus la voir régulièrement trois fois chaque semaine. Je me reprochais de m'être assimilé trop vite ce qu'elle m'enseignait au lieu de m'attarder auprès d'elle.

J'avais, en somme, très peu à faire à la maison. Je me précipitais sur mes devoirs, aussitôt rentrée, comme les enfants gourmands se précipitent sur une friandise et la mangent le plus vite qu'ils peuvent. Ensuite je regrettais de n'avoir pas fait durer le plaisir plus longtemps. Mais Henri me donnait des leçons supplémentaires, et, à la fin de mes études, Mlle Vidart m'envoyait souvent au tableau pour y faire devant les élèves des démonstrations qu'elle ne connaissait pas elle-même. Elle était trop sûre de son prestige pour redouter la concurrence. Ainsi Henri, par mon intermédiaire, contribuait à enseigner les mathématiques et la physique aux élèves de Mlle Vidart.

J'ai dit que Mlle Vidart observait la neutralité et recevait chez elle toutes les jeunes filles des familles honorables, à quelque classe de la société et quelque religion qu'elles appartinssent. Il en résultait que nous avions peu de rapports entre nous et que je ne fréquentais chez elle que celles de mes condisciples que je connaissais par ailleurs.

***

En même temps que j'avais débuté chez Mlle Vidart, j'avais commencé à suivre un petit cours de dessin chez Mlle Marie-Edmée Pau[1].

1. Durant toute sa vie, Aline Boutroux manifesta une fascination profonde pour Marie-Edmée Pau (1845-1871). Marie-Edmée Pau était née à Nancy dans une famille bourgeoise qui comptait de nombreux artistes amateurs ; elle avait manifesté très jeune une attirance pour le dessin et la peinture. Durant son adolescence, elle avait suivi les cours de Louis Leborne à l'École de dessin de Nancy. Étant parvenue à se faire connaître de l'éditeur Pierre-Jules Hetzel, elle collabora au lancement

Les élèves n'y étaient pas très nombreuses. Outre Louise Xardel, je rencontrais là Marie Bagnéris, fille du directeur de l'École forestière, avec laquelle je me liai[2]. Marie Bagnéris était douce, sage, raisonnable, sérieuse, studieuse et pieuse : elle faisait bien

d'une de ses nouvelles revues pour la jeunesse, *Le magasin d'éducation et de récréation*, puis illustra pour l'éditeur catholique Ruffet plusieurs ouvrages à succès de Victorine Monniot (dont le *Journal de Marguerite*). Durant l'année 1865 elle compléta sa formation dans l'atelier parisien de Léon Cogniet mais se résolut rapidement à bâtir sa carrière en Lorraine (elle avait d'ailleurs exposé deux portraits lors du Salon de Nancy de 1864). Vers la même époque elle commença à s'investir dans la rédaction d'un ouvrage illustré pour les enfants dédié à Jeanne d'Arc, *Histoire de notre petite sœur Jeanne d'Arc*, qui ne fut publié qu'après sa mort [M.-E. Pau 1874]. Catholique fervente, patriote, romantique, éprise d'idéal et de perfection, très soucieuse de son indépendance, Marie-Edmée Pau avait ouvert un cours de dessin à Nancy en janvier 1868. Elle habitait rue de la Pépinière, non loin de la rue Lafayette où résidait la famille Poincaré et elle recrutait ses élèves dans le voisinage. Aline Boutroux suivit ses cours dans les années 1870 et fut manifestement très influencée par la personnalité de l'artiste et par son destin tragique ; celle-ci devait en effet mourir le 7 mars 1871, quelques jours seulement après le défilé des troupes allemandes sur les Champs-Élysées. Durant les derniers mois de sa vie, obsédée par la guerre, elle s'était entièrement investie dans le secours aux blessés et avait tout mis en œuvre pour faire libérer son frère Gérald Pau, qui avait été gravement blessé à la bataille de Woerth et fait prisonnier (il s'agit du général Pau auquel Aline Boutroux fait référence plus loin dans son journal). Après sa mort, la publication de son journal intime, *Le journal de Marie-Edmée* [M.-E. Pau 1876], contribua à faire d'elle une héroïne patriotique jusqu'à la Première Guerre mondiale. Aline Boutroux apporta elle-même sa contribution à ce processus d'héroïsation dans un court article intitulé « Une héroïne française » [A. Boutroux s. d.]. On ne peut d'ailleurs qu'être marqué par la similitude de destin des deux femmes ; comme son modèle de jeunesse, Aline Boutroux devait en effet s'investir au sein de la Croix Rouge durant la guerre de 1914-1918 et en mourir en 1919. Pour plus de détails sur la vie et l'œuvre de Marie-Edmée Pau on consultera avec profit les articles de Nicole Cadène [N. Cadène, K. Lambert et P.-F. Astor 2004] et [N. Cadène 2011] (les commentaires qui suivent sur le sauvetage de son frère lui doivent d'ailleurs beaucoup). Notons enfin que le général Pau semble avoir été un familier de la famille Boutroux dans les années 1900-1910.

2. Il s'agit de Gustave-Constant-Victor Bagnéris (1825-1881). Diplômé de l'École forestière de Nancy, il travailla à Haguenau, Bitche et Vouziers avant de revenir à l'école pour y devenir répétiteur du cours d'économie forestière en 1858. Il fut ensuite nommé inspecteur des forêts dans la même école en 1862 puis professeur d'économie forestière en 1865. Durant la guerre de 1870, il dirigea l'ambulance de l'École forestière (de septembre 1870 à avril 1871). Il fut nommé chevalier de la Légion d'honneur le 18 juillet 1876 (Archives nationales, LH/90/63). Contrairement à ce qu'indique Aline Boutroux, il ne fut jamais directeur de l'École forestière (il occupa le poste de sous-directeur en 1880, un an avant sa mort). Henri Poincaré devait passer le concours d'entrée à l'École forestière en 1872. Reçu second, il démissionna.

tout ce qu'elle faisait ; c'était une petite fille modèle. Je n'ai jamais trouvé ailleurs tant de conscience et de vertu. Je l'admirais sans pouvoir l'imiter.

Par elle, j'appris aussi à connaître Marguerite Benoît qui devait devenir mon amie la plus intime. Ainsi que la famille de Marie Bagnéris, la famille de Marguerite Benoît était très catholique. Son père, doyen de la faculté des Lettres[3], et qui avait passé par Athènes, était tout d'huile et de miel. Il figurait le dimanche au banc d'œuvre dans la cathédrale et ne manquait pas un office. Il était même très assidu à la messe pour rire que disait Marguerite tous les matins dans sa chambre. Car elle aimait faire l'homme, et en particulier jouer au curé, et elle s'était fait donner pour ses étrennes de superbes habits sacerdotaux. Son petit frère lui servait d'enfant de chœur et M. Benoît suivait la messe dans un gros paroissien.

Dans ses cours de littérature, M. Benoît parlait avec une onction fatigante. C'était déjà suranné, même pour l'époque et même pour la province. Je voyais toujours M. Benoît si doux, si poli, si indulgent que papa m'étonnait beaucoup quand il m'affirmait que M. Benoît le prenait pour un malhonnête homme parce qu'il ne partageait pas ses idées. J'ai pensé depuis que papa pouvait bien avoir raison.

Marguerite avait des manières et des pieds masculins. Elle faisait des génuflexions d'enfant de chœur, de grands pas, des gestes brusques, s'habillait volontiers comme un garçon. Elle était féministe et moderniste et disséquait des cœurs de moutons afin d'affirmer sa vocation pour la médecine. Il y avait en elle, de plus, un apôtre. Un jour qu'elle se trouvait assister à un enterrement protestant, on se réunit dans une chambre pour attendre l'heure du train qui devait emmener le corps et l'assistance aux environs de Nancy pour l'inhumation. Elle avait une demi-heure devant elle : elle entreprit de faire une conversion. Et ce n'était pas une conversion banale qu'elle avait la prétention d'opérer, car c'était celle du pasteur lui-même. Mais, avec moi, elle ne fit jamais de prosélytisme. Elle m'aimait, comme je l'aimais moi-même, d'une affection toute spontanée et désintéressée. Ce que j'aimais en elle, c'était son ardeur, son activité intellectuelle, et jusqu'à ses petits ridicules, qui étaient si innocents et qui lui allaient si bien !

---

3. Formé à l'École normale supérieure (promotion 1835), Charles Benoît (1815-1898) fut l'un des membres de la première promotion de l'École d'Athènes (1846). Auteur de travaux sur les premiers manuels d'invention oratoire avant Aristote et sur le *Traité des devoirs* de Cicéron, il fit l'essentiel de sa carrière à la Faculté des lettres de Nancy comme professeur de littérature française et comme doyen. On lui doit notamment un ouvrage consacré à Chateaubriand, *Chateaubriand : sa vie et ses œuvres, étude littéraire et morale* [C. Benoît 1865] qui obtint le prix d'éloquence de l'Académie française. Il fut membre de l'Académie de Stanislas.

Ainsi, mon cercle d'amies se complétait peu à peu. Mais les amitiés dont je fis l'acquisition à cette époque étaient peu de chose au regard de l'admiration et de la dévotion que m'inspirait mon professeur de dessin. Mlle Pau était grande et belle, artiste, enthousiaste, mystique et patriote. Quand elle parlait de Dieu ou de la France, ses fines narines se soulevaient comme les ailes d'une colombe. Elle semblait vivre d'une vie immatérielle. La gêne, qui parfois s'introduisait dans la maison de sa mère, ne la touchait pas, car elle n'avait pas de besoins terrestres. Comme professeur, elle manquait de méthode. Elle n'avait jamais elle-même étudié la perspective et l'anatomie[4] ; et elle pensait que la science est la plus grande ennemie de l'art. Elle nous répétait souvent que le travail tue le génie. Elle avait une manière toute intuitive de nous enseigner le dessin. Elle pensait qu'au contact de son talent personnel, qui était incontestable, s'éveillerait le talent de celles d'entre nous qui étaient nées pour avoir du talent. Elle dessinait nos modèles sous nos yeux : nous la voyions improviser. De son crayon délicat, qui caressait le papier, nous la voyions sortir des figures gracieuses, jolies de forme et d'attitude, des châteaux féeriques, des paysages de rêve : deux ou trois traits, quelques fines hachures et la vie était rendue. Mais c'était une vie idéalisée, et pour opérer cette traduction de la réalité, Mlle Pau se laissait toujours guider par une idée poétique, mystique ou symbolique. Peu lui importait qu'ensuite les pédants de l'art arrivassent le compas à la main, et lui dissent : « Ce bras est trop long ou trop court. » Elle illustra plusieurs volumes d'après les mêmes principes.

En général, le modèle qu'elle nous avait fait nous appartenait. Voilà comment, aujourd'hui encore, je puis me rafraîchir et me rajeunir à la vue de ses jolies esquisses. Cela me rajeunit doublement, puisque c'est un art jeune en même temps que l'art de ma jeunesse. Une de ses compositions, toutefois, me rappelle des choses tragiques. Celle-là n'avait pas été faite spécialement pour moi. Mlle Pau avait proposé à ses élèves un concours. Chacune devait composer un dessin sur ce sujet : Le Soir. Son dessin à elle devait ensuite être tiré au sort par les concurrentes. Les élèves les plus avancées prirent seules part au concours, mais moi, qui ne doutais de rien, je me mis de la partie. J'avais vu cette année-là – car j'anticipe un peu sur les événements – le soleil se coucher dans la mer. Pour rendre ce spectacle inimitable, je fis quelques traits ondulés qui représentaient les vagues de la mer. Au fond, les rayons du soleil étaient figurés par des traits en éventail autour d'un cercle, dont un côté était coupé par la ligne de l'horizon. Ni ombre, ni lumière, ni perspective, ni profondeur : rien

4. D'après Nicole Cadène, Marie-Edmée Pau avait été initiée à la perspective par l'architecte diocésain Charles Chatelain ainsi que par son oncle Henri Alleaume. Aline Boutroux force probablement le trait lorsqu'elle évoque son amateurisme et son manque d'intérêt pour la technique artistique.

que des lignes enfantines. Je n'étais pas fière de mon œuvre, mais Mlle Pau me dit, pour m'encourager, que c'était un bon commencement. Puis, en ma qualité de plus jeune, je fus chargée de tirer du fond d'un sac le nom d'une des concurrentes : celle-là deviendrait propriétaire de l'aquarelle de Mlle Pau. Or le hasard voulut que je tirasse mon propre nom, ce qui me remplit de confusion. Sans la mériter, je reçus donc cette jolie composition sur « Le Soir » que j'ai là en ce moment. C'est une jeune femme qui ressemble à Mlle Pau, ainsi d'ailleurs que toutes les jeunes femmes qu'elle a dessinées. Cette jeune femme est assise dans un cimetière et semble réciter ces vers, écrits au-dessous du dessin :

> Repose-toi mon âme en ce dernier asile ;
> Ainsi qu'un voyageur qui, le cœur plein d'espoir,
> S'assied, avant d'entrer, aux portes de la ville,
> Et respire un moment l'air embaumé du soir[5].

Les portes de la ville se dressent comme des fantômes derrière le cimetière. Je compris qu'il était question ici de la ville éternelle. On verra dans la suite pourquoi je crus voir rétrospectivement, dans l'aquarelle de Mlle Pau, un pressentiment et une prédiction de l'avenir.

Mlle Pau avait sur ses élèves une grande influence morale, en même temps qu'une influence artistique[6]. En ce qui me concerne, elle me fit comprendre que j'étais moins mal douée pour le dessin que pour la musique, et quoiqu'elle ne m'ait pas appris grand-chose, je lui suis très reconnaissante du goût qu'elle m'avait donné.

***

C'est vers cette époque que j'ai perdu une amie, en même temps que j'en acquérais de nouvelles. Le père de Blanche Leclerc était, comme on sait, un homme grossier et difficile à vivre. Ma grand-mère lui avait vendu la maison de la rue Saint-Pierre qu'elle devait continuer à habiter jusqu'à sa mort. M. Leclerc se repentit-il de son acquisition ? C'est ce que nous n'avons jamais su. Toujours est-il que brusquement il devint l'ennemi de toute ma famille et ne nous salua même plus. La pauvre Blanche dut partager son inimitié. Du jour au lendemain, j'ai cessé de la

5. Extrait du « Vallon » de Lamartine, le poète préféré de Marie-Edmée Pau.

6. Cette volonté de concevoir la formation artistique comme une formation morale est particulièrement attestée par la lecture du journal de Marie-Edmée Pau [M.-E. Pau 1876].

voir, sans que rien entre nous n'ait répondu à cette rupture. J'ai continué à l'aimer de loin jusqu'à sa mort. J'ignorerai toujours si elle m'avait conservé quelque affection.

***

Nous avons mené dès 1869 une vie extrêmement sociable. Outre les amis dont j'ai déjà parlé, Henri s'était lié d'une amitié très tendre avec un de ses camarades de lycée. Il existait entre eux une affinité naturelle. Albert Gille était d'une origine très modeste. Il avait été adopté par un de ses oncles, marchand de vins en gros, riche mais très commun. Je ne sais donc pas de qui Albert Gille pouvait bien tenir son caractère fier, délicat et ombrageux, sa distinction presque aristocratique, son esprit fin et distingué. Henri se plaisait dans sa compagnie et le ramenait bien souvent en sortant de classe pour lui faire partager son goûter et son travail. Ils discutaient ensemble les passages difficiles de leurs versions latines.

On organisa de nouvelles leçons de danse, qui avaient lieu chez Mme Xardel. Nous avions retrouvé notre professeur, à la fois comique et prétentieux. Nous avions à cette époque de douze à quatorze ans et déjà certaines préférences se manifestaient entre danseurs et danseuses. Je n'avais aucune préférence et n'en encourageais aucune. Mais déjà j'avais des inquiétudes pour l'avenir lorsque je voyais Henri inviter plusieurs fois de suite la même danseuse. Serait-ce pour celle-là qu'il m'abandonnerait un jour ? Serait-elle mon ennemie ? Me permettrait-elle de faire encore quelque chose pour mon frère ? De me jeter au feu pour le sauver ? En tout cas, s'il voulait mettre une barrière entre lui et moi, je n'en superposerais pas une seconde. Je voulais rester libre de mourir et de me dépouiller pour lui sans tromper d'autres affections que je me serais créées.

Maman entreprit de nous faire jouer la comédie. Ce fut d'abord une pièce pour pensionnat de demoiselles, puérile et sans intérêt. Les garçons étaient habillés en filles car la pièce ne contenait que des rôles de femme. Mais, l'année suivante, nous abordâmes le Labiche. Qui n'a pas, à cet âge, abordé le Labiche ? *La poudre aux yeux*, *La grammaire*, *Les deux timides*. *Les deux sourds*[7] ont été joués dans tous les salons et par tous les enfants. Je crois qu'en ce qui nous concerne, nous ne nous en tirâmes

7. *Les deux timides*, est une comédie-vaudeville en un acte mêlée de couplets et représentée pour la première fois à Paris au Théâtre du Gymnase en mars 1860. *La poudre aux yeux* est une comédie en deux actes écrite en collaboration avec Édouard Martin ; elle fut représentée pour la première fois dans le même théâtre en octobre 1861. *La grammaire*, comédie en un acte, fut créée à Paris au Théâtre du Palais-Royal le 26 juillet 1867. Toutes ces pièces sont bien d'Eugène Labiche. En revanche, Aline Boutroux semble ici faire une erreur à propos de la pièce *Les deux sourds*. Il s'agit d'une comédie en un acte de Jules Moinaux qui fut créée au Théâtre des Variétés en novembre 1866.

pas trop mal. Je passais du rôle de mère intrigante à celui de fille ingénue. Dans tous mes rôles, je m'efforçais d'oublier la présence du public, les limites étroites de la scène, et la personnalité ordinaire de mes interlocuteurs, pour entrer complètement dans mon personnage. Quand je disais des *a parte* (c'était le temps des *a parte*), je parlais vraiment à moi-même.

Henri avait une manière toute différente d'entendre le jeu de la scène. Il cherchait dans le public un auditeur, ou plus généralement une auditrice, particulièrement docile, disposée à rire quand on l'y invitait, et à trouver spirituel ce qu'on lui présentait comme spirituel. Une communication sympathique s'établissait alors entre cette spectatrice et la spectatrice ne regardait qu'Henri, n'écoutait qu'Henri, le suivait dans ses évolutions et paraissait toute désemparée quand par hasard il n'était pas en scène. Henri, de son côté, s'adressait directement à la spectatrice élue ; il lui criait ses confidences par-dessus la rampe et lui adressait des petits clignements d'yeux de connivence. Cela donnait au jeu d'Henri une grande puissance comique, non seulement pour la personne privilégiée qu'il avait choisie comme plastron, mais pour l'auditoire tout entier. Aussi préférait-il les rôles comiques. Moi, j'aimais mieux ceux où l'on fait moins rire, mais où l'on fait quelquefois pleurer.

La représentation de *La Poudre aux yeux* et des *Deux Timides* eut beaucoup de succès parmi les nombreux amis de nos parents, qui remplissaient deux grandes pièces. Maman nous avait fait installer un vrai théâtre, perché sur une estrade et garni d'une rampe. Les rideaux manœuvraient sans qu'on vît la ficelle : tout était admirablement organisé. Et maman, qui cumulait les fonctions de machiniste, d'habilleuse et de souffleuse, trouvait vraiment à cette représentation autant de plaisir que nous-mêmes.

Nous pratiquions l'art plus modeste mais plus spontané de la charade. Nous étions parfaitement entraînés en cette matière par une dame qui, d'après son âge, eût pu être ma mère, mais qui nous traitait, Henri et moi, en camarades. Elle avait tant d'imagination, tant d'ingéniosité, tant de verve, tant d'esprit d'à-propos et une idée si pittoresque de la vie, que les drôleries surgissaient en foule de son cerveau. Mme Georgel[8] – c'était son nom – était une véritable étoile, et elle nous entraînait

8. Aline Boutroux évoque à de nombreuses reprises la personnalité de Madame Georgel. Celle-ci était l'épouse de Félix Aristide Georgel, professeur au Lycée impérial de Nancy. Né en 1828 à Tholy dans les Vosges, il fit toute sa carrière à Nancy, d'abord en tant qu'enseignant dans les classes élémentaires puis dans les classes de cinquième à troisième. Il occupa ces fonctions de 1854 à 1885, date à laquelle il fut nommé secrétaire et agent-comptable des facultés des lettres et des sciences de la ville. Il prit sa retraite en 1899 mais il continua à exercer la fonction de secrétaire, puis de secrétaire honoraire jusqu'en 1913. Agrégé de grammaire en 1864, il eut Henri Poincaré comme élève dans

dans son sillage. Nous allions avec elle dans un petit coin, et, en cinq minutes, elle avait trouvé le mot, décidé les scènes, distribué les rôles, indiqué à chacun en gros, ce qu'il devait dire, coiffé l'un d'un voile de fauteuil qui jouait le turban, l'autre d'une serviette blanche qui prenait la forme d'une cornette de religieuse, puis le spectacle commençait immédiatement. Et c'était toujours nouveau, toujours imprévu. Les scènes historiques alternaient avec les aventures les plus bourgeoises, on passait de l'actualité à l'antiquité, de la tragédie à la comédie.

La conversation de Mme Georgel était absolument intarissable. C'est elle, également, qui nous initia au jeu des homonymes et des proverbes, des devinettes et des petits papiers. Mais ce fut surtout quelques années plus tard, après la guerre, que nous devînmes véritablement ses disciples et ses émules.

Elle n'aimait pas seulement les jeux d'esprit ; elle aimait encore les jeux du cœur, et se faisait volontiers l'instrument de la providence. Je crois bien que c'était tout simplement pour s'amuser qu'elle entreprenait de faire des mariages. Elle nous mettait dans la confidence et nous faisait assister aux entrevues. Quand nous lui voyions déployer tout son esprit pour faire causer les uns et les autres et pour mettre en valeur les deux parties, il nous semblait qu'elle jouait encore une charade. Sans doute, ce n'était pas un divertissement de notre âge, cela n'aurait même pas dû être un divertissement du tout : mais nous n'apprenions rien de bien dangereux, si ce n'est à nous moquer des choses sérieuses. Nous prenions, de plus, l'horreur prématurée de ces sortes d'entrevues, et nous nous promettions de ne pas en être les héros à notre tour, quand l'heure viendrait.

Mme Georgel avait un mari et des enfants, des enfants presque de notre âge, mais que nous considérions comme très inférieurs à nous, puisque nous étions les camarades de leur mère. Jamais, d'ailleurs, elle ne les mêlait à ses jeux. Le mari, professeur au lycée, était aussi taciturne que sa femme était animée. Il aimait surtout sa tranquillité, ses pantoufles et un bon bock de bière qu'il allait parfois boire à la brasserie. En somme, il avait l'horreur du monde. Un soir que Mme Georgel voulait l'entraîner au bal, il profita de ce qu'elle était occupée à sa toilette pour se mettre au lit et s'endormir. Lorsqu'enfin, parée à son gré, elle vint pour le chercher, elle le trouva ronflant.

La famille Georgel habitait chez les parents de Mme Georgel, à Nancy l'hiver, l'été à Vandœuvre, tout près de Nancy. C'était Mme Contal qui s'occupait du ménage et des enfants. C'est ce qui permettait à Mme Georgel de passer son temps à jouer des charades. Mais elle avait une sœur qui enviait ses privilèges, surtout, je le crains bien,

---

sa classe de quatrième en 1867. Il fut proposé, sans succès, pour la Légion d'honneur (Archives nationales, LH/3222).

à cause du grand avantage matériel dont jouissaient les Georgel, qui n'avaient ni à se loger, ni à se nourrir. C'était, entre les deux sœurs, une jalousie toujours surexcitée.

La sœur de Mme Georgel s'appelait, lorsque je suis née, Mme Sacquin. Je me rappelle encore avoir rencontré dans la rue une bonne qui portait dans ses bras un tout petit Sacquin, et qui pleurait en annonçant à maman : « Monsieur est mort. » J'avais regardé l'orphelin avec attendrissement. Puis, un jour, j'avais vu la veuve dans un salon obscur où on la distinguait à peine. Elle était effondrée, un mouchoir à la main, avec un air inconsolable. Enfin, je l'avais revue quelques années plus tard, rajeunie et remariée à un professeur de lycée qui sortait à peine de l'École normale. Tous deux étaient venus pour dîner de retour de noce ou de rendu de noce que leur offraient mes parents. On avait invité toute la famille en leur honneur, mais les jeunes époux, au scandale général, ne firent de frais pour aucun des invités. Ils ne firent de frais que pour ma poupée que je leur avais montrée et avec laquelle ils jouaient comme une paire d'enfants. Je trouvais cela bien un peu puéril pour une femme de vingt-cinq ans qui avait eu l'occasion de jouer à la poupée pour de bon en soignant son propre fils. Mais je compris ensuite qu'elle avait un mari si jeune, si beau, si original, si plein de gaminerie, qu'elle était bien obligée de se mettre au diapason. M. Rambaud dut bientôt quitter le lycée de Nancy et la maison hospitalière de sa belle-mère[9]. Les Georgel restèrent seuls maîtres de la place.

---

9. Né à Besançon, Alfred Rambaud (1842-1905) avait été élève de l'École normale supérieure (promotion 1861). Licencié en lettres et en droit, il avait obtenu son agrégation d'histoire en 1864 et soutenu une thèse de doctorat en 1870 (*L'Empire grec au Xe siècle, Constantin Porphyrogénète*). Il commença sa carrière à Nancy en 1864 en tant que professeur divisionnaire d'histoire au lycée de Nancy. C'est à Nancy qu'il devait épouser en 1865 Marie Aline Eugénie Contal, fille de François Contal, avoué au tribunal de première instance de Nancy. Celle-ci était veuve en premières noces de Constant Jacquin, avocat et membre du conseil général des Vosges. En 1865, comme le relate Aline Boutroux, il fut contraint de quitter Nancy et il enchaîna différents postes dans des lycées de province avant d'être nommé professeur d'histoire à la Faculté des lettres de Caen (1871). Après deux voyages d'études en Russie, il revint à Nancy, à la faculté des lettres en 1876, d'abord comme suppléant puis comme professeur (1879). Il fut ensuite nommé maître de conférences à l'École normale supérieure en 1881. Républicain, proche de l'Union républicaine, il occupa différentes fonctions politiques et électives : chef de cabinet de Jules Ferry (1879), conseiller général du Doubs (1883), sénateur du Doubs, ministre de l'Instruction publique (1896-1898), etc. On lui doit un grand nombre d'ouvrages et d'articles sur l'histoire de la Russie [A. Rambaud 1878], sur la Révolution française [A. Rambaud 1883] ou sur l'histoire byzantine. Son nom apparaît dans ce journal à de nombreuses reprises – notamment à travers ses liens avec les familles Contal, Georgel et Poincaré. Pour plus de détails, cf. son dossier de carrière aux Archives nationales, F/17/25893 ainsi que [C. Charle 1985]. On notera que par ses fonctions administratives et politiques (chef

***

M. et Mme Arnauld[10], nos cousins sans enfants, étaient venus se fixer à côté de nous à la retraite de M. Arnauld. Mme Arnauld avait été très belle et avait encore des prétentions à l'élégance. Elle achetait des chapeaux très chers, dont elle aimait à dire le prix, mais elle ne les portait jamais que lorsqu'ils étaient démodés. Elle avait une très belle voix et était si bonne musicienne qu'on la nomma présidente de la société philharmonique. Cette société organisait des concerts que je trouvais généralement trop longs. Un jour, même, elle fit venir Capoul[11] qui chanta, dressé sur la pointe des pieds :

> Une robe légère d'une entière blancheur ;
> Un chapeau de bergère, de nos bois une fleur.

Mme Arnauld trônait : elle était coiffée de son plus beau chapeau couvert de plumes vert Metternick.

---

de cabinet, ministre, etc.) Rambaud constitua un relais de soutien important pour la carrière de Poincaré, notamment à partir de son entrée dans l'enseignement supérieur en 1879. La correspondance de jeunesse de Poincaré avec sa famille atteste par ailleurs qu'il avait de fréquents contacts avec lui dans les années 1873-1878.

10. Le lien familial entre la famille Arnauld et la famille Poincaré semble s'établir par le biais de la famille Rollin ; en effet, en février 1880, l'avis de décès de Catherine Poincaré, la grand-mère paternelle d'Aline et d'Henri Poincaré, mentionne la famille Arnauld (cf. Archives Nationales, F/14/2301/2). Dans la suite du texte, Aline Boutroux évoque une autre famille éloignée, la famille Olleris, avec laquelle Henri Poincaré devait avoir des relations fréquentes dans sa jeunesse et qui avait des liens de parenté avec la famille Arnauld. Le Monsieur Arnauld dont il était question ici avait fait carrière dans l'administration comme directeur des contributions directes et avait épousé une des sœurs de Virginie Olleris (voir le chapitre XXIV).

11. Joseph-Amédée-Victor Capoul (1839-1924) était un ténor français qui excella dans le répertoire de l'opéra-comique. Il connut une très grande carrière en Europe et en Amérique. Il fut directeur du Conservatoire de New York dans les années 1870 et il termina sa carrière comme directeur artistique de la scène de l'Opéra de Paris.

XIV.
Printemps – Été – Automne

Dès que la température le permettait, nous allions faire nos devoirs en plein air, dans notre jardin. Mais pendant l'hiver nous restions parfois pendant de longs mois sans visiter ce coin favori. Nous ne laissions guère alors dans le petit chalet que quelques objets sans valeur.

Or au printemps de l'année 1869, maman fut avertie par M. Alphonse Magnien, propriétaire d'un jardin contigu au nôtre, que notre chalet avait dû servir d'asile pendant l'hiver à quelque cambrioleur. On avait, en effet trouvé, dans toutes les propriétés voisines, des traces de cet hôte de passage : des échelles déplacées, des bouteilles vides, de la vaisselle brisée, des serrures forcées, quelques larcins peu importants avaient été constatés ici et là. Nous trouvâmes chez nous les volets et les vitres en morceaux, et, dans la maison, tous les objets sens dessus dessous, ma poupée accoutrée de singulière façon et couchée sur un tas de vieilles hardes, en somme, des dégâts insignifiants. Rien n'avait disparu, au contraire : on retrouva dans notre maison tous les objets qui avaient été volés aux alentours.

Le voleur ne tarda pas à être découvert et arrêté. Henri et moi nous nous passionnions pour cette affaire judiciaire, la première que nous ayons vue de près. Je me montrai même très sévère pour le malfaiteur auquel je souhaitais d'abord la peine la plus forte. Mais un jour, en notre présence, le malheureux fut amené au jardin, entre deux gendarmes, et le juge d'instruction lui fit subir un interrogatoire en règle, avec reconstitution du crime. C'était presque un enfant : il n'avait pas vingt ans. Il avait été élevé dans un pénitencier et avait subi déjà deux condamnations.

– « La liberté m'est à charge », déclara-t-il philosophiquement.

Il répondait docilement à toutes les questions. Quand on lui demanda ce qu'il avait fait de la clef de la cave, laquelle avait disparu, il réfléchit un instant, puis se rappela qu'il l'avait jetée dans la pelouse parce qu'il était furieux de n'avoir pas trouvé de vin.

– « Pourriez-vous retrouver cette clef ?

– Parfaitement, si on me permet de chercher. »

Suivi de près par le gendarme, il chercha et retrouva la clef.

– « Tout cela, ajouta-t-il, c'est seulement pour tuer le temps. »

Je le regardais avec étonnement, ce jeune homme qui ne savait vivre qu'en prison, et réclamait presque les verrous comme s'il en avait eu la nostalgie.

Il fut condamné à dix ans de travaux forcés et à dix ans de surveillance.

***

Ce n'était pas uniquement pendant l'hiver que nous menions une vie sociable. En dehors de nos heures de travail qui s'écoulaient dans notre jardin recueilli, nous faisions pendant l'été, principalement le jeudi, de grandes promenades en bande. Quand la journée s'annonçait belle et pas trop chaude, on faisait passer une circulaire, qui disait simplement : rendez-vous à telle heure et à tel endroit, à tous les marcheurs de bonne volonté. C'était Mme Xardel qui généralement prenait l'initiative de ces expéditions, et c'était son fils Henri, le déshérité, qui était chargé de porter de porte en porte la petite circulaire, bien qu'il ne dût pas toujours être de la partie.

On se retrouvait donc, exacts au rendez-vous, chacun portant dans sa poche le petit pain de son goûter. On y ajoutait parfois, à la saison des fruits, une corbeille de cerises ou de raisins, que nos mamans achetaient en marchandant, à quelque paysan rencontré sur le chemin. On cheminait gaiement après s'être quelquefois aidés du chemin de fer ou du vieil omnibus de Malzéville. Nous étions quinze, vingt, et jusqu'à trente. Les mamans, au nombre de cinq ou six, marchaient ensemble. La jeunesse formait des petits groupes épars, soit à l'avant, soit à l'arrière-garde, à moins que tous ne se réunissent pour jouer aux petits jeux ou pour chanter tout en marchant. Quand la côte était roide, Marie Xardel renonçait à s'amuser et aidait sa mère en la poussant dans le dos. Arrivé sur quelque plateau : Malzéville, Sainte Geneviève, Bouxières-aux-Dames, on faisait halte. On jouait aux petits paquets ou à Colin-maillard, et, lorsque j'étais prise, comme je n'étais pas forte à la course, quelque joueur de bonne volonté prenait toujours ma place. Enfin, après avoir goûté, nous redescendions par les petits sentiers raides qui cheminent à travers les vignes. C'étaient de bonnes, de saines promenades, qui nous mettaient de l'air plein les poumons, et de la gaieté plein le cœur.

***

Le dimanche, nous allions très souvent déjeuner dans la maison de campagne de M. Daubrée, qui était une des plus belles de la banlieue nancéienne. J'ai dit comment M. Daubrée, imitant les artistes de la Renaissance, avait leur belle prestance, leur tête bouclée, leur cou dégagé, leur cravate négligemment nouée, leurs grandes manières et leurs airs protecteurs. Il aimait notamment avoir table ouverte chez lui. Le Vert-Bois hébergeait donc chaque dimanche une société de vingt ou vingt-cinq personnes, et nous étions, moi principalement, généralement du nombre.

Mme Daubrée était excellente pour moi. Elle avait deux fils[1], tous deux forestiers ; mais elle n'avait pas de fille, et se plaisait à me prendre souvent avec elle. Un jour, elle m'avait fait venir pour me présenter à Madeleine Brohan qu'elle avait connue aux eaux[2]. J'avais été frappée de la voix grave et grasseyante de l'artiste, et de ses yeux artificiellement grands.

Mme Daubrée, bien que de taille lilliputienne, était une femme de tête. Non seulement elle recevait beaucoup, à la ville comme à la campagne, et son ménage était un modèle d'ordre et de correction, mais elle était la cheville ouvrière du commerce de son mari. Celui-ci, artiste et grand seigneur, se bornait à peu près à dessiner ses modèles. Il ne manquait ni de talent, ni de goût, ni d'imagination. Mais c'était Mme Daubrée qui régnait dans le magasin et qui faisait habilement l'article. Elle dirigeait de haut, mais elle était là. Toujours parfaitement mise et finement gantée, elle ne touchait pas elle-même les objets. Elle les faisait chercher dans les vitrines et présenter par un employé ; elle se bornait à donner un bon conseil, sans lequel on ne se serait jamais décidé à acheter. Elle servait ainsi du même coup ses intérêts et ceux de ses clients. Il n'y avait pas de jour de l'an, pas de première communion, pas de mariage, que l'on n'eût recours à son ministère.

Nous étions très attachés au Vert-Bois dont nous connaissions les plus petits coins. Quand on l'a morcelé et loti et qu'on y a tracé des rues, c'était comme si l'on coupait dans notre chair vive. Nous avions l'autorisation d'aller jouer dans le jardin avant la fin du dîner, lequel était toujours très long ; et nous usions toujours de cette permission, abandonnant ainsi notre part de dessert, afin de ne pas entendre les conversations qui dégénéraient en discussions politiques à la fin du repas. Il y avait un certain M. Tourtel, parent des Daubrée, qui, d'une voix avinée, criait que la France était pourrie, que l'Empire était pourri, et que nous allions tomber en décomposition. Cette assertion peu rassurante me causait une impression extrêmement pénible, et j'aurais sacrifié bien autre chose que mes droits au dessert, pour ne pas l'entendre. J'avais horreur également d'entendre chanter l'aumônier du lycée, qui assistait de droit à ces dîners, et qui dans sa chanson, toujours la même, cherchait à tourner en ridicule le bon curé Trouillet de l'église Saint-Epvre. Celui-ci

1. Il s'agit de René et de Lucien Daubrée. Après des études à l'École forestière de Nancy, Lucien Daubrée (1844-1914) devait devenir conseiller d'État et directeur des Eaux et Forêts au ministère de l'Agriculture. Également diplômé de l'École forestière, René Daubrée (1845- ?) mena quant à lui une double carrière dans l'armée et dans l'administration des forêts : il fut ainsi sous-intendant du cadre auxiliaire au sein du gouvernement militaire de Paris ainsi qu'inspecteur des Eaux et Forêts.

2. Madeleine Brohan (1833-1900) était une actrice très renommée de la fin du XIXe siècle. Elle fut sociétaire de la Comédie française.

était un homme jovial et bon, le même que j'avais vu entouré d'une auréole le jour de ma première communion. Sa spécialité était de trouver de l'argent et de construire des églises. À chaque instant il faisait le voyage d'Autriche pour demander des subsides à l'empereur François-Joseph. Quant aux églises, quand c'était lui qui dirigeait, elles semblaient surgir de terre comme par miracle[3]. Aimable et bienveillant universellement, il appelait tout le monde son « bon hami », en aspirant l'*h*. Toutes ces particularités n'avaient rien de bien méchant, ce qui n'empêchait pas l'aumônier du lycée, l'abbé Blanc, de caricaturer son collègue par une satire assez plaisante[4]. Je trouvais cela mal, surtout parce que c'était un autre prêtre ; et je me sauvais pour ne pas l'entendre. Cet autre prêtre, d'ailleurs, était un brave homme assez étourdi. Il m'a promis pendant dix ans le même cadeau pour le soir même, et le cadeau n'est jamais venu. Mais l'abbé Blanc m'a payé sa dette en servant humblement ma messe de mariage. Or c'était d'autant plus méritoire que la messe était dite par le curé Trouillet.

***

Pendant les vacances de 1869, nous vîmes la mer pour la première fois. Nous y arrivâmes comme on doit y arriver, par la bouche d'un grand fleuve : la Seine nous porte en bateau de Rouen au Havre. Quand la mer apparut, elle avait des vagues de feu, et le soleil, à moitié caché par l'horizon, vomissait des flots de pourpre.

Après avoir vu le soleil se coucher, nous vîmes la lune se lever : ses reflets d'argent dansaient sur les vagues clapotantes, tandis que le bateau nous emportait loin des lumières du Havre, en s'enfonçant dans la pleine mer. Je me promenais sur le pont,

3. Joseph Trouillet, (1809-1887) fut un prêtre bâtisseur. Il commença sa carrière à Lunéville et il y fut l'artisan de la construction de plusieurs institutions ainsi que de l'église Saint-Maur. Nommé curé de la paroisse Saint-Epvre à Nancy en 1865, il collecta les fonds pour la construction de la basilique, notamment auprès de la Cour d'Autriche. Appelé « le mendiant des rois et le roi des mendiants », il fut décoré de la croix de chevalier de la légion d'honneur de la main de l'Impératrice Eugénie, de passage à Nancy, à l'occasion du centenaire du rattachement de la Lorraine à la France. Pour plus de détails, voir son dossier de Légion d'honneur (Archives nationales, LH/2634/32) ainsi que le *Dictionnaire biographique des prêtres du diocèse de Nancy et de Toul* [S. Straehli 2003].

4. Jean-Baptiste Blanc, (1812-1885) fut ordonné prêtre en 1836 à Nîmes. Il fut nommé en 1846 aumônier du Collège royal puis du lycée de Nancy, poste qu'il occupa jusqu'en 1879. Très impliqué dans les œuvres charitables de la ville, il publia plusieurs ouvrages, dont *Le Christianisme intégral, ou la Vérité catholique démontrée aux jeunes gens par les matières concernant le baccalauréat ès-lettres et ès-sciences* [J.-B. Blanc 1868] et une *Monographie du Lycée de Nancy, depuis 1789 jusqu'à nos jours* [J.-B. Blanc 1879]. Cf. *Dictionnaire biographique des prêtres…* [S. Straehli 2003].

en proie à ces impressions nouvelles, et j'avais repoussé avec mépris les couvertures dont maman aurait voulu m'entourer. Henri avait tout accepté et s'était endormi roulé sur un banc, comme un gros ballot. Une fraîcheur inconnue remplissait l'atmosphère et je me mis tout à coup à grelotter et claquer des dents. Maman me demanda alors : « Es-tu malade ? » Et malgré mes protestations, elle m'entraîna dans la cabine pour nous coucher pendant deux heures. Je dormis d'un bon sommeil qui se termina pourtant par un mauvais rêve : on m'embarquait pour l'Amérique, afin d'expier je ne sais quel crime mystérieux que je n'avais d'ailleurs pas commis. En m'éveillant dans un cadre de bateau, j'eus de la peine à comprendre que j'avais rêvé.

Nous étions revenues sur le pont bien avant le lever du soleil. Celui-ci parut subitement du côté opposé à celui où nous l'avions vu disparaître la veille au soir. Mais il était plus clair, plus brillant et comme rajeuni. Bientôt il moira les flots de bleus et de roses tendres. Le cercle de l'horizon était complet ; il s'estompait dans cette zone mystérieuse où communient le ciel et l'eau. Puis parut une petite bande bleue qui grandit, grandit jusqu'à devenir la terre, et enfin nous entrâmes dans la rivière qui longeait la verte île de Wight. Que d'attention il me fallait pour ne rien perdre de toutes ces formes et de toutes ces couleurs qui composaient le paysage ! Dans mon désir de tout voir, je tournais constamment la tête comme une girouette.

Ce fut un réveil assez désagréable, en somme, que de nous trouver sur les quais de Southampton, qui nous semblaient osciller bien plus que le bateau de tout à l'heure. Les douaniers, coiffés de hauts chapeaux crasseux, titubaient comme des hommes ivres ; nous sentions le sol s'enfoncer, se dérober sous nos pas. Comme nous avions tous les quatre, plus ou moins, ces pénibles illusions, nous nous accrochions les uns aux autres pour ne pas tomber, et nous sentions que les autres n'étaient pas plus que nous certains d'être solides sur leurs jambes. Le plancher des vaches nous causait une déception inattendue. Cette impression, qui s'était un peu calmée tandis que nous étions en chemin de fer, reprit de plus belle à Portsmouth, et s'accompagna d'une irrésistible envie de dormir. Notre nuit avait vraiment été trop courte. C'est donc en nous écarquillant de force les yeux que nous vîmes le port et les bâtiments de guerre.

Pour nous diriger vers le port, Henri aurait voulu se servir de deux mots anglais qu'il avait appris tout exprès. Il demanda *sheeps* voulant demander *ships* et on nous conduisit vers la falaise sur laquelle passait un troupeau de moutons[5]. Cet incident

5. On sait que Poincaré apprit l'anglais durant sa deuxième année d'études à l'École polytechnique, en 1874-1875 car il annonce avoir commencé à suivre ses cours dans une lettre qu'il écrit à sa mère en novembre 1874. À la lecture de sa correspondance de jeunesse, force est de constater que ses progrès furent pour le moins balbutiants. Pour avoir un aperçu de son niveau à cette époque, on pourra lire la note consacrée à Kate Courtet au chapitre XXIII.

parvint à nous réveiller provisoirement, de même qu'un autre, non moins comique : papa, que l'on vint chercher dans la salle d'attente où nous étions avec lui, pour servir d'interprète à maman. On lui avait demandé : « French ? », et il avait répondu oui. Maman et lui se regardaient avec étonnement, sans comprendre pourquoi on les mettait ainsi en présence ; et les employés attendaient patiemment qu'ils voulussent bien s'entendre.

Londres nous fit l'effet d'une ville branlante. Nous ne devions y passer que deux jours, mais deux jours très remplis, et cela ne nous suffit pas pour retrouver notre équilibre. Les becs de gaz, les lustres de l'hôtel se penchaient vers nous avec condescendance ; les garçons qui nous servaient semblaient sans cesse nous saluer, l'assiette où nous piquions notre fourchette s'enfonçait comme pour nous échapper, et nos lits nous berçaient malgré nous : en un mot, le cauchemar se poursuivait. Mais cela ne nous empêchait pas de jouir des beautés de Londres et de nous amuser de l'aspect imprévu de ses rues. Les affiches bariolées qui couvraient les maisons et les omnibus, les cabs avec leurs cochers en l'air, et cette foule calme et pittoresque qui marchait dans les rues, donnaient à cette capitale un caractère si différent de celui de Paris ! L'atmosphère aussi était autre, et le soleil, comme un disque rouge, perçait sans s'y mêler le brouillard des jours de beau temps. L'activité des docks nous parut prodigieuse et, pour tout dire, infernale. Le contraste des palais de West-End et des coupe-gorge de l'est nous saisit. Nous avions entendu lire trop de romans de Dickens pour ne pas chercher partout des voleurs dans la foule. En ce temps-là, du haut en bas de l'échelle sociale, tout le monde portait le même costume, à Londres. Ce costume était de plus en plus râpé jusqu'au jour où, tombant en morceaux, il ne pouvait plus être porté par personne. C'est ainsi que les clochers, les douaniers, les commissionnaires et les mendiants étaient coiffés de vieux chapeaux hauts de forme, de plus en plus enfoncés, de plus en plus semblables à des accordéons ; et que l'on était abordé par des mendiantes qui traînaient des robes à volants et miaulaient au fond d'un chapeau cabriolet. Les enfants n'échappaient pas à la règle : ils étaient mis comme les grandes personnes.

La mer était d'huile pour notre retour, et l'air absolument immobile. Nous parvînmes pourtant à Dieppe où nous attendaient notre tante Marie et ses enfants. Nous les avions vus plusieurs fois à Nancy, et nous commencions à les connaître. La tante Marie avait une franchise et un entrain qui me portaient à l'aimer beaucoup. Elle était si bonne mère. Toujours pleine de sollicitude pour ses fils, elle les mettait un peu dans du coton, surtout le dernier qui était plus délicat.

Raymond avait neuf ans en 1869. Déjà son caractère se dessinait. Ses petits yeux pétillants vous regardaient avec une perspicacité étonnante. Il épiait la moindre de vos impressions, et en faisait son affaire, son profit. Il tenait beaucoup à plaire et à mériter des éloges, et, pour cela, on le voyait s'efforcer, avec une continuité au-dessus de son âge, de donner au moins tout ce qu'on attendait de lui. Il parlait avec une rare netteté bien qu'il eût un très léger défaut de prononciation, qu'il arriva d'ailleurs à corriger complètement dans la suite. Il écrivait déjà avec une correction impeccable. Tout ce qu'il faisait dénotait du soin, de la minutie, de la faculté de s'éduquer soi-même indéfiniment, sans se contenter jamais du résultat obtenu. En un mot, il avait l'œil sur ses défauts encore plus que sur ses qualités et il était décidé à ne pas s'arrêter dans la voie du perfectionnement. On le trouvait un peu trop sérieux et tranquille pour son âge : il était prématurément un petit homme.

Lucien n'était encore qu'un bébé, souvent récalcitrant. Il se révoltait contre les soins exagérés dont sa mère entourait sa santé, disait et faisait mille folies pour le plaisir de la mettre à l'envers, et s'abandonnait à des boutades d'enfant nerveux et gâté. Pourtant, dès cette époque, quelques raisonnements très fins et judicieux, quelques manifestations isolées d'un cœur tendre et généreux pouvaient faire deviner qu'il serait particulièrement intelligent, particulièrement bon, particulièrement juste, en un mot un homme d'élite. Je crois avoir été une des premières à apprécier ses belles qualités en germe.

Un jour maman, sur le désir de Raymond donna à chacun des deux frères une toute petite boussole. Or il se trouva que celle de Raymond ne marchait pas. Et, comme celui-ci manifestait sa déception, Lucien réfléchit et dit :

– « Pourquoi, en somme, ai-je voulu avoir une boussole ? Pour faire comme toi, uniquement : je peux bien le dire. Eh ! bien, nous allons changer : j'aurai une boussole dans ma poche pour faire comme toi, et toi, tu me diras ce qu'indique la tienne. De cette façon nous serons contents tous les deux. »

Raymond accepta l'échange.

Mon oncle Antoni n'était pas à Dieppe à ce moment-là ; il était très occupé. Mais comme je n'ai guère parlé de lui jusqu'ici, j'aimerais pouvoir en dire quelque chose. Or, plus j'y pense, plus je trouve cela impossible. Mon oncle était plein de sentiments nobles et généreux, de fierté et de délicatesse ; il était passionnément juste ; il était doux, bienveillant et tendre. Mais une sorte de pudeur ou d'orgueil l'empêchait d'afficher ses sentiments, et il n'aurait pas admis non plus que d'autres en parlassent. Respectons, même après sa mort, cette discrétion ombrageuse.

***

Nos vacances à Arrancy furent marquées cette année-là par des représentations théâtrales. Nous reprîmes *La poudre aux yeux* et *Les deux timides*, avec quelques modifications dans la troupe. De leur côté les grandes personnes se lancèrent dans des pièces plus savantes et plus difficiles.

Ces représentations se répétèrent à deux autres endroits dont je n'ai pas encore parlé, bien que nous y fussions allés deux ou trois fois chaque année depuis notre tendre enfance.

Le père de notre tante Amélie, beau-frère de la mémère, s'était remarié à une personne d'origine noble et d'une grande distinction. L'oncle Barthélémy était déjà mort quand nous avons connu celle-ci, que nous appelions tante Anna, bien qu'elle ne fût pas notre tante[6]. De ce second mariage étaient nés quatre enfants que nous considérions un peu comme des cousins. Les trois filles de la tante Anna étaient mariées et avaient des enfants un peu plus jeunes que nous. Son fils, alors célibataire, était le filleul de maman. Il s'appelait Marcel. Contemporain et camarade à Saint-Cyr de l'oncle Adrien, il était beau, grand, plein d'ardeur, de bravoure et de gaieté, un véritable boute-en-train.

La maison de Spincourt[7], basse et très large, et surmontée d'un haut toit d'ardoises, avait assez grand air. Elle regardait un immense jardin planté de grands et beaux arbres. Quand on l'apercevait de loin, au milieu des champs découverts, ce jardin avait l'air d'une oasis dans le désert. J'ai dit maison et jardin pour être modeste, mais c'est : parc et château, qu'il faudrait dire pour être exact. La tante Anna avait vraiment une grâce aristocratique quand elle vous recevait au haut de son perron, avec son joli sourire et son aimable visage entouré de boucles noires.

C'est dans cette maison hospitalière que se répercutaient les fêtes d'Arrancy. On dînait, on dansait, on jouait la comédie ou des charades, et l'on faisait, dans le jardin, d'énormes parties de cachette auxquelles prenaient part les grandes personnes. Certaines tantes un peu poussives avaient bien de la peine à courir. Tout le monde y mettait de la simplicité et de la bonne humeur.

Et nous allions également nous réunir chez une des filles mariées de la tante Anna, dont le mari possédait une papeterie, à Mainbottel près de Pierrepont[8].

---

6. Pour plus de détails sur la famille Barthélémy, voir le chapitre v.

7. Spincourt est une petite commune meusienne, située à quelques kilomètres au sud du village d'Arrancy.

8. Mainbottel est un lieu-dit situé à proximité du village de Mercy-le-Bas, à quelques kilomètres de Pierrepont et d'Arrancy. La papeterie évoquée par Aline Boutroux existait depuis le premier quart du XIXe siècle. Elle avait été achetée en 1841 par S. Gentil, propriétaire de la papeterie de Champigneulles, près de Nancy. Cette entreprise semble avoir été prospère pendant plusieurs décennies : la famille Gentil fit procéder à la construction d'un logement patronal, à l'aménagement d'un parc et à l'agrandissement du moulin à papier. S. Gentil mourut en 1873 et l'entreprise fit faillite quelques années plus tard. Elle fut rachetée par la société Chleg Saint-Paul et Cie en 1888.

En cet endroit la vallée se resserre, la rivière coule au fond d'un ravin. Et, de ce ravin pittoresque, les Gentil avaient fait leur jardin. Leur maison n'était qu'un modeste chalet, mais le soleil et la gaieté y entraient par toutes les fenêtres. Les Gentil étaient des gens aimables, doués de goûts artistiques et d'esprits curieux et originaux. Ils ne faisaient rien d'une façon banale : leurs enfants avaient été baptisés avec de l'eau du Jourdain, ils étaient élevés en liberté, partageant une vie en plein air avec des institutrices étrangères, au pair, qui leur enseignaient toutes les langues. Cela réussit à merveille pour les filles : nous verrons plus tard que le garçon de la famille prit un caractère peu sympathique.

La papeterie elle-même, tapie le long du ravin, au bord de la rivière, n'avait pas l'aspect infernal des usines d'aujourd'hui. C'était tout à fait gentiment que sa haute cheminée lançait son jet de fumée, comme un joyeux panache, sur les arbres de la vallée. Le bruit des machines ne couvrait pas le délicieux concert des eaux qui coulent vite sur le sable et les pierres. Les ouvriers avaient des visages souriants et non des mines de forçats ; et nous les trouvions bien heureux de s'amuser à laver et colorier la pâte, à la faire passer entre deux lames d'acier, et à la retrouver de l'autre côté sous forme de feuilles bleues, vertes et roses, qu'il suffisait ensuite de sécher et de rogner. De chacune de nos visites à Mainbottel, nous apportions des rognures de ces papiers qui servaient à tous nos jeux de l'hiver.

Pourquoi faut-il que la vie si heureuse des patrons et des ouvriers de cette papeterie idéale et idyllique se soit terminée par une faillite ? Progrès et concurrence d'une part, insouciance et incurie d'autre part : c'en fut assez pour tout balayer.

Longuyon recevait aussi, à son tour, les joyeux habitants de Spincourt et de Mainbottel. Mais, comme la maison était petite, on allait alors dîner au bois. Une voiture transportait provision et vaisselle, car c'était un dîner civilisé où l'on employait d'autres fourchettes que celle d'Adam. Nulle autre que la tante Odile n'eût été capable d'organiser un repas aussi complet, aussi succulent, malgré les difficultés du transport. Louis et moi, nous nous amusions à servir les autres : jouer aux garçons de restaurant nous paraissait intéressant depuis que nous avions admiré l'habileté de ceux de l'exposition. Mais Henri se méfiait de sa maladresse et ne nous offrait pas de nous aider. Au dessert, on ne manquait pas de raconter l'histoire merveilleuse de la chèvre aux cornes d'or qui régnait sur le bois de Mussy et jouait parfois aux promeneurs des tours abominables, mais que personne ne se rappelait avoir vue.

Sorbey, Remenoncourt, Spincourt, Longuyon, Mainbottel : il y avait de quoi voisiner, dans les environs d'Arrancy. Nous aimions ces courses en voiture sur des

---

Pour plus de détails, cf. Service régional de l'inventaire Lorraine. Cette faillite est évoquée dans la suite du journal d'Aline Boutroux, au chapitre XXVI.

routes connues ; tandis que la blouse bleue du domestique qui conduisait se gonflait comme un ballon en descendant les côtes et que grinçaient les freins, nous demandions à la mémère une vieille histoire ou une vieille chanson.

Les vacances étaient donc bien agréablement remplies. Mais nous nous réjouissions pourtant de la rentrée, qui nous ferait retrouver nos parents, nos camarades, nos études, et mon bon gros chat qui s'ennuyait quand je n'étais pas là.

XV.
La guerre

Après un hiver tout pareil aux précédents, à la fois gai et laborieux, nous passions un été semblable aux autres, lorsque soudain éclatèrent des bruits de guerre qui chargèrent notre atmosphère de nuages sombres et menaçants.

Je me rappelle un grand dîner donné au Vert-Bois le 6 juillet, à l'occasion du mariage de René Daubrée. Celui-ci venait d'épouser, après deux ans d'amour sans espoir, une jeune fille d'une beauté presque surnaturelle[2] et que son fin profil faisait ressembler à une madone de Raphaël bien plus qu'à une nancéienne du XIXe siècle. Ce mariage comblait les vœux d'une famille, et il semblait que tout le monde dût être uniquement occupé du bonheur des jeunes époux. Pourtant, la conversation se portait exclusivement sur les événements du jour : la succession au trône d'Espagne et les prétentions des Hohenzollern[1]. Et le monsieur qui se plaisait à parler de pourriture vociférait, d'un bout de la table à l'autre, que l'heure de la décomposition finale avait sonné.

Pendant les jours qui suivirent, on s'arrachait les journaux de Paris pour y suivre les péripéties des négociations. Chacun considérait les événements à travers son propre tempérament. Les optimistes voyaient déjà notre armée à Berlin, et ils affirmaient qu'elle ne ferait qu'une bouchée de l'Allemagne. Les pessimistes répondaient que nos ennemis auraient pour eux le nombre et la discipline, et que l'Allemagne n'était pas, d'ailleurs, une bouchée que l'on pût avaler si facilement. Enfin, les anciens, ceux qui avaient vu 1814 et 1815 n'étaient pas très rassurants. Une vieille tante de ma grand-mère, née le jour de la prise de la Bastille, que nous allions trouver de temps à autre dans son fauteuil, secouait sa petite face ronde comme une pomme, en disant : « Ah ! la guerre, mes enfants, l'invasion ! Dieu vous préserve de savoir jamais ce que ces mots signifient ! »

Cependant, l'oncle Adrien, de Toulouse où il était alors en garnison, nous écrivait son impatience : nous étions prêts, archi-prêts, et il ne comprenait pas ce que l'empereur attendait pour déclarer la guerre.

---

1. Suite au coup d'État mené par le général Joan Prim, la reine d'Espagne Isabelle II fut contrainte à l'exil en France (elle abdiqua en 1870 au profit de son fils Alphonse XII). Sa succession provoqua de nombreuses tensions internationales, notamment en raison de la candidature de la dynastie Hohenzollern-Sigmaringen en 1870 largement exploitée par le chancelier Bismarck. Cet événement est l'une des causes du déclenchement de la guerre de 1870.

Le jour où la guerre fut effectivement déclarée fut un jour de grande émotion. Nous entendions venir une rumeur semblable à celle de la mer quand elle remonte au rivage les jours de gros temps. Nous crûmes à une émeute : une foule étrange, déguenillée, désordonnée, formée d'hommes et de femmes sortis je ne sais d'où, parcourait les rues en hurlant la *Marseillaise* et le *Chant du départ*. Nous n'avions jamais entendu qu'une fois chanter la *Marseillaise* auparavant, et c'était au milieu d'un tel mystère[2] ! Au cours d'une fête d'enfants où l'on gagnait innocemment à la loterie des petits objets en sucre, un vieil insurgé de 48 avait prié son petit-fils de chanter. Celui-ci avait pris un air de conspirateur, il avait barricadé soigneusement portes et fenêtres et il avait chanté d'une voix caverneuse. Et maintenant, la foule braillait impunément dans les rues ces chants défendus. À ce seul fait, nous comprenions comme les temps étaient graves. Les chants alternaient du reste avec des cris plus impressionnants encore : « À Berlin ! À Berlin ! » Ces trois syllabes sortaient de toutes les poitrines avec un rythme menaçant.

La manifestation dura toute la journée et toute la nuit. Le soir, nous étions allés sur la place Stanislas pour avoir des nouvelles. Là, l'effervescence était à son comble. Un avocat monté sur une table essayait de haranguer la foule ; mais celle-ci ne l'écoutait pas et continuait à vociférer son cri sinistre : « À Berlin ! À Berlin ! » Alors, nous vîmes un mineur allemand, planté dans ses bottes sur le bord du trottoir : il montrait le poing et disait : « C'est pon ! Fous ne geanterez bas cette geanson-là, tans quinze chours ! » Je tâchai de mettre ma haine pour l'Allemagne dans le regard que je lui lançai.

Stanislas, de son socle, contemplait ces scènes avec indifférence.

De Toulouse arrivaient des lettres enflammées : « Enfin, s'écriait l'oncle Adrien, nous allons donc pouvoir leur tomber dessus ! Mais que ne suis-je plus près de la frontière : les autres seront au feu avant moi ! »

Comme j'aimais beaucoup mon oncle, je lui écrivais très souvent, et toujours tout ce que je pensais. Or je n'avais pas une confiance absolue dans la victoire et je lui faisais part de mes craintes. Une de mes lettres m'attira une réponse qui me fit verser bien des larmes. Cela commençait ainsi : « Mademoiselle la prussienne, qui donc vous a permis de douter de l'armée française, dont vous ne connaissez guère

---

2. *La Marseillaise* avait été interdite sous l'Empire et sous la Restauration puis remise à l'honneur lors de la Révolution de 1830. Elle ne devait redevenir l'hymne national français qu'en 1879. Chant révolutionnaire et hymne de guerre, *Le chant du départ* avait été composé par Étienne Nicolas Méhul (musique) et Marie Joseph Chénier (paroles) en 1794. Ce chant était l'hymne officiel du Premier Empire, Napoléon Ier le préférant à *La Marseillaise*.

qu'un échantillon : votre oncle ? » Mon patriotisme se trouva douloureusement atteint. Mais, lorsque, quelques mois plus tard, l'oncle Adrien revint de captivité, il retrouva ma lettre et y répondit de nouveau. « Où donc avais-tu pêché des idées aussi justes, petite malheureuse ? », me demandait-il.

Où je les avais pêchées ? Tout simplement dans ce que disait papa, qui parlait à cœur ouvert devant nous. Papa n'aimait pas la hâblerie parce qu'il la trouvait dangereuse. Dans les affaires qui le concernaient il doutait toujours des autres et de lui-même. Et, dans le cas particulier, il n'avait pas confiance dans le haut commandement. Il avait vu défiler à Nancy, depuis une douzaine d'années, tous les grands chefs les uns après les autres : Canrobert[3], déjà fatigué en 1860 ; Mac-Mahon[4]

3. François Marcellin Certain de Canrobert (1809-1895), maréchal de France, s'illustra dans un grand nombre de campagnes du Second Empire (Alma, Magenta, Solférino). Au début des années 1860, sa carrière l'amena à commander le 3e arrondissement militaire de Nancy. En août 1870, il devait refuser de prendre le commandement de l'armée du Rhin et en abandonner le commandement au maréchal Bazaine. Devenu son subordonné, il fut fait prisonnier avec lui lors de la reddition de Metz.

4. Patrice de Mac-Mahon (1808-1893) fut une personnalité militaire et politique de premier plan au XIXe siècle. Formé à Saint-Cyr, il entra dans l'armée en 1927 et se distingua très vite pour sa bravoure lors de différentes campagnes : expédition d'Alger (1830), guerre de Crimée (1855), campagne d'Italie (1859). Son succès en Italie, notamment lors de la bataille de Magenta, lui valut d'être promu maréchal de France par Napoléon III avec le titre de Duc de Magenta. En 1864 il fut nommé Gouverneur général d'Algérie, poste sur lequel il ne rencontra pas de grands succès. Engagé dans le conflit de 1870, il essuya plusieurs défaites en Alsace, fut gravement blessé lors de la bataille de Sedan (fin août 1870) puis fut fait prisonnier au moment de la capitulation. Le nom de Mac-Mahon est également associé à la répression sanglante de la Commune de Paris en 1871 en tant que dirigeant de l'Armée « Versaillaise ». Après la chute d'Adolphe Thiers en mai 1873 il fut élu président de la République et tenta sans succès de restaurer la monarchie (c'est la période de l'ordre moral). Après la victoire de la gauche aux élections sénatoriales de 1879, ne disposant plus de soutien parlementaire, il démissionna, laissant la présidence à Jules Grévy.

qui ouvrait des yeux ronds et ahuris ; Forey[5], Failly[6] et Bazaine[7], enfin, Bazaine que je me rappelais moi-même avoir vu présider la distribution des prix du lycée. Il regardait complaisamment, de ses petits yeux bridés, son ventre de parvenu, et il enseignait à la jeunesse comment il lui avait suffi d'être paresseux et ignorant pour devenir maréchal de France. Ils n'étaient pas précisément populaires à Nancy, le maréchal Bazaine et sa petite femme mexicaine[8] !

Pourtant, bientôt des troupes traversèrent la ville et relevèrent notre courage. La garde impériale campa pendant plus d'une semaine dans les prairies de Tomblaine et de Malzéville. C'était un camp modèle, pareil à celui que nous avions vu une fois dans un opéra-comique. Tout y était neuf. Des tentes toutes blanches, des feux de bivouac surmontés de marmites luisantes d'où s'échappait une appétissante odeur de soupe aux choux ; des hommes bien bâtis, portant la moustache en pointe comme l'empereur et des uniformes tout neufs. Nous apprenions à connaître des armes nouvelles pour nous, dont nous n'avions encore idée que par les images d'Épinal : zouaves, grenadiers, lanciers.

C'était un plaisir de choix que de circuler entre les tentes et de voir les soldats occupés aux menues besognes du camp. Celui-ci apportait des seaux d'eau ; un autre

---

5. Aline Boutroux fait erreur sur le nom et écrit « Forêt ». Il s'agit du maréchal de France Élie-Frédéric Forey (1804-1872). Il combattit en Algérie, participa à la guerre de Crimée, à la campagne d'Italie et à l'expédition du Mexique. Il se distingua surtout en Italie lors de la bataille de Montebello (20 mai 1859) où ses troupes, inférieures en nombre (8 000 hommes contre 20 000), parvinrent à l'emporter. Après son retour du Mexique en 1863, il commanda le 2e corps d'armée à Lille puis le 3e corps à Nancy (1864). Il y fut frappé d'une congestion cérébrale en 1867, ce qui mit fin à sa carrière.

6. Pierre Louis Charles de Failly (1810-1892), commanda en tant que général de division le 5e corps d'armée durant la guerre de 1870. Il s'était fait une réputation de cruauté en avril 1834, sous le règne de Louis Philippe, lors de la répression d'un mouvement populaire qui avait abouti au massacre de la rue Transnonain (immortalisé par une célèbre gravure de Daumier). Il participa à la campagne d'Italie et il commanda le 3e corps d'armée à Nancy en d'octobre 1869 à juillet 1870. Durant la guerre, le 30 août, ses troupes furent mises en déroute dans la Meuse, près de Beaumont-en-Argonne, ce qui précipita le désastre de Sedan.

7. François-Achille Bazaine (1811-1888), maréchal de France qui se rendit célèbre pour ses succès durant la campagne du Mexique dans les années 1862-1865. Son nom est cependant surtout associé à son échec en tant que commandant en chef de l'Armée du Rhin et à la capitulation de ses troupes à Metz le 27 octobre 1870. Bazaine fut traduit devant un tribunal militaire, condamné à mort, puis grâcié. Il parvint cependant à s'évader. Il finit ses jours en Espagne (voir le chapitre XXII).

8. Il s'agit de Maria-Josefa Pedraza de la Peña y Barragán, que Bazaine épousa en seconde noce (après le décès de sa première épouse) en 1865.

épluchait de grosses pommes de terre avec un couteau neuf ; un troisième, les joues pleines de savon et la serviette sous le menton, se rasait avec dextérité ; un quatrième astiquait son ceinturon ; enfin, ceux qui avaient terminé leur besogne étalaient des cartes sur la terre pour faire une partie. Et des sous-officiers de métier, qui avaient fait la guerre en Crimée et en Italie, se promenaient fièrement au milieu de leurs hommes. Ils avaient l'air crâne, mais forts et sérieux en même temps, et ils parlaient de Napoléon Ier comme de leur ancêtre, tout en inclinant leur bonnet de police sur l'oreille. Il aurait fallu être bien pessimiste pour ne pas éprouver une impression de sécurité en voyant ces beaux militaires chargés de notre défense. C'était du moins ce que nous pensions lorsque, perdant l'illusion que nous visitions une exposition universelle, nous revoyions la réalité angoissante, que la curiosité du spectacle nous avait fait oublier pour un instant.

Peu de jours après l'arrivée de la garde, qui avait eu lieu le 21 juillet, nous apprîmes que l'oncle Adrien avait à sa grande joie quitté Toulouse pour Strasbourg. L'oncle Edmond et maman se rendirent dans cette dernière ville pour le voir, et le trouvèrent campé dans les environs de la ville, toujours bouillant d'impatience, d'enthousiasme et d'espérance. Maman revint pourtant de ce voyage très attristée : de tels adieux sont forcément dramatiques. [...][9]

Maman avait une horreur instinctive de la guerre. Douée d'une bonté et d'une sensibilité très féminines, susceptible d'éprouver une pitié véritablement humaine, même pour ses ennemis, et sans cesse dévouée aux uns et aux autres, elle ne pouvait admettre que les hommes s'employassent à s'entre-détruire : elle trouvait cela monstrueux et contre nature. Je l'ai vue plus tard pleine de commisération pour un tout petit bavarois qui avait pleuré en lui parlant de sa mère. Maman songeait aussi à tous les siens, isolés là-bas au fond de la campagne, au danger qui pouvait les menacer, à la difficulté qu'elle aurait à communiquer avec eux. Ainsi, maman était triste, presque autant que papa était sombre.

Quant à Henri, selon son habitude, il ne nous livra pas le fond de sa pensée. Il lisait, il étudiait. Toujours penché sur des cartes, sur des livres et sur des journaux, il confrontait le passé et le présent, et cherchait à tirer de cette confrontation des données exactes et des prévisions plausibles. Il enregistrait dans son admirable cerveau les faits, les dates, les chiffres. Il savait quel était l'effectif de chaque armée, le chemin qu'elle avait à faire, les obstacles qu'elle allait rencontrer. Ses conclusions, il les gardait pour lui, ou, peut-être, il n'en tirait pas, car il se défendait des hypothèses

9. Dans le manuscrit d'Aline Boutroux, ce paragraphe se termine par la phrase incorrecte : « *Demain*, les veilles de bataille, est suivi d'un terrible point d'interrogation. »

aventureuses qui ne reposent pas sur des bases solides et ne tiennent pas compte des contingences humaines.

Nous vîmes passer l'oncle Edmond à son retour de Strasbourg. Ce fut bien émouvant de lui dire au revoir. Il avait pris, à ce moment-là, la direction provisoire d'une grande ferme, propriété commune à lui et à ses frères et sœurs, qui s'était trouvée momentanément sans fermier. Il y vivait tout seul avec ses domestiques et quelque bétail, en attendant des jours meilleurs où l'on pourrait l'affermer de nouveau. Que deviendrait-il, dans cette propriété isolée, en cas d'invasion ?

Pendant l'absence de maman, la garde impériale était partie pour Metz. Ainsi, nos armées se trouvaient déjà massées à la frontière : l'action ne pouvait pas tarder à s'engager : les cœurs battaient plus vite à cette pensée.

C'est alors que commença pour nous un supplice qui devait durer jusqu'à la fin de la guerre, à savoir le colportage des fausses nouvelles. Chacun tenait à y ajouter quelque détail de son cru, et ainsi se construisaient des romans qui ne tardaient pas à s'évanouir. Il nous fallait sans cesse retomber des espoirs illusoires à l'implacable réalité : pour des imaginations d'enfants ces alternatives avaient quelque chose de particulièrement exaspérant.

Parmi les fausses nouvelles, il y en avait qui étaient inventées de toutes pièces : d'autres n'étaient qu'exagérées ou dénaturées. C'est ainsi que l'on nous donna d'abord pour une victoire fantastique le premier engagement qui eut lieu à Wissembourg le 4 août[10]. Le samedi 6 août la place Stanislas était de nouveau très encombrée et très animée ; la foule assiégeait l'hôtel de ville pour avoir la confirmation officielle de notre succès. Pendant que nous étions dans l'anxiété, se jouait à l'est la double partie qui devait, en somme, être décisive.

La veille, maman avait reçu une lettre de mon oncle qui campait aux environs d'Haguenau. Nous le savions donc très près de l'ennemi. Pour la première fois, il se montrait inquiet par suite du désordre, de l'absence de vivres et de la démoralisation des troupes.

Je me rappelle encore l'exaltation particulière que je ressentis pendant cette soirée du samedi 6 août. Papa nous avait emmenés avec lui à Villers-lès-Nancy, où l'appelait un malade, et nous étions allés l'attendre près d'un champ de blé mûr étoilé de bleuets et de coquelicots. La moisson s'annonçait abondante. Cérès semblait régner sur toute la nature et je croyais la voir paraître avec sa faucille d'or devant les splendeurs du couchant. Et cependant, nos yeux se portaient vers l'est, du côté

---

10. Lors de cette bataille, par manque d'information, le commandement français se laissa accrocher par un ennemi supérieur en nombre, qui parvint ainsi à pénétrer en Alsace du Nord et à contraindre Mac-Mahon à livrer combat autour de Woerth-Froeschwiller.

terne et déjà brumeux du ciel. Que se passait-il là-bas ? Le contraste de cette fertile campagne qui allait s'endormir dans la paix d'un beau soir d'été, et de ces autres champs qui, peut-être, par-delà l'horizon, étaient en train de boire le sang de la France, m'étreignait d'une angoisse inconnue.

En rentrant dans la ville nous vîmes défiler des soldats : c'était l'armée de réserve qui arrivait de Châlons-sur-Marne. On la fit camper immédiatement, pour la nuit, sur le cours Léopold et la place de Grève, et dans la Pépinière. Les beaux gazons où la règle nous avait toujours interdit de marcher, étaient piétinés par les hommes, et par les chevaux qui y étaient mis en pâture. Plus tard les chevaux allemands devaient dépouiller de leur écorce les arbres séculaires qui en faisaient la beauté. C'était le commencement de la dévastation.

Ces troupes de réserve paraissaient très indisciplinées. Les officiers avaient peine à se faire obéir. Nous assistâmes à des actes de rébellion, et même, le dimanche matin, à la dégradation d'un sous-officier : on ne saurait imaginer un spectacle plus pénible et plus démoralisant.

Et quel réveil le dimanche matin ! Mac-Mahon battu à Frœschwiller[11] ; Frossard repoussé à Sarrebruck[12] ; des deux côtés des pertes irréparables, des morts et des blessés, et des prisonniers par milliers prenant le chemin des forteresses allemandes. Ah ! Si seulement on pouvait nous avoir trompés ! Si seulement les mauvaises nouvelles étaient fausses, comme les bonnes ! Nous allions de l'hôtel de ville à la gare et de la gare à l'hôtel de ville, dans l'espoir d'obtenir plus de détails. Et les détails arrivaient, toujours plus graves, toujours plus navrants, toujours plus affirmatifs.

Maman se décida alors à faire partir Louis, qui était encore au lycée, sans en référer à ses parents. Les communications pouvaient être coupées : il ne fallait pas attendre un jour, une heure de plus. Il était dix heures du matin. On nous dit à la gare qu'il n'était pas certain que le train suivant pût encore partir. Maman embarqua donc Louis précipitamment et sans ses bagages. Elle lui cria, quand le train était déjà en marche : « À la grâce de Dieu ! »

Louis avait, sans le savoir, fait ses adieux au lycée de Nancy. En vérité, ce n'était pas bien dommage. Il entreprit, quelque mois plus tard, des études pratiques à l'Athénée de Bruxelles et entra à l'École d'agriculture de Gembloux (Belgique).

---

11. La bataille de Woerth-Froeschwiller (ou bataille de *Reichshoffen*) eut lieu le 6 août 1870. L'armée française combattit la IIIe armée prussienne, forte de 130 000 hommes (contre environ 40 000 combattants français) et dotée d'un équipement supérieur. Les deux charges menées par les cuirassiers français (cavalerie lourde) devaient se solder par un échec.

12. Il s'agit de la bataille de Forbach-Spicheren au cours de laquelle le général Charles Auguste Frossard, commandant du 2e corps d'armée, échoua à tenir ses positions faute de renforts.

Il avait trouvé sa voie. Débarrassé de cette mauvaise réputation de cancre, qui pesait sur lui au lycée de Nancy et qui le suivait de classe en classe, il ne ferma plus les portes de son intelligence et put apprendre quelque chose. C'est de cette façon que la guerre, si elle fait beaucoup de mal, peut faire aussi, par hasard, quelque bien.

Louis parti, nous eûmes conscience d'être entrés nous-mêmes en plein drame ; les événements qui s'étaient déroulés jusque-là prirent pour nous une réalité plus poignante et plus actuelle. L'homme ne comprend tout à fait un malheur public que le jour où il en subit directement les conséquences. C'est pourquoi ce départ si brusque, si anormal – et si imprudent peut-être – de Louis, bien qu'insignifiant en lui-même, nous parut être comme le prélude d'une suite d'événements tragiques.

L'après-midi de ce dimanche 7 août est restée dans ma mémoire comme composée des heures les plus tristes de mon existence. La consternation était générale. Deux ou trois marchands de vin en gros, dont l'oncle d'Albert Gille, avaient cru accomplir un acte hautement patriotique en mettant sur le trottoir devant leur maison, des tonneaux de vin à la disposition de nos soldats. Le résultat fut déplorable. On ne rencontrait plus que des soldats ivres. Je vis deux d'entre eux secouer si violemment M. le Premier Président, un homme âgé, frêle et naturellement respectable, que son chapeau roula dans le ruisseau et que lui-même ne tarda pas à aller rejoindre son chapeau : c'était un véritable scandale. Ces troupes venues de Chalons ne devaient pas d'ailleurs nous rester bien longtemps. Le bruit courait déjà qu'elles allaient retourner à leur point de départ d'où viendraient se masser les débris de l'armée de Mac-Mahon.

Allait-on nous abandonner à l'ennemi comme un os que l'on jette aux loups affamés, comme un membre gangrené qu'on ampute ? Maman résolut de faire des provisions en vue de tous les malheurs qui pouvaient nous frapper. Je l'accompagnai pour acheter des sacs de riz et deux ou trois jambons qu'elle cacha bien soigneusement. Elle fit d'ailleurs construire un double fond dans un cabinet noir, et cacha entre les deux cloisons tout ce que nous avions de précieux dans la maison.

Comme papa était absent la plupart du temps, et comme, chez Mme Barbas, il n'y avait que des femmes, il résolut de nous assurer une protection masculine. Il demanda donc à un maître de forges de ses amis de lui céder un brave mineur belge, un sujet neutre, par conséquent, dont la seule présence devait imposer le respect aux ennemis. Le mineur se laissa nourrir grassement, à rien faire, pendant plusieurs jours, et il semblait trouver la sinécure très agréable. Mais, le jour où il entendit annoncer l'arrivée probable des Allemands, il avoua naïvement : « Moi, d'abord, s'ils viennent, je m'en retourne dans ma mine de Maxéville. » Il avait l'air si bien décidé qu'on le pria de retourner à Maxéville sans attendre les Allemands.

Nous n'avions pas attendu ces tristes moments pour nous occuper de fournir l'ambulance que papa devait diriger et qu'on installait à l'École normale primaire de jeunes gens. Le bâtiment, sain et bien aéré, avait été rempli de lits empruntés un peu partout. Le lycée avait même envoyé les siens, mais ceux-ci ne devaient pas dépasser la cour. Il suffit d'un coup d'œil que le directeur de l'École Normale jeta sur les sommiers pour lui faire déclarer avec dédain que le primaire ne se laisserait pas contaminer par le secondaire.

Nous travaillions avec ardeur à déchirer et rouler des bandes, à effiler de la charpie, à fabriquer des coussins pour les membres brisés ; à percer de petits trous réguliers les compresses *fenestrées* dont on devait couvrir les blessures. Les femmes avaient de l'ouvrage alors, car la ouate hydrophile n'était pas encore inventée. Toutes les amies de maman avaient envoyé du vieux linge et venaient se mettre à l'ouvrage. Tout était prêt quand les premiers blessés arrivèrent. Le lundi 8 au soir, il y en avait déjà soixante-quinze.

Nous avions fait également des cache-nuques[13] que nous étions allées distribuer nous-mêmes aux soldats, à la veille de leur départ pour Metz. Besogne de femmes, mais besogne utile tout de même. Nous étions toutes désireuses de nous employer d'une manière ou d'une autre, pour la patrie et pour l'armée ; et nous nous contentions en général du rôle que l'on nous laissait. Sans doute, j'aurais mieux aimé me battre : je n'avais pas oublié les premières ambitions de mon enfance, et le souvenir de Jeanne d'Arc me hantait encore pendant la nuit. Mais j'étais trop jeune encore, et trop faible, pour pouvoir regretter sérieusement mon inaction. Ne voyais-je pas, d'ailleurs, Henri, mon aîné, plus inactif et inutile encore que je ne l'étais moi-même ?

Depuis la bataille de Frœschwiller, maman était dévorée d'inquiétudes. L'oncle Adrien n'y avait-il pas pris part ? Était-il mort ou blessé ? Quelqu'un de nos amis prétendait avoir vu son nom dans une liste de blessés soignés à l'ambulance de Reichshoffen : devions-nous ajouter foi à ce dire ? Maman allait d'ambulance en ambulance, dans l'espoir d'y découvrir un soldat du 8e chasseur, mais en vain.

Or, le 10 au matin, le barbier de papa nous amena deux soldats qu'il avait rencontrés dans la rue et qui appartenaient effectivement au 8e bataillon de chasseurs à pied. L'un deux, même, était de la compagnie commandée par mon oncle. Ces soldats n'étaient point blessés, ils traversaient Nancy en regagnant Chalons, et celui qui avait nom Chabot était parisien et beau parleur, doué d'une bonne mémoire et de plus d'imagination encore. Il raconta la bataille par le menu, mêlant à son récit

13. Ou couvre-nuque : c'est une pièce d'étoffe adaptée à un casque, à un chapeau ou à un képi et qui protège la nuque du soleil.

des détails personnels sur mon oncle et la description exacte de certains objets lui appartenant. La fidélité de ces détails nous empêcha de découvrir l'invraisemblance de l'histoire : mon oncle s'était conduit en héros. Deux jours avant la bataille, il avait mis tout son argent à la disposition de sa compagnie et avait mangé à la gamelle avec ses hommes. Il était resté debout tout le temps, et toujours en avant, mais une balle l'avait atteint à la cuisse. Alors il avait dit à ceux qui voulaient le porter à l'ambulance : « Laissez-moi, mes enfants, je veux mourir sur le champ de bataille ! » On l'avait transporté, malgré lui : Chabot soutenait les jambes. Mais ensuite, le feu avait pris à l'ambulance, et on ne savait plus rien. Nous écoutions, en versant des larmes, ce récit fantaisiste. Les soldats se séchaient devant un grand feu allumé pour eux et ne perdaient pas une bouchée du repas copieux qu'on leur avait servi. Maman remplissait leurs poches de monnaie et leurs sacs de linge neuf. Mme Barbas, qui avait un fils à l'armée et qui, par suite, se sentait un peu la mère de tous les soldats français, était descendue pour voir, et déliait aussi les cordons de sa bourse en faveur de ces deux chasseurs.

Ceux-ci regagnèrent la gare, très satisfaits de leur matinée. Nous ne pouvions pas deviner alors que ceux qui traversaient ainsi Nancy à la débandade étaient des déserteurs de la première heure : ils n'avaient rien vu de la bataille. Et le seul nom de Chabot suffit plus tard à faire comprendre à l'oncle Adrien toute l'aventure. Nous avions eu affaire à un imposteur. Quoi qu'il en soit, lancés ainsi sur une fausse piste, nous fîmes de vains efforts pour nous procurer des nouvelles de mon oncle. Maman et nous, nous passions notre temps à la gare, interrogeant les blessés et les infirmiers. On nous apprit que les ambulances de Reichshoffen étaient au pouvoir de l'ennemi. Mon oncle devait donc être prisonnier.

Pourtant, toutes les lettres adressées par maman aux ambulances de la frontière, sous la protection de la Croix-Rouge, étaient suivies de la même réponse : mon oncle y était inconnu. Maman, sans nous en rien dire, en tira de tristes conclusions. Elle nous fit prendre un deuil discret que nous devions garder pendant des mois, mais qui se termina au bout de six semaines.

Cependant l'ennemi approchait et les nouvelles les plus alarmantes se répandaient. Des paysans venus d'Alsace et des confins de la Lorraine arrivaient avec des charrettes où ils avaient précipitamment chargé, dans un singulier pêle-mêle, leurs femmes, leurs enfants, quelques bottes de foin et de paille, de misérables hardes, de la batterie de cuisine, et, tout au fond, dissimulé sous tout le reste, le bas de laine qui contenait leurs maigres économies. À l'arrière de la charrette ils avaient attaché leur vache et son veau. Toutes ces charrettes encombraient nos places publiques, dont le sol était couvert de fumier, de détritus de toutes sortes, de fourrage et de guenilles. On ne dételait pas les chevaux qui mangeaient là, par terre, avec le bétail.

Et la désolation était peinte sur les visages de tous ces fuyards. Ce qu'ils abandonnaient derrière eux, ils le croyaient perdu pour toujours ; ce qu'ils emportaient n'irait pas loin ; et, surtout, où aller ? Ils racontaient des scènes de pillage et de brutalité, dont ils n'avaient pas été directement témoins, mais qui leur avaient été rapportées par des témoins. Les armées allemandes s'emparaient, disait-on, des jeunes gens, elles se faisaient guider par eux, et même, les plaçaient devant elles pour s'en faire des boucliers. Dès le mercredi, ces bruits nous étaient parvenus et Henri s'en était montré très effrayé. S'il était trop jeune pour servir la France, ce n'était pas une raison pour servir l'Allemagne. Maman nous proposa de nous faire partir par le dernier train qui dût emporter des voyageurs vers Paris. Nous eussions rejoint ma tante Marie à Bar-le-Duc et elle nous eût emmenés avec ses enfants, à Dieppe, à l'abri de l'invasion[14].

On n'avait ni le temps ni le moyen de prévenir ma tante, pas même le loisir de consulter papa, qui appartenait au conseil municipal, et passait à l'hôtel de ville tout le temps qu'il ne passait pas à l'ambulance. Le projet de maman, adopté par Henri avec empressement, eut un commencement d'exécution. Nos malles furent prêtes. Henri, pour la première et la dernière fois de sa vie, y contribua avec activité. Il jetait tous les objets sans ordre dans sa malle avec une fièvre qui m'impressionnait. La voiture était à la porte ; on y chargea les bagages ; nous-mêmes, nous allions y monter, et, pour la dernière fois, je suppliais maman au milieu de mes larmes de ne pas nous faire partir, de ne pas mettre toute la largeur de la France entre nous, de nous laisser partager avec papa et elle les dangers de l'invasion, lorsque notre père rentra par hasard à la maison et céda à mon chagrin. Il promit à Henri, pour le calmer, qu'il l'attacherait à son ambulance. Henri écrirait les ordonnances sous sa dictée et porterait le brassard protecteur.

(Henri, en effet, accompagna papa à l'ambulance pendant un certain temps ; mais dès que commencèrent les épidémies, papa le laissa à la maison.)

14. Dans sa notice nécrologique sur Lucien Poincaré, Paul Janet évoque cet épisode dans le détail : « La guerre de 1870 vint troubler cette quiétude : tandis qu'Antoni Poincaré restait à son poste et contribuait à la Défense nationale en organisant les mobiles de la Meuse, Mme Poincaré se réfugiait, avec ses deux enfants, à Dieppe. Mais bientôt cet éloignement lui fut insupportable, et, malgré, les appréhensions de son mari elle entreprit un long et périlleux voyage par la Belgique pour rentrer dans sa ville natale, alors occupée par les Prussiens. Ce que fut ce voyage, fait pour la plus grande partie en voiture, avec deux jeunes enfants, on peut se le figurer : les premières sensations de Lucien, à l'âge où la conscience s'éveille, furent donc des visions de guerre, et ces visions devaient être d'autant plus ineffaçables qu'elles se prolongèrent pendant les années qui suivirent, puisque les Allemands occupèrent Bar-le-Duc jusqu'en 1873. » [P. Janet 1920].

Papa ajouta qu'on parlait de troubles dans Paris, et qu'ainsi nous pourrions tomber de Charybde en Scylla. Je bénissais tout bas le retour de papa qui avait eu lieu si à propos.

Le dernier train de voyageurs partit sans nous. Le lendemain, le chemin de fer n'emportait plus que des soldats. On nous abandonnait décidément à l'invasion. La ville avait vu partir, pendant les jours précédents, une foule de bourgeois apeurés et les volets fermés des maisons leur donnaient un aspect lugubre. Petit à petit toutes les autorités prenaient le chemin de Paris. La recette générale était fermée, toutes les caisses publiques étaient vidées et leur contenu transporté dans la capitale. Les quelques armes qui restaient dans la ville étaient également emportées et les derniers grains de poudre soigneusement noyés dans le canal par les soins du génie. Le jeudi soir, la dernière locomotive emmena les derniers wagons et la gare fut fermée : ce n'était plus qu'un désert. L'impression de tristesse et d'abandon qui nous oppressait avait quelque chose de bien douloureux. Cette nuit-là je mordis mon oreiller avec une sorte de rage : nous étions séparés de la France !

L'armée de Mac-Mahon avait passé par Bayon pour se rendre à Chalons : nous ne devions voir passer à Nancy que des fuyards et des malades. Nous sûmes cela avec précision par Roger Berment qui était venu de Neuvillers-sur-Moselle et qui nous raconta qu'il avait voyagé au milieu de l'armée en retraite. Ce qu'il ne nous dit pas, c'est qu'en retournant à Neuvillers, il avait l'intention de s'engager lui-même dans l'armée. Il avait alors seize ans, comme Henri, et il dut tromper sur son âge pour pouvoir s'engager sans le consentement de son père. Plus tard son mensonge fut découvert, et il s'enrôla dans la mobile. Roger prouva une chose dont l'histoire offre maint exemple, à savoir que sous une mauvaise tête il peut y avoir un brave.

À tout instant, on avait des nouvelles de l'ennemi : il était à Château-Salins, à Dieuze, à Bouxières-aux-Chênes… il avançait lentement, mais sûrement… Et nous n'avions plus personne pour nous défendre !

Le conseil municipal siégeait presque constamment. Le vendredi 12, pendant qu'il était en séance, une rumeur se fit dans la rue : « Je les ai vus : il y en a quatre », criait-on. Nous n'y pouvions pas croire. Pourtant papa vint nous apporter des nouvelles : l'ennemi, à savoir 30 000 hommes, était effectivement aux portes de la ville. Moyennant une rançon de 5 000 francs et de nombreuses rations de foin et d'avoine, il promettait de ne pas occuper Nancy pour le moment[15].

---

15. Les troupes prussiennes atteignirent Nancy le 12 août. La ville ne disposant plus d'aucun moyen pour se défendre (la plupart des troupes françaises stationnaient alors à Metz), elle fut donc occupée sans combat. Durant la suite du conflit, la ville devait avoir une importance stratégique en constituant une étape importante dans les liaisons avec l'Allemagne.

Fausse promesse : dès le lendemain, une quinzaine de nouveaux soldats venaient examiner les ponts et se faisaient payer leur complaisance.

Un bruit très lointain de fifres et de tambours nous poursuivait comme un cauchemar.

Le conseil municipal prit des mesures le samedi 13 pour organiser la ville comme une ville libre. Mais cette organisation ne devait pas beaucoup durer, hélas !

Le dimanche 14, alors que nous nous trouvions dans la ville-vieille, chez ma grand-mère, le trot de quelques chevaux nous attira à la fenêtre : c'étaient des dragons prussiens. Maman laissa échapper un cri d'horreur. On a beau s'attendre au pire, il y a des choses qui ne peuvent manquer de vous frapper d'un grand coup, comme si elles arrivaient à l'improviste.

Quarante mille hommes étaient entrés dans la ville et devaient y rester trois jours. C'était le commencement de cet interminable défilé qui nous fit connaître tous les uniformes de l'armée allemande.

Le soir du 14, papa ayant trouvé que cinq des blessés français soignés dans son ambulance étaient assez remis pour pouvoir rejoindre l'armée, on les fit partir dans le plus grand mystère, après les avoir déguisés avec différents costumes civils recueillis par maman en toute hâte. Parmi les hommes se trouvait un turco[16] et parmi les vêtements, un costume à coutil blanc. En vertu d'une affinité naturelle, le turco réclama le costume blanc. La transformation opérée, les cinq soldats partirent isolément pendant la nuit, et prirent d'abord des directions différentes pour se retrouver ensuite : on leur avait distribué de faux noms et de faux papiers.

On ne pouvait plus faire un pas sans se heurter dans les rues à quelque haute stature de teuton. Et les places de la ville étaient plus que jamais encombrées de voitures d'ambulance et de chariots de paysans. Nous aurions voulu nous terrer chez nous comme des bêtes traquées. Mais il fallait sortir au moins pour aller voir et rassurer ma grand-mère et la tante Minette. Alors, nous lisions malgré nous, affichées sur des murs, des proclamations signées Guillaume et rédigées en mauvais français, interdisant aux habitants de Nancy, sous peine de mort, de conduire les « troupes ennemies », d'induire en erreur l'armée prussienne, de détruire ou d'endommager les lignes de chemin de fer, d'insulter les troupes de Sa Majesté, etc.

Ces menaces intimidaient la population qui était prête à se soulever. Pour maintenir le calme, la municipalité faisait distribuer des vivres aux indigents. Il avait été décidé que les soldats allemands logeraient à la caserne et que la ville leur fournirait des vivres. Mais les vivres fournis par la ville étaient envoyés à d'autres troupes et

16. Sobriquet donné au XIXe siècle aux tirailleurs algériens.

les soldats allaient se faire nourrir chez l'habitant. Papa, comme médecin en chef d'une ambulance, était dispensé d'en héberger pour sa part, mais maman prit ceux qui avaient été envoyés chez notre grand-mère et chez la tante Minette, celles-ci étant tout épouvantées, comme on le pense, de voir leurs paisibles demeures envahies par quatre colosses.

Le 15 août, jour de la fête de Napoléon III , des bandes d'ouvriers parcoururent les rues en criant : « À bas l'empereur ! »

C'est à ce moment qu'Henri, essayant de s'entretenir en allemand avec un soldat, se permit d'injurier, non seulement notre empereur, mais le roi de Prusse, car le vocabulaire d'Henri, à cette époque, n'était encore que très peu riche, ce qui l'obligea à employer un mot grossier, dont, certes, il n'aurait pas usé s'il en avait eu d'autres à sa disposition[17]. Alors le soldat, pour s'amuser, sans doute, fit mine d'arrêter Henri pour crime de lèse-majesté et de l'emmener en prison. Nous crûmes que c'était sérieux et je me dépêchai d'appeler maman au secours d'Henri. Voyant mon émotion, le soldat, tout à coup, éclata de rire bruyamment et me tapa sur l'épaule avec une familiarité déplaisante. Ce rire, ce geste me remplirent d'horreur. Je ne sais ce que j'aurais fait si maman n'était pas arrivée précisément à ce moment et ne m'avait rappelée à l'ordre.

Mon pauvre chat, effrayé de voir dans la cuisine ces hôtes inaccoutumés, s'était perché entre deux casseroles sur la planche la plus haute. Je voulus venir à son secours. Je ne sais par quel prodige, moi qui n'avais jamais fait de gymnastique, je parvins à m'élever du buffet à son étagère et de l'étagère au manteau de la cheminée. Tandis que je redescendais, portant dans mes bras le pauvre animal tout tremblant, les soldats voulurent m'aider, mais je leur lançai un regard terrible, qui les arrêta, et je sus désormais le moyen de les tenir à distance.

Les Allemands commençaient à devenir violents. L'un d'eux ayant été pour chercher le maire[18] à la mairie, à propos de je ne sais quelle réquisition, et ayant constaté qu'il était absent, entra dans une grande colère. Il déclara que si le maire n'était pas à son poste avant cinq minutes il ordonnerait le pillage de la ville. D'autres fois, on changeait d'épouvantail, et c'était du bombardement que nous étions menacés si les thalers en papier des Allemands ne leur étaient pas échangés contre de l'or

17. [Note d'Aline Boutroux]. C'était le mot *Schwein* (cochon).

18. À cette époque, le maire était Charles Nicolas Welche (1828-1902). Avocat de formation, il occupa ces fonctions de juin 1869 à janvier 1872. Nommé ensuite conseiller d'État, il occupa différents postes de préfet avant de devenir un éphémère ministre de l'Intérieur (du 23 novembre au 12 décembre 1877) au sein du gouvernement Gaétan de Rochebouët.

français. Or ils avaient arbitrairement décidé que le thaler vaudrait 4 francs, alors qu'en réalité il ne valait que 3 frs 68.

La ville s'encombrait de plus en plus de soldats, d'étudiants allemands portant le brassard de la Croix-Rouge et de paysans mourant de faim qui voituraient sur réquisition les bagages de l'ennemi. Qu'étaient devenues nos rues larges, solennelles et un peu vides des jours heureux ? Qu'était devenue notre élégante place Stanislas si universellement admirée ? Les belles grilles de Jean Lamour servaient à attacher les chevaux et à accrocher les capotes des soldats. Les beaux arbres de la Pépinière étaient épluchés comme des pommes de terre par les dents affamées des chevaux allemands. Le commerce de la ville était mort et la plupart des magasins, fermés.

Le 18 août, nous vîmes défiler 100 000 Bavarois qui se rendaient à Toul[19]. Nous les reconnaissions facilement, non seulement à leurs uniformes bleu clair, mais à leurs allures moins martiales, à leurs barbes blondes, à leurs lunettes. Au fur et à mesure qu'ils arrivaient, on formait des petits groupes de vingt ou trente hommes devant chaque maison, qu'ils envahissaient ensuite. Mme Xardel en avait 34 dans sa cour, où ils avaient installé un véritable camp. Le nombre des soldats à loger dans chaque maison était inscrit à la craie, sur les portes.

Les cent racontars dont nous devions nous contenter pour toutes nouvelles ne faisaient qu'augmenter notre angoisse. On annonçait que le ministère était en fuite, l'empereur mis en accusation, la république proclamée, Thiers et Jules Favre à la tête du gouvernement : ces nouvelles n'étaient que prématurées. Mais on annonçait aussi de grandes victoires qui, malheureusement, ne se sont jamais réalisées.

Avec le prince héritier, qui logea quelque temps à l'hôtel de France, un peu plus de justice régna dans la ville ; le thaler fut ramené à sa véritable valeur. On pouvait voir le prince royal se promener lentement sur le trottoir, avec sa longue barbe et sa grande allure d'empereur du Moyen-Âge. Il avait l'air singulièrement mélancolique. Cela ne l'empêchait pas, d'ailleurs, de nous rançonner, gravement et religieusement, comme s'il exécutait un décret de la Providence. Il réclamait des vivres en abondance.

On ne manquait pas de farine, mais on manquait d'ouvriers boulangers. Toutes les personnes sachant faire le pain étaient invitées à s'enrôler comme boulangers volontaires. Lorsque les premiers trains allemands parvinrent à la gare de Nancy, ils contenaient des wagons entiers de pains moisis. Ce gros pain noir et compact de l'armée allemande a servi, d'ailleurs, pendant tout le temps de la guerre, et même de l'occupation, à nourrir les chevaux de Nancy. Les soldats le trouvaient mauvais

19. Le 27 juillet 1870, les villes de Metz, Longwy, Bitche, Marsal, Phalsbourg, Montmédy, Verdun et Toul avaient été déclarées en état de siège. Le siège de Toul se prolongea jusqu'au 23 septembre.

et ils préféraient le vendre à bas prix et manger le pain blanc qu'ils nous obligeaient à leur fournir. En général, toutefois, ils n'étaient pas difficiles et se montraient satisfaits de tout ce qu'on leur donnait. Je n'en dirai pas autant des officiers, qui avaient des exigences inouïes.

Je n'oublierai jamais un certain officier noble, le colonel von Schmettau. Sous prétexte qu'il avait eu des relations d'affaire avec l'avoué M. Contal[20], il vint un jour en voiture, de Pont-à-Mousson, pour faire visite à Mme Contal. Il enjoignit poliment à celle-ci de remplir les coffres de sa voiture de provisions de choix : vins fins, pâtés truffés, fruits rares et gâteaux succulents. C'était bien nécessaire, ajouta-t-il, puisqu'il en était réduit aux poulets qu'il faisait saisir et étrangler par ses hommes dans la campagne : un von Schmettau méritait mieux qu'un poulet étique et coriace. Mme Contal s'empressait, plaignait le colonel et demandait qu'on voulût bien trouver encore un petit coin dans la voiture où elle pourrait ajouter ceci ou cela. Nous nous trouvions chez elle par hasard, et je ne savais ce que je devais le plus admirer de l'outrecuidance de l'un ou de la générosité de l'autre.

Mme Rambaud était alors chez sa mère. Elle entreprit une conversation un peu dangereuse, avec le colonel, au sujet du siège de Paris. L'Allemand affirmait que Paris se serait rendu avant une certaine date, et Mme Rambaud soutenait que c'était impossible. Cela finit par un pari et, comme ce fut le colonel qui perdit, il envoya à Mme Rambaud un petit Uhland en argent : c'était l'enjeu promis. Mme Rambaud triomphait, mais Paris ne tarda pas à capituler et ce pari, hélas ! me parut un acte de patriotisme mal compris.

Le même colonel von Schmettau devint ensuite, par le plus grand des hasards, l'hôte forcé de la tante Odile, à Longuyon. Celle-ci était, comme on sait, douée d'un vrai talent de cordon bleu. Le colonel s'en étant aperçu, exigeait qu'elle fît elle-même sa cuisine : il se bornait à envoyer chaque matin par son ordonnance les menus de la journée, et ne se demandait pas si une petite ville de 2 000 âmes pouvait offrir les ressources nécessaires à la satisfaction de ses caprices. La tante Odile devait se mettre en quatre pour se procurer les éléments des repas du colonel, et elle n'y réussissait pas toujours : alors il était de très mauvaise humeur.

Si nous avions rencontré le colonel von Schmettau, si nous liions connaissance avec un médecin-major qui logeait chez Mme Barbas, c'est que maman cherchait toutes les occasions de se renseigner sur le sort de l'oncle Adrien, toutes les protections lui permettant de faire parvenir ses lettres à Arrancy. Les communications étaient, en effet, interrompues ; le théâtre de la guerre se trouvait, dans ce moment-là,

20. François Contal était en effet avoué au tribunal de première instance de Nancy (cf. chapitre XIII).

précisément entre nous et notre famille : nous étions séparés d'elle par une barrière de fer et de feu. Et maman souffrait jour et nuit d'être sans nouvelles.

Les nouvelles de la guerre ne nous arrivaient que par les journaux allemands, ou bien de vive-voix, par quelque voyageur venu à pied ou en voiture des environs de Toul, de Strasbourg ou de Metz. Henri travaillait l'allemand, que l'on apprenait mal alors dans les lycées, pour pouvoir déchiffrer les journaux allemands, que nous avions d'ailleurs bien de la peine à nous procurer. Il fallait les emprunter pour une heure ou deux aux poches du médecin allemand logé chez Mme Barbas, lorsqu'il donnait ses vêtements à brosser. Nous nous mettions vite tous au travail : Henri traduisait, maman et Albert Gille cherchaient les mots dans le dictionnaire, et moi, j'écrivais sous la dictée. Ces journaux étaient partiaux, et les nouvelles qui se transmettaient de bouche en bouche étaient partiales en sens inverse et généralement fausses. Nous nous fîmes cependant une idée assez exacte des batailles décisives qui s'étaient livrées autour de Metz ; et nous éprouvions cet étonnement qui est le commencement de la science, en apprenant que Bazaine n'avait pas réussi à percer l'armée allemande et s'était laissé enfermer dans Metz.

Lorsque le vent soufflait de l'ouest, nous entendions le bruit sourd des canons qui bombardaient Toul, et ce bruit éveillait en nous des idées de souffrances et de ruines inconnues.

Il ne se passait pas de jour sans que quelque incident ne se produisît dans la ville et n'amenât une panique et des représailles. Une fois, c'était un individu qui, ayant regardé de trop près les canons allemands, était poursuivi comme espion, entrait dans notre maison dont la porte était ouverte et allait se cacher sur le toit. Ce jour-là, j'étais seule à la maison, en train d'écrire dans la chambre de maman, lorsque la porte s'ouvrit avec fracas, sous la pression de deux énergumènes coiffés de casques à pointes. La baïonnette en avant, ils explorèrent tous les coins de la pièce, fouillèrent sous le lit et derrière les meubles, puis se précipitèrent sans cérémonie dans la chambre voisine pour y poursuivre leur perquisition. Ils avaient renversé Marthe, notre bonne, pour pénétrer dans l'appartement et ils m'en auraient fait autant, certainement, si je m'étais mise sur leur passage : ils étaient la force qui va, deux sangliers qui foncent en avant.

Un autre jour, quelques ouvriers ayant entonné la *Marseillaise* devant un café, tous les cafés de la ville furent fermés et on afficha que tout rassemblement dans la rue, de plus de trois personnes, était défendu. Nous n'osions plus dire bonjour à nos amis. Je ne sais plus si c'est à cette occasion que nous vîmes un soir un malheureux nancéien poursuivi par un cavalier allemand qui le frappait à coups de sabre. La rue était d'ailleurs étonnamment déserte, et nous voyions briller la lame du sabre sous les réverbères. Nous nous abritâmes d'abord sous un porche puis rentrâmes à la maison en longeant les murs à la queue leu-leu. On se sentait sous un régime de terreur.

Ces scènes de violence n'étaient pas rares. Une fois, en voulant protéger un homme que des Prussiens étaient en train de battre, M. Daubrée avait été blessé à la main, d'un coup de sabre. Or M. Daubrée n'était pas un foudre de guerre et n'avait certainement pas été provocant. Je le vois encore partir comme notable sur une locomotive, ainsi qu'il arrivait à tous les bourgeois de Nancy depuis l'explosion du pont de Fontenoy[21] : il paraissait avoir une peur bleue et il en oubliait la satisfaction d'être compté au nombre des notables.

Les Allemands avaient, en effet, imaginé cette manière de se mettre à l'abri, et de se venger de l'accident de Fontenoy, qui leur avait été très nuisible et dont ils n'étaient pas parvenus à découvrir les auteurs. Si un nouvel attentat était dirigé contre un train de soldats, ce serait le notable français, placé à côté du mécanicien, qui sauterait le premier. Leur principe était toujours de se venger sur des innocents : ils appelaient cela la loi de la guerre.

C'est ainsi que le pont de Fontenoy coûta cher à Nancy. Les autorités prussiennes avaient exigé que la ville leur fournît des ouvriers pour réparer le pont, mais les ouvriers refusaient de marcher. Alors on enrôlait n'importe qui, tous ceux qui se trouvaient dans la rue, pour aller travailler à la reconstruction du pont. Et la municipalité payait amende sur amende.

Plusieurs de nos amis s'employaient activement pour le bien de la ville. M. Forthomme, conseiller municipal, ne quittait guère les bureaux de la mairie. M. Rinck s'était engagé volontairement comme interprète. Il alla aussi en Belgique pour échanger les billets de banque contre de la monnaie d'argent.

Et les réquisitions continuaient : la ville était frappée d'une amende chaque fois qu'un de ses habitants bronchait ; les exigences les plus variées étaient exprimées d'une façon impérieuse et brutale : c'étaient des troupeaux de bœufs et de moutons, des paniers de vin de Champagne, des litres d'eau de Cologne et les objets de toilette les plus raffinés, qu'il fallait trouver instantanément. Chaque fois que les Prussiens remportaient un avantage, non seulement il fallait leur fournir du champagne pour arroser leur victoire, mais le maire et les adjoints étaient forcés d'assister en personnes à ces offensantes libations.

21. Fontenoy-sur-Moselle se trouve sur la ligne ferroviaire reliant Toul à Nancy. Le 22 janvier 1871, le pont avait été saboté par une unité de francs-tireurs et, en représailles, les maisons du village avaient été incendiées. Ce pont avait une grande importance stratégique et les travaux de réparation, commencés dès le jour de sa destruction, s'achevèrent moins d'un mois plus tard.

Et l'ironie stridente des fifres, le roulement implacable des tambours, comme cette musique nous remuait le cœur ! Un jour, même, les fifres se mirent à jouer la *Marseillaise* ; et c'était pour mieux nous insulter, après la bataille de Sedan[22], dont des affiches provocantes nous racontaient minutieusement les détails les plus dramatiques et les plus humiliants pour nous.

Cette terrible nouvelle avait jeté la désolation dans les esprits les plus optimistes. Elle nous était arrivée, d'abord, sous forme de bruits vagues auxquels on se refusait à ajouter foi ; et je me rappelle encore l'angoisse atroce que nous causait le bégaiement du médecin logé chez Mme Barbas, lequel voulait nous dire le chiffre de nos soldats prisonniers, et balbutiait qu'on nous avait fait « vingt-quatre-vingt-quatre-vingt mille prisonniers ». Était-ce vingt-quatre ou quatre-vingts ? C'était horrible !... Il faut avoir appris de telles défaites de la bouche même des Allemands, pour en avoir senti toute l'amertume.

Peu de jours après, nous savions que l'impératrice était en fuite et la république proclamée. Cela nous rendit un semblant d'espoir. Les ennemis ne cessaient de nous répéter qu'ils faisaient la guerre à l'empereur, et non à la France : seraient-ils assez généreux pour nous dispenser de subir les conséquences de la défaite impériale ?

Pourtant, la guerre continuait, et les canons de Toul tonnaient toujours. Le jour où leur voix se tut, nous éprouvâmes un nouveau serrement de cœur. On parlait d'autre part de la capitulation de Strasbourg[23] : tous nos moyens de défense faiblissaient, s'écroulaient, s'évanouissaient.

Nos parents désirèrent nous donner le spectacle d'une ville bombardée, au lendemain même de sa reddition. M. Contal offrit de nous mener à Toul en voiture avec sa fille Madame Georgel. Quelle tristesse ! Partout des maisons renversées, des cloisons entières déchiquetées en petites écailles grosses comme des allumettes, des trous béants, des toits écroulés ! On n'imagine pas, avant de l'avoir vu, quel peut être le caprice destructeur d'un obus qui se promène dans un appartement. L'un de ces engins avait pénétré dans la paisible chambre à coucher de deux bons vieux qui se chauffaient au coin de leur feu ; il les avait projetés aux deux extrémités de la pièce,

22. La bataille de Sedan se déroula le 31 août et le 1er septembre 1870 et se solda par un échec retentissant. Mal commandées, inférieures en nombre, dotées d'une artillerie moins performante, les troupes françaises durent capituler après la capture de Napoléon III le 2 septembre. Le 4 septembre la République était proclamée et un gouvernement de Défense nationale se mettait en place sous la présidence du général Louis-Jules Trochu. Le 11 septembre la délégation du gouvernement se voyait contrainte au départ pour Tours et le 19 débutait le siège de Paris, avec les premiers combats à Châtillon, au sud de la capitale.

23. Le 28 septembre 1870.

en les aveuglant et les assourdissant pour le reste de leur vie ; puis il avait démonté le lit dont il avait appliqué un des montants contre la poitrine du pauvre vieux mari, ainsi écrasé contre le mur ; enfin, après avoir couché la femme par terre, il lui avait fait tomber l'armoire à glace sur les pieds. Qu'on juge de l'état de stupeur hébétée où se trouvaient ces pauvres gens qui, malgré tout, vivaient toujours ! Quand le diable malfaisant avait ainsi tout bouleversé dans un étage, il passait à un autre pour y continuer son œuvre. Parfois, il se bornait à être facétieux : il transportait les objets d'une armoire dans une autre. Et, pendant ce temps, les boulets de gros calibres abattaient les murs, écornaient la cathédrale et couchaient par terre les grands arbres. La faim s'en était mêlée. Et tous ces braves habitants, épuisés et affolés par le siège, avaient maintenant leurs maisons, ou ce qui leur restait de maisons, pleines de soldats avides, qui se jetaient sur eux comme sur une proie longtemps poursuivie et laborieusement disputée.

En traversant les remparts, j'aperçus une grosse moitié de boulet que je ramassai malgré son poids ; je l'appliquai contre moi, la dissimulai soigneusement sous mon manteau et la rapportai jusqu'à Nancy où je la fis seulement voir à mes parents. Ceux-ci, sans nul doute, l'auraient trouvée trop lourde et m'auraient obligée à la jeter.

Les fausses nouvelles continuaient à affluer. Ce que la population de Nancy redoutait et désirait tout ensemble, c'était la bataille dans les rues et la délivrance. À chaque instant le bruit se répandait qu'une armée française avait pénétré dans la ville et qu'on faisait le coup de fusil dans les faubourgs. Si invraisemblable qu'elle paraisse, nous ne pouvions nous empêcher de nous agiter à cette nouvelle.

Nos jours s'écoulaient dans l'impuissance. Maman avait désiré nous faire prendre un peu l'air avant la rentrée des classes. Pour plus de sécurité nous nous joignions aux Xardel et nous montions sur les plateaux où nous nous étions promenés si gaiement les années précédentes. Il ne s'agissait plus de jouer. Nous nous asseyions gravement en cercle, autour de Mme Xardel, qui nous faisait la lecture à haute voix. Elle nous lisait les belles et inutiles protestations que Victor Hugo rapatrié adressait à la Prusse au nom de la civilisation et de l'humanité.

Au retour d'une de ces mélancoliques promenades, nous aperçûmes, arrêté sur la voie, un train de malheureux prisonniers. Ils étaient entassés sur des wagons découverts et levaient en l'air des bras désespérés en criant : « J'ai froid ! J'ai faim ! » La plupart d'entre eux n'avaient même plus de tunique. En présence de cet horrible spectacle, nous fûmes pris d'un grand élan, et ayant rassemblé tout ce que nous avions d'argent, nous nous précipitâmes l'un chez le boulanger, l'autre chez le charcutier, l'autre chez le mercier. Les marchands nous vendirent d'ailleurs à crédit et au rabais plus de choses que nous ne pouvions en porter. Il s'agissait maintenant de faire parvenir ces vivres et ces chaussettes de laine au misérable bétail humain, et c'était bien là le plus difficile. Les remblais du chemin de fer étaient gardés par des sentinelles prussiennes et nous savions que la consigne était sévère, qu'une dame, même, s'était fait un jour battre par un soldat pour avoir voulu la violer. Mais, en pareil cas, la chance est aux faibles. Nous parvînmes, Louise Xardel et moi, à nous glisser entre les factionnaires et à nous approcher suffisamment des wagons pour pouvoir y lancer saucisses, miches de pain et lainages. Ceux des soldats français qui parvenaient à saisir nos projectiles partageaient aussitôt avec leurs camarades, tant il est vrai que rien ne développe le sentiment de fraternité, comme d'avoir souffert ensemble. Or comme ils avaient dû souffrir, ces malheureux aux visages livides, aux cheveux désordonnés, à la barbe rare ! Comme ils souffriraient encore, avant d'arriver jusqu'au fond de l'Allemagne, serrés comme de vils pourceaux et exposés à toutes les intempéries ! Au cours des nuits suivantes, je croyais les voir, oubliés sur quelque voie de garage, et criant à des gens qui, cette fois, ne les comprenaient pas : « J'ai froid ! J'ai faim ! » Leurs voix mêmes avaient quelque chose d'épuisé, quelque chose de tragique, quelque chose de mourant. Virgile et Dante, en parcourant les enfers, n'ont rien vu de plus affreux.

C'est vers cette époque qu'il nous arriva du moins un grand soulagement, une grande joie. Mme Alphonse Magnien[24], la nièce de ma tante, nous apporta un journal où, parmi les noms des prisonniers français détenus à Koenigsberg, se trouvait le nom de mon oncle Adrien. Il nous semblait que tout à coup il ressuscitait. Nous mîmes les habits de deuil de côté et fîmes de nouveaux efforts pour correspondre avec mon oncle. Nous ne devions pas tarder, d'ailleurs, à recevoir deux lettres de lui, qui, après mille retards, mille aventures, finissaient par nous parvenir. Mon oncle était prisonnier sur parole. Il vivait avec trois autres officiers français une vie triste, monotone et chétive, dans cette ville lointaine et froide. Le découragement profond qu'il manifestait était la contrepartie, et comme la réaction de cet optimisme vainqueur avec lequel il était parti en guerre. Le but de toute sa vie était manqué.

Pour pouvoir lui écrire plus librement, nous imaginâmes un procédé qui s'est trouvé être classique. Dans une feuille de papier de format ordinaire, on perçait ici et là de petites fenêtres de longueur inégale. On plaçait cette feuille sur son papier à lettre et on écrivait un mot ou deux dans chaque ouverture, de manière à raconter ou annoncer ce qu'on avait à dire, en une seule phrase suivie. Ensuite, la feuille percée enlevée, on remplissait les lignes de mots quelconques qui reliaient entre

24. Madeleine Céline Magnien : Alphonse Magnien, neveu de Théodore Magnien (l'oncle Théodore), avait épousé en 1860 Madeleine Céline George (1841-1871) et de leur union étaient nés trois enfants. Sur Alphonse Magnien, voir le chapitre XVI.

eux les mots importants. La même clef était nécessaire pour écrire et pour lire, et le plus difficile était de l'envoyer à mon oncle et de lui expliquer l'usage qu'il devait en faire, sans éveiller l'attention du cabinet noir. C'est moi, à cause de mon écriture encore mal formée, qui fus chargée de cette mission délicate ; je présentais la feuille déchiquetée comme une découpure enfantine.

Mon oncle était vivant ! Nous en éprouvions une satisfaction de tous les instants, et maman retrouvait une bonne partie de son entrain. Il s'agissait maintenant de faire reconnaître cette bonne nouvelle au reste de la famille, avec lequel nous correspondions très difficilement. Il n'y avait pas de service de poste régulier. Parfois, en faisant apostiller son enveloppe par un officier prussien, on pouvait espérer qu'elle parviendrait à sa destination ; mais on était souvent déçu. Le plus sûr moyen était encore de charger les gens que leurs occupations ou des raisons de famille obligeaient à voyager, de vouloir bien porter les lettres un peu plus loin, et d'en changer à leur tour quelque autre voyageur, qui les remettait lui-même à un autre, jusqu'à ce qu'enfin, elles arrivassent à leur adresse. Ce procédé pouvait être très long, mais il était infaillible. Car toutes les populations de la frontière, si terriblement éprouvées, avaient la ferme volonté de s'entraider. On profitait donc de toutes les occasions pour écrire, et, d'occasion en occasion, on atteignait son but.

C'est ainsi que nous connûmes les misères qui assaillaient Longuyon, Arrancy et Sorel, la ferme isolée que l'oncle Edmond cultivait provisoirement. Des passages de troupes continuels et les brutalités gratuites dont officiers et soldats accablaient les populations sans défense, faisaient d'elles de véritables martyres.

À Longuyon, c'étaient la main de fer, les coups de botte, les réquisitions exorbitantes adressées directement à l'habitant. La pauvre tante Odile ployait sous le joug impérieux du colonel von Schmettau, tout en soignant ses enfants atteints de fièvres muqueuses. Elle-même avait pris la petite vérole.

À Sorel, l'oncle Edmond avait dû laisser emporter son bétail et ses récoltes. Il ne restait plus là que pour préserver les bâtiments de l'incendie.

C'était bien pis encore à Arrancy. Les troupes n'y séjournaient pas : elles ne faisaient généralement qu'y coucher. Mais elles mettaient tout le village sens dessus-dessous. Or il arriva que, vers la fin de septembre, un régiment qui y avait passé la nuit fût surpris dès le matin par une sortie des mobiles de Longwy[25]. Après un court combat dans la rue et dans ses étables, qui fit, en somme, très peu de morts et de blessés, les mobiles emmenèrent à Longwy dix-sept prisonniers. Une froide colère s'empara alors du colonel prussien, qui, la veille au soir, avait été presque aimable

25. Longwy était alors en état de siège et devait capituler le 25 janvier 1871.

pour la mémère, s'était loué du repas qu'elle lui avait servi, et lui promettait de faire parvenir une de ses lettres à Koenigsberg.

Réveillés à 5 heures par la fusillade, mes grands-parents avaient trouvé dans le vestibule leur hôte de la veille : « Vous nous avez trahis ! », s'était-il écrié avec un geste menaçant. Et il était sorti pour voir ce qui se passait.

Au même moment, une femme de village était venue trouver mystérieusement la mémère :

– « Madame Launois, je voudrais bien que vous viendriez chez nous : j'ai quelque chose à vous montrer.

– C'est important ?

– Ah ! Je crois bien ! »

Enjambant un ruisseau de sang et un cadavre, la courageuse mémère avait pénétré chez la paysanne et celle-ci lui avait montré, derrière les rideaux, dans son lit unique qu'elle avait été obligée de céder aux ennemis, deux gros soldats allemands qui dormaient leur dernier sommeil.

– « Voilà, dit la bonne femme : je leurs'ai tordu le cou tandis qu'ils dormaient : cela a été plus fort que moi Mais qué que j'vas ben en faire, maintenant ? »

La mémère atterrée, aida la virago à enfouir les deux cadavres dans son tas de fumier. Et ce furent deux prisonniers de plus que l'on compta comme partis pour Longwy.

La bataille était terminée. Rentrée chez elle, la mémère retrouva le colonel qui lui déclara encore une fois : « Vous nous avez trahis, et vous allez subir les justes conséquences de cette félonie : on va brûler tout le village. Si vous avez quelque objet précieux, je vous engage à les sortir de la maison. Mais c'est tout ce que je puis faire pour vous. »

En effet, la mémère sortit de leurs cachettes toutes les choses de valeur, toutes les choses auxquelles elle tenait, puis elle les rassembla dans des sacs pour pouvoir les emporter plus facilement. Dans l'intervalle, on était venu arrêter mon grand-père, que l'on voulait conduire à pied, ainsi que le maire et deux autres notables du village, jusqu'à la prison de Briey.

Alors reparut le colonel qui dit en substance : « J'ai changé d'avis ; nous ne brûlerons pas, nous pillerons. La maison du maire sera seule incendiée. J'ai fait chercher du renfort dans tel village. Maintenant que nous sommes en nombre, rien ne nous empêche plus de piller : *cela vaut mieux pour tout le monde.* »

Il souligna ces derniers mots d'un gros éclat de rire, et, désignant à ses hommes les sacs tout préparés par ma grand-mère, il leur ordonna d'atteler le cheval de la maison à la voiture de la maison, et d'y charger ces sacs ainsi que quelques pendules et deux ou trois fusils :

– « Cela, ajouta-t-il cyniquement, c'est ma propre part. Je vais maintenant mettre chez vous cent hommes qui pilleront pendant deux heures. »

Il fallut subir la loi du plus fort. La mémère, cependant, avait la malice gauloise et un esprit qui ne perdait jamais ses droits. Elle fit avaler aux pillards, lesquels emportaient principalement dans leur estomac, tout ce qu'elle put découvrir de plus détestable chez elle : la graisse rance qui servait à graisser les voitures, des œufs pourris qu'on avait par mégarde oubliés dans une corbeille, du vin tourné au vinaigre, etc. Tout était bon à ces bouches avides, qui dévoraient comme on rend la justice, avec l'idée que Dieu les conduisait. Lorsqu'ils ne purent plus rien prendre ou avaler, ils se contentèrent de sabrer le linge et les vêtements en fines languettes, et de faire de ces débris, au milieu de chaque pièce, un gros tas qu'ils arrosèrent de sirop de groseille. Toutes les belles pièces de gazes et de soieries anciennes, tous les jolis rubans du XVIIIe siècle que la mémère conservait précieusement, furent ainsi volés ou gâchés. Et les bijoux également anciens, que personne ne portait de peur de les perdre, et qui dormaient pieusement dans un vieux coffret, disparurent aussi. Peut-être ornent-ils encore aujourd'hui les oreilles et les corsages d'innocentes Allemandes. Les armes, les vieux fusils de famille, que tout le monde pouvait décrocher pour aller tuer un lièvre, et qui, s'étageant en panoplie, étaient le plus bel ornement de la salle à manger, étaient partis. L'argenterie était partie. Tout était parti. Et dans toutes les maisons du village, c'était la même dévastation.

Pourtant la pauvre mémère était consolée, car, sur ses instances, on lui avait rendu mon grand-père, trop vieux et trop souffrant pour supporter une longue marche, les mauvais traitements et la captivité. C'était bien là le principal. Les choses, mon Dieu, quand on ne les a plus, on s'en passe : c'était la doctrine philosophique de la mémère. Quant au pépère, il regrettait surtout la perte de deux amis ; son cheval et son fusil.

À la nuit tombée, restés seuls avec leurs domestiques, tous deux se regardèrent.

– « Pauvre pépère, dit ma grand-mère, il faudra nous passer de souper, ce soir : ils ne nous ont rien laissé. »

Or personne n'avait rien mangé de la journée.

Les domestiques contemplaient avec mélancolie les poutres noircies du plafond de la cuisine où d'ordinaire étaient suspendus tant de jambons et tant d'aunes de saucisse. Mais rien n'avait été oublié. Pour des raisons diverses, tous gardèrent le silence et se perdirent dans leurs réflexions. Un coup discret, frappé à la porte, les fit sursauter. Qu'y avait-il encore ?

C'était une pauvre femme, la plus pauvre du village, qui entrait portant une soupière fumante :

– « Mme Launois, dit-elle, voilà assez longtemps comme ça que je vis de vos charités ; c'est mon tour. Moi, les Prussiens ne m'ont rien pris : ils ont trouvé que cela n'en valait pas la peine. Alors, il me restait un croûton de pain, et je me suis dit comme cela : je m'en vas faire de la soupe pour Mme Launois. Peut-être bien, la chère dame, qu'elle n'en a pas tant à se mettre sous la dent. »

C'est une scène bien touchante. La brave femme, les maîtres, les domestiques firent cercle autour de la grande table de la cuisine ; on retrouva quelques cuillers d'étain dans les tas de débris, et chacun mangea en silence sa petite portion de soupe. Restait-il même une chandelle dans la maison pour éclairer ce souper frugal et fraternel ? J'en doute.

Quand tous ces détails nous parvinrent, maman entra dans une grande tristesse. Tous ses souvenirs d'enfance étaient dispersés, détruits, détériorés, et, surtout, elle redoutait pour mon grand-père, qui n'était pas bien portant, les suites des émotions de cette journée. À quelque temps de là, on nous apprit qu'il eut, de plus, la petite vérole noire[26], ce qui redoubla nos inquiétudes.

L'état sanitaire de Nancy devenait également très inquiétant. Les ambulances recevaient plus de typhiques et de varioleux que de blessés. La dysenterie sévissait continuellement. Les bêtes à cornes étaient atteintes du typhus ; on n'osait plus manger ni viande de bœuf ni viande de veau. Et papa, toujours plus écrasé par ses multiples besognes, était vraiment très fatigué.

Nous avions plusieurs fois logé des soldats ou des officiers parce qu'il répugnait à papa d'user du privilège qu'on lui offrait comme chef d'ambulance. Les soldats étaient censés apporter avec eux leur pain et quelques vivres : en principe on ne leur devait que le fourneau. Mais tout ce qu'ils apportaient était avarié. Je crois sentir encore l'odeur nauséabonde qui se répandit un jour dans toute la maison, parce qu'ils avaient ouvert des saucisses qui contenaient une purée de pois corrompue. Le plus souvent ils exigeaient qu'on les nourrisse et, quand ils ne l'exigeaient pas, maman avait pitié d'eux.

Quant aux officiers, ils exigeaient tout. Pour avoir un régime plus stable, papa accepta donc, vers la fin de septembre, de prendre à demeure le secrétaire du commissaire civil, à qui on abandonna notre salon. Comme cet homme avait l'estomac délicat et préférait manger à sa guise, il se contenta de prendre chez nous deux petits repas : du café au lait le matin et du thé le soir, qu'on lui portait sur un plateau dans sa chambre. Il était donc aussi peu gênant que possible. C'était un homme malade et timoré, qui était instruit et parlait assez facilement le français. Il resta à la maison

26. Il s'agit de la variole.

jusqu'après la signature de la paix. Il trouvait l'auberge bonne et tranquille et n'était pas fâché, je crois, d'avoir un médecin à sa portée, car il fut atteint plusieurs fois de crises d'hémoptysie[27] pendant la nuit.

Maman lui savait gré de sa discrétion, de ses manières douces de civil bien élevé, qui faisaient contraste avec le caporalisme brutal des officiers. Elle avait fini par vouer à M. Kleemann, sinon de l'amitié, du moins une certaine estime, et par avoir des égards pour lui. Ce n'était pas sa faute, à lui, pensait-elle, s'il avait été brusquement séparé de sa femme et de sa fille, restées à Cassel, pour venir administrer nos concitoyens.

De son côté Henri, qui ne songeait qu'à s'instruire et à éclairer son patriotisme, n'avait pas refusé d'aller chaque soir après dîner faire un bout de conversation avec M. Kleemann, tandis que celui-ci buvait son thé au coin du feu.

J'en jugeais tout autrement. Mon patriotisme, à moi, devenait plus fougueux à mesure que nous étions plus écrasés. Civils ou militaires, débonnaires ou cruels, aimables ou grossiers, tous les Allemands étaient, au même titre, nos ennemis ; et nous avions, en temps de guerre, le droit et le devoir de leur témoigner notre inimitié. Bien plus, par un besoin de logique, en même temps que de haine, je préférais les voir brutaux, injustes et voleurs. Telle était ma théorie. Et l'exemple de mon amie Marguerite Benoît, qui, soi-disant par amour de la science, devenait l'amie intime d'un médecin logé dans sa famille et se faisait donner par lui des leçons d'anatomie, n'était pas fait pour me tenter. N'avait-elle pas été jusqu'à demander à ma mère d'inviter la fille du major à venir faire un séjour amical sous son toit ? J'avais le cœur tout révolté, tout soulevé de dégoût.

Je souffrais très sérieusement et je le montrais avec enfantillage. Mon indignation se traduisait par des manifestations vaines et puériles que j'allais faire pendant la nuit derrière une des cloisons de sa chambre, avec l'intention d'effrayer M. Kleemann que je savais peureux. Et, comme il avait peur de la mort, je lui chantais d'une voix de l'autre monde : Tyran, descendez au cercueil ! Chaque soir, quand j'allais chercher Henri pour se coucher, dans la chambre de l'Allemand, je lui débitais des insolences. Il riait derrière ses lunettes d'or, et, pour montrer qu'il avait une fine connaissance du français, il m'appelait : Mlle *Maligne*. Il me priait, par exemple, de lui jouer un morceau de piano ; et je lui répondais, ce qui était vrai, que la clef du piano avait disparu, et que je ne toucherais pas une note tant qu'un Allemand déshonorerait par sa présence le sol de la France. Il me demandait si je n'avais pas envie, moi aussi, d'apprendre l'allemand, et je lui répondais, ce qui était sot, que

27. L'hémoptysie est un rejet de sang issu des voies aériennes lors d'un épisode de toux. Elle peut être le symptôme de différentes maladies potentiellement graves.

j'avais aucune envie de parler une langue de chevaux et de criminels. Henri souriait de ces démonstrations inutiles, et peut-être avait-il raison. Quand on est vaincu,

> Seul le silence est grand, tout le reste est faiblesse[28].

Quoi qu'il en soit, M. Kleemann resta pendant des mois l'hôte de la maison. Il en occupait la pièce centrale, et nous nous resserrions de plus en plus dans la chère chambre de maman.

C'est par Henri, qui le tenait de M. Kleemann, que nous apprîmes la capitulation de Metz[29], et les redditions moins importantes de toutes les places fortes de l'est. Désormais nous étions enclavés dans un pays complètement occupé par les Allemands : nous étions de plus en plus loin de la France. Le centre des hostilités s'était déplacé ; il n'était plus possible d'avoir des nouvelles par les allants et venants. Nous ne pouvions plus compter que sur nos ennemis pour nous raconter la suite de nos malheurs.

Je n'ai pas besoin de dire avec quelle indignation on avait appris à Nancy la conduite du maréchal Bazaine. Des rescapés de Metz, venus aussitôt après l'ouverture des portes, ne nous avaient rien laissé ignorer à ce sujet. Nous étions dans un état de fureur et de désespoir. Pourtant nous espérions toujours, ou plutôt, nous voulions espérer. Nous comptions sur les nouvelles recrues, sur les soldats qui poussent et s'éduquent tout seuls lorsque la patrie est en danger. Nous pensions à ceux de la première révolution. Au besoin tous les Français et toutes les Françaises devaient s'armer pour défendre leur sol. Ceux qui voulaient la paix étaient des lâches ! Mes quatorze ans s'exaltaient, s'enthousiasmaient. Henri était plus calme, mais tout aussi tenace, et ses lèvres se crispaient quand il entendait les gens pratiques assurer qu'il serait fou de s'entêter dans la résistance.

---

28. Il s'agit d'une citation de « La mort du loup », un poème d'Alfred de Vigny issu de son recueil posthume de poésies philosophiques *Les destinées* (1864) : « Hélas ! ai-je pensé, malgré ce grand nom d'Hommes / Que j'ai honte de nous, débiles que nous sommes ! / Comment on doit quitter la vie et tous ses maux, / C'est vous qui le savez sublimes animaux. / À voir ce que l'on fut sur terre et ce qu'on laisse, / Seul le silence est grand ; tout le reste est faiblesse. »

29. Le blocus de Metz avait débuté le 20 août 1870 et les troupes françaises, commandées par le maréchal Bazaine s'étaient retranchées derrière les portes de la ville. Bazaine tenta sans succès de briser l'encerclement de son armée (combats de Noisseville le 31 août) et capitula le 27 octobre.

XVI.
Suite de la guerre

Nous avions repris le cours de nos études à la rentrée, et c'était pour nous une diversion à l'irritation continuelle qu'excitait en nous la présence des Prussiens. Nous ne pouvions sortir, toutefois, sans rencontrer de lourdes patrouilles qui frappaient en mesure le sol en marchant. Parfois même, c'étaient des régiments entiers, fifres en tête, qu'il fallait croiser sur son chemin. Les rues de Nancy étaient imprégnées de cette odeur désagréable, sortie notamment du cuir mal tanné de leurs souliers, que dégagent les armées allemandes. Et, sur la place de Grève, on voyait les soldats s'exercer. Après avoir manœuvré tous ensemble, comme des soldats de bois tirés par une même ficelle, ils se débandaient à un certain signal. On les voyait alors courir en tous sens, en brandissant leurs fusils au-dessus de têtes imaginaires, et en poussant des cris de sauvages. Un jour que nous traversions la place, ces cris me portèrent tellement sur les nerfs que je me mis à courir en criant comme eux et en les menaçant de mon parapluie. Maman me rappela à l'ordre.

La conquête pacifique qu'opéraient les autorités civiles, le pédantisme, le pharisaïsme grossier des bureaucrates qui germanisaient d'un trait de plume le nom de tous les villages, et jusqu'à celui de Nancy, ne nous exaspéraient pas moins. Et les affiches dont nos murs étaient couverts et qui nous menaçaient des peines les plus graves pour la moindre peccadille me mettaient hors de moi. Il y avait une impudence manifeste : nous dire, comme ces affiches le faisaient en substance :

> Nancéiens, nous voulons votre bien ; c'est dans votre intérêt que nous agissons, quand nous vous volons, pillons et tuons. La guerre a ses lois qu'il faut respecter. Or les lois de la guerre vous obligent à nous obéir ; à nous céder en tout ; à nous loger, à nous nourrir, à nous donner tout ce que nous vous demandons, puisque vous êtes les plus faibles et que nous sommes les plus forts. Et, si quelqu'un d'entre vous songe à rejoindre l'armée française, à correspondre avec elle, à l'aider en quelque manière, il est traître à Sa Majesté, et notre devoir est de le fusiller immédiatement.

Et, toujours, revenait cette idée, expérimentée ou latente : « Nous sommes les plus forts parce que Dieu l'a voulu : Dieu est avec nous ! » Et cette idée était encore plus inadmissible que tout le reste.

Un froid prématuré sévissait sur nos contrées, comme pour augmenter notre misère. Je ne me rappelle pas avoir grelotté comme je grelottais alors dans les rues droites, tirées au cordeau, de Nancy. Elles étaient désertes et silencieuses, privées de promeneurs et de flâneurs, et, seul, le pas rythmé des soldats y mettait un peu de vie, mais une vie en quelque sorte mécanique et monstrueuse.

M. et Mme Arnauld[1], nos cousins et voisins, étaient au nombre des bourgeois prudents qui avaient fui Nancy dès la première heure. Ils avaient laissé leur appartement à la garde de leur bonne, vieille alsacienne patriote et têtue. Celle-ci venait constamment trouver maman pour lui demander des conseils et de l'argent, ses maîtres ayant oublié de lui en laisser. Or les billets de logement n'étaient pas épargnés, au contraire, à ceux qui avaient trouvé bon de s'en aller. C'est cette vieille alsacienne qui me servit de chaperon pendant tout l'hiver lorsque j'allais au cours de Mlle Vidart, et nous maudissions ensemble nos ennemis, tout du long de la route.

Il fallait que maman eût un véritable dévouement familial, pour servir des subsides à la bonne de M. et Mme Arnauld, car à cette époque l'argent était une chose rare. Mes parents avaient dû en envoyer à mon oncle à Koenigsberg, et se demandaient avec anxiété s'ils n'en manqueraient pas avant la fin de la guerre : on ne pouvait pas compter, en effet, sur le paiement de ce qui vous était dû, chacun gardant précieusement le peu qu'il avait. Nous avions pourtant chacun une centaine de francs en or cousus à l'envers de nos vêtements, pour le cas où nous nous serions trouvés par malheur séparés de nos parents.

Vers la fin du mois de novembre, maman reçut des nouvelles de ses parents par des amis qui les avaient vus récemment. Ces nouvelles étaient mauvaises. Mon grand-père était, nous disait-on, très souffrant, très vieilli, très déprimé. Le pillage de la maison d'abord, et la petite vérole noire ensuite, l'avaient profondément atteint. Nos amis concluaient que maman ferait bien d'aller, sans tarder, embrasser ses parents à Arrancy. Il fut décidé qu'Henri et moi accompagnerions maman, pour laquelle nous serions une sorte de protection, à défaut de papa qui ne pouvait songer à quitter Nancy.

Nous partîmes le 1er décembre avant le jour, par un froid intense. Mon père avait usé de toutes les protections dont il disposait pour nous obtenir des sauf-conduits et les faire signer et apostiller. Il nous accompagna à la gare vers 5 heures du matin. Les rues avaient un aspect sinistre sous les réverbères dont les vitres, couvertes d'une couche de glace, ne projetaient plus qu'une vague et lointaine lueur. Nous étions déjà transis en arrivant à la gare. Mais, là, le décor changea. Toutes les salles d'attente étaient remplies de gros soldats, sales et négligés, qui, au milieu des vapeurs du tabac,

1. À partir de cette page, et jusqu'à la fin de son journal, Aline Boutroux écrit Arnault. Il s'agit cependant, sans nul doute de la famille Arnauld, qu'elle avait déjà évoquée auparavant (voir le chapitre XIII). Nous corrigeons donc systématiquement ce nom.

mangeaient et buvaient. De gros tonneaux de bière déversaient leur blond contenu dans d'énormes bocks : on se serait cru dans une brasserie de Munich. Et, tout autour des salles, d'horribles et plantureuses sorcières, vêtues d'oripeaux voyants, cuisaient, sur des fourneaux ambulants, de la choucroute et des saucisses. Le bruit des conversations, des gros rires désopilants, des chansons, même, se mêlaient en un brouhaha exotique et grossier ; et les odeurs complexes de tous ces hommes mal lavés et de ces épaisses mangeailles vous prenaient désagréablement à la gorge. Nous demeurâmes là pendant un certain temps, nous dissimulant dans un coin, comme des intrus, tandis que papa allait encore nous chercher des protections, dans la gare même. Enfin, grâce à ses protections, on nous fit passer mystérieusement sur le quai, et monter, sans billet, dans un compartiment de troisième classe. Quelques-uns de ceux qui se lestaient si joyeusement tout à l'heure ne tardèrent pas à nous rejoindre. Nous étions douze dans le compartiment, mais nous tâchions de nous faire petits, petits, et après quelques grosses plaisanteries, qui, fort heureusement, furent de l'hébreu pour nous, nos compagnons de voyage eurent le bon esprit de nous ignorer.

Je ne saurais dire au juste quand le train se mit en marche, car il n'y avait pas, à cette époque, plus d'horaire que de billets. À chaque instant, le train stoppait en pleine campagne sans que l'on sache pourquoi. Le jour de décembre commençait à poindre, froid et gris ; et nous allions vers Metz, cette pauvre Metz que d'après ce que l'on nous avait affirmé, Bazaine avait vendue à l'ennemi.

Nous n'y arrivâmes guère qu'après midi. Mais quel froid glacial il faisait dehors ! Et, autour de la gare, quelle singulière population ! Tout un campement de hasard : des baraques, des tentes, des boutiques volantes et des cuisines en plein vent, où des vivandières semblables à celles de la gare de Nancy, grosses maritornes enroulées dans des châles multicolores, tziganes ébouriffées et insolentes, offraient aux soldats tout ce qu'ils pouvaient désirer. Jamais je n'avais rencontré de si horribles spécimens du sexe féminin, et je me demandais d'où elles avaient bien pu venir, à la suite des armées.

Dans la ville, c'était la même désolation, le même silence qu'à Nancy, avec quelque chose de plus nerveux et un air de qui-vive perpétuel. Il semblait que les rares passantes fussent en proie à une panique sans cesse renaissante, et que les commerçants fussent toujours sur le point de fermer leurs magasins. Ces gens-là, non seulement avaient connu les souffrances du siège, mais ils avaient respiré pendant six semaines ou deux mois une atmosphère de trahison. Ils ne comptaient plus sur rien ni sur personne, et se défiaient de leurs meilleurs amis.

Tandis que nous réchauffions nos pieds devant le feu de notre vieille amie, Mme Aimé, de grands frissons moraux nous passaient dans le dos en écoutant ses récits. Elle nous montrait une fenêtre, en face de sa maison, et nous disait que c'était là qu'elle voyait Bazaine à table, dévorant des dindes truffées et sablant du vin de Champagne, alors que toute la ville mourait de faim. C'était là aussi qu'elle le voyait conspirer avec son état-major. Et la vieille dame se levait pour montrer le poing à l'ombre du maréchal, qui pour elle était toujours là ; ses yeux devenaient ronds comme ceux d'une furie, et ses boucles blanches, jadis si soignées, se dressaient sur sa tête comme des serpents indignés. Elle nous parlait de vivres sabotées, de munitions noyées et de la paille hachée que Bazaine ordonnait d'introduire dans le pain pour en dégoûter les habitants. Elle nous décrivait les privations des soldats, et tout ce qu'elle avait vu, et tout ce qu'elle avait entendu, et tout ce qu'elle avait souffert.

Sur ces entrefaites, la cuisinière revenait du marché, tout essoufflée :

– « Madame, Madame, cela recommence ! Ils sont revenus ! Les portes sont fermées ! »

Voilà les fables que chaque jour elle rapportait à sa maîtresse de chez le boucher ou le boulanger, et vieille dame et vieille bonne se lamentaient à qui mieux mieux devant ces dangers si mal définis et si peu confirmés qui soi-disant les menaçaient.

Nous quittâmes Mme Aimé vers 4 heures ½, pour monter dans la diligence qui devait nous conduire à Briey. Le froid était toujours plus vif. Il nous raidissait, nous envahissait, et nos jambes, en tremblant, agitaient la paille du fond de la voiture. Nous partîmes encore une fois dans la nuit : il était 5 heures. Mais bientôt le conducteur nous pria de monter la côte à pied pour ménager ses chevaux dont les sabots glissaient sur le sol glacé. La montée était rude ; une lune blafarde, aux rayons coupants, éclairait le paysage de sa froide lumière. Et mes jambes engourdies criaient grâce : elles refusaient d'avancer. Il me semblait que c'étaient les jambes d'une autre, et que ma volonté n'avait aucune prise sur elles. Pourtant j'avançais comme par miracle. Mais je puis dire que j'ai connu ce soir-là les souffrances du froid. Tout en montant, le conducteur de la diligence et la paysanne qui partageait la voiture avec nous, racontaient chacun à leur tour, et parfois tous deux ensemble, tout ce qui leur était arrivé depuis la déclaration de guerre. Lui, disait comment il avait été enfermé dans Metz avec ses chevaux et sa voiture, et obligé d'y rester pendant toute la durée du siège. Elle, décrivait comment elle avait été maltraitée par des soldats, etc.

Nous étions remontés en voiture et il était sept ou huit heures lorsque nous traversâmes le village de Saint-Privat[2]. Ce n'était plus qu'un village mort, abandonné :

2. La bataille de Saint-Privat (ou bataille de Gravelotte), village situé à dix kilomètres à l'ouest de Metz, se déroula le 18 août 1870. Elle fut l'une des plus meurtrières du conflit. Deux jours plus tôt, lors de la bataille de Mars-la-Tour, le maréchal Bazaine, à la tête de l'armée du Rhin, avait refusé de lancer une vaste contre-offensive. Son armée s'était alors repliée dans une position défensive près de Saint-Privat. Lors de cette bataille, Bazaine fit l'erreur de ne pas engager toutes ses troupes car il

la plupart des maisons étaient détruites ; celles qui restaient debout n'avaient pas une seule fenêtre éclairée. Un silence lugubre planait, comme sur un cimetière.

Puis nous retrouvâmes la pénible somnolence, troublée par les cahots de la diligence, les grelots des chevaux et les jurons du conducteur, que nous avions connu dans notre enfance.

À minuit passé nous entrions dans Briey où, pour éviter les hasards de l'auberge, nous devions coucher chez le conducteur de la diligence. Sa femme était debout, alerte et un peu flatteuse. Elle était en train de servir deux soldats casqués qui enfumaient la grande cuisine de l'âcre et forte odeur de leurs cigares à bon marché. Ces soldats étaient comme nous les hôtes de la maison, mais des hôtes gratuits et obligatoires. On nous avait relégués, nous, les hôtes payants, dans une sorte de grenier où l'on avait mis des paillasses. C'était sommaire et glacial : la bise froide entrait par toutes les fentes. De plus, la porte ne fermait pas à clef. Il fallut combiner nos efforts pour pousser un gros coffre et la barricader. Nous avions avalé un bol de soupe chaude, assis sur nos paillasses, où nous nous étendîmes ensuite tout habillés pour dormir, tous trois dans la même chambre. À la guerre comme à la guerre.

À peine étions-nous couchés qu'on cogna à la porte. C'était le domestique de la mémère, Antoine, venu d'Arrancy avec la voiture pour nous chercher. Il devait coucher à l'hôtel et il était tremblant de peur. Il aurait voulu partir tout de suite, mais maman, redoutant le froid, lui dit que nous nous mettrions en route le matin vers huit heures.

Ce fut un grand soulagement de nous trouver le lendemain dans la voiture de la mémère et sous la conduite du brave Antoine. Mais ce n'était plus, hélas ! la vieille voiture dont nous connaissions si bien les coussins et que notre enfance avait attelée de chevaux imaginaires : c'était une voiture neuve, traînée par un cheval inconnu, car le vieil équipage avait pris la route de l'Allemagne.

Le froid était tellement grand que le thermomètre atteignit ce jour-là plus de 20° au-dessous de zéro. Le vent nous pinçait les oreilles à travers nos épais capuchons et la capote baissée de la voiture. Bientôt nous trouvâmes des champs tout couverts de neige et émaillés de noirs corbeaux. Le déjeuner froid que nous avions emporté méritait vraiment son nom ; mordant dans les sandwiches, nos dents rencontrèrent une résistance inusitée : pain et jambon étaient absolument gelés. Nous les envoyâmes aux corbeaux qui poussèrent des coassements de joie. Alors, pour

---

prévoyait depuis plusieurs jours un repli stratégique sur Metz. De fait, les Allemands se retrouvèrent en supériorité numérique, ce qui leur permit de remporter cette bataille et d'achever l'encerclement de Metz le 20 août.

nous rassasier, maman nous fit remarquer que c'était le 2 décembre, l'anniversaire de la bataille d'Austerlitz. Quel contraste !

Pourtant nous approchions du pays aimé. Déjà nous traversions des villages connus. Dans l'un d'eux, avant d'arriver à Pierrepont, Antoine nous montra, piquées avec des épingles sur une porte de grange, toutes nos photographies. L'album de la mémère était parti pour l'Allemagne. Il encadrait peut-être déjà une famille d'Outre-Rhin. Et nos images, butin négligeable, avaient été ainsi abandonnées sur cette porte, non sans avoir eu d'abord les yeux crevés d'un vigoureux coup d'épingle.

Enfin, là-haut sur la colline couverte de neige, voici le clocher d'Arrancy. Mais quels sont donc ces gros corbeaux qui tachent la neige de petits points noirs en deux traînées convergentes, allant vers le village ? Antoine nous dit que ce doit être deux régiments allemands qui vont loger à Arrancy. En effet, les deux régiments se rejoignent et pénètrent ensemble dans les rues, où notre voiture entre à leur suite. Nous avons l'air d'être les cantinières.

La grande cour est déjà envahie. Il faut se frayer un passage à travers les soldats pour venir embrasser sur son perron la mémère qui nous y attend, comme toujours.

– « Entrez, mes enfants, entrez. Vous devez être gelés. »

Et elle nous conduit près d'un bon feu. Mais, déjà, on la réclame : il faut loger cinq officiers dans la chambre, quarante soldats dans la grange et je ne sais combien de chevaux dans les écuries. Dans un coin de la cour, je vois un officier en proie à une colère de brute, et frappant violemment un soldat du plat de son sabre. Le soldat endosse les coups avec résignation.

Ce soir-là, les officiers sont servis dans l'une des chambres, la mémère ayant obtenu à grand-peine qu'ils respectent l'intimité de la salle à manger. Mais la bonne qui les sert ne tarde pas à venir déclarer qu'elle ne peut pas continuer, parce qu'ils lui manquent de respect et sont tous en état d'ivresse. La mémère, alors, relève ses lunettes au milieu de son front, et elle s'en va la tête haute, en portant le plat tout fumant. Quand elle revient, elle remet ses lunettes à leur place et nous raconte que les officiers ne sont plus que trois à table, les deux autres ayant déjà roulé sous la table. L'occupation, à la campagne, s'exerçait avec cynisme et ne redoutait aucun blâme.

Les troupes parties, le lendemain, nous pûmes jouir d'un peu de tranquillité. La mémère nous racontait les détails du pillage ; elle nous faisait voir les armoires vides et les tas de débris arrosés de sirop de groseille qu'on lui avait laissés dans les chambres. Quant au pauvre pépère, c'était bien vrai qu'il était vieilli, cassé, attristé. Il gardait le silence et secouait seulement la tête, comme pour dire : « Tout est fini. »

Il fallut aussi aller à Longuyon, où la tante Odile, avec une diplomatie tout à fait remarquable, attira chez elle des officiers supérieurs, afin de leur faire viser et apostiller nos sauf-conduits : nous n'aurions pas pu repartir sans cette précaution.

Je trouvais que Lucie, encore enfant, avait un patriotisme un peu trembleur. J'essayai de lui faire la leçon, mais en vain. À Noël, de peur de déplaire au colonel von Schmettau, elle accepta un cadeau de lui. C'était un grand mouchoir imprimé où trônaient, au centre le roi de Prusse, et tout autour les héros de la guerre : Bismarck, Moltke, etc.

C'est l'oncle Edmond qui, le troisième jour, se chargea de nous reconduire en voiture jusqu'à Briey. Il était tombé tant de neige que la voiture roulait difficilement. À Briey nous prîmes une voiture particulière. Nous emmenions avec nous le domestique Antoine qui allait voir ses parents à Novéant. En traversant le bois, tout blanc de neige, nous dûmes nous arrêter pour laisser passer deux régiments qui se croisaient là en échangeant des poignées de main. La voiture dut se garer dans le fourré, et nous recevions des flocons de neige dans les yeux et dans le cou. Ce double défilé dura fort longtemps : il en venait, il en venait toujours.

Comme il faisait plein jour nous descendîmes de voiture pour visiter le triste village désert de Saint-Privat. Dans l'église en ruine on pouvait voir encore des traces de la bataille. Sur les marches de l'autel, je ramassai une giberne, un ceinturon, un vieux képi. Qu'étaient devenus les propriétaires de ces objets ? Ici et là, sous la neige, on voyait des épaisseurs, des bosses, des formes vagues et méconnaissables qui accidentaient le sol. Aux environs enfin, et cela jusqu'à Metz, la neige se soulevait sur des squelettes de chevaux qui la perçaient à certains endroits, et des nuées de corbeaux voltigeaient encore autour de ces dépouilles gelées.

À trois ou quatre kilomètres de Metz, les rouliers et les aubergistes commencèrent à épouvanter notre cocher :

– « Eh ! bien, ça y est, disaient-ils. Voilà qu'ils ont recommencé : les portes de la ville sont fermées.

– Comment, fermées ? demandait maman. Qui est l'assiégé ? Qui est l'assiégeant ?

– Ah ! Cela, Madame, vous m'en demandez trop. Ce qu'il y a de certain, c'est que le siège a recommencé et que les portes sont fermées. Ca, c'est sûr : je les ai vues comme je vous vois. »

Le cocher, intimidé, refusa d'aller plus loin. Il consentit seulement à laisser sa voiture à l'auberge et à aider Antoine à porter notre valise jusqu'au premier pont-levis. Il nous fallut donc marcher encore. Nous pataugions dans la neige, mais le froid était beaucoup moins vif.

Les portes de Metz, naturellement, étaient ouvertes, et les ponts-levis baissés. Mais, dans les rues désertes, tous les magasins étaient fermés.

Nous arrivâmes chez Mme Aimé.

– « Hélas ! Hélas ! gémissait sa bonne. Nous voilà retombés dans le malheur ! Le siège recommence ; les portes sont fermées.

– Mais, puisque nous venons d'entrer à l'instant...

– Cela n'y fait rien : le siège recommence, je vous dis. Ah ! Les traîtres ! »

Il n'y avait pas moyen de détromper ces pauvres femmes.

Le soir, à la gare, les bruits étaient un peu différents et moins invraisemblables.

– « Bourbaki[3] arrive, disait-on. Le pont de Frouard est coupé ; on se bat dans les rues de Nancy. »

Ah ! Si c'était vrai, seulement ! Si nous pouvions revoir l'uniforme français, même couvert de sang ; si nous pouvions nous-mêmes faire quelque chose ! Mon imagination battait déjà les chemins de la gloire. Mais Henri était là, qui gravement secoua la tête et déclara :

– « C'est impossible. »

Cette fois, nous n'avions pas de soldats pour compagnons de voyage, fort heureusement. Nous n'avions, outre Antoine jusqu'à Novéant, qu'un nancéien qui venait de Belgique, où il était allé chercher de la monnaie d'argent pour une banque. Il rapportait deux énormes sacs de toile pleins de pièces de cent sous. Aussi les bruits inquiétants le touchaient-il particulièrement. Antoine claquait des dents de peur.

Le pont de Frouard était indemne, et notre cher papa pour qui, même au milieu de mon enivrement, j'avais tremblé un instant, nous attendait à la gare. Celle-ci présentait le même aspect qu'au départ, et les rues étaient littéralement désertes : il était une heure du matin.

Ainsi se termina ce voyage fatigant et émouvant, qui avait été pour mes grands-parents une joie, au milieu de tant de chagrins.

Notre vie reprit son calme apparent. Cependant les Allemands, exaspérés par une résistance à laquelle ils ne s'attendaient plus après la capitulation de Metz, et excédés par la durée de la guerre, se montraient de plus en plus exigeants et papa nous répétait chaque jour que la ville ne pourrait pas continuer indéfiniment à les satisfaire.

Un jour qu'une réquisition particulièrement exorbitante avait été repoussée, papa rentra précipitamment pour nous annoncer qu'il allait être mis en prison avec tout le conseil municipal, et que quarante hommes allaient venir occuper notre demeure

3. Charles Denis Bourbaki (1816-1897) se distingua comme chef militaire dans l'armée d'Afrique et durant la guerre de Crimée. Durant la guerre de 1870, il servit en tant que général dans l'armée du Rhin avant d'obtenir le commandement de l'armée du Nord (après la reddition de l'Empereur à Sedan) puis celui de l'Armée de la Loire qui devint ensuite l'armée de la Loire. Son nom est associé au siège de Metz et à la tentative malheureuse pour lever le siège de Belfort. Malgré quelques succès, elle se solda par une retraite vers Besançon puis vers la Suisse. Après cet échec, et une tentative de suicide ratée, Bourbaki devint gouverneur militaire de Lyon et se présenta sans succès aux élections sénatoriales de 1885.

militairement, peut-être même se livrer au pillage. On devine avec quelle émotion nous embrassâmes papa avant de le quitter. Il repartit en toute hâte. Maman, alors, remplit la serviette de classe d'Henri de tous les papiers de valeurs, titres de rente et billets de banque qui se trouvaient à la maison ; elle emplit à son tour mon petit sac de voyage de l'or, des bijoux et de l'argenterie la plus précieuse ; puis elle nous demanda, à Henri et à moi, de nous en aller avec notre air de tous les jours, porter cela chez Monsieur Alphonse Magnien qui demeurait place du Marché, et de le prier de garder ce dépôt jusqu'à nouvel ordre.

Monsieur Alphonse Magnien était le neveu et successeur de mon oncle Théodore. Il avait une grande affection pour mon père. Mais, lorsque arrivés chez lui sans encombre, quoiqu'assez émus de la responsabilité qui passait sur nous, nous le priâmes de mettre en sûreté ce que nous lui apportions, il nous déclara formellement que c'était impossible. En effet, Mme Magnien était malade depuis plusieurs jours et son état avait tellement empiré pendant la nuit qu'on s'attendait à la voir mourir d'un moment à l'autre.

– « J'ai des enfants mineurs, nous dit M. Magnien, et je ne puis pas laisser apposer les scellés sur ce qui appartient à vos parents : vous expliquerez cela de ma part à votre maman. »

C'était un peu de l'hébreu pour nous, mais nous crûmes M. Magnien sur parole et le laissâmes à sa douleur. En nous retrouvant dans la rue avec nos précieux fardeaux, nous nous regardions l'un l'autre avec anxiété. Où aller ? Que faire ? À qui porter cela ?... Impossible de consulter papa ou maman. Et nous nous mettions à penser à eux anxieusement, nous demandant ce qui leur était arrivé. Revenir simplement à la maison eût semblé insensé puisque nous pensions y arriver en plein sac. Nous décidâmes d'errer dans les rues, toujours avec notre air de tous les jours, jusqu'au moment où nous apprendrions du nouveau. Nous étions d'autant plus à plaindre qu'un vent glacé du Nord soufflait et que le froid, comme il arrivait chaque jour pendant cet hiver terrible, engourdissait nos membres et paralysait notre marche. C'était l'heure, d'ailleurs, où, en vertu d'une habitude devenue une seconde nature, nous croyions être atteints de la faim. Nous pensions aux quarante énergumènes qui étaient en train de dévorer notre déjeuner et d'exécuter à nos dépens *les lois de la guerre*. Nous cherchions les rues moyennement fréquentées, évitant avec un même soin celles qui le sont trop et celles qui ne le sont pas assez. Il nous semblait que les soldats que nous rencontrions pouvaient deviner à nos mines ce que nous portions. Et d'ailleurs, les soldats n'étaient pas seuls à craindre : il fallait redouter encore les voleurs ordinaires. De loin nous voyions la place Stanislas, encombrée de troupes et de badauds, et nous la fuyions comme le feu.

Je ne sais combien de temps nous aurions continué à errer si nous n'avions tout-à-coup aperçu papa, qui, à notre grande surprise, se hâtait vers notre maison. Henri me confia sa serviette pour courir le rejoindre. Nous apprîmes alors que la ville avait transigé et que les choses s'étaient arrangées. Ainsi se termina notre odyssée, le plus pacifiquement du monde. Mais j'avais appris, dès l'âge de quatorze ans, à prendre les choses au sérieux.

Au début de janvier nous pûmes renaître à l'espérance. L'armée de Bourbaki, parfaitement reconstituée, avançait vers nous[4]. On la disait à Belfort, à Épinal : peut-être serions-nous délivrés dans quelques jours. Nous hésitions, ayant été trompés tant de fois, à nous abandonner à ces illusions. Pourtant Mme Barbas avait aménagé, tapissé et meublé notre cave, qui était voûtée, pour servir d'abri à tous les habitants de la maison au cas où la ville serait bombardée. Ces préparatifs me remplissaient d'enthousiasme.

À ce même moment, malheureusement, Henri était atteint de cholérine[5]. La maladie prenait tout de suite une telle intensité que maman ne pouvait le quitter, même pour une minute, et nous nous demandions avec inquiétude s'il pourrait sans danger être transporté dans la cave. C'est alors que M. Kleemann fit prier maman ou Henri de venir lui parler « pour une chose très grave ». Maman m'envoya donc un ambassade. J'arrivai, armée de pied en cape de ma dignité de petite française et de disciple de Jeanne d'Arc. Il parut très déçu de me voir ; mais se décida pourtant à me faire sa communication quand il sut que maman était retenue par la santé d'Henri.

– « Hélas ! Mademoiselle Maligne, me dit-il, je suis profondément désolé de ce qui va vous arriver. Nous plaignions les habitants d'Orléans[6], mais ceux de Nancy n'auront rien à leur envier. Les troupes ennemies approchent. Or, actuellement, nous ne sommes pas en nombre pour leur barrer le chemin. Nous allons donc nous retirer provisoirement dans Metz. Demain matin toutes les autorités civiles

4. Aline Boutroux fait référence aux événements du 16 janvier 1871. Commandée par le général Bourbaki, l'armée de l'Est parvint à faire reculer ses ennemis à proximité de Belfort et à éveiller l'espoir d'une libération prochaine de la ville. Cependant, tout comme Bazaine à Mars-la-Tour et à Saint-Privat, il sous-estima ses forces et préféra revenir sur ses positions antérieures plutôt que de poursuivre l'engagement. Il parvint à repousser une première contre-attaque le 17 mais fut obligé de céder et d'ordonner la retraite le 18. Le siège de Belfort ne cessa qu'avec l'armistice, le 28 janvier 1871.

5. Une forme atténuée du choléra.

6. Le 10 novembre 1870, l'armée française avait réussi à déloger les troupes bavaroises qui occupaient Orléans depuis le 11 octobre. Cependant, après de violents combats au nord-ouest de la ville le 28, les Allemands devaient de nouveau entrer dans la ville le 5 janvier.

auront quitté Nancy, l'armée également, et les soldats ennemis pourront y entrer librement. Mais ce ne sera pas pour longtemps, soyez-en sûre. Dès que nous aurons du renfort, notre armée reviendra, et alors ce sera la guerre, le combat dans les rues, le bombardement. Ah ! Mlle Maligne, je regrette beaucoup que cela vous arrive… »

Je le regardais bien en face et je suppose que j'avais l'air radieux car c'était le premier bon moment que j'aie passé depuis la déclaration de guerre. Je ne sais pas ce que je répondis à M. Kleemann, je sais seulement que je parlais tant, qu'il n'arrivait pas à reprendre le fil de son discours. Or il n'avait pas tout dit.

– « Voilà, reprit-il enfin, voilà la situation, la triste situation. Alors, pour si peu de jours, Mlle Maligne, je trouve inutile d'emporter ma malle. Voudrez-vous prier de ma part Madame votre maman de me la garder ici, de la mettre en lieu sûr et de la protéger contre ces brigands de soldats français, afin que je retrouve bien toutes mes affaires en revenant.

– Comment ! m'écriai-je avec férocité. C'est à moi que vous avez l'audace de demander cela ! Mais je m'en charge, moi, de votre malle. Je la livrerai à nos soldats, aux turcos s'il y en a, puisque ce sont ceux-là qui vous font le plus peur, et je leur dirai : c'est du butin allemand ; prenez, détruisez tout ce que vous pourrez : *c'est la loi de la guerre !* »

Ah ! Je le tenais donc sous ma botte à mon tour, ce M. Kleemann qui nous avait annoncé tant de fois que nous étions battus ! Il riait jaune et vert derrière ses lunettes d'or : je crois bien qu'il me croyait capable de faire ce dont je le menaçais, mais moi, je savais bien, même à ce moment, que je n'en étais pas capable. Pourtant je continuais :

– « D'ailleurs, vous n'y rentrerez pas aussi facilement que vous semblez le croire, dans Nancy. Nous nous défendrons tous cette fois-ci. Les pierres tomberont d'elles-mêmes sur votre tête pour vous écraser. (Les métaphores de V. Hugo que Mme Xardel nous avait fait admirer sur le plateau de Malzéville me revenaient à la mémoire). Nous savons ce que c'est, maintenant, et nous résisterons, dussions-nous tous y rester !

– Ah ! Mlle Maligne, Mlle Maligne. Ce n'est pas gentil ce que vous dites là ! »

Oui, de toute la guerre, ce fut mon seul bon moment. Mais je devais l'expier cruellement, et cela dès le lendemain.

D'abord, la maladie d'Henri s'aggravait. Puis, le lendemain matin, M. Kleemann ne partit pas plus que sa malle. Les Allemands avaient reçu des nouvelles plus rassurantes et suspendaient leur départ pour Metz. L'après-midi de ce jour-là, j'étais allée au cours de Mlle Vidart, et j'attendais chez les Xardel que maman m'y envoyât chercher. De leurs fenêtres nous vîmes passer dans un grand désordre quelques cavaliers appartenant à des armes différentes ; l'un d'eux n'avait plus de couvre-chef ;

un autre avait perdu ses armes. Je m'imaginais que c'étaient des fuyards et que nous allions voir venir nos Français derrière eux… Quelle émotion !…

Hélas ! Le soir même j'apprenais par papa que l'armée de Bourbaki reculait[7]. Bientôt elle devait se laisser acculer à la frontière, être rejetée en Suisse, où elle devenait prisonnière, et notre dernier espoir allait à jamais s'évanouir.

C'était le 14 janvier 1871, à l'heure même où j'atteignais quinze ans, et je passai la soirée à pleurer comme je ne devais plus pleurer de ma vie. Mon quinzième anniversaire, jamais je ne l'oublierai[8].

Pourtant, dès le lendemain, Henri commença à se remettre et la santé lui revint rapidement : ce fut ma seule consolation.

Pendant des semaines j'ai fui M. Kleemann comme le feu. Je ne pouvais supporter l'idée de le voir relever la tête après ce que je lui avais dit, et l'humiliation personnelle que j'en aurais ressentie aurait encore avivé, s'il est possible, la blessure de mon patriotisme. Je dois d'ailleurs avouer que M. Kleemann ne se montrait pas très triomphant. Il n'avait plus que l'idée de voir enfin la paix signée et de retrouver *sa épouse* et sa petite Lina.

À la Noël, ayant reçu des gratifications particulièrement généreuses pour la façon dont il nous administrait, il avait voulu envoyer à sa femme des présents magnifiques. Il s'adressa à maman pour la prier de l'aider dans le choix d'une robe qui réaliserait tout ce qu'il y avait de plus beau, de plus nouveau et de plus parisien. Il craignait, dit-il, de ne pas savoir trouver ce qu'il cherchait ou de se le voir offrir à un prix exorbitant à cause de sa qualité d'Allemand. Nous n'étions pas d'accord sur la conduite à tenir.

– « Dis-lui que tu ne t'y connais pas, proposait Henri.

– Il ne me croira pas.

– Eh ! bien, continuai-je, récuse-toi en lui disant que tu ne veux pas rendre service à un Allemand.

– Ce sera insolent.

– Et après ?… Cela ne fait rien. Tant mieux. »

Maman imagina un autre procédé pour se tirer de cette difficulté sans manquer au patriotisme. Elle alla chez son fournisseur habituel et le pria de chercher, dans l'arrière-fond de son magasin, quelques pièces de soie démodées, voyantes et ridicules. Elle l'autorisa, de plus, à les laisser marquées au prix fort. On envoya

7. Les troupes de Bourbaki étaient alors dans un état déplorable. Elles manquaient cruellement de nourriture et avaient quasiment diminué de moitié.

8. Aline Boutroux fait probablement allusion à la défaite française lors de la bataille d'Héricourt (Haute-Saône) qui eut lieu les 14 et 15 janvier 1871.

ce joli assortiment à M. Kleemann qui se montra enchanté et qui, parmi tous les rossignols, choisit le plus rossignol de tous : « Ma épouse est élégante », aimait-il à répéter.

Que Mme Kleemann le sache bien, si elle existe encore et si elle a conservé quelque souvenir de son premier mari M. Kleemann, lequel est certainement mort depuis longtemps, elle a porté à Cassel, les jours de fête, des *modes de Paris* qui l'auraient fait montrer du doigt dans notre capitale.

Maman était enchantée du tour qu'elle avait joué à M. Kleemann. Moi, je l'étais beaucoup moins : j'aurais préféré le braver plutôt que de trahir sa confiance. Mais je reconnais que tout ce que j'aurais pu faire n'eût été qu'une vaine démonstration, tandis que par la ruse maman avait obtenu un résultat réel. Hélas ! C'est en face de la douleur que nous sommes les plus différents les uns des autres !

Après la grosse déception que nous avions éprouvée le 14 janvier, la guerre ne fut plus pour nous qu'une lutte sans espoir. Toutefois, malgré les charges et les vexations qu'elle faisait peser sur nous, nous souhaitions de la voir se prolonger. Nous applaudissions à la résistance de Paris. Quand l'armistice fut signé[9] nous éprouvâmes un aussi gros serrement de cœur que si c'eût été la défaite décisive. Puis vint la honte de la commune qu'il nous fallut subir en face des ennemis narquois. Ceux-ci nous traitaient comme un peuple mineur, incapable de se gouverner. Ils nous disaient que nos pires ennemis, c'étaient nous-mêmes. Et leur pitié orgueilleuse nous blessait plus que n'eussent fait des coups.

Les vacances de Pâques arrivèrent. C'était précisément le moment où mon oncle Adrien, rendu à la liberté, avait dû arriver à Arrancy. Pour nous y transporter, il fallut faire encore un voyage laborieux qui, par Metz et Thionville, nous amena à Longuyon. Le lendemain matin, en nous rendant à pied à Arrancy, à travers les petits sentiers garnis d'herbes nouvelles, la tante Odile nous racontait la suite de l'occupation et toutes les tracasseries qu'il lui avait fallu subir. Mais, ajouta-t-elle, elle avait appris une si bonne nouvelle que cela la dédommageait de tout le reste.

– « Quelle nouvelle ?

– Eh ! bien, voilà (peut-être aurait-il tenu à vous l'annoncer lui-même, mais, tant pis, je n'y tiens plus) : le petit est revenu, et il va rester. »

Le petit, c'était l'oncle Adrien, le petit frère, le Benjamin, que ses sœurs adoraient.

Il nous attendait sur le perron à côté de la mémère. Il avait une grande barbe hirsute, un bonnet de fourrure qui lui descendait sur les oreilles et une longue

9. L'armistice fut signé par Jules Favre, ministre des Affaires étrangères, le 28 janvier 1871. Il ne concernait pas l'armée de l'Est. Cet armistice fut prolongé jusqu'au 26 février, date de la signature des préliminaires de paix qui préparèrent le traité de Francfort (10 mai 1871).

houppelande faite de fourrures grossières. De plus, il avait maigri au point de devenir méconnaissable. Était-ce bien lui ? J'avais peine à le croire. Où était le brillant officier de chasseurs, à la petite moustache conquérante, à l'œil confiant et candide ? Entre sa toque et sa barbe, je ne trouvais qu'un tout petit coin à embrasser et j'éprouvais une très grosse déception à retrouver mon oncle si différent de ce qu'il était en partant, si pareil à un homme du nord, si triste, si vieux ! Il y a des semaines, dans la vie, qui pèsent plus que des années.

À nous voir tous réunis autour de lui, cependant, dans la salle à manger d'Arrancy, mon oncle retrouva vite sa gaieté.

– « Sais-tu, Ninie, dit-il à maman, j'en ai assez, de mon métier. Depuis des années je désirais la guerre. Enfin, elle a eu lieu ; et sans avoir tiré un coup de fusil, sans même avoir entendu siffler une balle ou aperçu la tête d'un ennemi, me voilà prisonnier à l'autre bout de l'Allemagne. C'était vraiment bien la peine d'être parti avec une telle envie de me battre ! Quand on nous a annoncé qu'il fallait battre en retraite, déjà j'étais furieux. Je disais : « Comment ? C'est fini avant d'avoir commencé ? » Mais ensuite on nous a dit que nous étions cernés, bloqués, que la retraite était impossible et que nous étions aux mains de l'ennemi. Alors, ce fut de la rage, tu peux m'en croire... Aussi, c'est bien fini : je quitte l'armée. J'ai envoyé hier ma démission, et, si tu veux bien de moi pour fermier, nous allons, Edmond et moi, nous mettre à cultiver Sorel[10] sérieusement, pour de bon. »

Tout le monde approuvait, tout le monde se réjouissait, et mon oncle entonnait les louanges de la terre natale, de celle qu'il était dans la nature des Launois d'aimer par-dessus toutes choses. Au milieu de l'allégresse générale, je sentais mon cœur s'enfler, éclater. Bientôt la lutte que je livrais loyalement pour retenir mes larmes aboutit à une explosion de sanglots bruyants et inattendus. On me regardait avec stupéfaction.

– « Mais qu'est-ce que tu as ? Est-ce que tu es malade ? », me demandait-on.

Ce que j'avais ?... J'eusse été bien incapable de l'expliquer, même si les sanglots ne m'avaient pas coupé la parole. C'était un sentiment de honte et d'abaissement ; c'était l'écroulement de tout cet idéal chevaleresque que je m'étais habituée à personnifier en mon oncle. Ainsi, la France était vaincue, à moitié aux mains de l'ennemi, et l'on pouvait songer à autre chose qu'à la libérer et à la relever ! Ainsi la poursuite de notre bien-être et de nos petits intérêts particuliers allait passer avant la soif de la revanche ? Et c'était mon oncle lui-même, cet ardent, ce brave officier du second empire, qui voulait déposer les armes et prendre son parti de la défaite !

10. La ferme de Sorel était située à proximité du village de Loison, à 15 kilomètres au sud d'Arrancy.

Et puis n'avait-on pas besoin de lui à ce moment même ? La lutte contre la commune n'était pas terminée. Versailles marchait contre Paris, et mon oncle n'était pas là ! Oui, je puis bien dire le mot : cela me faisait l'effet d'une désertion, d'un véritable déshonneur.

Les larmes que j'ai versées à cette occasion n'ont été comprises par personne sur le moment, et le sujet était trop pénible pour que je cherchasse à les expliquer dans la suite. Mais, contrairement à tant de larmes inutiles ou nuisibles dont j'ai, au cours de ma jeunesse, inondé mes mouchoirs de poche, je pus bien dire que celles-là étaient justes et honorables, et que je ne regrette pas d'avoir jeté une ombre sur la joie irréfléchie de toute la famille.

Et, la paix signée, nous ne fûmes pas pour cela débarrassés de nos ennemis. Ils devaient, pendant plus de deux ans encore, faire chanter dans nos rues leurs fifres exaspérants ; faire sur nos places des exercices à la fois très civilisés et très sauvages ; et frôler nos jupes de leurs éperons insolents. Non, tout n'était pas dit. Et, à quelques kilomètres de nous, on traçait une frontière artificielle et monstrueuse, qui tranchait dans le vif de notre province comme le couteau d'un chirurgien. Ces membres, que l'on nous enlevait, allaient-ils vivre d'une nouvelle vie ou dépérir dans leur isolement ?

M. Kleemann avait fini par faire venir à Nancy et par installer avec lui sa femme et sa petite fille, ce qui, heureusement, nous avait débarrassés de sa présence. Il jugea bon de venir un jour faire à maman une visite de politesse et lui présenter Mme Kleemann. Ils arrivèrent à l'improviste et je ne pus pas disparaître assez vite pour ne pas les voir, mais je refusai de leur donner la main. La blonde Allemande me regarda d'un air étonné. À quelque temps de là, maman se demanda s'il convenait de rendre cette visite. Elle hésitait. Mais Lucie Berment étant venue passer quelques jours à la maison, on décida d'y aller en partie de plaisir, pour se moquer ensemble de la gaucherie de *la épouse* et de la solennité ridicule de l'époux. Maman, Lucie et même, il faut l'avouer, mon cher, mon juste Henri firent partie de l'expédition. Non seulement je refusai de les accompagner, mais je fis tout pour les retenir et je les suivis jusque dans l'escalier pour recommander :

– « Tu me promets que s'ils demandent pourquoi je ne suis pas venue, tu répondras que c'est parce que je n'ai pas voulu, n'est-ce pas, maman ? »

Maman ne promit pas et en rentrant elle me dit, pour me taquiner sans doute et pour voir ma fureur :

– « Nous avons dit pour t'excuser que tu avais une leçon. »

Elle ajouta que M. Kleemann avait promis de m'envoyer bientôt sa petite fille. La petite fille vint en effet, quelques jours après, sous la conduite d'une vieille femme de Nancy qui lui servait de bonne et qui l'appelait « Mon trésor » et « Mon ange ».

Comme je ne m'occupais pas d'elle et affectais même de continuer à écrire mon devoir, maman me dit :

– « Donne-lui au moins une dragée. »

C'était un innocent petit bébé de trois ans, mais la colère faillit me faire commettre sur elle un assassinat. Je pris avec humeur la plus grosse dragée de la boîte, et l'enfonçai d'un coup dans la gorge de l'enfant qui en fut presque étranglée : elle tournait, elle suffoquait, comme si elle avait eu le croup. Heureusement papa était dans son cabinet : il retira la dragée avec une longue pince. Je me voyais déjà un crime sur la conscience et je ne pouvais même pas affirmer l'absence de préméditation. C'était une boutade d'enfant, qui, comme il arrive quelquefois, avait trop bien réussi, et réussi au point de m'étonner moi-même. Ce furent mes derniers rapports avec la famille Kleemann.

Nous eûmes pendant deux mois, après les vacances de Pâques, un blessé français sorti de l'ambulance et trop faible encore pour rejoindre ses foyers. Il était originaire de Condé dans le Nord, et sorti du peuple. Il portait sur sa poitrine deux médailles de sauvetage, pour avoir, par deux fois, retiré de l'Escaut des gens en train de se noyer. Son caractère semblait être à la hauteur de ses actes. Il avait, de plus, un grand désir de s'instruire. M. Guerrier de Dumast[11], vieil érudit local et secrétaire perpétuel de l'Académie de Stanislas, trouvait plaisir à venir s'asseoir chaque matin auprès de son lit, pour s'entretenir avec lui. Maman avait beaucoup d'affection pour notre soldat et le soignait comme s'il eût été son fils.

Lorsque notre hôte, dont j'ai oublié le nom, fut en état de marcher avec une jambe de bois et des béquilles, il nous accompagna dans nos promenades au jardin. Il causait avec Henri. Or, un jour, le roi de Prusse, Moltke et Bismarck étant venus visiter les ambulances de Nancy, nous nous trouvâmes tout à coup en face de leur voiture et bloqués par le passage à niveau qui se trouvait fermé. Après avoir vu sans le vouloir, nous tournâmes le dos au landau royal et regardâmes obstinément les rails qui n'avaient rien d'intéressant. Nous fûmes très surpris de voir le soldat faire exactement comme nous, car nous ne lui avions pas expliqué nos intentions. La vieille bonne alsacienne de Mme Arnauld manquait en même temps de nous attirer une mauvaise affaire. Pour manifester contre le roi de Prusse, elle avait, en signe de deuil, attaché son châle noir à un manche à balai et l'avait suspendu à la fenêtre.

11. Auguste Prosper François Guerrier de Dumast (1796-1883) était une figure bien connue de la vie intellectuelle nancéienne. Catholique libéral il s'engagea fortement en faveur de la création des facultés des sciences et de lettres en 1854 et en faveur de la création de la faculté de droit en 1864. Pour plus de détails, cf. [L. Adam 1883].

Les patrouilles commencèrent à s'inquiéter et maman s'empressa de faire retirer ce sinistre drapeau. Toutes les persiennes étaient fermées.

Lorsque le soldat qui était notre pensionnaire partit pour Condé, il remercia maman de toutes ses bontés et nous dit adieu à tous. Et, tandis qu'il me serrait la main, je vis briller dans ses yeux deux larmes qui m'étonnèrent. C'est la première fois que je me suis rendu compte que je n'étais plus une enfant.

***

Au cours de l'été de l'année 1871, Raymond Poincaré fit sa première communion, et maman nous conduisit à Bar-le-Duc pour assister à la cérémonie. Raymond était un premier communiant recueilli et très scrupuleux. Il prenait la chose au sérieux pour ne pas dire au tragique, et faisait à tout propos le signe de la croix pour être préservé du péché. Il le faisait, par exemple, avant de manger du pâté, qu'il aimait particulièrement, afin d'être bien sûr de le manger sans gourmandise. Ces excès de précaution nous amusaient, Henri et moi.

Comme nous rentrions à Nancy, papa nous annonça que le palais ducal avait brûlé pendant la nuit[12]. Le feu avait pris dans la partie du palais où était logée la gendarmerie, et avait gagné le reste ; c'était un véritable désastre. L'armée allemande avait contribué avec beaucoup d'activité à éteindre l'incendie. Je lui dois de constater qu'elle a rendu ce service à notre ville, et à l'art en général.

À quelque temps de là, alors que nous étions encore tout occupés de ce sinistre, maman nous réveilla à 5 heures du matin, en nous disant :

– « Levez-vous vite, mes enfants : le feu ! »

Nous nous habillâmes à la hâte. Une lueur étrange éclairait la rue. Voici ce qui s'était passé. En face de nous se trouvait un jardin sous lequel étaient creusées les caves d'un grand épicier voisin. C'est là que s'était déclaré l'incendie et les portes de la cave vomissaient dans la rue des torrents d'alcool et de pétrole enflammés. Toute la chaussée n'était plus qu'un fleuve de feu, et les flammes s'élevaient au-dessus du rez-de-chaussée des maisons qui étaient ainsi très menacées. Ici encore, les Prussiens vinrent à notre aide et étouffèrent les flammes sous une couche de fumier.

***

12. L'incendie eut lieu le 17 juillet 1871.

Dès l'automne de l'année 1871, notre ville vit arriver à elle de nombreux habitants des pays annexés qui avaient opté pour la France[13]. Nous les recevions à bras ouverts, comme des frères qui, au milieu de la misère générale, avaient souffert plus que les autres et souffraient encore cruellement. Ces nouveaux venus appartenaient principalement à la classe aisée : fonctionnaires ou industriels, rentiers ou commerçants, ils transportaient leurs foyers le plus près possible du sol natal, afin de se sentir moins déracinés.

L'antique Faculté de médecine de Strasbourg fut transférée à Nancy en bloc, ce qui devait avoir sur la carrière médicale de papa une influence considérable. La modeste école de médecine à laquelle appartenait papa depuis longtemps déjà s'effaçait devant la grande faculté, et son pauvre personnel se voyait refoulé ou supprimé. On avait promis, toutefois, de donner aux nancéiens deux ou trois chaires qui seraient attribuées aux professeurs les plus distingués. Mais, au dernier moment, la chaire promise à papa fut donnée à un strasbourgeois et papa fut nommé, comme la plupart de ses anciens collègues, professeur adjoint. C'était un titre inférieur, destiné à s'éteindre au fur et à mesure que ceux qui le recevaient pourraient être mis à la retraite.

Je crois que papa souffrit beaucoup de cette déception, mais je crois aussi que, plus jeune et plus ardente que lui, j'en souffris encore davantage. J'avais tant d'ambition pour papa, j'étais si fière de lui, que je ne parcourais les journaux que dans l'espoir d'y trouver son nom. Aujourd'hui j'aurais beaucoup de peine à découvrir un journal où ce nom ne serait pas. Et les livres publiés par papa, comme j'en étais fière et combien je suis heureuse de penser qu'ils sont encore appréciés. Il y a trois

13. L'article 2 du Traité de Francfort précisait les modalités de l'option en ces termes : « Les sujets français, originaires des territoires cédés, domiciliés actuellement sur ce territoire, qui entendront conserver la nationalité française, jouiront, jusqu'au 1er octobre 1872, et moyennant une déclaration préalable faite à l'autorité compétente, de la faculté de transporter leur domicile en France et de s'y fixer, sans que ce droit puisse être altéré par les lois sur le service militaire, auquel cas la qualité de citoyen français leur sera maintenue. Ils seront libres de conserver leurs immeubles situés sur le territoire réuni à l'Allemagne. Aucun habitant des territoires cédés ne pourra être poursuivi, inquiété ou recherché, dans sa personne ou dans ses biens, à raison de ses actes politiques ou militaires pendant la guerre. » On estime qu'environ 130 000 alsaciens et mosellans optèrent pour la nationalité française mais que seulement 50 000 d'entre eux quittèrent réellement leurs foyers. Nancy bénéficia largement de ce flux migratoire, tant d'un point de vue démographique et économique qu'intellectuel. Aux 7 000 Alsaciens-Lorrains résidant à Nancy avant la guerre devaient s'ajouter plus de 8 500 personnes venues entre 1870 et juin 1873. À la fin de l'année 1873 c'est donc plus de 15 000 Alsaciens-Lorrains qui résidaient dans la ville, soit 25 % de la population municipale. Cf. [H. Sicard-Lenattier 2002] p. 93.

ans à peine[14], le professeur William James passant en revue les grands hommes de ma famille me demanda :

– « Et le Poincaré qui a écrit une physiologie du système nerveux, était-il aussi votre parent ?… Il a été mon maître : c'est dans ses livres que j'ai étudié. »

Et cela, à quarante ans de distance !

À l'époque du transfert à Nancy de la Faculté de médecine de Strasbourg, une nouvelle hiérarchie s'établit dans le monde médical. Ceux qui étaient les premiers ne devinrent pas les derniers, mais ils devinrent les seconds et les troisièmes, ce qui est déjà très dur. Dans quelle mesure la morgue, l'arrogance des strasbourgeois contribua-t-elle à rendre le changement pénible ? J'étais trop jeune pour m'en rendre compte. Le fait est que les professeurs alsaciens se vengeaient un peu sur nous de leur malheur et agissaient un peu comme en pays conquis : ils cherchaient à écraser les autres. Ils se plaignaient amèrement de la cherté des loyers et de la cherté des vivres, sans se rendre compte que le prix de la vie avait également doublé pour les anciens habitants de Nancy. C'était une des conséquences de la guerre ou, si l'on veut, de ce qu'on appelle le progrès. Car le progrès, hélas ! reçoit une impulsion nouvelle à la suite d'une catastrophe publique, et c'est ce qui semble prouver qu'il n'est pas toujours un bien.

Toujours est-il que la mauvaise volonté hautaine des Alsaciens, ainsi que les injustes reproches qu'ils adressaient à mes concitoyens, m'inspiraient parfois un sentiment de révolte que je me reprochais ensuite comme un manque de patriotisme. Je souffrais cruellement de ce conflit passionné qui s'élevait en moi.

Pourtant, très peu d'années plus tard, on donna à papa la chaire d'hygiène, et ses collègues strasbourgeois, ayant reconnu sa valeur, commencèrent à le traiter d'égal

14. Émile Boutroux avait été nommé émissaire spécial de l'Université de Paris à Princeton et il avait été le premier professeur d'université en échange à Harvard : en février 1910 il était donc été l'invité spécial de William James à l'Université de Harvard, où il s'était rendu avec son épouse. À l'occasion de ce voyage il devait faire un cours sur les relations entre contingence et liberté. C'est probablement à cet événement qu'Aline Boutroux fait ici référence (son journal est rédigé en 1912-1913). Émile Boutroux avait rédigé la préface de la traduction française de *L'expérience religieuse* de James [W. James 1905] et il devait également publier un ouvrage sur son œuvre un an après sa mort [E. Boutroux 1911]. Malgré des problèmes de santé récurrents, Boutroux consacra une grande partie de sa carrière à voyager à l'étranger. En 1913, il devait d'ailleurs retourner aux États-Unis pour assister à l'inauguration du *Graduate College* de l'Université de Princeton. Preuve de cette renommée internationale, certains de ses ouvrages majeurs furent traduits en anglais et en allemand (notamment sa thèse française de doctorat *De la contingence des lois de la nature* [É. Boutroux 1874] et son ouvrage plus tardif *De l'idée de loi naturelle dans la science et dans la philosophie contemporaines* [É. Boutroux 1894]).

à égal. En 1877 quelqu'un projeta même de sceller par un mariage la fusion de l'ancienne faculté de Strasbourg et de l'ex-école supérieure de médecine de Nancy. Le fils d'un vieux professeur alsacien, agrégé lui-même à la faculté, aurait symbolisé Strasbourg, dans ce mariage, et moi, j'aurais symbolisé Nancy. Mais je préférais faire un mariage moins symbolique et plus à mon goût… ou bien pas de mariage du tout.

XVII.
Marie-Edmée Pau

Mon professeur de dessin, Mlle Marie-Edmée Pau, était, ainsi que je l'ai dit, animée d'un ardent patriotisme. Elle avait son frère à l'armée[1], elle-même portait vaillamment le brassard de la Croix-Rouge[2]. Je la vois encore, belle, droite et pâle, dans son long costume noir, la croix rouge sur la manche, installée à la gare pour panser les blessés dans les trains.

Le jeune officier eut la main droite emportée par un boulet à la bataille de Woerth[3]. En apprenant qu'il était soigné dans une ambulance de la frontière, Marie-Edmée s'y transporta et s'installa d'abord à son chevet ; puis, dès qu'il fut en état de voyager, elle demanda à le ramener chez elle pour le soigner. Elle s'adressa à Bismarck[4], qui se trouvait là et consentait à lui confier son frère comme prisonnier sur parole.

– « On n'exige pas d'un officier français qu'il s'engage à ne pas se battre pour son pays. », répondit-elle fièrement.

Et comme elle était belle ; comme son frère, d'ailleurs, n'avait plus qu'un bras, on le lui rendit sans condition.

Lorsque j'allais prendre mes leçons de dessin, je le voyais assis près d'elle, pensif et immobile. Il semblait ne retrouver ses forces que lentement. Pourtant, j'appris un beau matin qu'il était parti pour aller rejoindre l'armée de Bourbaki.

– « Quand on a encore sa tête, quand on a encore un bras, me dit Mlle Pau, on peut servir : je l'ai engagé à partir.[5] »

---

1. Le futur général Gérald Pau. Formé à Saint-Cyr, Pau (1848-1932) prit part à la guerre de 1870 et fut mutilé lors de la bataille de Woerth, à Froeschwiller, le 6 août 1870. Il fut nommé capitaine à moins de 22 ans et promu aussitôt au grade de chevalier de la Légion d'honneur. Il devint général de division en 1903 et commanda l'armée d'Alsace durant la Grande Guerre. Il participa également, avec la VIe armée à la première bataille de la Marne (6-12 septembre 1914). Il était le frère de Marie-Edmée Pau. Voir également le chapitre XIII.
2. Elle devait s'engager dans l'ambulance de la gare à Nancy pendant l'été 1870.
3. Bataille de Froeschwiller du 6 août 1870.
4. Comme beaucoup de biographes de Marie-Edmée Pau, et peut-être involontairement, Aline Boutroux laisse suggérer que celle-ci aurait en fait affronté le chancelier Bismarck en personne. En réalité, et plus modestement, l'artiste s'adressa à Friedrich Alexander von Bismarck-Bohlen (1818-1894), parent du chancelier et gouverneur général de la Lorraine.
5. Inexact si l'on en croit le journal de Marie-Edmée Pau. L'échange qu'elle relate est le suivant : « Je pars

Cependant, nous le savions, il était sa seule fierté, son seul espoir, sa seule raison de vivre ; et elle devait souffrir plus qu'une autre de le sentir en danger.

Lorsqu'elle apprit au mois de février que l'armée de Bourbaki avait été rejetée en Suisse, elle résolut de se rendre à Pontarlier pour savoir ce qu'était devenu son frère, et pour le revoir, si c'était possible[6]. Elle parvint au but de son voyage par un froid terrible et à travers des difficultés inouïes. On lui dit alors que son frère venait de mourir de la petite vérole noire[7] et n'était pas encore enterré. Elle se fit montrer son cercueil et elle ordonna :

– « Ouvrez ce cercueil : je veux revoir mon frère et m'assurer que c'est bien lui ; je veux l'embrasser une dernière fois. »

Mais en approchant son beau visage du cadavre tuméfié et déjà décomposé qui gisait dans le cercueil, elle recula épouvantée : ce n'était pas son frère[8] !

Des informations plus sûres lui apprirent que celui qu'elle cherchait était en sûreté, prisonnier à Lausanne[9], je crois. Alors elle revint à Nancy, tranquillisée.

En me racontant les détails de cette difficile, de cette dramatique expédition, le lendemain de son retour, tandis que le crayon en l'air j'étais censée dessiner, je la vis tout à coup pâlir. Elle était haletante, secouée par de grands frissons, et elle me quitta pour se coucher. Je lui parlais ce jour-là pour la dernière fois : quarante-huit heures après, elle était morte.

Ah ! elle n'était pas morte comme tout le monde, en paix, sur un oreiller. Non. Malgré la fièvre qui la consumait, malgré cette terrible éruption qui cherchait à percer sa peau blanche, à souiller son beau visage, et qui, n'y parvenant pas, l'empoisonnait intérieurement, elle avait conservé toutes ses facultés, tout son enthousiasme. Que lui importait d'avoir été contaminée à mort par le cadavre d'un inconnu[10], puisque son frère était vivant, puisqu'il avait conquis un galon de plus, puisqu'il

---

après-demain. – Mais c'est impossible ! Mais tu n'es pas guéri, ton bras n'est pas cicatrisé, mais ta jambe… Je ferai mon devoir […] J'allais crier à la folie, à l'ingratitude envers nous, à la témérité, à… mais je regardai le doux, calme et triste visage de mon frère bien aimé […] Pour Gérald, l'héroïsme est un devoir aussi simple à remplir que la tâche de l'écolier. » *Le journal de Marie-Edmée*, 18 octobre 1870 [M.-E. Pau 1876].

6. Elle partit en effet le 9 février 1871.

7. La variole.

8. On ne trouve aucune trace de cet épisode dans le *Journal de Marie-Edmée*. Celle-ci raconte qu'elle a transité par la Suisse, où elle a obtenu rapidement la confirmation que son frère était vivant.

9. Gérald Pau n'avait pas participé à la retraite en Suisse et était alors à Besançon.

10. Plus probablement, elle décéda, le 7 mars 1871, des suites d'une bronchite contractée durant un hiver particulièrement rigoureux.

pouvait encore servir la France ! Elle quitta son lit au moment décisif afin de mourir debout ; levant ses bras en l'air, elle cria : « Vive la France ! », et tomba foudroyée sur le parquet[11].

Avant de mourir, elle avait exprimé ses dernières volontés. Elle voulait que son cercueil s'en allât au cimetière enveloppé d'un drapeau tricolore dont les quatre coins seraient tenus par quatre de ses élèves. J'étais au nombre des élèves désignées. Elle voulait que son corps fût immédiatement suivi par les blessés français qu'elle avait soignés dans les ambulances, et que ces derniers portassent leurs uniformes français. Les Allemands consentirent à tout. Eux-mêmes lui devaient de la reconnaissance : leurs blessés avaient été pansés par ses mains blanches et fines, qui soulageaient tous ceux qu'elles touchaient.

Notre cortège défila silencieusement entre deux haies d'ennemis respectueux. Derrière moi, j'apercevais des têtes bandées, des jambes de bois dans des pantalons rouges, des manches qui pendaient sans bras. Mon cœur brûlait d'une foi patriotique intense, tandis que je marchais en serrant entre mes doigts mon petit coin de drapeau français, de ce drapeau de la patrie que depuis plusieurs mois on ne voyait plus flotter sur nos monuments. On pouvait tout nous prendre, même la terre où nous étions nés ; mais on ne pourrait jamais m'ôter cette flamme ardente : mon amour de la France ; on ne pourrait jamais rien sur mon âme. Tous les assistants partageaient mon extase ; la mère de Mlle Pau regardait le ciel avec un sourire radieux, comme s'il lui était arrivé un grand bonheur ; et mes parents, si prudents d'ordinaire, me laissaient marcher tout près des microbes meurtriers sans songer à la contagion. Je crois bien qu'en ce temps-là nous étions tous fous, de cette belle folie qui peut faire des héros.

Mlle Pau, de là-haut, voyait-elle l'avenir ? Voyait elle ce frère valeureux, qu'elle avait donné et rendu à la France, parvenir au sommet de la hiérarchie militaire ? Et voyait-elle, hélas ! nos provinces perdues, et non réclamées encore au bout de quarante ans ?

> Repose-toi, mon âme, en ce dernier asile,
> Ainsi qu'un voyageur qui, le cœur plein d'espoir,
> S'assied, avant d'entrer, aux portes de la ville,
> Et respire un moment l'air embaumé du soir[12].

---

11. Selon son biographe Antoine de Latour, ses derniers mots devaient être « Ma mère » et non « Vive la France » [M.-E. Pau 1876]. La version patriotique devait être reprise par un grand nombre de biographes.

12. Il s'agit d'un extrait du poème « Le vallon » d'Alphonse de Lamartine.

XVIII.
L'Âge d'or à Sorel

Tandis que Nancy subissait encore le joug de la Prusse, le calme s'était rétabli dans la campagne. Mes oncles s'installaient à Sorel avec beaucoup d'entrain et ils étaient remplis d'espérance. La ferme se meublait de bêtes à cornes, de chevaux, de moutons, de volailles qui, tous, appartenaient à des races perfectionnées. On se plaisait à admirer leur poitrail, leur tête, leurs dents, leur poil ou leurs plumes, gages d'une riche reproduction. De même, des instruments agricoles modernes étaient arrivés de Vierzon : c'était le dernier cri de la dernière exposition. On pouvait faucher, faner, moissonner et battre à la machine, et on calculait savamment le nombre de bras humains que représentait cette force mécanique. La laiterie avait été pourvue, également, des appareils les plus nouveaux. Non, mes oncles n'avaient vraiment pas épargné leur argent, celui de l'oncle Charles et celui de papa, pour faire de leur ferme une ferme modèle ; et, s'ils semaient largement, ils espéraient que la récolte rendrait au centuple ce qu'ils avaient semé. Les Launois, hommes de tradition, étaient en même temps des hommes de progrès, et leur fidélité au sol natal ne les rendait pas indifférents à ce qui se faisait de nouveau dans le monde.

Leur installation personnelle était simple et rustique. Ils habitaient deux ou trois chambres de ferme, basses de plafond, pauvrement éclairées et blanchies simplement à la chaux ; ils avaient sommairement meublé ces chambres de lits de fer, de chaises de paille et de tables grossières. Les murs n'étaient ornés que d'une carte d'État-major de la région, d'un calendrier et de ces guides indispensables à l'agriculteur que sont le baromètre et le thermomètre. Dans un coin se trouvait un casier renfermant les livres de compte de l'oncle Adrien, car c'était lui le comptable, un comptable modèle et tout à fait consciencieux, qui faisait bien et consciencieusement ses chiffres.

On ne vivait guère dans les chambres, mais le plus souvent dehors. D'ailleurs ces chambres n'étaient pas aussi inconfortables qu'on aurait pu le croire. Les lits de fer étaient garnis d'excellents matelas et de chauds édredons, entre lesquels on pouvait dormir à l'aise pendant les longues nuits d'hiver. Et, sur les tables de bois rustique, on faisait en somme excellente chère. On commençait bien par la soupe aux choux et les légumes au lard de la ferme ; mais on y ajoutait des viandes, des volailles, du gibier, des crèmes, des gâteaux, etc. ; et, les jours où l'on se trouvait réunis, le vieux vin de Bourgogne coulait dans les petits verres aussi abondamment que l'ordinaire dans les grands.

Tous les jeudis, veilles de marché à Longuyon, on se donnait rendez-vous à Sorel. Il nous fallait plus de deux heures pour aller d'Arrancy à Sorel, dans le break découvert que la mémère se plaisait à remplir de provisions, de linge propre et reprisé, de tout ce qu'elle pouvait porter à ses fils pour les aider à tenir leur ménage sans maîtresse de maison. Je me rappelle avoir fait des trajets d'une gaieté folle dans ce break hospitalier. Quand il pleuvait, nous nous coiffions pour nous protéger des gros sacs de toile bise destinés aux pommes de terre, que la mémère reportait à Sorel. Cachés par ces singuliers capuchons, nous traversions les villages en chantant à tue-tête :

> Quand papa lapin mourra,
> J'aurai sa culotte de drap ;
> Quand papa lapin mourra,
> J'aurai sa culotte et ses bas.

B-A BA B-E BE BABE, B-I BI, etc., jusqu'à la fin de l'alphabet. Les bonnes femmes effrayées venaient sur leurs portes voir ces mines à l'humeur joviale, mais elles étaient bientôt rassurées et disaient, j'en suis sûre : « Ah ! Ce sont encore les fous d'Arrancy. »

Sorel était loin de tout village et d'un accès difficile. On y arrivait comme au but d'un pèlerinage, en se disant qu'on l'avait bien gagné. Les bâtiments formaient les trois côtés d'un rectangle. La cour s'ouvrait en avant sur la route, par-delà la route, sur l'étang. Des trois côtés bâtis la ferme était entourée d'une ceinture de forêts et les maisons, de loin, se détachaient sur la verdure, qui n'en était pas à plus de cinquante mètres. Ainsi enveloppés de bois on se sentait à l'autre bout du monde.

Nous arrivions dans la cour presque en même temps que la voiture des Longuyonnais. On sautait à terre ; on s'embrassait. Nos oncles portaient leurs costumes ordinaires, amples et commodes, percés de larges poches, déteints et déformés par de fréquents lavages. Ils n'avaient plus la prétention d'être des hommes civilisés, maintenant qu'ils ne fréquentaient plus que des paysans et des chasseurs. Et quelle cordialité dans ces accolades, dans ces « fricassées de museaux », comme disait la mémère ! On y mettait tout son cœur et toute sa bonne humeur.

Aussitôt, on se dispersait. Chacun suivait ses goûts. L'oncle Charles montait sur une faucheuse mécanique pour en essayer la manœuvre. La tante Odile courait à la laiterie sur laquelle elle régnait sans conteste. C'était elle qui se chargeait d'emporter à Longuyon les grosses mottes de beurre, et de les faire vendre le lendemain sur le marché. La mémère arborait ses lunettes ; elle allait visiter le linge ou les petits pois. Lucie courait faire la connaissance des nouveau-nés : veaux, poussins, agneaux, cochons de lait, et elle s'amusait à leur donner la pâtée. Quant à Louis, il n'était pas là en visite : il était de la maison. Depuis que Sorel était la résidence de nos oncles, Louis y avait transporté ses pénates : Arrancy lui-même n'avait plus pour lui aucun charme. Louis s'offrait donc à servir de guide aux autres et ils étaient très fiers de sa compétence.

Louis s'était d'ailleurs considéré comme un homme, du jour où il était devenu titulaire d'un permis de chasse, et, pour le manifester, il fumait un grand nombre de cigarettes. Henri ne cultivait pas plus la chasse que le tabac. Une seule fois, il avait tenu un fusil, dans le jardin d'Arrancy. Il avait tiré au hasard dans un arbre, et il en était tombé un petit oiseau. Je vois encore le pauvre Henri, repentant et contrit, tandis qu'il tenait entre ses doigts la petite bête encore chaude : cela l'avait dégoûté de la chasse pour toute sa vie.

Il n'y avait qu'Henri et moi qui ne fussions pas fermiers dans l'âme. Nous faisions donc un peu bande à part, mais nous jouissions beaucoup de la liberté dans la solitude. Henri se promenait au hasard de long en large, très vite, comme un homme pressé d'arriver au but. Moi, lorsque j'étais fatiguée de le suivre, j'allais m'asseoir à la lisière du bois pour voir la mousse de plus près. J'avais des prétentions romantiques, et je n'avais du reste aucun plaisir à m'attacher à de pauvres petits animaux que le boucher guettait pour le lendemain.

De tous, c'était l'oncle Charles qui était le plus enthousiaste. Il voyait dans Sorel l'avenir de son fils Louis. Lui-même découvrait sur le tard qu'il était né pour être agriculteur. Il montrait déjà le terrain où il se ferait construire une maison pour ses vieux jours, et celui où mes oncles Launois auraient leur pavillon particulier. Je crois que les plans ont été faits.

L'oncle Edmond entendait cultiver largement, en grand seigneur, comme il faisait tout. Il avait la belle insouciance de ceux qui ont des millions derrière eux. Lésiner, compter même, lui paraissait être indigne d'un Launois, d'un fils de famille comme lui. Il se moquait des allures timorées et circonspectes du pauvre oncle Adrien, qui prétendait faire des économies et opérer consciencieusement avec ses additions. C'était bon, disait-il, pour les petites gens, pour ceux qui se contentent de végéter. Mais, quand on veut faire les affaires en grand, il faut savoir aventurer en grand. Les premiers comptes, d'ailleurs, ne pouvaient rien signifier ; les deux premières années étaient nécessairement sacrifiées, et ce n'était qu'après qu'on pourrait voir les résultats.

On eut à compter avec la grêle, ensuite ce fut la sécheresse, la gelée, l'humidité : on n'arrivait jamais à se trouver dans des conditions normales permettant de tirer des conclusions. L'oncle Adrien faisait et refaisait ses additions, vérifiait et collationnait ses chiffres. Hélas ! Il avait beau faire : il arrivait chaque année à enregistrer un déficit de quinze ou vingt mille francs.

Cela n'ôtait pas la confiance aux plus convaincus, mais la mémère, dans ses bavardages nocturnes, m'avouait qu'elle avait du souci, et papa, qui voyait les choses à distance, commençait à s'inquiéter sérieusement. Il envoyait périodiquement maman à Sorel pour demander des explications, pour transmettre ses objections, et, même, pour poser son ultimatum. La pauvre maman y mettait beaucoup de bonne volonté, mais ce n'était pas facile de soulever des questions d'argent et faire la grosse voix au milieu de l'allégresse générale. Elle essayait dès son arrivée :

– « Voyons, voyons, disait quelqu'un d'un ton de reproche, nous n'allons pas commencer par parler affaire avant d'avoir joui les uns des autres ! Tu ne voudrais pas. »

Ensuite, on se mettait à table, et maman faisait une nouvelle tentative :

– « Oh ! Pas à table ! Pas à table ! s'écriaient plusieurs voix en chœur. Il faut d'abord manger tranquillement. Après, on verra. »

Et quand maman, une troisième fois, revenait timidement à la charge, on lui déclarait qu'il était trop tard, que le cheval était déjà attelé et qu'il convenait de remettre au lendemain les affaires sérieuses.

Les esprits chagrins se tourmentaient dans l'ombre, mais l'optimisme général n'était pas entamé. C'était toujours l'âge d'or à Sorel. L'âge d'or devait durer jusqu'en 1874.

XIX.
Premiers succès d'examen – Retour au plaisir

L'année scolaire 1871-72 fut essentiellement pour nous une année de travail. Nous touchions à la fin de nos études et je voyais déjà le terme de mes heureuses années, de ma jeunesse laborieuse et ardente, passée dans l'intimité de mon frère. Je prévoyais, en effet, qu'Henri nous quitterait bientôt pour entrer dans quelque grande école.

En juillet 1871, en finissant sa rhétorique, il avait passé brillamment son baccalauréat ès-lettres, après avoir préparé en quelques leçons particulières la partie philosophique du programme. Il était prêt, également, en ce qui concernait le baccalauréat ès-sciences, mais les professeurs de la faculté s'opposèrent à ce qu'il abordât cet examen sans avoir reçu une préparation spéciale. Le doyen M. Renard (mathématicien) et notre ami M. Forthomme furent unanimes sur ce point : nos malheurs avaient prouvé qu'il fallait régénérer la France. Or le premier instrument de régénération devait être le baccalauréat, épreuve décisive dans la vie de la nation comme dans la vie des individus. Henri, intimidé, se décida à remettre son examen au mois de novembre. Il se borna, toutefois, pour parfaire sa préparation, à revoir, en me l'enseignant, tout son programme. Dans nos heures tranquilles, à Arrancy, nous nous asseyions tous deux sur un banc du jardin, et Henri, armé d'un long bâton, dessinait sur le sable les signes et les figures de ses démonstrations. Jamais je ne l'interrompais pour lui demander de plus amples explications, afin de ne pas le retarder, et jamais non plus il ne s'assurait que j'avais compris. Pourtant, jusqu'à la trigonométrie exclusivement, je l'ai à peu près suivi. Ensuite, j'ai perdu pied. Ces heures d'études communes sont parmi les plus douces de ma vie. Lorsque, plus tard, j'ai moi-même dû passer des examens, Henri a bien voulu m'interroger avec une méthode si sûre que c'était pour moi le meilleur des enseignements, et c'est à lui que j'ai dû de ne pas répondre à l'examen d'une manière tout à fait banale.

J'avais, à cette époque, une très grande mémoire et, ainsi que tous ceux qui possèdent une faculté quelconque, j'aimais à en faire jouer tous les ressorts, à m'en servir pour en mieux jouir. Henri s'amusait à me faire résoudre de tête des calculs compliqués, par exemple à me faire extraire des racines cubiques. Il me donnait tant de minutes pour cela et regardait les aiguilles de sa montre. Je fermais les yeux pour mieux me recueillir. Ou bien il me faisait lire une fois à la file une quarantaine de nombres composés chacun de six ou sept chiffres, et je les lui récitais ensuite sans une erreur. Un quart d'heure après, naturellement, j'avais tout oublié. Ce n'était là qu'un vain jeu d'esprit, un mécanisme curieux mais inutile.

C'est aussi vers cette époque que j'entrepris d'écrire un journal qui avait tous les défauts et tous les inconvénients du genre. Je m'y analysais avec complaisance et sans aucune objectivité. Je me donnais des sentiments et des émotions pour pouvoir ensuite les raconter[1]. Bien que j'eusse en mon frère une confiance absolue, je me gardais bien de lui faire lire ces élucubrations, que, certes, il n'aurait ni comprises ni approuvées.

Au début de la guerre, j'avais également écrit une sorte de journal où je notais les événements au jour le jour. L'existence de ce journal-là n'était un secret pour personne, et il était d'un caractère tout à fait objectif. Notre ami M. Rambaud qui se trouvait alors à Nancy, en congé, dans l'auberge hospitalière de sa belle-mère Mme Contal, et qui avait fondé dans notre ville un journal républicain, *Le Progrès de l'Est*, se proposa de mettre fin à la légende selon laquelle Nancy aurait été pris par quatre uhlands. Il écrivit pour cela un article qui devait paraître dans la *Revue des deux Mondes*[2], et papa lui ayant révélé l'existence de mes cahiers, il demanda à les emprunter comme documents. Cette sorte de collaboration me flattait en même temps qu'elle m'intimidait. Mais, à partir de ce moment, M. Rambaud me sembla avoir pour moi plus de considération. Il me traitait comme une grande fille, comme une demoiselle, et il contribua à me faire comprendre qu'il me fallait désormais me tenir avec réserve et me prendre moi-même au sérieux.

***

Sans bruit et bien discrètement, nous avions recommencé, malgré la présence des Allemands, à revoir quelques amis. Nous nous réunissions régulièrement chez Mme Xardel, sans danse ni musique. On jouait aux petits jeux, aux petits papiers. Un jour les mamans imaginèrent même de nous faire faire des bouts-rimés. La plupart des jeunes filles se récriaient. Mais moi, je n'aimais jamais à reculer avant d'avoir essayé. Je construisis donc, sur les quatre rimes données, un quatrain en alexandrins. Ces vers étaient corrects mais insignifiants. Ayant fini avant les autres, je fis encore, sur les mêmes rimes, quatre petits vers de quatre syllabes. On avait décidé que nos poèmes seraient anonymes et qu'une maman discrète en ferait la lecture à haute voix. Or il arriva qu'on apprécia mon premier quatrain et qu'on raffola du second.

---

1. La pratique de l'écriture du journal était très répandue au XIXe siècle. La mère d'Aline, Eugénie Poincaré, tenait d'ailleurs un journal dans lequel elle consignait notamment les succès de son fils.
2. Il s'agit de « La Lorraine sous le régime prussien » [A. Rambaud 1871].

Tout le monde demandait : « Les auteurs ? Les auteurs ? » En présence d'un succès pourtant très relatif, j'étais rouge de surprise, de confusion, et même, il faut bien l'avouer, d'un certain orgueil.

C'est aussi l'époque où Mme Georgel nous admit dans sa plus stricte intimité et où nous pratiquâmes l'art de la charade. Elle nous fit aussi jouer la comédie l'hiver suivant. Il s'agissait d'aborder le répertoire du théâtre français car nous avions choisi de jouer *La joie fait peur*[3]. Cette pièce un peu larmoyante m'allait à ravir. J'ai éprouvé très sincèrement toutes les émotions de mon rôle. J'ai même été un peu effrayée de me sentir un goût si prononcé pour l'art dramatique et me suis dit qu'il fallait enrayer. Les applaudissements me causaient une grande gêne. Le reste de la troupe, sauf Henri qui faisait le rôle du domestique, était composé de gens sérieux : Mme Georgel, une demoiselle déjà mûre et deux jeunes agrégés de droit. M. Villey, l'un d'eux, jouait sans conviction et vainement se donnait de grands coups dans la poitrine en disant « Je vous aime » afin d'y mettre plus d'accent[4].

***

---

3. Une pièce de Delphine de Girardin (1804-1855), publiée en 1854. Cet auteur, exerça une grande influence sur la société littéraire de son temps notamment par le biais de son salon fréquenté par Alexandre Dumas, George Sand ou Honoré de Balzac.

4. Il s'agit de l'économiste Edmond-Louis Villey-Desmeserets (1848-1924). Originaire de Caen, il avait été reçu deuxième au concours d'agrégation des facultés de droit en 1872 (avec dispense d'âge) puis aussitôt nommé chargé d'un cours de droit criminel à la Faculté de droit de Nancy. Il continua ensuite, à partir de 1875, sa carrière à la Faculté de droit de Caen dont il devait devenir le doyen. Il fut à l'origine, avec Charles Gide et Alfred Jourdan, de la création de la *Revue d'économie politique*. Il fut également membre-correspondant (1892) puis membre titulaire (1906) de l'Académie des sciences morales et politiques (aux côtés notamment d'Émile Boutroux). Pour plus de détails, cf. son dossier de Légion d'honneur, LH/19800035/212/27769. La famille Villey-Desmeserets fut particulièrement proche des familles Poincaré et Boutroux. Poincaré côtoya Edmond Villey-Desmeserets pendant deux ans à Caen lorsqu'il débuta sa carrière à la Faculté des sciences comme chargé de cours de calcul différentiel et intégral (1879-1881). De plus, l'un de fils d'Edmond Villey-Desmeserets, Pierre (1880-1933), épousa Louise Boutroux, une des filles d'Aline et d'Émile Boutroux. Dans le registre des unions matrimoniales – très resserrées au sein de la communauté mathématique parisienne à la fin du XIXe siècle – il n'est pas inutile d'ajouter qu'un autre fils d'Edmond Villey Desmeserets, Jean (1885-1948), professeur de physique à la Faculté des sciences de Paris, se maria avec Suzanne Picard, fille du mathématicien Émile Picard et petite-fille d'un autre mathématicien non moins renommé, Charles Hermite.

Henri suivait la classe préparatoire à l'École forestière et comptait même se présenter à cette dernière école, non pour y entrer, mais pour s'habituer aux examens. Ces sortes de répétitions générales étaient assez usitées alors. C'est ainsi que le camarade d'Henri, Albert Gille, se présenta à Saint-Cyr mais sans aucune vocation militaire, et que, ayant été reçu, il entra.

Henri affirma tout de suite sa supériorité. Premier de sa classe, au lycée, il le fut également au concours académique, au concours général et au concours d'entrée à l'École forestière.

Vers le mois de mai, Mlle Vidart était venue trouver maman et lui avait demandé si elle était opposée à me faire passer des examens. Ce n'était pas seulement par le baccalauréat que l'on se proposait de régénérer la France, on poussait aussi les jeunes filles à étudier et à conquérir des brevets, afin, disait-on, de préparer une génération nouvelle, solide et éclairée. Peut-être à ces hautes visées se mêlait-il le désir de parer aux incertitudes de la vie, car les familles les plus aisées vivaient dans un sentiment d'insécurité depuis que la guerre avait menacé ou atteint leurs intérêts. Toujours est-il que les examens primaires, qui jusque-là avaient été réservés aux futures institutrices, devenaient l'objectif de toutes les jeunes filles de quinze à vingt ans. Maman n'y avait jamais songé pour moi, mais elle ne fit aucune objection à la proposition de Mlle Vidart et me laissa libre de devenir, ainsi que bon nombre de mes amies, « aspirante » au brevet élémentaire. Je lui entendis même dire à une dame de ses relations : « Je suis contente qu'Aline passe des examens, parce que cela mettra fin à ses études, qu'autrement elle eût voulu continuer indéfiniment. »

Ces paroles diminuèrent grandement la joie que j'avais à me sentir « aspirante ».

Il ne me restait guère que six semaines ou deux mois pour me préparer. Mais je m'y mis de tout mon cœur. En somme, en quatre ans, Mlle Vidart m'avait fait voir à peu près toutes les parties du programme, et il suffisait de quelques leçons particulières pour combler les lacunes. On me donna un maître d'écriture qui, non seulement m'enseigna à écrire la cursive, la ronde et la bâtarde en gros, en moyen et en fin, mais qui réforma complètement mon écriture courante, en me donnant de la souplesse et de la hardiesse du poignet. Mlle Vidart me donna quelques leçons d'histoire naturelle, maman m'apprit les éléments de la couture, et enfin, les interrogations d'Henri aidant, je fus tout à fait prête le jour de l'épreuve. Je devais, non seulement passer l'examen élémentaire, mais encore, sous forme de branches facultatives, les trois quarts, à peu près, de l'examen supérieur, qu'il me serait facile de compléter à la session suivante.

Tout m'amusait dans cet examen, y compris certaines formalités qui faisaient de moi, me semblait-il, une personne importante. Écrire, par exemple, une demande sur papier timbré, faire légaliser sa signature par le maire, répondre à l'appel, et pénétrer dans la salle sans sa maman, comme quelqu'un d'émancipé, voilà des plaisirs sur lesquels je n'étais pas blasée et qu'appréciaient mes seize ans.

Puis vint l'examen écrit ; la dictée où les difficultés orthographiques avaient été savamment accumulées ; et le silence qui suit ; et, le long des tables, tous ces visages crispés, préoccupés : Faut-il un *t*, à ce mot-là ?... N'en faut-il pas ?... Et les plumes, de plus en plus fiévreuses, mettent le *t*, l'enlèvent et le remettent, en moins de deux minutes : c'est à peu près comme si l'on jouait à la rouge et à la noire[5]. Enfin, l'heure sonne : il faut remettre sa copie, et immédiatement s'éveillent les remords : « Décidément, j'ai eu bien tort de remettre ce *t*. Si j'avais eu deux minutes de plus, certainement je l'aurais enlevé. »

On n'a plus le temps, d'ailleurs, de s'attarder aux remords, car la composition d'arithmétique commence. Chacune médite sur ses problèmes. Il y en a même qui méditent trop longtemps. Quand vient l'heure, leur plume est encore en l'air. Vite, une pauvre vieille religieuse qui depuis dix ans enseignait sans brevets mais qui est atteinte par la loi, jette un coup d'œil indiscret sur ma copie et me vole mon résultat.

Pendant l'entracte, ou la récréation, qui coupe par le milieu cette émouvante matinée, on aborde ses amies dans la cour : « Combien de *t* par-ci ? Combien d'*s* par-là ? Tel mot prend-il un *i* ou un *y* ? Et, pour le second problème, quel résultat avez-vous ? »

Ces confidences ébauchées, il faut rentrer. On dicte le sujet de la composition d'histoire qui doit être en même temps une composition de style, et tout le monde écrit en se dépêchant et sans lever la tête, sauf celles qui ne trouvent rien à écrire.

Pour terminer, on aborde la composition d'écriture : « Il ne faut pas faire aux autres ce que vous ne voudriez pas qu'on vous fît à vous-même. » Telle est la phrase qu'il nous faut écrire en cursive, en ronde, en bâtarde, en gros, en moyen et en fin, à savoir neuf fois ! Cette composition est vraiment très moralisatrice. Malheureusement l'*f* est mon point faible. Je m'applique, et à la quatrième ligne, ma plume nerveuse laisse échapper un gros pâté. Je demande une nouvelle feuille, je recommence à tracer les lignes, mais ma règle, nerveuse comme mon crayon, glisse et me fait aller de travers. Tout cela prend du temps. Je commence à peine la bâtarde quand les autres remettent leur copie, et alors, avec une précipitation désespérée, je bâcle, je sabote, je manque mes *f* et le reste.

Je sors toute rouge après ces quatre heures de lutte et j'annonce à maman que je ne puis manquer d'être refusée à cause de ma composition d'écriture. Pourtant, le soir, on proclame la liste des admissibles dans l'ordre alphabétique, et mon cœur bat plus vite à mesure qu'on avance dans l'alphabet. Voici les *P* et j'en suis ! Quelle joie

5. Il s'agit d'un jeu de cartes.

de sentir que l'on devient quelqu'un, quelle joie surtout de penser que l'on contribue, pour sa petite part, à la régénération de la France !

Le lendemain, c'était l'oral. La journée débuta pour moi par une émotion parce qu'on avait affiché la liste des admissibles par ordre de mérite et que je ne m'y trouvais pas. Il fallut que maman vînt à mon secours pour découvrir que j'étais classée cinquième : j'avais oublié de regarder les dix premiers noms. L'examen oral m'amusa beaucoup. Il y avait pour certaines branches deux ou trois examinateurs et les candidates étaient libres de choisir leur homme et leur moment. Pour la grammaire, je pris plaisir à me fourrer dans les griffes d'un monstre qui faisait la terreur des autres candidates. C'était l'auteur d'une grammaire qui distinguait vingt-cinq espèces de compléments, et qui, pour analyser logiquement une phrase, vous apprenait à la changer en une autre et cette autre en une troisième de façon que, méconnaissable d'ailleurs, elle finît par rentrer dans un moule convenu. J'avais emprunté et feuilleté cette grammaire pendant un quart d'heure avant d'affronter le terrible examinateur, et tandis que Mlle Vidart, étonnée de mon audace, me faisait des signes désespérés, je flattai toutes les manies du grammairien et décrochai une très bonne note. Ce fut, certes, la partie la plus amusante de mes épreuves orales à la suite desquelles je fus jugée digne de recevoir le brevet élémentaire et gagnai un rang dans le classement.

Dès le lendemain, je pris part aux compositions scientifiques de l'examen supérieur. C'est alors que je profitai vraiment des leçons d'Henri : j'obtins le maximum sur toute la ligne et il en fut de même à l'oral. J'avais pour examinateurs des professeurs d'Henri qui se plurent à me pousser. On me fit beaucoup de compliments et on me compara même à mon frère, ce qui m'eût fait beaucoup de plaisir si je n'avais compris combien cette comparaison était exagérée. Ce sont les témoins de mes examens oraux qui m'ont plus tard fait la réputation d'une mathématicienne manquée ou avortée. Toute légendaire qu'elle fût, cette réputation m'a procuré une amitié précieuse : celle de Sophie Kowalewska[6].

6. Née en Russie, Sophie Kowalevski (1850-1891) avait dû quitter son pays pour poursuivre ses études. Après de nombreuses pérégrinations en Europe qui la conduisirent à rencontrer Charles Darwin – son mari avait traduit ses travaux en russe – ou Herbert Spencer et à prendre part à la Commune de Paris, elle étudia deux ans à l'Université de Heidelberg. Elle fut ensuite l'élève de Karl Weierstrass à Berlin (elle bénéficia de leçons particulières, l'Université ne l'autorisant pas à assister aux cours publics). En 1874, elle devait devenir la première femme en Allemagne à obtenir un doctorat d'université. Ne parvenant pas à exercer son métier de mathématicienne en Russie, marquée par le suicide de son mari, elle parvint à obtenir en 1884 un poste de *privatdocent* à l'Université de Stockholm grâce à l'amitié du mathématicien Gösta Mittag-Leffler (1846-1927). Ses travaux sur la rotation d'un corps solide autour d'un point fixe lui valurent une grande renommée (prix Bordin de

Nous eûmes pourtant une alerte. On nous apprit au milieu de l'examen que la tenue des livres, dont je ne savais pas le premier mot, ne pouvait se séparer des mathématiques. Maman s'en fut chercher à la hâte le bon professeur qui m'avait donné des leçons d'écriture. Le brave homme, tandis que je déjeunais, me donna sur la tenue des livres des notions suffisamment précieuses pour que je puisse, deux heures plus tard, obtenir le maximum en cette matière. Alors que, ce dernier examen terminé, je redescendais les marches de l'estrade, M. Georgel vint à moi et m'annonça qu'Henri avait été classé premier au concours général et l'emportait même sur les lycées de Paris. C'était trop de bonheur[7] !

Et le jour de la distribution des prix du lycée fut pour nous une glorieuse journée. On m'apporta les couronnes de fleurs fraîches, grandes comme des couronnes mortuaires, que le lycée offrait au grand lauréat et dont celui-ci eût été trop embarrassé. Au moment où je les appuyais contre moi, les applaudissements frénétiques qui, depuis un quart d'heure, saluaient mon frère, reprirent de plus belle. Et cette ovation sembla, pour quelques-uns du moins, confondre pendant un instant mes modestes succès et son triomphe éclatant. Mais ces applaudissements supplémentaires lui revenaient comme les autres, puisque tout ce que je savais, tout ce que j'étais, je le lui devais.

***

Au mois d'août 1871, avant d'aller à Arrancy, nous avions fait un voyage au lac Majeur qui nous avait révélé les pays du midi. Et nous avions connu la joie de traverser un col, de passer ainsi en quelques heures d'un monde dans un autre, des sapins aux citronniers et de la neige éternelle au soleil perpétuel. En ce temps-là,

l'Académie des sciences de Paris en 1888 et prix de l'Académie des sciences de Stockholm en 1889) ainsi que sa nomination comme professeur permanent à l'Université de Stockholm. Proche collaboratrice de Mittag-Leffler, notamment au sein de la revue de mathématiques *Acta mathematica* qu'il avait fondé en 1882, Sophie Kowalevski connaissait Henri Poincaré et elle l'avait même rencontré lors d'un voyage à Paris en 1882. Celui-ci était par ailleurs un ami proche de Mittag-Leffler, comme en témoigne l'abondante correspondance que les deux savants échangèrent durant plusieurs décennies et qui a été éditée par Philippe Nabonnand (*La correspondance entre Henri Poincaré et Gösta Mittag-Leffler* [P. Nabonnand 1999]). Il est probable que c'est par ce réseau de relations qu'Aline Boutroux lia une amitié avec cette mathématicienne dont elle ne pouvait qu'admirer le parcours et l'indépendance.

7. Il avait passé l'épreuve de mathématiques élémentaires le 11 juillet. Son ami Paul Appell obtint le 1er accessit. Cf. Archives départementales de Meurthe-et-Moselle, 1 T 263.

ni le Saint-Gothard ni le Simplon n'étaient traversés par un tunnel. Il fallait s'élever progressivement et laborieusement en voiture jusqu'au sommet du col, d'où, tout à coup, on voyait paraître l'autre versant. Et le plus grand plaisir était encore dans la descente vertigineuse le long de la gorge étroite où bouillonnait le torrent, sous les grands châtaigniers qui s'accrochaient ici et là à la montagne.

En traversant Strasbourg nous étions allés visiter les quartiers de la ville qui avaient été détruits par le bombardement. Ils étaient plus ruinés, plus déserts que ne sont les rues de Pompéi.

En 1872, papa nous fit voyager de nouveau. Notre but fut Chamonix et le Mont-Blanc, avec retour par Genève. Ce voyage comprit plusieurs ascensions à cheval et la traversée de la mer de glace. Je ne raconterai pas ici nos impressions qui ne furent pas absolument celles de M. Perrichon[8]. De plus en plus je prenais goût à la montagne. La plaine est grandiose à cause de son étendue, mais elle est essentiellement monotone. De tous ses points, la vue est la même : la lumière seule la diversifie. Il en est de même pour la mer. La montagne, au contraire, nous réserve une surprise à chaque pas. On contourne une corniche, on dépasse un bloc de rochers, et voilà que l'horizon se modifie, que des pics nouveaux apparaissent, que des vallées se creusent, que ce qui était loin se rapproche, que ce qui était près s'éloigne. L'œil, sans cesse amusé, n'a pas le temps de fixer ce paysage mouvementé et changeant.

Ce n'est que bien plus tard que j'ai compris le charme reposant de la plaine, de l'immensité vide. Et je n'ai acquis véritablement le sens de la mer que le jour où je l'ai vue faite, elle aussi, de hautes montagnes et de profondes vallées dont la perspective se modifiait constamment.

8. Aline Boutroux écrit « Parrichon » dans son journal. Elle fait référence à une comédie d'Eugène Labiche et d'Édouard Martin, *Le voyage de Monsieur Perrichon*, qui fut représentée pour la première fois au théâtre du Gymnase en septembre 1860.

XX.
La fin du bon temps

Henri entra dans la classe de mathématiques spéciales en octobre 1872. Il n'avait pas attendu jusque-là pour en pénétrer le mystère. À la fin de l'année scolaire précédente, maman, inquiète de l'entendre remuer au milieu de la nuit, l'avait surpris devant son tableau noir en train de résoudre le problème posé cette année-là aux élèves de l'École polytechnique. Entré en spéciales, il ne tarda pas à donner à son excellent professeur M. Elliot les brillantes espérances qu'il devait réaliser à la fin de l'année. Il avait d'ailleurs pour émule, en cette modeste classe de province, un concurrent digne de lui. C'était M. Appell qui, chassé de Strasbourg par l'annexion, était venu achever ses études à Nancy. Il était le pensionnaire de la maison de cure de Saint Epvre, où le bon curé M. Trouillet et ses vicaires faisaient ménage commun[1].

---

1. Paul Émile Appell (1855-1930) fut un mathématicien de premier plan et un ami très proche d'Henri Poincaré. Né à Strasbourg dans une famille catholique alsacienne loyale envers la France, Appell accepta le patriotisme de ses parents mais rejeta leur ferveur religieuse et devint athée. Il effectua ainsi une partie de sa scolarité dans des institutions religieuses avant d'intégrer le lycée de Strasbourg en 1869. C'est avec une profonde amertume qu'il assista au siège de la ville. Appell passa son baccalauréat à Nancy à l'automne 1871 et opta pour la nationalité française (à la différence de sa famille restée en Alsace). En 1872, au moment de Pâques, il intégra la classe de mathématiques spéciales du Lycée impérial de Nancy afin de préparer les concours de l'École polytechnique et de l'École normale supérieure. C'est à ce moment qu'il se lia d'amitié avec Henri Poincaré. En 1873, il entra à l'École normale supérieure, dont il sortit major, trois mois après avoir obtenu son doctorat. Agrégé en 1876, il occupa différents postes de répétiteur avant d'être nommé en 1881 maître de conférences à l'École normale supérieure. Quatre ans plus tard, il était nommé sur la chaire de mécanique à la Sorbonne. Paul Appell épousa Amélie Bertrand, fille de l'archéologue Alexandre Bertrand, nièce des mathématiciens Joseph Bertrand et Charles Hermite et cousine d'Émile Picard. Leur fils Pierre Appell devait devenir député et sous-secrétaire d'État aux Travaux publics ; sa fille Marguerite épousa le mathématicien Émile Borel et devint célèbre en publiant plus d'une trentaine de romans sous le pseudonyme de Camille Marbo (c'était d'ailleurs une amie du fils d'Aline Boutroux, Pierre, qui la courtisa avant son mariage avec Borel). Très engagé dans l'affaire Dreyfus, notamment aux côtés de Poincaré [L. Rollet 1999], il fut doyen de la Faculté des Sciences de Paris de 1903 à 1920, recteur de l'Académie de Paris, membre de l'Académie des sciences et du Conseil Supérieur de l'Instruction Publique. Durant la Première Guerre mondiale il fonda et dirigea le Secours National, un organisme semi-gouvernemental d'aide aux victimes civiles. Il fut nommé secrétaire général de l'Association Française de la Ligue des Nations après la guerre. Il rendit hommage à plusieurs reprises à Henri Poincaré, lors de ses funérailles en

Dès les grandes vacances, je m'étais sentie très fatiguée. Je souffrais notamment d'insomnies et d'un défaut absolu d'appétit. Mais je n'avais perdu ni mon entrain, ni ma force de volonté.

L'année précédente, à la rentrée de Pâques, que j'attendais avec impatience pour continuer mes cours, j'avais été brusquement atteinte d'une étrange langueur. C'était précisément le jour où je retournais chez Mlle Vidart pour la première fois, après avoir compté les jours et les heures qui me séparaient de cette joie, avec une anxiété évidemment un peu maladive. À cinq minutes du but, mes jambes sont tout à coup comme paralysées et refusent de me porter. Il fallut revenir à la maison en voiture et m'armer de patience encore. J'éprouvais dans tous mes membres une faiblesse invincible. Je crois bien, maintenant que j'en sais plus long, que je devais être une de ces nerveuses qui restent des années sans marcher et qui ne se remettent que par la suggestion. Mais ma volonté n'était pas malade et elle triompha, à elle toute seule, au bout d'une dizaine de jours.

Il n'en fut pas de même en 1872. Pas une minute je n'ai perdu mon activité. Mais je finis par maigrir à tel point que mon aspect devint effrayant. Ce qui me minait en dedans, on ne le savait pas : c'était l'idée qu'Henri parti, tout allait finir, et que mes études terminées précisément au même moment, je ne saurais que devenir. Maman expliquait devant moi à ses amies qu'il était temps de faire de moi une femme pratique et de m'initier aux secrets du ménage. Hélas ! Cette perspective me remplissait d'horreur. C'était un programme trop arrêté, une rupture trop tranchée avec mes habitudes précédentes. Si cela s'était fait petit à petit, si cela m'avait semblé avoir quelque utilité, je me serais sans effort résignée à mon sort. Mais, tel qu'il m'était présenté, ce changement complet d'occupations m'apparaissait comme un brusque sevrage intellectuel. Et il devait coïncider avec le départ d'Henri : c'était donc la fin de tout !

J'avais, toutefois, encore quelques mois de répit. Je me préparais à conquérir à Pâques le complément de mon brevet supérieur. J'allais au cours d'Histoire, je prenais en compagnie d'Henri des leçons de dessin d'après la bosse et d'allemand ; enfin Henri voulait bien, pour mon plaisir, me poser encore quelques problèmes de temps en temps.

J'avais commencé l'allemand quelques mois auparavant chez Mlle Vidart qui, avec son admirable méthode, m'avait enseigné parfaitement la grammaire. Malheureusement elle ne pouvait pas me conduire beaucoup plus loin car, ayant

1912 [P. Appell, G. Bigourdan, J. Clarétie, G. Guist'hau, G. Lippmann et P. Painlevé 1912] ou dans son autobiographie *Souvenirs d'un alsacien* [P. Appell 1923]. Il fut aussi un des premiers auteurs à écrire une biographie d'Henri Poincaré en 1925, *Henri Poincaré* [P. Appell 1925].

appris elle-même sans maître, elle n'avait pas la moindre idée de la prononciation. Henri avait d'ailleurs besoin d'être un peu poussé en vue de ses examens. Maman se décida donc à nous faire donner quelques leçons particulières par le professeur d'allemand du lycée M. Riemann[2].

M. Riemann était Allemand de naissance, de nationalité, de tournure et de visage, d'accent et de culture. Il amusait à ses dépens tous ses collègues du lycée. Mme Riemann, rousse mais vertueuse, était, s'il est possible, encore plus Allemande que son mari. Et ce couple honnête avait donné naissance à deux garçons modèles qui remportaient tous les prix de leurs classes et allaient se faire couronner avec des fraises empesées à la Henri II, et des bas de coton rose tricotés par les doigts lourds et laborieux de leur maman. Il courait plusieurs légendes sur le compte de M. Riemann. On racontait qu'il était allé avec sa femme à l'exposition universelle de 1854, et que, pour ne pas quitter leur enfant nouveau-né, ils l'avaient couché, tel un nouveau Moïse, dans une corbeille dont chacun d'eux tenait une anse. Ils le transportaient partout avec eux, à l'exposition et au restaurant. La légende, même, allait plus loin : elle voulait que les parents ayant posé pour un moment la corbeille au bord de la Seine pour mieux admirer les ponts, on eût arrêté le couple irréprochable en l'accusant de tentative d'infanticide. M. Riemann avait aussi la réputation d'emplir ses poches de friandises, au dîner annuel que le proviseur offrait à ses professeurs, pour les rapporter à sa famille. Bon père, en somme, il faut en convenir.

M. Riemann était assez fatigué et dégoûté de l'enseignement. Les tours variés que lui jouaient ses élèves avaient fait de lui une sorte de martyr. J'attribue à cela le peu de conscience qu'il apportait à ses leçons. Il arrivait en retard et partait en avance. Il passait une bonne partie de l'heure à nous dicter le texte d'un thème que nous aurions pu tout aussi bien trouver dans un livre. Il est vrai qu'il nous dictait également le texte de nos versions, ce qui est un excellent exercice, mais c'était trop difficile pour moi qui n'avais jamais ni lu ni traduit et qui ne connaissais pas d'autres mots que ceux de mes paradigmes. J'étais obligée de prendre le texte écrit par Henri lorsque je voulais traduire. Nous nous amusions ensemble de la prononciation pittoresque de M. Riemann quand il dictait le français et de ses mots, toujours les mêmes, au cours de la leçon. Toutes ses phrases commençaient par : « Nun, nun, Fräulein Aline ! »

Vers Pâques, à mon grand étonnement, M. Riemann déclara à maman que je pouvais me présenter pour l'examen d'allemand dont il était lui-même l'examinateur.

---

2. Riemann fut professeur d'allemand au lycée de Nancy de 1854 à 1876, d'abord dans la filière de l'enseignement spécial puis dans celle de l'enseignement classique.

Cet examen ne faisait pas partie de l'examen supérieur et aurait pu tout aussi bien être remis à une session ultérieure. Or je n'avais pas conscience d'être prête et suppliais maman de me permettre d'attendre. Le désir qu'elle avait de mettre un terme à mes études fit que, malgré mes protestations, elle ajouta foi aux paroles de M. Riemann. Je fus donc candidate, ou plutôt « aspirante » au diplôme d'allemand en même temps qu'au brevet supérieur. Les branches qui devaient compléter ce dernier étaient l'histoire générale et la géographie, le dessin et la musique. Le programme, je ne sais pourquoi, ne comprenait pas de littérature. Je méritai le maximum en histoire et géographie et en dessin. Pour la musique, je fus moins brillante et refusai même de chanter, sous prétexte que j'avais mal à la gorge, afin de ne pas amuser à mes dépens mes amies qui étaient venues pour m'entendre.

Écrasée entre l'examen de dessin et une autre épreuve, l'heure que l'on devait consacrer aux compositions écrites de l'examen d'allemand se trouva réduite à trois-quarts d'heure. J'arrivai en retard. M. Riemann avait déjà commencé à dicter le thème et la version. J'étais loin de lui et ne l'entendais pas bien. Ensuite, s'engagea un débat entre les examinateurs sur la question de savoir si l'usage du dictionnaire était permis. On nous enleva provisoirement ces guides indispensables. Pendant ce temps mes voisines qui, pour la plupart étaient alsaciennes, se soufflaient mutuellement le sens des mots et étaient déjà très avancées. On finit par me rendre mon dictionnaire, mais il m'aurait fallu chercher presque tous les mots et je n'en avais plus le temps. Bref, je remis de mauvaises copies et je fus sincèrement indignée en apprenant que j'étais admissible. Toutefois, l'oral ayant été aussi mauvais que l'écrit, je finis par être refusée. Mon nom n'était pas sur la liste définitive. J'éprouvais une joie méchante en me disant que j'avais eu raison, que j'avais prédit juste.

Or, le lendemain de ce jour où la justice m'était apparue comme une chose réelle qui fatalement l'emportait en dernier ressort, le président de ces examens, M. l'abbé Blanc, cet aumônier du lycée dont j'ai déjà parlé, se présenta à la maison et, ne nous y trouvant pas, expliqua à notre bonne et fidèle Marthe que j'avais été victime d'une erreur et que mon diplôme porterait la mention de l'allemand. Ce succès tardif et douteux me fut extrêmement désagréable. Nous sûmes plus tard qu'en apprenant que j'étais refusée tous mes autres examinateurs étaient tombés sur le pauvre père Riemann en le traitant d'imbécile. Je fis alors le vœu de mériter mon diplôme après coup, puisqu'il m'était impossible de le refuser. Mais comment apprendre l'allemand sans maître et sans livres ? Je n'avais pour tout bagage que le petit tableau très clair mais très concis où Mlle Vidart m'avait fait consigner les éléments de la grammaire.

J'avais conquis brillamment mes deux brevets, j'y avais même ajouté par raccroc la mention d'allemand. Mais je restais désemparée, profondément découragée, malade, même. Et Henri allait partir !

J'étais, de plus, en proie à un chagrin peu banal. J'étais désolée de me sentir devenir une jeune fille, de perdre les libertés et les insouciances de mon enfance. J'avais porté ma première robe longue et mon premier chignon pour la noce de Lucie Berment[3] dont j'étais la demoiselle d'honneur ; et cela n'avait pas été une joie pour moi, bien au contraire. Allais-je donc devenir à mon tour une demoiselle à marier ? Depuis bien longtemps j'avais l'horreur du genre. Ces jeunes filles que l'on exhibait dans de jolies robes, dont on vantait les talents, et qui pesaient toutes leurs paroles dans la crainte de se faire du tort, m'avaient toujours fait l'effet de marchandises à vendre, et je me révoltais contre cet odieux étalage. Les hommages mêmes, et les compliments, que l'on sert si généreusement aux jeunes filles, ne sont-ils pas une cause d'humiliation de plus ? C'est une interversion des rôles et un vain mensonge. En réalité, loin que ce soit la jeune fille qui accorde des faveurs, c'est elle qui en mendie, et n'en obtient pas toujours.

L'exemple de Lucie Berment n'était pas fait pour me tenter. J'avais vu son mariage se bâcler en trois entrevues où les conversations n'avaient pas beaucoup plus de portée que celle-ci :

– « Voulez-vous une poire ?

– Non, merci, je préfère les pommes.

– Cependant les poires sont plus juteuses. »

Et, là-dessus, on avait échangé ses promesses.

Ah ! Comme elle avait eu vite fait de perdre cette belle assurance avec laquelle elle s'embarquait dans la vie vers sa dix-huitième année ! Dans ce temps-là, les hommages trompeurs dont on l'entourait lui faisaient croire qu'elle aurait le droit de choisir… Et maintenant, quatre plus tard à peine, elle était prête à accepter ce qui se présentait, à savoir un gros garçon d'allure épaisse, d'humeur sauvage et d'esprit paresseux, mais qui, en revanche, avait des rentes ! Il se trouva, sans que personne n'en pût douter à l'avance, que ce gros garçon possédait en outre une grande bonté et qu'il assura à sa femme la paix et le bonheur, mais cela je ne pouvais le savoir.

Tout en laissant traîner ma première robe longue, je méditais sur ce thème mélancolique. Après un repas gargantuesque dont l'abondance écœurait mon misérable appétit, je vis partir Lucie avec cet inconnu, qui lui était presque aussi étranger qu'à moi-même. Voilà donc ce que l'on appelait une noce, ce que l'on considérait comme la fête de famille par excellence et comme la réjouissance la plus enviable ! Voilà ce dont tous les invités attendaient à l'avance tant de plaisir ! La vie m'apparaissait comme une lamentable aventure.

3. Elle épousa, semble-t-il, un membre de la famille Viellard.

Au cours de l'été, je devins véritablement malade. J'éprouvais, non seulement de la répugnance, mais une impossibilité à avaler quoique ce fût. J'étais pâle et maigre, en quelque sorte translucide. Et je n'aimais plus que l'air et la marche qui seuls me procuraient du bien-être. C'est alors que j'ai, en compagnie d'Henri, arpenté les rues de Nancy avec le plus d'ardeur. Mes brevets obtenus, je n'avais plus droit à aucune leçon, à rien qui vienne couper la monotonie de la semaine. Pourtant, les semaines, si longues et monotones qu'elles me parussent en détail, coulaient encore trop vite à mon gré, puisqu'elles devaient aboutir à la séparation.

C'est alors que papa se décida à essayer pour moi des bains de mer. Henri pouvait disposer de quinze jours au milieu de ses compositions et examens, nous allâmes passer ce temps à Beuzeval[4]. Le voyage par lui-même me fatigua beaucoup parce que nous le fîmes en partie de nuit. En traversant Paris dans les premières heures matinales, nous visitâmes les ruines qu'avait faites la commune. L'hôtel de ville, les Tuileries, la Cour des comptes n'étaient qu'un amas de pierres écroulées au milieu de pans de murs ébréchés.

La nuit suivante se passa à Caen. Il n'y avait pas, en ce temps-là, de chemin de fer jusqu'à la mer. Maman avait chargé Mme Rambaud de retenir pour nous des chambres à Caen, car son mari y était à cette époque professeur à la Faculté des Lettres[5]. M. Rambaud vint lui-même nous chercher à la gare pour nous conduire à l'hôtel que nous devions habiter. Mais cet hôtel nous parut étrange : les chambres y étaient bizarres et se commandaient l'une l'autre d'une façon gênante. De plus, la famille Rambaud s'y installait comme chez elle avec un sans-gêne qui nous étonnait. Ce n'est que petit à petit que nous avons découvert que les Rambaud étaient effectivement chez eux, où ils nous offraient l'hospitalité pour la nuit.

Le coucher fut précédé d'un grand dîner dans lequel les habitants de Caen nous semblèrent d'une gaieté folle. Leur folie alla jusqu'à mettre le feu aux rideaux pour se donner la joie de l'éteindre. Je voyais tout cela à travers un vague nuage de faiblesse et de fatigue.

Le lendemain, une grande voiture nous conduisit à Beuzeval à travers la campagne verte, et les bains de mer commencèrent. Tandis que ces bains étaient

---

4. Beuzeval est l'ancien nom d'Houlgate, station balnéaire normande très prisée des parisiens au XIXe siècle et dans laquelle Henri Poincaré semblait avoir également ses habitudes dans les années 1890-1900 (il y rencontrait régulièrement le philosophe Xavier Léon, fondateur de la *Revue de matéphysique et de morale*).

5. L'épisode relaté ici se passe donc probablement durant l'année 1873. À cette époque, Alfred Rambaud était en effet professeur d'histoire à la Faculté des lettres de Caen, où il avait été nommé en tant que chargé de cours en 1871.

un grand plaisir pour maman et Henri, ils m'infligeaient un supplice quotidien. Le baigneur me portait, me plongeait dans l'eau deux ou trois fois, me rapportait au rivage, et, malgré frictions et bains de pieds, je restais grelottante pendant toute la journée. J'étais obligée de me coucher ; je claquais des dents ; je sortais du lit épuisée et somnolente. Pourtant je jouissais de la vue de la mer, tout en regrettant de voir la plage envahie par tant de baigneurs importuns et inopportuns. Nous explorâmes toute la côte en voiture, de Cabourg à Trouville.

Les Rambaud vinrent passer une journée avec nous. Maman avait commencé à déjeuner à l'hôtel, mais M. Rambaud préféra les hasards d'un repas sur l'herbe. On mit un âne de la partie. Nous passâmes l'après-midi sur le dos, le nez en l'air, sans parler. Nous avions du bleu tout autour de nous : la mer était bleue, le ciel était bleu, et chacun nageait dans le bleu. Moi seule, dans ma torpeur, je me répétais inlassablement à moi-même : « Ah ! si seulement j'avais été un garçon ! »

***

Au retour, Henri recommença à concourir. Les compositions lui prenaient toutes ses matinées : compositions *triples* du lycée, compositions du concours académique et du concours général, compositions écrites pour l'admissibilité à l'École Normale, et, plus tard, compositions écrites pour l'admission à l'École polytechnique, se succédaient sans interruption. J'en éprouvais chaque fois une grande émotion et chaque fois j'allais dans l'escalier pour lui demander tout de suite s'il était content.

Les compositions du concours général faisaient à Nancy l'effet d'un événement. Elles avaient lieu dans le cabinet du recteur[6], sous la surveillance de son secrétaire M. Bécourt. On tolérait qu'en présence de ce surveillant paternel, on apportât aux concurrents un déjeuner chaud, avec la vaisselle nécessaire à sa consommation. Notre bonne Marthe était chargée de cette mission de confiance. Elle faisait un bout de conversation avec M. Bécourt tandis qu'Henri mangeait, et nous rapportait la vaisselle vide lorsqu'il avait fini. Mais elle nous rapportait mieux que la vaisselle, elle nous rapportait des tuyaux : elle nous disait si Henri avait bonne mine, s'il avait mangé avec entrain, s'il avait l'air content. Cela nous aidait à attendre son retour

6. Henri Poincaré obtint le prix d'honneur au concours général de mathématiques élémentaires en août 1872. Le recteur auquel fait allusion Aline Boutroux est Antoine Dareste de la Chavanne (1820-1882). Diplômé de l'École des chartes, professeur d'histoire à la Faculté des lettres de Lyon, il fut recteur de l'académie de Nancy d'octobre 1871 à juillet 1873. Pour plus de détails, cf. le dictionnaire biographique *Les recteurs d'Académie en France de 1808 à 1940* [J.-F. Condette 2006], p. 130-131.

sans trop d'impatience. Il n'y avait, dans toute l'Académie, qu'un autre concurrent, et ce concurrent était M. Appell. Maman se disait que M. Appell n'avait pas sa maman à Nancy, pour lui faire porter un déjeuner chaud, alors elle mettait double portion et double couvert. Mais Henri, pris d'une timide réserve, n'osait pas faire à son camarade les honneurs du festin, et le laissait manger son petit pâté froid.

Ce jour-là Henri nous déclara en rentrant qu'il n'avait pas eu le temps de finir sa composition, et ne pourrait, par conséquent, obtenir aucune récompense. Ce fut pour moi une grosse déception. Pourtant, à quelque temps de là, nous le trouvâmes très absorbé dans des chiffres, et il avoua à maman :

– « J'étais en train de calculer mes chances. »

Je ne saurais raconter la joie que j'éprouvai, un mois plus tard, lorsque M. Elliot, professeur de mathématiques spéciales, étant venu à la maison et m'y ayant trouvée seule, m'annonça qu'Henri avait encore une fois le premier prix au concours général (prix d'honneur) et qu'il était encore une fois classé premier dans la comparaison entre Paris et les départements. Le peu qu'Henri avait mis promettait une solution géniale et il avait eu un correcteur assez intelligent pour s'en apercevoir. Je m'installai sur une marche de l'escalier pour pouvoir plus vite faire part de la bonne nouvelle au reste de la famille.

Henri, admissible à l'École Normale, dut se transporter à Paris pour les examens oraux. Maman l'y accompagna et revint tout à fait séduite par les beaux ombrages qu'elle avait aperçus de la rue d'Ulm. Cela faillit faire pencher le plateau de la balance vers l'École Normale. Les avis étaient, en effet, très partagés, dans la famille, sur la question de savoir laquelle des deux écoles Henri devait choisir. L'École polytechnique avait des partisans ardents, par exemple l'oncle Antoni, par esprit de corps ; et l'uniforme exerçait son prestige. Quant à moi, une sorte de pressentiment me faisait préférer l'École Normale qui eût été mieux appropriée au tempérament d'Henri. Si je ne l'ai pas emporté à cette époque, la suite est venue me donner raison.

Les examens oraux de l'École polytechnique se passèrent assez tard, ce qui réduisit nos vacances. Henri y remporta un véritable triomphe. Ses notes en mathématiques : 20, 20 et 19, étaient, nous dit-on, sans précédent. Ce furent elles qui décidèrent du sort d'Henri.

Ensuite, nous partîmes immédiatement pour Arrancy.

XXI.
La libération

Tandis qu'Henri composait pour l'examen d'entrée à l'École polytechnique, la ville était en proie à une émotion contenue qui activait le battement de tous les cœurs. Dans le fond des arrière-boutiques, on se livrait au commerce clandestin des drapeaux et des étoffes tricolores, et mon aiguille, d'ordinaire si peu zélée, courait avec allégresse dans les draperies aux couleurs françaises. Tous les préparatifs se faisaient en silence et sans étalage extérieur. On avait peur de retarder l'heure de la délivrance par des provocations inutiles. L'occupation touchait à sa fin, le cinquième milliard ayant été payé[1]. Il nous semblait que cette indemnité de guerre avait été notre rançon. J'avais voulu contribuer, selon mes faibles moyens, à en hâter le paiement. Non seulement j'avais donné tout ce que je possédais d'argent, mes petites étrennes accumulées, mais j'avais envoyé à Mme Thiers, pour une loterie qu'elle organisait, plusieurs beaux objets destinés à mon futur ménage par une bonne vieille cousine, la cousine Caroline. C'était, par exemple, un samovar en argent que je n'ai jamais remplacé. Chaque fois qu'il me manque, je pense avec joie qu'il a servi à notre délivrance.

Le matin du grand jour, quand on s'éveilla, on apprit que les Allemands étaient partis sans fifres ni tambours à cinq heures. Nous étions libres !

Henri se rendit au lycée pour sa dernière composition, le lavis, qui n'était pas son fort. Il devait nous retrouver à l'hôtel de ville à trois heures pour l'arrivée des troupes françaises. Dans l'intervalle toutes les fenêtres s'étaient garnies, avaient été pavoisées ; le drapeau tricolore flottait partout ; de grandes draperies aux mêmes couleurs traversaient les rues et formaient par endroits comme des arcs de triomphe sur la voie que devaient suivre nos soldats.

Henri nous raconta en arrivant que sa composition était complètement manquée. Une des parties les plus difficiles de sa tâche était le collage de la feuille de papier sur une planche, à l'aide de colle à bouche. Or ce jour-là la feuille d'Henri s'était gondolée de joie, l'encre de Chine avait coulé dans les creux. Bref le cône ou

1. La défaite française s'était soldée non seulement par la perte de territoires d'Alsace et de Moselle et par l'imposition d'une indemnité de guerre de cinq milliards de francs or. Les troupes allemandes devaient occuper une partie de la France jusqu'au versement total de cette somme, achevé en septembre 1873.

le cylindre n'était pas présentable. Mais que nous importait un accident d'examen : nous attendions la patrie qui revenait à nous avec les pantalons rouges !

Tout à coup, on entendit venir de très loin le chant des clairons. Ah ! le chant des clairons français ! C'est resté pour moi la voix de la France. Il symbolise l'émotion que nous avons éprouvée le jour de l'évacuation, émotion qui a été, peut-être, la plus vive que j'aie eue dans toute ma vie. Je pleure encore, en entendant cette musique. En juillet 1873, j'ai éclaté en sanglots, et pour ne pas tomber à genoux, les mains jointes, j'étais obligée de me répéter à moi-même : « Non, non, tu n'es pas à l'église. Ce n'est pas Dieu qui va paraître : c'est le drapeau de la France » ; tant il est vrai que l'amour de la patrie était une véritable religion.

Les soldats défilaient déjà sur la place Stanislas, et nous comparions leur marche légère, souple et nerveuse avec la marche lourde et mécanique qui avait, le matin même, emporté nos ennemis loin de nous. Nous revoyions les drapeaux frangés d'or de nos régiments ; mais ils avaient perdu leurs aigles dans la tourmente.

Quant aux drapeaux arborés par les habitants de Nancy, ils portaient pour la plupart le nom de Thiers. Ces six lettres étaient gravées dans presque tous les cœurs : Thiers était le libérateur à qui nous devions le bonheur de cette inoubliable journée. Comme j'avais besoin d'un héros, après avoir vu tant de trahisons, tant d'incapacités et tant d'indifférence, je portais aux nues ce nom du libérateur. Pourtant, il y avait à Nancy même, quelques dissidents : c'étaient les pseudo-royalistes qui triomphèrent au 16 puis au 24 mai. Paul Xardel était du nombre. Il se moquait méchamment des admirateurs de Thiers, et le jour où Thiers mourut, il eut le mauvais goût de m'adresser une carte de condoléances[2].

---

2. Adolphe Thiers (1797-1877) était une des grandes figures de la vie politique française dans les années 1860 et 1870. Ministre et président du Conseil sous la Seconde République, député durant le Second Empire il fut l'un des chefs historiques de la droite orléaniste. En février 1871 il devait être élu par l'Assemblée nationale, réfugiée à Bordeaux, chef du pouvoir exécutif et du gouvernement et c'est à ce titre qu'il conclut le traité de Francfort le 10 mai 1871. Durant la Commune (du 18 mars au 28 mai), Thiers organisa également le siège de Paris depuis Versailles où le gouvernement s'était établi, écrasant et réprimant l'insurrection dans le sang. Il bénéficiait d'un important capital de sympathie dans la population française, notamment à Nancy, en raison de l'obtention du retrait anticipé des troupes allemandes et de la mise en place d'un financement des indemnités de guerre par le biais d'un grand emprunt national. Il avait été contraint à la démission le 24 mai 1873 en raison de l'hostilité de l'Assemblée nationale majoritairement favorable au retour de la monarchie. Dans sa biographie d'Henri Poincaré [P. Appell 1925], le mathématicien Paul Appell évoqua en ces termes l'épisode de sa démission tel qu'il fut vécu à Nancy. Il était alors en classe de spéciale au lycée de Nancy et s'était lié d'amitié avec Henri Poincaré : « Nancy était occupée par les vainqueurs ; la tristesse de la défaite, l'annexion de l'Alsace-Lorraine pesaient lourdement sur nos entretiens,

Le soir du jour de l'évacuation, il y eut un feu d'artifice et des illuminations. On n'avait pas revu pareille fête depuis le 15 août 1869, et ce jour-là c'était pour la fête de l'empereur.

Notre joie était pourtant mêlée de tristesse quand nous pensions aux deux sœurs de Nancy : Metz et Strasbourg, pour qui l'heure de la délivrance ne sonnerait pas.

La distribution des prix du lycée de Nancy fut cette année-là particulièrement émouvante. Elle était présidée par M. Doniol, le Préfet de la délivrance[3]. Une fois encore j'eus la gloire de passer mes bras dans les énormes couronnes d'Henri, qu'on m'avait confiées. Une fois encore des applaudissements enthousiastes qui éclataient en salves répétées ont salué le nom de mon frère. Ce n'était pas un simple lauréat qu'on acclamait en lui : c'était, dans tous les esprits, la France du lendemain, la France de la revanche. Hélas ! cette revanche ne s'est encore accomplie que sur le terrain scientifique, mais il est bien vrai que nul plus qu'Henri n'y a contribué.

---

mais nous avions une confiance entière dans l'avenir ; nous désirions que Thiers pût fonder une République ordonnée et active, qui nous apparaissait comme le régime le plus capable de relever la patrie et de lui rendre sa place dans le monde. Cette opinion, qui était celle de la grande majorité de nos camarades, se manifesta quand Thiers fut renversé le 24 mai ; une adresse de sympathie et de protestation au président tombé, circula sur les bancs, pendant une classe d'allemand, et fut signée par tous les élèves de spéciales, à l'exception d'un seul [peut-être Paul Xardel ?]. » On trouve dans les papiers laissés par Poincaré une adresse destinée à Thiers à laquelle il s'associa. Il s'agissait d'un texte qui circulait dans la ville et qui fut recopié et signé par les élèves du lycée : « Les étudiants de mathématiques spéciales de Nancy à M. Thiers / Lettre des habitants de Nancy à Monsieur Thiers. Vous avez fait appel au jugement de l'histoire ; vous avez pu avec une même fierté et une même confiance faire appel au jugement de vos concitoyens. Vous tombez sous les coups des partis coalisés, vous tombez contre la volonté du pays. Pour nous, habitants d'une ville encore occupée, ce n'est pas sans un sentiment profond de douleur et d'anxiété que nous avons appris la retraite du grand citoyen qui, depuis nos désastres, a travaillé sans relâche au relèvement de la France et à la libération du territoire. La France n'oubliera pas tout de ces si grands services rendus par vous à la patrie et la république que vous avez si justement proclamée la forme nécessaire de notre gouvernement. Elle ne peut sans crime les méconnaître et sans folie se passer de ceux que vous pourrez rendre encore. »

3. Henri Doniol (1818-1906) fut préfet de la Meurthe du 1er mars au 29 décembre 1873. Auteur de travaux historiques, il rédigea notamment une *Histoire de la participation de la France à l'établissement des États-Unis d'Amérique* [H. Doniol 1886-1889]. Aline Boutroux le désigne comme préfet de la libération dans la mesure où c'est lui qui était en activité lors de l'évacuation de Nancy par les troupes d'occupation. Voir [R. Bargeton 1994].

XXII.
La séparation

Depuis que nos amis étaient grands, la mémère se montrait toujours disposée à leur offrir l'hospitalité. Blanche Leclerc et Sophie Forthomme étaient venues successivement à Arrancy, quelques années auparavant, pour y passer une semaine. Albert Gille était venu souvent : il était de la maison et il disait : « mémère », comme nous.

Élie Rinck avait eu son tour en 1872. C'était l'année où, ayant de l'avance sur Henri, il devait entrer à l'École polytechnique. Je me rappelle que, pour occuper une semaine de pluie, nous avions imaginé de faire, sans sortir de la maison, des parties de cachette très sérieuses, très longues et très savantes. Un seul joueur se cachait, mais il se cachait si bien que les autres n'avaient pas trop de toutes leurs lumières pour le découvrir. Les parties duraient parfois deux heures, et il faut avouer que celui qui était caché, serré, replié sur lui-même, privé d'air et de lumière, de lecture et de distractions ne devait pas beaucoup s'amuser. Mais nous mettions tous notre amour-propre à nous faire chercher très longtemps, et nous nous faisions souvent indiquer par la mémère quelque recoin inconnu, quelque armoire dissimulée dans le mur, quelque alcôve à double fond, afin d'être plus introuvables. Un jour qu'Élie s'aplatissait à l'intérieur d'un sommier, le journal arriva qui contenait la liste des admis à l'École polytechnique. Mais Élie prenait son rôle tellement au sérieux qu'il crut que c'était un piège lorsqu'Henri lui cria : « Tu es reçu ! Tu es reçu ! » et qu'il refusa de sortir de sa cachette. Je ne saurais dire au juste combien de temps il s'entêta dans son sommier.

En 1873, la mémère avait invité non seulement Élie, mais encore son père et sa mère qui devaient être les correspondants d'Henri à Paris. La famille Rinck arriva à Arrancy avec maman. En chemin M. Rinck avait offert à maman un quatrain de sa composition que je sais par cœur comme au premier jour. Cela disait :

> Christophe Colomb, en brisant son œuf,
> Des incrédules eut cent fois raison.
> Poincaré, avec vingt, vingt et dix-neuf,
> Devint maître aussi et passa l'horizon.

Il ne pouvait pas exprimer moins discrètement, en même temps que moins correctement, l'étonnement qu'il avait ressenti en apprenant le succès d'Henri, évidemment très inattendu pour lui. Un scrupule tardif lui fit redemander son œuvre à maman pour substituer le mot *franchit* au mot *passa*. Puis il attendit les compliments. Maman put remercier le poète en tenant son sérieux, alors qu'elle était seule avec lui, mais il lui fut impossible de lire, ainsi qu'il l'eût désiré, le quatrain à haute voix, devant toute la famille d'Arrancy, laquelle déjà avait fait circuler le document et en avait ri de bon cœur par-derrière. M. Rinck en fut blessé.

M. Rinck montrait encore beaucoup d'autres prétentions qui ne s'harmonisaient en aucune façon avec la vie libre et rustique d'Arrancy. On s'amusait de sa fatuité solennelle, de ses recherches de toilette, de ses manières autoritaires envers sa femme et son fils.

Après le départ des Rinck, la pluie continua. Un jour, pour prendre un peu d'exercice, j'imaginais de faire le tour de la maison par ses deux escaliers, l'un pour monter, l'autre pour descendre. Henri renonça au 75e tour ; Louis persista jusqu'au 90e ; je continuai seule jusqu'au 125e. Le lendemain, j'étais immobilisée par une courbature et Henri me fit remarquer que cela n'avait eu aucune utilité.

Henri et moi, nous passions tout notre temps à jouer. Nous nous faisions mutuellement des devinettes qui nous forçaient à classer nos concepts avec une grande précision. On répondait par oui et par non. Henri m'interrogeait méthodiquement et, sans une question de trop, par des déductions successives, il en arrivait très vite à cerner l'énigme de si près qu'elle ne pouvait plus lui échapper. Je tâchais de l'imiter, mais parfois je devinais du premier coup, par une soudaine intuition, et il trouvait que c'était tricher. Nous faisions aussi des bouts-rimés et des charades en vers. Ces jeux-là occupaient nos promenades en tête à tête, à Nancy et à Arrancy. Il me semble aussi que nous avons persisté jusqu'à cette époque à jouer au voyage. Mais au lieu de rouler dans des pays imaginaires ou de visiter les pays d'Europe, nous explorions maintenant des contrées réelles et lointaines, le plus souvent inconnues. Nous remontions aux sources du Nil, nous parvenions même au pôle Nord, en nous aidant du *Tour du Monde*[1] et autres livres de voyages et en les complétant seulement à l'aide de notre imagination.

Nous avions aussi inventé de jouer aux vieux savants. Henri, vieux scientifique, et moi, vieux littéraire, nous nous rencontrions au sortir de l'Institut et nous échangions des confidences sur nos carrières et nos travaux respectifs, chacun de nous cherchant à prendre le caractère, la mentalité, les manies et les habitudes d'esprit de

1. Aline Boutroux fait probablement référence à la revue *Tour du monde* publiée à partir de 1860 chez Hachette. Créée par le journaliste et homme politique Édouard Charton (1807-1890), elle connut un immense succès. Charton lança par ailleurs en 1864 la prolifique *Bibliothèque des Merveilles*.

son rôle. Il était agréable à Henri de vivre dans cette perpétuelle fiction : il aimait les jeux et les exercices d'imagination.

***

Le temps vint, pourtant, où il fallut partir pour Paris et y conduire le précieux trésor. Papa, maman et moi-même nous lui faisions escorte. Par un matin gris d'octobre nous nous mîmes en route pour l'École polytechnique[2]. Je fus épouvantée du quartier d'alentour. Ces façades bosselées, branlantes, surplombantes ; ces murs sordides ; ces boutiques bariolées où l'on vendait surtout de l'alcool ; ces chaussées étroites et sans trottoirs qui se creusaient au milieu pour laisser passer un ruisseau ; ces femmes échevelées, bruyantes, ces enfants en guenilles : tout cela me faisait l'effet d'un ghetto ou d'un coupe gorge ; et je tremblais pour la sécurité de mon frère. L'École elle-même avait des murs gris de prison, de grandes cours nues : c'était une caserne. Nous attendîmes près de deux heures dans la cour en forme de trapèze que l'on appelait *boîte à claque* par comparaison avec les boîtes à chapeau des polytechniciens d'alors. Henri, pendant ce temps, se soumettait à une visite médicale et enfilait son uniforme. Il ressortit drapé dans son manteau, la grande pèlerine rejetée sur l'épaule. Mais il lui manquait encore beaucoup d'assurance pour avoir l'air d'un foudre de guerre. Combien les camarades ne devaient-ils pas se moquer de ce papa, de cette maman et surtout de cette petite sœur, qui ne pouvaient se résigner à lâcher le timide major et le poursuivaient jusqu'à l'intérieur de l'École ! Nous n'y prenions garde ni les uns ni les autres.

J'étais bien fière de sortir à côté, voire même au bras de mon frère en uniforme. Je me sentais si pleine d'admiration pour les galons de sa manche, révélateurs de son rang, que je lui disais de rejeter davantage sa pèlerine en arrière pour dégager ses bras et ne rien perdre de ses avantages. Je crois bien que j'en oubliai, pour quelques

2. Poincaré entra à l'École polytechnique le 2 novembre 1873. À partir de cette date débuta une longue correspondance avec sa famille, principalement sa mère et sa sœur – plus rarement son père. Voici un extrait de la première lettre qu'il envoya à Aline Boutroux : « Je suis entré hier à l'école et je n'ai pas encore eu une minute de repos, à cause de toutes les nouvelles corvées qui incombent à ma nouvelle dignité de major. Heureusement je pense que cela n'est que le premier jour que cela durera comme cela. J'ai couché hier soir à l'École et je crois que je pourrai m'habituer à mon casers. Je me suis promené hier en x dans Paris et j'ai fait faire mon portrait. Maman t'enverra ma binette sous peu. […] » Lettre non datée, 3 novembre 1873, collection privée, Paris.

heures, ma préférence pour l'École Normale, à laquelle Henri avait renoncé pour quelques raisons futiles : l'exemple de son oncle et celui de quelques amis, d'abord, puis une question de rang. Il entrait premier à l'École polytechnique et n'était reçu que le cinquième à l'École Normale. De plus, maman avait fini par se dire que l'uniforme lui apprendrait à se tenir droit. Je demandai à maman de me montrer la rue d'Ulm, la grille et les arbres de l'École Normale.

Mon engouement pour l'uniforme passa vite. Je voyais le même sur le dos d'Élie Rinck et sur celui d'autres camarades que je n'avais jamais considéré comme des garçons bien transcendants. Élie Rinck, en particulier, me paraissait gâter son uniforme, auquel il avait voué cependant un tel respect qu'il faisait punir les simples soldats qui, dans les rues de Paris, négligeaient de le saluer.

La maison de M. et Mme Rinck nous fut ouverte avec la plus généreuse hospitalité. Nous y prenions à peu près tous nos repas. Nous admirions plus que jamais la bonté de l'excellente Mme Rinck, qui se montrait résolue à remplacer auprès d'Henri la mère absente. Elle avait une si touchante et naïve indulgence pour les faiblesses de son mari : goût des spectacles vulgaires, passion du jeu de cartes et des courses, gourmandise et égoïsme, qu'elle arrivait à en dissimuler quelques-uns et à excuser les autres.

Je faisais, tout en allant voir Henri au parloir, plus ample connaissance avec Paris. Mais je me sentais très faible, et je considérais comme un véritable supplice de parcourir certaines rues commerçantes où des comestibles s'étalaient à chaque porte et où se mêlaient des odeurs de graisse, de fromage et d'alcool.

Nous assistâmes, à Versailles, à une séance de l'Assemblée nationale. On nous montra tous les grands parlementaires d'alors : Thiers, Jules Favre, Gambetta, Victor Hugo. Dans le même temps avait lieu le procès de Bazaine[3] et on nous avait offert

---

3. Suite à sa capitulation à Metz, Bazaine fut traduit devant un conseil de guerre présidé par Henri d'Orléans, duc d'Aumale. Il fut condamné à la peine de mort et à la dégradation militaire le 10 décembre 1873. Mac-Mahon, qui avait lui-même été battu à Sedan, commua sa peine en 20 années de prison et annula la décision de dégradation militaire. Incarcéré sur une île au large de Cannes, il parvint à s'évader dans la nuit du 9 au 10 août 1874. Il se réfugia en Espagne, où il mourut d'une congestion cérébrale en septembre 1888 (non sans avoirt subi une tentative d'assassinat quelques mois plus tôt). Dans le contexte de l'après-guerre, la commutation de la peine constitua bien évidemment un sujet brûlant. Dans une ses lettres à sa mère, Poincaré écrivait ainsi : « Pendant qu'il était là le général a reçu la dépêche de la condamnation de Bazaine, de sorte que les anciens l'ont su à minuit et nous à 7 h du matin. Tout le monde en est bien content ici ; on dit même que nous irons à Satory. Le colonel a dit qu'il voudrait être maréchal pour le condamner et soldat pour le fusiller » (lettre de Poincaré à sa mère, 11 décembre 1873, collection privée, Paris). Puis quelques jours plus tard, il devait relater en ces termes, la nouvelle de la commutation : « Quand on a appris

des places pour une audience. Mais à quoi bon se faire un spectacle d'une si misérable et si néfaste destinée ? Nous avons préféré l'Assemblée nationale.

Au bout de la semaine, il fallut embrasser Henri pour la dernière fois et rentrer à Nancy le cœur gros. Alors commença notre correspondance qui devait, jusqu'à mon mariage, être à peu près quotidienne. Nous écrivions en français, en allemand, en anglais, en prose, en vers. Nous écrivions tout : Henri nous racontait ses impressions d'École, ses colles, ses notes, les faits et gestes de ses camarades, l'emploi de ses jours de sortie. Il était très gai. Si l'internat lui pesait, il s'amusait de voir de près d'autres jeunes gens. Moi, je lui envoyais la chronique locale, un peu embellie parfois, mais de telle sorte qu'il fût facile de démêler ce qui était vrai de ce qui n'était que *littéraire*. Malheureusement, toute cette correspondance s'en est allée en fumée : il n'en reste pas une ligne, et je ne puis y chercher l'écho de nos jeunes années. Nos lettres se terminaient souvent, comme certains journaux illustrés, par des charades et des énigmes. Si nous avions eu la moindre prétention, nous eussions été parfaitement bêtes et ridicules.

***

Henri était à l'École polytechnique depuis une quinzaine de jours lorsque M. Bertin[4], sous-directeur de l'École Normale, le pria de passer un dimanche matin pour le voir. Henri se rendit à l'invitation. M. Bertin alors lui confessa que, s'il avait été classé cinquième, c'était parce qu'on ignorait qui il était, et parce qu'on croyait qu'il était décidé à entrer à l'École polytechnique.

– « Moi, par exemple ajouta-t-il, je vous ai donné 16 en physique : c'est un hasard, je vous aurais tout aussi bien donné 19. Mais je tiens à vous dire qu'il est encore temps de réparer les erreurs de l'examen, et qu'on peut vous promettre que si vous veniez à nous, vous seriez immédiatement le premier. »

---

la nouvelle de Bazaine, les filles du général se sont presque trouvées mal et quand le colonel a débité sa fameuse phrase, il y en a un qui s'est écrié : oh c'est horrible, colonel. Depuis la commutation le colonel est de très mauvaise humeur » (lettre de Poincaré à sa mère, décembre 1873, collection privée, Paris).

4. Pierre Augustin Bertin-Mourot (1818 1885) est un physicien né à Besançon. Normalien (promotion 1848), il fit une grande partie de sa carrière en tant que professeur de physique à la Faculté des sciences de Strasbourg avant de devenir sous-directeur de l'École normale supérieure.

Henri, fort embarrassé, ne répondit pas grand-chose, je crois, et il garda son uniforme[5]. S'il l'avait quitté à ce moment, il aurait cru jeter le froc aux orties.

5. Son refus d'entrer à l'École normale supérieure devait le suivre durant quelques années. En novembre 1873, dans une lettre à sa mère, Poincaré rendit compte de sa discussion avec Pierre-Augustin Bertin-Mourot à propos de son échec relatif au concours d'entrée à l'école : celui-ci s'excusera quasiment de lui avoir donné deux points de moins qu'à Appell lors d'une des épreuves : « Vous comprenez, me dit-il [Bertin] que M. Elliot ne nous avait pas écrit que vous aviez eu le 1er prix l'année dernière. Nous ne savions pas encore que vous l'aviez cette année là. Nous ne le savions que pour Riquier. Du reste c'est moi qui ai commis la maladresse ; je vous ai donné deux points de moins qu'à votre ami Appell. Mais je croyais que c'était l'examen de M. Darbout (sic) qui m'avait recalé. Non, vous aviez 19 comme note moyenne en mathématiques » (lettre de Poincaré à sa mère, 24 novembre 1873, collection privée, Paris). Plus tard en 1878, Poincaré raconta également à sa mère cette autre anecdote : « Mardi soir j'ai été chez M. Boutroux qui va un peu mieux puisqu'il a fait son cours mardi. J'ai vu lui, son frère et sa mère. Il paraît que M. Pasteur quand je suis sorti du labo, a demandé qui j'étais et quand il l'a su il a dit vous auriez dû me le dire je lui aurais fait une mercurl [mercuriale] pour être entré à l'X » (lettre de Poincaré à sa mère, 1878, collection privée, Paris).

XXIII.
Occupations nouvelles et entrée dans le monde

C'est à notre retour à Nancy que, la clef du piano ayant reparu aussitôt après le départ des Allemands, on fit une nouvelle et dernière tentative pour faire de moi une pianiste, et qu'eut lieu l'expertise amicale qui devait, à tout jamais, me débarrasser des exercices oiseux et des airs de condamné à mort de mon professeur.

Je n'avais plus, par suite, aucune occupation et je continuais à broyer du noir. Un jour que je m'étais par hasard aperçue dans la glace, je fus effrayée de ma mine misérable et j'évitai ensuite de me regarder. Les épaisses tresses de mes cheveux, qui avaient fait l'orgueil de maman, commençaient à s'amincir ; mes dents, saines et solides jusque-là, réclamaient les soins du dentiste. Je me prenais en pitié et j'étais persuadée que je tombais en ruine avant d'avoir vécu. Que dirais-je de mon esprit que pendant quatre ans et demi j'avais travaillé à orner et qui ne ferait plus désormais que laisser échapper ce que j'y avais si rapidement accumulé ? N'allait-il pas, lui aussi, tomber rapidement en ruine ? Se vider, se rouiller, s'ankyloser, avorter misérablement ?

C'est alors que Marguerite Benoît, qui m'aimait bien, usa de son extraordinaire puissance de persuasion pour prouver à maman qu'un peu d'activité, et la satisfaction qui en résulterait pour moi, serait assurément le meilleur des remèdes. Elle m'entraîna à ses cours d'allemand et de dessin et obtint même que j'enseignasse avec elle dans une école que l'on venait de fonder[1]. C'était une école professionnelle, philanthropique et à peu près gratuite, à laquelle devaient collaborer des jeunes filles de bonne famille et de bonne volonté, en venant faire bénévolement la classe aux petites filles. Les professeurs de métier : lingère, couturière, blanchisseuse, etc., étaient seules rétribuées. C'est ainsi que nos jeunes brevets dont l'encre avait eu à peine le temps de sécher, nous étaient déjà utiles, et que nous collaborions à la régénération nationale. La matinée des élèves était consacrée à l'étude et l'après-dîner à l'apprentissage du métier.

Le professorat avait toujours été mon rêve. Ce fut dont une grande joie pour moi de partir deux fois par semaine avec mon amie Marguerite, dans la fraîcheur du matin, parfois même sur une neige immaculée, pour aller passer une heure à enseigner l'arithmétique à une quinzaine de petites filles de douze à seize ou dix-sept

1. Il s'agit probablement de l'École primaire supérieure de jeunes filles, qui avait été créée à Nancy en 1871 [P. Savoie 1995].

ans, avides d'apprendre, et pleines d'une respectueuse bienveillance. Je réservais toujours une partie de l'heure à des exercices pratiques variés qui amusaient beaucoup les élèves et les préparaient à leurs carrières commerciales ou industrielles. Je les habituais à compter de tête rapidement, à mesurer approximativement de l'œil la dimension des objets, et à en évaluer le poids à la main. Ensuite nous vérifiions les résultats proposés par les élèves, avec des instruments de précision, et c'était une joie pour celles qui étaient arrivées le plus près de la solution juste. Ces exercices avaient le grand avantage de combler le fossé qui existe généralement, dans l'esprit des enfants, entre l'école et la vie, la théorie et la pratique. Je constatais combien ils développaient chez mes élèves le sens du réel, du concret qui pourtant procède de l'abstrait.

Pendant près de cinq ans, j'ai exercé mon métier de professeur volontaire, et j'en ai éprouvé jusqu'au bout les plus grandes satisfactions. J'ai vu défiler de nombreuses jeunes filles destinées à devenir lingères, couturières, repasseuses, peintres sur porcelaine, commerçantes, comptables et même institutrices. Elles étaient inégalement intelligentes, mais toutes également zélées et affectueuses. Plus tard, j'ai joint à l'enseignement de l'arithmétique, l'enseignement du français, pour quelque temps ; puis celui de l'histoire. Mes élèves m'apportaient les premières fleurs du jardinet de leurs parents, et, en toute saison, un visage heureux de me voir. L'une d'entre elles, qui me témoignait une affection particulière, m'apporta même un jour son journal. C'étaient des élans mystiques dans lesquels *Lui* et *Elle* revenaient constamment. En y regardant de près, je compris que si *Lui* signifiait le Bon Dieu, *Elle* était destinée à me désigner moi-même. Très confuse de cette pseudo-divinité, je fis voir à mon fiancé (car j'avais alors un fiancé) le pauvre petit journal, incorrect, désordonné, lavé ça et là par les larmes de ma petite élève.

– « Que faut-il lui dire ?

– Engagez-la à brûler son journal : c'est une maladie, il ne faut pas l'encourager. »

J'avais grande confiance dans la sagesse de ce conseil. La petite élève a brûlé son journal. Je l'ai embrassée toute en larmes le jour de mon mariage et l'année d'après, j'ai appris qu'elle était morte. La vie est triste pour certains êtres.

J'ai plusieurs fois retrouvé avec plaisir certaines de mes anciennes élèves, soit pour me servir dans les magasins où j'allais acheter, soit ailleurs. J'en ai reconnu une dans l'institutrice que mon oncle Adrien venait d'engager pour ses filles, une autre dans la mère d'un candidat à l'agrégation de philosophie, une autre dans la mère d'une élève harpiste du Conservatoire. Ce n'est sans doute pas la dernière surprise que me réserve la vie.

Le cours d'allemand que l'amitié de Marguerite Benoît m'aida à partager était fait par une demoiselle allemande très cultivée qui s'appelait Fräulein Scholderer.

Ce n'était pas précisément un cours, mais une leçon à quatre. Les trois autres étant beaucoup plus avancées que moi, j'eus d'abord beaucoup de peine à les suivre. Il me fallait, par exemple, lire un volume tout entier d'une leçon à l'autre et le résumer en allemand. Qu'on juge du nombre de fois qu'il me fallait feuilleter le dictionnaire, moi qui ne savais pas de mots ! Je ne faisais plus autre chose, et, au bout de trois ou quatre semaines de ce régime, j'ai commencé à y voir un peu plus clair. Fräulein Scholderer ne nous apprenait pas uniquement l'allemand ; elle avait une culture philosophique, et, en corrigeant nos devoirs, elle s'occupait du fond autant que de la forme. Elle m'a vaguement initiée aux théories esthétiques allemandes, et elle m'a fait des lectures plus fortes que toutes celles que j'avais eu l'occasion de faire en français. On ne parlait qu'allemand pendant la leçon et, les premières fois, j'étais absolument perdue. Mais, bientôt, la lumière se fit. J'admirais la façon prodigieuse dont l'ordre s'installe tout à coup de lui-même, à la place de la confusion.

Je travaillai pendant deux ans et demi avec Mlle Scholderer. Quand je la quittai, j'avais conscience de mériter enfin mon diplôme d'allemand.

Mon nouveau professeur de dessin était une vieille dame venue de Metz après l'annexion. Elle appartenait à l'école artistique de Metz, qui s'était réfugiée à Nancy, et elle était la veuve d'un peintre de talent. Au commencement, je lui trouvais l'esprit un peu sévère, mais bientôt la glace s'est fendue et la flamme de l'amitié, du respect, de la reconnaissance s'est peu à peu développée. Dans les excellentes leçons qu'elle nous donnait, Mme Faivre conciliait la précision scientifique avec le goût artistique et elle faisait, par conséquent, la synthèse des qualités de Mlle Pau et de celle de M. Pierre, qui m'avait fait faire de la bosse avec Henri. C'était un professeur admirable, tant par la théorie que par l'exemple. De plus, la personne de Mme Faivre était pleine de bonté, de grâce, de distinction[2]. L'intimité s'établit à tel point entre nous qu'elle vînt plus tard habiter notre maison afin d'être notre voisine.

2. Il s'agit de l'épouse de Benoît ou d'Émile Faivre. Né à Besançon puis installé à Metz, Benoît Faivre (1798-1869) mena une carrière de peintre et d'homme de lettres. Il fut membre de l'Académie de Metz, présida la Société de charité Saint Vincent de Paul et se distingua par son activisme en faveur du saint-simonisme. Pour plus de détails, cf. l'ouvrage de Pierre Brasme [P. Brasme 2005]. Son frère Émile Faivre (1821-1868) fut l'élève du peintre messin Laurent Charles Maréchal et se fit une réputation comme peintre de natures mortes et d'animaux. Son envoi au Salon de peinture de 1865 *Paons et pigeons autour d'un bassin* fut acquis par l'État et il fut très apprécié comme aquarelliste par l'impératrice Eugénie. En l'état le journal d'Aline Boutroux donne peu d'indices et il est difficile de choisir entre ces deux personnes, d'autant plus qu'elles sont toutes deux mortes à Metz peu de temps avant la guerre de 1870.

Je ne porterai point ombrage aux amies de mon âge, et je déclarais que cette vieille amie de soixante-dix ans fut pour moi la plus chère et la plus intime de toutes. Que d'heures nous devions passer en tête-à-tête, devant nos chevalets respectifs, travaillant et causant tout à la fois ! Je fis d'abord de l'aquarelle, pendant environ deux ans, avant d'aborder la peinture à l'huile.

Soit que le mal se soit usé de lui-même, soit que ces intérêts nouveaux m'aient rendu du cœur à vivre, ma santé s'améliora bientôt sensiblement.

Mes amies se multipliaient pour tenir la place de mon frère absent. J'en avais acquis une nouvelle que les circonstances me faisaient voir très souvent. C'était une jeune strasbourgeoise qui, dès l'automne de 1871, avait émigré à Nancy avec sa mère et ses grands-parents. Elle avait subi le siège, vécu dans une cave, vu un obus éclater à ses pieds. Bref, elle me faisait l'effet d'une héroïne, d'autant plus qu'elle affichait un ardent patriotisme. J'ai cru découvrir dans la suite que son patriotisme, ainsi que tous les grands sentiments qu'elle prétendait avoir, étaient voulus ou simulés. En somme, une seule chose lui importait : plaire, plaire aux hommes surtout. Mais, en l'absence des hommes, plaire au moins à la femme la plus riche et la plus influente des femmes présentes, ou bien à celle qui avait des fils à marier. Pour moi qui n'avais ni richesse, ni influence, ni fils à marier, je la voyais changer de visage, et de cible, si je puis dire, selon la personne qui entrait ou sortait. Pauvre Blanche ! Il semblait que toute sa vie fût une lutte et un travail. La situation relativement modeste de ses parents, bourgeois tranquilles et sans ambition, ne suffisait pas à l'ardeur de ses dix-huit ans. Elle voulait percer, elle voulait briller, elle voulait faire fortune. Et, pour cela, elle tirait parti d'un visage irrégulier que faisait accepter une abondante chevelure rousse et des dents blanches. Avec quel art elle disposait cette chevelure, avec quelle industrie elle s'habillait elle-même à peu de frais, avec quel soin elle travaillait sa jolie voix, et son rire, et son sourire, toutes ses armes, enfin, avant d'affronter la bataille d'un bal ou d'une soirée, on ne le saura jamais. Nous-mêmes, qui voyions les dessous, nous ne pouvions deviner qu'une part de ses efforts.

Elle avait suivi avec moi pendant dix-huit mois le cours de Mlle Vidart, mais déjà son intérêt était ailleurs. Déjà, la femme germait en elle avec une étonnante précocité. Ce n'est, toutefois, qu'ensuite, que j'ai compris comment et pourquoi elle était sans cesse sous les armes ; que j'ai deviné chez elle cet esprit de rivalité qui dépoétise l'amitié. Blanche a réussi, beaucoup plus tard, à faire un mariage plein d'espérance. L'industrie de son mari l'a rendue riche. C'est maintenant une grosse dame cossue. La lutte est terminée et Blanche se repose sur ses lauriers.

Nous avions vu également arriver à Nancy une sœur et un beau-frère de M. Forthomme, ménage de bohèmes, réduit aux expédients. Le mari, M. Gays, n'aurait demandé qu'à être un bon petit-bourgeois rangé. Il était censé exercer le métier d'architecte et n'aurait manqué ni de goût, ni de talent, s'il avait eu quelque chose à construire. Malheureusement, pour obéir aux caprices de sa femme, M. Gays avait promené son talent à travers le monde sans jamais avoir le temps ou l'opportunité de le faire reconnaître, et, à cinquante ans, il en était encore à attendre les clients. Mme Gays était née comédienne et cabotine. Je distingue à dessein ces deux adjectifs : elle était cabotine de goûts et d'allures, mais, ce qui est plus grave, elle était comédienne par tempérament, elle était comédienne dans l'âme, et jamais de sa vie elle n'avait dit la vérité. Emportée par la facilité de sa parole et par son esprit, elle embellissait ou ridiculisait tout ce qu'elle racontait, uniquement pour les besoins de la cause. À toute heure, elle jouait un rôle, et ce rôle n'était pas toujours beau.

Naturellement, elle avait été portée vers le théâtre. Elle avait pris des leçons de Delsarte[3], et déclamait avec talent. On a même trouvé dans ses affaires, après sa mort, des couronnes de reine et autres ornements en verroterie, qui semblaient bien avoir été portés sur la scène. Plusieurs époques de sa vie étaient d'ailleurs assez mystérieuses : il y avait des trous dans sa biographie qui étaient vraiment suspects. Elle s'était mariée très jeune à cet architecte sans fortune, mais qui l'aimait. Elle-même n'avait songé qu'à échapper à la Russie, où elle devait aller occuper une place d'institutrice. M. Gays avait alors connu les pires supplices, celui, par exemple, de se promener toute une nuit sur le trottoir en entendant les vagues échos du bal où sa fiancée, ou plus tard sa femme, jouait là-haut un rôle sensationnel. Il avait senti les morsures de la jalousie. Mais ce nouvel Othello, qui était Flamand, blond et débonnaire, était incapable de se venger.

L'arrivée du ménage Gays, qui débarquait de Cadix, fit un certain bruit dans notre petit cercle. Mme Gays, femme d'ailleurs très intelligente, renouvela nos amusements provinciaux. Les Forthomme n'étaient qu'à moitié contents du voisinage de ces parents compromettants. Mais ils les reçurent d'abord chez eux. Puis les Gays s'installèrent assez largement, prirent des pensionnaires, ouvrirent leur porte, firent danser et jouer la comédie. On s'amusait de bon cœur dans leur maison, sans se douter que rien de ce qui s'y trouvait, rien de ce qu'on y consommait n'était payé.

Mme Gays vivait de la bonne réputation de son frère et du crédit dont il jouissait dans la ville. Pensionnaires serbes et roumains se succédaient chez elle et partageaient les bons et les mauvais jours de la famille. Les Gays avaient en outre adopté

3. Il s'agit vraisemblablement du chanteur et pédagogue François Alexandre Nicolas Chéri Delsarte (1811-1871). Il fut ténor à l'Opéra comique et s'intéressa également à la gymnastique et à l'expression corporelle.

un de leurs neveux, rejeton rachitique de parents indignes, et ils l'élevaient avec la dernière dureté. C'était presque un enfant martyr. Je n'ai jamais compris cette forme de dévouement.

C'est au cours de l'hiver de cette année 1873-1874 que j'atteignis mes dix-huit ans et que je fis mon entrée officielle dans le monde. Je fus d'abord quelque peu étourdie par l'éclat des lumières et des toilettes, par le bruit de la musique et des conversations, et par l'excitation générale. Mais, dès que je me mettais à danser, je me sentais emportée dans un rêve. Le cavalier n'y était pour rien et sa personne m'importait peu. J'aimais seulement le sentir solide, capable de me protéger contre les chocs, de me soutenir en cas de collision et de m'arrêter sans me faire tomber. Je ne désirais pas le trouver beau, lui trouver de l'esprit ou de belles manières, pas plus que je n'aurais désiré trouver un baigneur élégant et spirituel pour me plonger dans la mer. En somme, j'aimais mieux danser que causer, parce que je remarquais qu'au bal on n'était pas soi-même, qu'on s'y livrait souvent à un vain marivaudage (ce qu'on appelle flirt aujourd'hui) et qu'on en sortait ou profondément écœuré ou amoindri.

J'avais la bonne fortune de ne jamais rester sur ma chaise : il n'y a pas de moutons de Panurge comme les jeunes danseurs. Je m'en réjouissais surtout parce que j'aimais danser. D'ailleurs, je n'étais pas bien sûre de devoir ces hommages à mes propres mérites ; je les attribuais plutôt à la situation de mes parents et à la sympathie qu'ils inspiraient, ou bien encore au soin que maman prenait de me faire belle. Elle confectionnait elle-même mes robes de bal, aidée de sa petite femme de chambre Marie, ancienne élève de l'École professionnelle. J'étais une poupée docile, qui donnait à peine son avis et se laissait faire. Mais, quand on me disait, sous forme de compliment, que j'avais l'air de sortir d'une boîte, cela m'était très désagréable. C'était l'heure des vaines flatteries où certaines dames m'assuraient que le rose était fait pour moi, ce qui heureusement me laissait froide.

Nancy ne possédait qu'un bon coiffeur, je veux dire qu'un coiffeur à la mode. Aussi se précipitait-on chez lui pour se faire inscrire et choisir son heure. Les dernières venues étaient parfois coiffées dès huit heures du matin. Quelles journées recueillies on passait alors, portant sur sa tête un échafaudage qu'il s'agissait de ne pas ébranler !

Ce n'est guère qu'un an ou deux après mon entrée dans le monde que j'ai connu ce qui s'appelle le succès et que mes danseurs se sont véritablement disputé ma personne. Un jour que deux candidats en venaient presque aux mains et prétendaient tous deux avec une égale énergie que je leur avais promis une même valse, mon cousin Roger Berment, qui était lui-même un de mes danseurs les plus assidus, m'entraîna de force en disant :

Survient un troisième larron,
Qui saisit Maître Aliboron[4] !

Malgré l'étonnement que j'avais de le voir si érudit, je lui infligeai la règle inexorable de mon carnet.

À aucun moment, je ne suis allée au bal pour y trouver un mari, d'abord parce que j'avais la ferme intention de ne pas me marier, ensuite parce que, dans toute cette jeunesse, il ne me semblait pas qu'il y eût un mari désirable. Je persistais dans mes idées de célibat volontaire, de fierté, de liberté, de dédain transcendant. Mépriser le mariage, sans avoir pour cela besoin de s'enfermer dans un cloître, me paraissait alors être la plus belle attitude qu'une femme pût prendre.

Les hasards de la carrière de fonctionnaire avaient amené à Nancy un directeur des douanes avec lequel papa se lia très vite. M. Courtet était marié à une Anglaise, belle, mystérieuse comme une sirène, impénétrable, froide, avec de brusques envolées, des boutades inattendues, que la manière pittoresque qu'elle avait de parler le français et en particulier de changer le genre des substantifs rendait tout à fait savoureuses. Les rapports de ce ménage semblaient assez froids, mais pourtant le mari et la femme se rencontraient dans leur tendresse pour leur fille Kate[5]. Kate était un peu plus jeune que moi et elle réalisait la beauté la plus idéale. Blonde comme sa mère, avec un profil d'une grande pureté, des sourcils en arcs sur un

4. Maître Aliboron : expression designant une personne stupide et prétentieuse et qui dans le cas présent renvoie à l'âne dans la fable de Jean de La Fontaine, « Les voleurs et l'âne » : « Pour un âne enlevé, deux voleurs se battaient : / L'un voulait le garder, l'autre le voulait vendre. / Tandis que coups de poings trottaient / Et que nos champions songeaient à se défendre, / Arrive un troisième larron / Qui saisit maître Aliboron. / L'âne, c'est quelquefois une pauvre province : / Les voleurs sont tel et tel prince, / Comme Transylvain, le Turc, et le Hongrois. / Au lieu de deux, j'en ai rencontré trois : / Il est assez de cette marchandise. / De nul d'eux n'est souvent la province conquise : / Un quart voleur survient, qui les accorde net/En se saisissant du baudet. »

5. Le nom de Kate Courtet apparaît à de très nombreuses reprises dans la correspondance de jeunesse de Poincaré. En particulier, Poincaré évoque très souvent des discussions avec ses amis à propos de sa grande beauté. Dans une lettre à sa mère écrite dans les années 1870 il écrit ainsi dans un anglais savoureux : « Élie has said to me that his life comprehended two parts; the first, to make the *cour* (?) to the misses, the second, to walk about the woods of Bleau. He don't speak of the X [Polytechnique]. And which part do you love more. The first, good heard [bien entendu]. He has said also to me that he has not find in Fontainebleau and in Paris any as fine misses than in Nancy. He finds miss Bettinger much more beautiful than miss Courtet and don't understand my passion for her, he say that he has more *habitude* to apprécier the women than I. But he finds that miss Bettinger is very coquette and that Kitty [Kate Courtet] is not pretentious, like he believed it,

front blanc et des grands yeux profonds où se jouaient des reflets marins, Kate avait le type d'une déesse, d'une Hébé débordante d'intelligence, d'une Velleda, d'une divinité septentrionale. Elle se prit, je ne sais pourquoi, d'affection pour moi. D'un côté j'admirais Kate, pour sa simplicité, autant que pour sa beauté. Lorsqu'elle commença à aller dans le monde, sa mère lui faisait vis-à-vis dans les quadrilles et y apportait même une fougue un peu inquiétante. Mais, pas plus que sa fille, la mère ne mettait d'artifice à sa toilette. Jamais le coiffeur à la mode n'était appelé chez les Courtet. Ces dames relevaient leurs cheveux en casque d'or, les attachaient avec deux épingles, endossaient une robe claire de forme très simple, n'avaient ni bijoux ni ornements d'aucune sorte. J'enviais cette manière d'être belle qui n'était pas très usitée à Nancy en 1874.

La vie mondaine de Kate ne dura que quelques mois. Elle portait en elle, avec cette beauté surnaturelle, des germes de mort précoce. Sa mère dut l'emmener mourir à petit feu sur les côtes de la Méditerranée et sur les neiges de la Suisse. Kate, comme toutes les poitrinaires, aimait la vie davantage à mesure qu'elle la perdait. J'ai des lettres d'elle pleines de feu, d'espérance, de joie de vivre.

Quand elle fut morte, le père et la mère, également désespérés, se séparèrent : ils n'avaient plus rien qui les unît. Nous avons compris alors le rôle délicat que Kate avait joué avec tant de tact dans ce ménage où l'on aimait à la passion, tout en se détestant mutuellement.

Une autre reine des bals nancéiens de cette époque était la Comtesse de Genlis, qui devint comtesse de Martel et qui aujourd'hui signe Gyp[6]. Cette vaillante petite comtesse, qui déjà annonçait des dispositions littéraires, se livrait en outre à tous les sports. Elle faisait des armes, de la boxe, du cheval, voire même de la haute-école : au concours hippique, elle luttait avec les officiers, tandis que dans sa loge

---

before he knew her. [...] He has said to me that he found that miss Courtet had one of her foots much finer than the other, that she had a parabolic face. Octave has said that he did not know any face as stupid as the faces of miss and mistress Bettinger. »

6. Arrière petite-nièce de Mirabeau, Sybille Riquetti de Mirabeau (1849-1932) devint, par son mariage avec Roger de Martel de Janville en 1867, comtesse de Martel. Sa mère, Marie Le Harivel de Gonneville (1827-1907), comtesse de Mirabeau, avait épousé le dernier comte de Mirabeau, Joseph-Arundel de Riquetti mais le couple s'était séparé à la naissance de leur fille, et elle s'était ensuite installée dans son immeuble familial nancéien, place Carrière. Après la mort de son père en 1860, elle s'éloigna de sa mère et prit pour nom de plume le pseudonyme de Gyp ; elle se fit connaître des milieux littéraires par ses romans et, surtout, par son salon, qui fut un lieu très couru de la vie parisienne. Boulangiste, antidreyfusarde, et nationaliste, son nom est associé à un antisémitisme militant, qui lui valut de nombreux procès. Pour plus de détails, cf. la notice de Bertrand Joly dans son *Dictionnaire biographique et géographique du nationalisme français* [B. Joly 2005].

se démaillotait le nourrisson qu'elle devait allaiter après avoir sauté les obstacles. Elle nourrit ainsi ses cinq enfants. Au bal, elle arrivait toujours la dernière, couverte de fleurs blanches, la tête bouclée comme un gamin, et, derrière elle, venait le flot des officiers nobles de la garnison, suivis, un peu piteusement, du mari en cavalier seul. Un frisson courait dans la salle lors de cette entrée sensationnelle. Cette comtesse, digne de la Fronde, m'inspirait une horreur profonde. Je l'avais vue, pendant toute l'occupation allemande, passer sous nos fenêtres en compagnies d'officiers allemands (des aristocrates, cela va sans dire). Une promenade à cheval le matin, une autre en calèche le soir c'était ce que l'on montrait dans la rue. Mais Dieu sait les repas, les danses, les plaisirs que l'on prenait dans l'intimité des ennemis ! Gyp avait besoin d'officiers dans sa vie, d'officiers nobles ; mais peu lui importait la couleur de l'uniforme. Cela ne l'a pas empêchée de devenir vingt-cinq ans plus tard un des plus fidèles soutiens du nationalisme.

XXIV.
Déplacements, congés, voyages

L'âge d'or de Sorel n'était plus alors qu'un lointain souvenir. Après avoir bien retourné ses chiffres et fait ses additions dans tous les sens, le pauvre oncle Adrien avait été amené à conclure qu'il était plus sage d'abandonner la partie. C'était l'avis de papa depuis deux ans. Seuls, nos oncles Charles et Edmond conservaient des illusions. C'est à ce moment, c'est-à-dire au cours de l'hiver 1873-74, que l'oncle Adrien s'étant décidé à se marier, la société des frères et sœurs de Sorel fut dissoute. On convint que ceux-là qui voulaient continuer continueraient l'exploitation à leurs risques et périls, après avoir racheté aux deux autres leurs parts respectives.

Le mariage de l'oncle Adrien eut lieu fort peu de temps après. On le célébra à Arrancy, le domicile de la mariée se trouvant en pays annexé. On était d'ailleurs au milieu de l'hiver, mais les réjouissances, très calmes d'ailleurs, durèrent trois ou quatre jours. Je cumulais les fonctions de demoiselle d'honneur et celles de dispensatrice des desserts ; je m'amusais beaucoup à étudier les caractères des différents membres de la nouvelle famille de mon oncle et ne prenais pas garde qu'ils pouvaient en faire autant du mien.

Il y eut pourtant un très mauvais jour : les oncles Charles et Edmond avaient réfléchi et s'étaient décidés, eux aussi, à abandonner Sorel. Dès lors ils n'étaient plus disposés à acheter la part des autres. Ce revirement était légitime. Par malheur, ils ne l'annoncèrent qu'au moment même de la lecture du contrat, ce qui plongea tout le monde dans un malaise extrêmement pénible. L'oncle Adrien ne pouvait se faire à l'idée de manquer à sa parole ainsi au dernier moment.

Le jeune ménage devait vivre à Arrancy, dans la plus belle partie de la maison, que leur cédaient mes grands-parents, et mon oncle Adrien devait, pour s'occuper, cultiver les terres que possédait ma grand-mère sur le territoire de la commune. Mais la vie sous un même toit des parents et des enfants mariés est toujours une aventure, et l'aventure, dans ce cas particulier, ne fut pas précisément heureuse. Ma nouvelle tante était une personne douce, tranquille, susceptible d'aimer, mais assez bornée d'esprit et terriblement têtue. Elle ne se trouva pas heureuse dans notre famille où l'on était trop uni pour avoir besoin d'elle. Elle se découragea, se laissa aller à la nonchalance. Son ménage ne l'intéressait pas, et plus tard ses enfants ne l'intéressèrent pas beaucoup plus. Elle vivait avec la mémère sur un pied d'apparente amitié, mais de sournoise et perpétuelle défiance. De plus, la tante Ernestine était d'un catholicisme étroit et intolérant. Elle s'était jurée de faire le salut de son mari.

Lors donc qu'un d'eux était forcé de manquer la grand-messe, qui était la seule du village, elle préférait que ce fût-elle, attendu, disait-elle, qu'elle en avait moins besoin. De même, quand elle attendait ses enfants, elle s'abstenait raisonnablement de pratiquer les rigueurs du Carême, mais elle obligeait son mari à jeûner pour deux.

Je me rappelle que pendant les vacances de Pâques qui suivirent son mariage, cette jeune tante me confia qu'elle avait des secrets pour son mari, mais qu'elle n'en avait pas pour son confesseur. J'étais très scandalisée d'un tel aveu. La mémère, dans les bavardages de la nuit, me racontait tous ses griefs contre sa belle-fille. C'étaient un tas de petites piques, des niaiseries, qui suffisaient à empoisonner son existence. Les confidences que je recevais de part et d'autre m'étaient désagréables. Le pépère était bienveillant comme toujours, et sa surdité, en l'isolant, lui permettait d'ignorer bien des choses.

Hélas ! Le pauvre pépère ne devait pas vivre bien longtemps après le mariage de son fils ! Dès l'été suivant, il devint brusquement malade et une tumeur au foie l'emporta en six semaines. Sa graisse avait fondu, son teint s'était bistré, lorsque je le revis, je n'arrivai pas à le reconnaître, bien que maman m'eût prévenue qu'il était changé. Ce n'était plus qu'un vieillard cassé, maigre à faire peur, et noir à force d'être jaune. Il vous regardait de ses yeux ternes pareils à des vitres dépolies, mais un éclair de tendresse y brillait encore. Nous avons perdu cette tendresse. Maman avait un profond chagrin.

***

Henri était venu passer quinze jours en février, selon la règle de l'École polytechnique, et il revint pour les grandes vacances. Je n'ai pas besoin de dire avec quelle joie nous l'attendions. L'enfant prodigue, quoi qu'on en dise, n'a pas été reçu par son père comme nous recevions ce fils et ce frère modèle. Maman profitait même de la présence d'Henri pour réunir à nouveau nos amis et nous vivions dans une fête continuelle. Tout ce qu'Henri aimait, tout ce qui pouvait l'amuser, nous l'entreprenions.

Le seul voyage que nous fîmes cette année-là fut un petit voyage en Alsace et dans les Vosges. Nous fîmes le pèlerinage classique de Sainte Odile et, de là, à travers bois, les autres à pied et moi dans une petite voiture à âne, nous nous transportâmes au Hohwald. Le couvent de Sainte Odile, qui servait d'hôtel, nous avait beaucoup amusés. Il comprenait 12 religieuses et 12 religieux, ceux-ci étant subordonnés à celles-là. Je pense que c'était une figure de la société de l'avenir. Les douze frères s'acquittaient de tous les rudes travaux, cultivaient la terre et servaient docilement les douze sœurs, comme des bêtes de somme. L'ensemble de la communauté était gouverné par une supérieure que l'on appelait *Frau Mutter*. La Frau Mutter tenait les comptes de l'hôtel dans sa tête, elle n'avait pas d'autre registre. Mais quelle tête, quelle mémoire elle avait ! On ne redoutait aucune erreur, et le total définitif était écrit à la craie sur une ardoise.

Le Hohwald est beaucoup moins pittoresque que Sainte Odile, cette colline bénie, vénérée de l'Alsace entière, pleine de souvenirs historiques, qui domine si superbement la fertile plaine du Rhin. C'est là que je voudrais vivre et rêver, lors même que je ne devrais être nourrie que de la choucroute de la Frau Mutter. Mais le Hohwald est un charmant lieu de repos et un lieu de joyeuse villégiature. L'hôtel renfermait une société nombreuse qui, chaque soir, les tables enlevées, se mettait à danser dans la salle à manger.

Bien que nous ne fûmes là que pour une soirée, nous prîmes notre part modeste de ces ébats. Henri avait déjà retrouvé deux de ses camarades d'École, deux anciens que déjà nous avions aperçus à Sainte Odile. L'un deux, qui allait entrer dans le génie, à moins que ce ne soit dans l'artillerie, me fit danser plusieurs fois. Et, le lendemain matin, avant notre départ, nous causâmes. Je parlais sans apprêt, sans gêne, sans timidité avec Henri et ce futur artilleur, ou sapeur, et je ne me méfiais de rien, lorsque, tout à coup, je m'aperçus qu'il me regardait d'une certaine façon, qu'il me racontait certaines choses, d'un ton particulier, et qu'enfin il ne me disait pas au revoir comme à n'importe qui. Cette découverte me bouleversa profondément, et, faisant un plongeon en moi-même, je tirai sans hésiter cette conclusion saisissante : « Ce monsieur me demandera un jour en mariage et je le refuserai sans pitié. Je n'ai rien à lui reprocher, mais, si j'avais un idéal, il serait différent. » Je n'avais jamais songé, en effet, à me construire un idéal, et, puisque j'avais la ferme résolution de ne pas me marier, cela me paraissait absolument inutile. Le plus singulier, c'est que mon pressentiment, si accidentel et fugitif qu'il fût, devait se réaliser. Trois ou quatre ans plus tard, le jeune officier, devenu ingénieur civil dans une usine des environs de Nancy, me demanda en mariage sans m'avoir jamais revue. À ce moment-là, j'avais un idéal et cet idéal était vivant. J'hésitai donc moins que jamais à faire la réponse que j'avais préméditée dans la voiture qui nous emmenait loin du Hohwald[1]. Je n'avais fait part de mes pensées à personne, mais j'avais lu dans l'avenir par une brusque intuition qui m'a semblé depuis miraculeuse.

Aux vacances suivantes, papa emmena Henri à Nantes pour un congrès des Sociétés savantes et nous ne fîmes pas d'autre voyage[2]. En entendant faire ce projet,

1. Il s'agit d'Auguste Calinon. Voir le commentaire à son sujet au chapitre XVIII.

2. Il s'agit sans doute du 4e Congrès annuel de l'Association française pour l'avancement des sciences (AFAS) qui se déroula à Nantes du 19 au 26 août 1875. Léon Poincaré était membre de cette association créée en 1872, dont l'ambition essentielle était de participer au relèvement du niveau

j'avais été prise d'un véritable désespoir. Non seulement il me fallait renoncer au besoin de changer de place et de voir du pays qui, déjà, était très développé en moi, mais les vacances d'Henri allaient se trouver diminuées de toute la durée de ce voyage, en ce qui nous concernait maman et moi.

Il se mêlait à ma déception un regret plus général. Je mesurais une fois de plus la différence qui existe entre le sort des filles et celui des garçons, ceux-ci ayant l'univers tout entier à leur disposition pour y exercer leur curiosité et leur activité, celles-là restant confinées entre les murs de la maison, gardiennes tranquilles et modestes du foyer.

J'eus, pour me consoler, une idée assez saugrenue. Nous avions déménagé durant l'été ; nous étions installés dans une maison neuve où j'avais une jolie chambre vraiment à moi. Après l'avoir rangée tous les matins, j'y passai des heures toute seule à faire mes devoirs. Or j'avais remarqué que la solitude développait en moi une certaine excitation, qui avait pour effet de quintupler mes facultés, et je me demandais naïvement si, en prolongeant cette solitude pendant plusieurs jours consécutifs, je n'arriverais pas à me donner du génie. Je désirais en tout cas en faire l'expérience. Je proposai donc à maman de me laisser m'enfermer dans ma chambre pendant toute la durée de l'absence de papa et d'Henri, et de m'y envoyer seulement, à l'heure habituelle des repas, un minimum de nourriture, qu'on me glisserait par l'entrebâillement de la porte, sans me dire un mot. Je comptais que ce régime ascétique contribuerait à développer mes facultés.

Maman se récria avec beaucoup d'indignation et prétendit que cette longue réclusion ne pourrait manquer de me rendre folle. Peut-être, après tout, aurais-je fini par m'engourdir et m'endormir. On ne pourra jamais savoir au juste ce qui serait arrivé.

Les objections de maman ne m'avaient pas convaincue, mais l'excellente Mme Faivre, mon professeur de peinture, en qui j'avais une très grande confiance, me fit observer que j'agissais en égoïste ; que maman, qui m'aimait, s'était réjouie de notre vie en tête-à-tête, et qu'il serait bien triste pour elle de me sentir à deux pas d'elle et de ne pouvoir jouir de ma présence ; que, quand on vivait avec sa mère, on lui devait de lui tenir compagnie et non pas de rester cloîtrée et plus solitaire qu'une religieuse. Je me rendis à ces excellentes raisons ; je réfléchis même que maman, elle aussi, aimait les voyages, qu'elle aussi désirait profiter de toutes les vacances d'Henri sans en perdre une minute, et que pourtant elle savait se résigner

de la science française. Sa devise était « Par la science, pour la patrie » [H. Gispert 2002]. Lors des sessions de ce congrès Henri Poincaré eut l'occasion d'écouter des conférences de mathématiciens Charles-Ange Laisant et Charles Hermite, avec lesquels il devait plus tard entretenir des relations soutenues.

avec bonne humeur à ce qu'elle jugeait utile et raisonnable. Ces réflexions me furent extrêmement salutaires. Si dans la suite il m'est encore arrivé de me montrer égoïste, je ne l'ai plus été jamais avec orgueil et cynisme.

***

Si nous ne faisions plus de grands voyages pendant les vacances, nous allions à Paris une ou deux fois chaque année, maman et moi, pour y voir notre polytechnicien. Au printemps de sa première année d'École, ayant été passer à Paris cinq jours seulement, nous eûmes le chagrin de le voir consigné pour toute la journée du dimanche. Un certain monôme traditionnel, mais rigoureusement interdit, avait réussi à se former dans la cour et le pauvre Henri, en qualité de major, devait payer pour toute sa promotion[3]. Il vint nous amener lui-même la triste nouvelle pendant l'heure que l'on accordait à tous les élèves consignés pour leur permettre d'aller à la messe. Nous étions désolés. Il fut convenu avec lui qu'à une certaine heure de l'après-midi, pendant qu'il serait dans la cour en récréation, nous serions, nous, en haut du Panthéon et que nous le verrions de loin agiter son mouchoir.

En faisant l'ascension du Panthéon, mon cœur battait autant d'attention expectative que de fatigue. Et, tout au fond d'une cour qui nous faisait l'effet d'une fosse aux ours, nous aperçûmes un petit point noir à côté duquel se mouvait, s'agitait un microscopique petit point blanc. C'était cela Henri : il fallait la foi pour le croire et de l'héroïsme pour aller chercher cette vue si haut.

---

3. Les consignes constituaient le quotidien des élèves de l'École polytechnique. Comme ses camarades, Poincaré était parfois consigné, pour des motifs divers : chahut, retard, manque d'ordre, etc. Poincaré raconte à de nombreuses reprises dans ses lettres des épisodes de chahut collectif, qu'il appelle *monôme* ou *seulhomme*. On peut penser que le passage suivant correspond à celui qu'évoque Aline Boutroux : « Voici comment l'affaire s'est passée : rien n'était prémédité ; on est allé au billard comme cela se fait à toutes les recrées. Arrivés là, on a tapé contre les murs avec les queues et les bancs, de manière à faire un tapage qui s'entendait dit-on du coin de la rue des Écoles et de la rue de la Montagne. À l'arrivée d'un basoff [sous-officier] on est sortis du billard et on a fait un seulhomme si bien que le basoff s'est trouvé entouré. Il s'est mis à rire et il est parti. Alors on s'est couché sur le sable de manière à écrire « Bran pour le géné ». Tu comprends sans doute ce que cela veut dire [« Bran » est une interjection courante de l'époque utilisée pour marquer son mépris. Dans son sens vulgaire le terme renvoit à la matière fécale]. Ensuite on a recommencé le tapage au billard et seulement au lieu de taper contre les murs on a tapé contre les carreaux et les tuyaux de poêle. Les tuyaux de poêle ont donc disparu et ont été jetés dans la cour. On s'est ensuite attaqué au poêle lui-même. On l'a déraciné, jeté dans la cour, fait rouler en tête d'un seulhomme qui suivaient les bancs du billard et les tuyaux de poêle [...]. » Lettre de Poincaré à sa mère, 1874, collection privée, Paris.

Tous les jours de semaine, nous allions voir Henri au parloir, ce qui était moins décevant. Il vidait alors machinalement d'énormes sacs de langues de chat qu'il faisait glisser entre deux de ses doigts, le second et le troisième, jusqu'à ce qu'il n'en restât rien. Parfois ses camarades venaient l'aider à cette besogne, mais il n'avait pas besoin d'aide pour trouver le fond du sac.

Le malheureux dimanche où Henri était consigné, on préparait une grande fête dans la famille Rinck. Élie atteignait en effet ce jour-là sa majorité, et ses parents l'avaient envoyé se promener à la campagne pour lui ménager une surprise[4]. Quand il rentra, on était déjà réunis dans le salon. C'étaient outre quelques vieux amis tels que nous, une demi-douzaine de camarades d'École d'Élie, qui avaient été conviés pour cette circonstance. M. Rinck, pour mettre fin à l'étonnement évident de son fils, lui expliqua solennellement quel était le but de la réunion. À table, j'étais assise à côté du héros de la fête et j'avais, presque dans mon assiette, un énorme pot de fleurs blanches qui me chatouillaient le visage. Le dîner fut assez silencieux. Tout le monde était gêné, bien que personne ne se doutât du régal qui nous attendait au dessert. M. Rinck était, il faut le dire, orateur autant que poète. Il avait l'habitude de vous réciter le lendemain les discours qu'il aurait dû faire à ses interlocuteurs de la veille.

Au moment où la glace récalcitrante refusa de sortir de son moule, l'embarras des maîtres de maison fut visible et le froid qui régnait devint glacial, sans calembour. M. Rinck se tourna vers sa femme d'un air perplexe :

– « Ida, j'ai oublié mon mouchoir ! », dit-il avec émotion.

L'excellente femme se précipita pour réparer l'oubli de son mari.

– « Est-ce que vous êtes enrhumé ? demanda Mme Olleris.

– Non, Madame, je songe à Élie ! »

Nous nous demandions pourquoi M. Rinck avait besoin d'un mouchoir pour songer à Élie, mais le champagne étant versé dans les verres, il se leva, et nous comprîmes : il réclama gravement le silence, ce qui était parfaitement inutile puisque personne ne disait rien, puis s'adressant à son fils, en lui disant *vous* pour l'occasion, parce que c'est du style noble, il l'exhorta à ne pas oublier à qui il devait l'excellente éducation qu'il avait reçue ; à ne pas abuser de ce qu'il était majeur pour manquer de respect à sa mère, Ida, ou d'obéissance envers son admirable père, qui s'était immolé, sacrifié toute sa vie pour faire de lui un parfait gentleman. Au souvenir de son immolation et de ses sacrifices, l'orateur s'épongeait les yeux avec le fameux mouchoir. Et nous comprenions l'utilité du mouchoir, car un mouchoir, toujours, est le facteur principal de toute émotion. Le discours de M. Rinck devenait si beau,

4. La majorité civile était fixée à 21 ans à cette époque ; cet épisode doit donc se situer autour du 12 mai 1874 (date de l'anniversaire d'Élie Rinck).

si pompeux, si dramatique, que nous en perdions le fil. Les mots de « contestations d'intérêts », « d'irrespect filial », « d'ingratitude foncière », de « parents qui descendaient prématurément dans la tombe par suite du désespoir de leurs vieux jours » frappaient tragiquement nos oreilles, papillotaient autour de nous, et nous étions dans un profond embarras pour savoir si nous devions rire ou pleurer. Je regardai alors autour de moi. Élie baissait la tête comme un coupable ; Mme Rinck avait le visage baigné de larmes sincères qu'elle n'épongeait point avec son mouchoir, parce que les larmes venaient trop vite et parce qu'elle était trop émue pour y penser ; les autres faisaient, par des moyens qui différaient selon les individus, de visibles efforts pour tenir en repos tous les muscles gais de leur visage. Je cachai le mien au sein des fleurs odorantes pour me donner une contenance, bénissant cet écran providentiel.

Dans le discours de M. Rinck, personne n'avait été oublié. Chaque assistant était désigné par une périphrase savante et transparente. Henri était : « notre cher major, dont nous avons à déplorer l'absence parce qu'il a été retenu à l'École par des raisons de service et de responsabilité. »

Ce fut une soirée mémorable et Henri ne se consola jamais de ne pas y avoir assisté.

Au nombre des convives de ce dîner se trouvait la famille Olleris[5], composée comme la famille Rinck d'un père, d'une mère et d'un fils unique. Ils étaient nos cousins par Mme Olleris qui était la sœur de Mme Arnauld, mais nous les connaissions assez peu jusque-là. Gonzalve Olleris devint le conscrit d'Henri, à l'École polytechnique, à la rentrée de 1874, et les Rinck ayant quitté Paris, à ce moment même, pour suivre leur fils à Fontainebleau, c'est la maison des Olleris qui devint le *home* d'Henri les jours de sortie. Ici comme là, l'hospitalité lui fut largement et affectueusement offerte. Mais les Olleris se montrèrent plus sincèrement dévoués et fiers des succès d'Henri que ne l'avaient été les Rinck. Élie, en particulier, apportait

5. Comme le mentionne Aline Boutroux, la famille Olleris se montra des plus accueillantes pour Henri Poincaré durant ses années d'études, notamment à partir de 1874. Paul Antoine Henri Olleris avait été inspecteur des contributions directes à Paris. Il avait épousé Marie Catherine Gabrielle Virginie Brumentcard. De ce mariage était né Gonzalve Olleris (1854-1943) qui devait devenir un ami très proche d'Henri Poincaré durant ses années d'études (son nom est mentionné très souvent dans sa correspondance de jeunesse). Les Olleris étaient de lointains cousins des familles Poincaré et Arnauld, du fait du mariage de Monsieur Arnauld avec une des sœurs de Virginie Olleris (cf. chapitre XIII). Concernant Gonzalve Olleris, voir son dossier de Légion d'Honneur, Archives nationales, 19800035/257/34313. Henri Olleris, qui était manifestement retraité vers la fin des années 1870, semble avoir réalisé plusieurs brochures sur les Salons de peinture et de sculpture (voir ainsi [H. OLLERIS 1880]).

dans ses rapports avec Henri un certain rapport de rivalité. Il tenait à montrer que si Henri avait sur lui certaines supériorités, lui-même en avait d'autres sur Henri, comme, par exemple, le savoir-vivre et le sens pratique.

En ce qui concerne le sens pratique, Élie avait, il est vrai, un avantage incontestable. Je me rappelle encore avec écœurement la façon dont il m'expliquait, en dînant à côté de moi à Nancy, comment il avait eu soin de faire aurifier toutes ses dents et ressemeler toutes ses bottes aux frais de l'État avant de quitter l'École polytechnique. Je n'avais aucune sympathie pour Élie et je fus véritablement indignée d'entendre Mme Arnauld me dire, un jour qu'il nous quittait :

– « Je t'en prie, Aline, ne te gêne pas : reconduis ton fiancé. »

La supposition me semblait injurieuse.

Les Olleris ne manquaient pas non plus d'esprit pratique. Ils avaient déjà ramassé une assez jolie fortune en cumulant des héritages et ils ne désespéraient pas d'en ajouter encore quelques-uns à leur collection. Sous ce rapport, l'avenir leur préparait des satisfactions, et aussi quelques déceptions.

Notre cousine Mme Olleris était une femme assez compliquée : elle manquait évidemment de franchise et d'abandon, et son sucre était parfois mêlé de vinaigre, ce qui ne l'empêchait pas d'être bonne à sa manière, de ne pas garder pour elle absolument tout le sucre et de mêler parfois du sucre à son vinaigre quand il s'agissait des autres. Elle m'a témoigné jusqu'à sa mort une amitié que je lui rendais avec usure.

M. Olleris, directeur de l'Enregistrement en retraite, avait la naïveté méridionale, une franchise un peu brutale, une faconde un peu vantarde, et beaucoup d'affectueuse bonhomie.

Gonzalve était un fils modèle, plus sincèrement affectueux qu'Élie et tout aussi respectueux. Ces deux exemples m'ont toujours fait penser qu'en somme, quoiqu'on en dise, les fils uniques sont les plus faciles à bien élever.

Nous avions aussi à Paris une vieille cousine très riche et très entourée qui donnait un dîner de famille chaque semaine. Ce soir-là se retrouvaient chez elle tous ceux qui guettaient son héritage, et il était vraiment pénible de voir de quels soins obséquieux ils entouraient la maîtresse de la maison. Parce que feu M. Valette avait été un pharmacien de génie et s'était enrichi en inventant des pilules, se femme était condamnée à recevoir des démonstrations d'amitié dont elle ne pouvait contrôler la sincérité. Henri était de ce dîner du mercredi et il observait les mœurs de tous les candidats à l'héritage[6].

6. Aline Boutroux fait ici référence à la famille Valette (ou Vallet). La lecture de la correspondance de jeunesse d'Henri Poincaré confirme son récit. Lors de ses études à Paris, le jeune mathématicien fréquentait régulièrement l'entourage de Madame Valette (qu'il appelait aussi parfois Madame

Nous nous trouvions à Paris le 1er janvier 1875 et maman avait pris pour le soir de ce jour-là une loge à l'Opéra-comique, où la famille Olleris devait nous accompagner. On jouait *Mignon*, dont Mme Galli-Marié venait de créer le principal rôle[7]. La soirée se passa à merveille et nous procura beaucoup de plaisir, mais en sortant nous eûmes la surprise désagréable de tomber tous à la renverse et de nous étendre sur le trottoir. Les autres spectateurs en faisaient autant : c'était un concert de petits cris aigus et effrayés, de gros rires peu charitables et d'exclamations indignées. La chaussée comme les trottoirs était couverte d'une couche épaisse de verglas qui brillait comme une glace sous les becs de gaz. Les rares voitures que l'on apercevait étaient renversées, brisées, hors de service. Un malheureux cocher remmenait son cheval à l'écurie en étalant sous ses pieds sa couverture qu'il avançait au fur et à mesure. Nous comprîmes tout de suite qu'il fallait se résigner à rentrer à pied. Henri et Gonzalve prirent les devants et essayèrent de marcher plus vite pour rentrer à l'École. Ils furent d'ailleurs en retard, mais, vu les circonstances, personne ne fut puni.

Il nous fallut deux heures d'efforts et d'émotion pour regagner le boulevard Saint-Michel, et vingt longues minutes pour traverser le trottoir qui nous conduisait à notre porte. À chaque instant quelqu'un glissait, criait, embrassait un bec de gaz pour retrouver son équilibre, s'accrochait aux maisons, aux arbres du boulevard, cherchait un appui et une protection. Nous aurions voulu nous soutenir les uns les autres, mais c'était le moyen de tomber plus sûrement, et nous préférions l'indépendance. Les chutes de M. Olleris étaient les plus bruyantes. Il avait si peur de se casser qu'il criait comme Panurge pendant la tempête, et le fait est que les dimensions de son corps compliquaient beaucoup la situation. Il finit, comme certains de nos compagnons d'infortune, par se déchausser et marcher sur ses bas. À deux ou trois heures du matin nous étions dans nos lits et nous croyions avoir rêvé. Le lendemain on voyait passer des fiacres sans brancards et des roues sans fiacre : ce fut un beau jour pour les carrossiers, et aussi, j'en ai peur, pour les chirurgiens.

Vallet) et il était un familier de ses repas du mercredi soir dans les années 1873-1875. Il ne se privait d'ailleurs pas de les brocarder ou de les mettre en scène dans de petites pièces de théâtre. L'origine du lien de parenté entre les Poincaré et les Valette semble remonter à la fin du XVIIIe siècle. Le grand-père de Léon Poincaré, Jean Nicolas Louis (1770-1850), s'était en effet marié à Hélène Valette (ou Vallet) ; par ailleurs, la sœur de celui-ci, Marguerite-Sophie Poincaré (1773- ?), avait épousé un certain Joseph Vallet et on peut supposer que la famille Vallet dont il est question ici descendait de cette lignée.

7. Célestine Galli-Marié (1840-1905) était une très célèbre mezzo-soprano française. Fille de Félix Mécène Marie de l'Isle, un ténor renommé, elle connut le succès dans le rôle titre de *Mignon*, une tragédie lyrique d'Ambroise Thomas créée à l'Opéra-Comique en 1866.

***

Henri eut, à la fin de sa deuxième année d'École, un malheur d'examen qui le fit sortir avec le numéro 2. Il entra à l'École des mines comme élève ingénieur en novembre 1875. C'était pour lui une vie toute nouvelle, puisqu'il était obligé de loger en ville. Maman alla seule à Paris pour l'installer dans un hôtel du quartier latin. Elle empila dans ses armoires du linge et des provisions qu'elle devait retrouver intacts à sa première visite. Henri, en effet, simplifiait l'existence autant que possible et réduisait à un minimum le nombre des objets dont il se servait. Le principe de moindre action dominait toute sa conduite dans l'ordre des choses matérielles. Il n'acquérait pas ce sens pratique dont Élie Rinck avait reconnu chez lui la lacune. De plus, il était distrait. Je n'ai guère parlé de ses distractions dont quelques-unes sont historiques. Maman les redoutait tellement qu'à chacun des voyages qu'il fit dans la suite, elle multipliait les précautions. Lorsqu'il se mit en route pour la Norvège[8], comme il emportait pas mal d'argent, maman le voyait déjà dévalisé, ou égarant son portefeuille. J'eus l'idée de coudre tout autour de ce portefeuille des petits grelots avertisseurs : c'étaient des restes, des débris de mes cotillons.

8. Poincaré mena durant l'été 1878 un voyage en Suède et en Norvège dans le cadre de ses études à l'École des mines. Ce voyage donna lieu à la rédaction d'un journal de voyage et de deux rapports sur les exploitations minières en Norvège, *Sur la préparation mécanique et le traitement métallurgique des minerais d'argent à Konsberg* [J.-H. Poincaré 1878] et *Mémoire sur les sites de Pyrite de la Norvège* [J.-H. Poincaré 1878].

XXV.
Activité diffuse

Maman passait sa vie à chercher mon bien, et même, là où elle ne pouvait pas faire mon bien à sa façon, à chercher tout simplement ma satisfaction et ma joie. Elle aurait souhaité, par exemple, me repasser quelques-uns des talents domestiques dont elle avait été elle-même si largement pourvue par sa mère. Mais, lorsqu'elle avait constaté ma répugnance, elle n'avait pas insisté. Elle se prêtait à me faire accompagner à l'École professionnelle à une heure où cela la gênait beaucoup ; elle me laissait peindre presque toute la journée ; elle acceptait toutes les invitations qu'on nous faisait et s'astreignait à rester assise le long d'un mur une grande partie de la nuit pour ne pas me priver d'un tour de valse. J'étais une jeune fille très gâtée.

Pourtant, lorsque les leçons d'allemand terminées, je manifestai le désir d'apprendre l'anglais, maman me déclara que c'était bien assez de savoir une langue étrangère et qu'elle ne voyait pas la nécessité d'en apprendre une seconde. J'empruntai alors une méthode à une amie et me mis à travailler tous les jours bien régulièrement. Je fus bientôt étonnée de voir comment, en additionnant chaque jour un petit effort salutaire, on finissait par arriver à un résultat appréciable. En quelques mois, un an tout au plus, j'étais arrivée à lire un roman presque sans dictionnaire.

Mais il y avait une lacune : c'était la prononciation. Je m'imaginais que je ne prononçais pas les mots, que j'en acquérais une mémoire purement visuelle, et qu'ainsi, s'il y avait lacune, il n'y avait point cependant d'erreur irréparable. Mais c'était une illusion. Malgré moi, les mots prenaient une physionomie, même pour mes oreilles, même pour ma langue et mon gosier. Lorsque, dix-huit mois plus tard, maman, touchée de mes efforts, me fit donner des leçons d'anglais, j'eus bien de la peine à perdre mes mauvaises habitudes. Je crains même aujourd'hui de ne pas les avoir encore perdues.

Mon professeur d'anglais était une anglaise pur-sang dont la vie avait été romanesque. Elle s'était fait enlever par un paresseux qu'elle avait dû ensuite nourrir de son travail, sans avoir été préparée en aucune façon à gagner sa vie. Ses parents riches l'avaient abandonnée. Elle avait donné des leçons de piano en Amérique, sans avoir jamais touché une note auparavant. Elle était tombée avec un train tout entier dans le Mississipi, un pont s'étant écroulé sous elle. Et, enfin, je ne sais par quel hasard, elle avait échoué à Nancy, où elle professait l'anglais sans se donner aucun mal. Elle passait ses soirées à lire des romans et à fumer des cigarettes. Elle aurait voulu m'apprendre l'anglais par ce procédé, les cigarettes exceptées. Elle fut très étonnée lorsque je la priai de me corriger des thèmes. Et comme elle me faisait trop lire de romans romanesques, et que je protestais, elle me déclara qu'il me manquait un sens et celui qui, à la vérité, était le plus utile à une femme. Pauvre Mme Schneegans ! Elle était née dans une grande famille, mais c'était une bohème tout de même, et elle aimait le désordre pardessus toute chose. Elle consentit pourtant à me corriger quelques thèmes de règle, puis une traduction de *La joie fait peur*, et enfin une relation de voyage. Ses leçons durèrent jusqu'à mes fiançailles, c'est-à-dire pendant un an environ.

Alléchée par le plaisir que j'avais eu à me débrouiller toute seule dans l'anglais, j'essayai d'en faire autant pour l'italien. Le peu que j'appris ainsi devait m'être utile pendant notre voyage de noce.

La peinture me prenait de plus en plus, depuis que je me servais de couleurs à l'huile. Le cours avait lieu trois fois par semaine chez Mme Faivre, mais, les autres jours, j'avais le droit d'aller travailler dans son atelier. Ou bien je me faisais un atelier à moi dans la chambre d'amis, lorsqu'elle était inoccupée. Cette chambre était au deuxième étage, comme l'appartement de Mme Faivre, et on n'y faisait presque jamais de feu. Je me rappelle avec ivresse les bonnes matinées tranquilles passées là-haut dans un air glacial. J'étais généralement à jeun et j'éprouvais une grande satisfaction à me persuader que mon corps n'existait pas, que ni le froid ni la faim ne pouvaient m'atteindre, et qu'en fait d'organes je n'avais plus que des yeux pour voir et des doigts pour tenir le pinceau. Si ce travail solitaire me plaisait, j'aimais mieux encore celui que je faisais chez Mme Faivre tout en causant, tandis qu'elle peignait de son côté. J'ai plus appris au point de vue de la peinture, en la regardant peindre, qu'en peignant moi-même ; et j'ai appris bien d'autres choses dans ces conversations intimes avec une amie qui avait quarante-cinq ans d'expérience de plus que moi, et qui toute sa vie n'avait vécu que pour l'art.

Je faisais aussi, en compagnie de Mlle Barbas, de longues séances de peinture sur porcelaine. Cet art inférieur et un peu décevant, puisque la cuisson peut tout gâter, avait l'avantage de me permettre de décorer des objets utiles, soit pour les donner, soit pour les garder.

Outre les langues et la peinture, j'ai, à partir de dix-huit ans, travaillé aussi le chant. Ceci encore, je le devais à l'initiative amicale de Marguerite Benoît qui avait organisé chez ses parents un petit cours privé, composé de sept ou huit amies choisies. On y chantait en solo, en duo, en chœur. Notre professeur, Mme Isnard, me donnait en outre chaque semaine une courte leçon particulière pour préparer mes morceaux. C'était une petite femme très vive et de bonne humeur qui avait chanté l'opéra-comique sur plusieurs scènes de province. Elle nous racontait ses impressions de théâtre. Elle s'était mariée honnêtement à un des violons de l'orchestre. Elle avait un talent extraordinaire pour contrefaire tous nos défauts : notre façon de tirer les sons du nez, et de donner des coups de gosier, ou de respirer à tort et à travers au milieu des mots. Mais, hélas ! Cela ne suffisait pas toujours à nous corriger : il y a des habitudes très tenaces.

En somme, nous n'étions de grandes cantatrices ni les unes ni les autres. Sophie chantait très correctement et avec beaucoup de goût, mais sa voix était sans éclat. Marguerite battait la mesure comme un tambour-major et scandait les temps avec une raideur très cavalière. De plus, elle posait pour avoir une voix basse et tirait ses notes de profondeurs inattendues. Marie Renard[1] rendait fade tout ce qu'elle disait, tout ce qu'elle touchait, tout ce qu'elle chantait. Elle ouvrait une grande bouche de carpe très ridicule et faisait sortir des sons de trompette des narines de son nez en l'air. Que dirais-je de moi, qui, bien moins musicienne que toutes les autres, apprenais mes morceaux en les serinant d'un doigt sur le piano ! Je ne manquais pas de voix ; ma voix, quand je la forçais, devenait même stridente, éclatante et désagréable ; mais, la plupart du temps, j'étais ankylosée par la timidité, par la peur de ne pas tomber en mesure ou de donner une fausse note. J'avais chanté faux, dans mon enfance, et je n'avais pas oublié le temps où je criais à tue-tête : « Ô mon Fernand, tous les biens de la terre…[2] »

Et où maman m'interrompait brusquement en disant que je lui faisais mal aux oreilles. Il me restait, de ce temps-là, une insécurité paralysante.

La seule d'entre nous qui arrivât vraiment à un résultat appréciable était Blanche Collin. Non seulement elle était mieux douée par la nature, mais elle se donnait du mal pour acquérir un charme de plus, une arme nouvelle, en vue de l'âpre lutte qu'elle livrait pour la vie.

Nous n'étions pas des virtuoses, mais nous nous amusions royalement en chantant, par exemple, le chœur des Magnanarelles dans *Mireille*[3]. Mme Isnard m'avait confié le rôle de Mireille ; Marguerite faisait la sorcière, Blanche la coquette, etc.

---

1. Il s'agit de la fille du mathématicien Nicolas-Aimé Renard (1823-1880), professeur à la Faculté des sciences de Nancy et titulaire de la chaire de mathématiques pures et appliquées. Il fut doyen de la faculté de 1876 à sa mort.

2. Il s'agit d'un extrait de *La favorite* un opéra en quatre actes de Gaetano Donizetti sur un livret en français d'Alphonse Royer et Gustave Vaëz. Il fut créé à l'Opéra de Paris en 1840 : « Ô mon Fernand, tous les biens de la terre / pour être à toi mon cœur eût tout donné/mais mon amour, plus pur que la prière, / au désespoir, hélas ! est condamné. / Tu sauras tout, et par toi méprisée, / j'aurai souffert tout ce qu'on peut souffrir. / Si ta justice alors est apaisée, / fais-moi mourir, mon Dieu ! Fais-moi mourir ! »

3. Il s'agit d'un opéra en cinq actes compaosé par Charles Gounod sur un livret de Michel Carré. Il fut créé au Théâtre Lyrique à Paris en 1864. Le chœur des magnanarelles prend place dans l'acte I :

Nos talents, d'ailleurs, devaient dépasser les murs du salon de Mme Benoît.

Une première fois, je fus appelée à chanter à l'inauguration solennelle de l'église Saint Epvre dans les chœurs composés par le maître de chapelle de la paroisse. Bien qu'elle fût au plus haut point imitative, cette musique n'offrait aucun intérêt : pour vanter les beautés de la crypte, on descendait aux notes les plus basses qui peuvent sortir d'une poitrine humaine. Mais, en revanche, pour monter au clocher, on s'élevait au si, au do, sinon encore plus haut. Je ne prenais pas encore de leçons de chant à ce moment et je ne m'associais que de loin aux roucoulades générales, dont je m'efforçais seulement de ne pas troubler l'harmonie.

Ce fut bien plus sérieux quand on organisa des chœurs pour l'exécution, dans la cathédrale, d'un *Stabat mater* inédit du grand musicien Bourgault-Ducoudray[4]. Mme Isnard enrôla dans les exécutants notre petit groupe du cours en bloc, et je fus rangée parmi les soprani. Les répétitions étaient tout d'abord dirigées par un musicien de Nancy ; mais à la fin le maître vint en personne, avec ses grands yeux rêveurs et son visage d'ascète, comme dévoré par ses pensées. Il nous fit une grande impression, et, tout de suite, les passages les plus difficiles commencèrent à marcher. Nous avions toutes et tous (car bientôt on réunit les voix d'hommes et les voix de femmes) les yeux braqués sur notre chef d'orchestre et nous n'agissions que pour lui. J'ai senti à ce moment ce que pouvait être une âme, une volonté collective. Mme Isnard m'avait placé la première du rang des soprani. J'étais, par conséquent, chef de file, et, comme je m'étonnais d'un tel honneur, Mme Isnard me dit qu'elle m'avait mise là parce que je n'avais pas peur d'attaquer à temps et franchement. Je méritais cet éloge dans une toute petite mesure : autant que j'hésitais à attaquer quand je chantais seule, autant j'étais sans timidité quand je chantais en nombre et anonymement.

À cette initiative, il m'arriva d'en ajouter une autre et de jouer le grand jour un rôle privilégié. Nous étions tous entrés dans la cathédrale, munis de *cartes d'artistes* qui me rendaient très fière. Nous ne voyions rien du public : instruments et exécutants étaient rangés derrière le chœur, et, devant eux, leur âme commune : M. Bourgault-Ducoudray. L'exécution était plus qu'aux trois-quarts accomplie, lorsque notre ardent chef d'orchestre, d'un coup nerveux de sa baguette, envoya promener en morceaux la partition qu'il avait devant lui. C'était au cours d'un

« Chantez, chantez, magnanarelles / Car la cueillette aime les chants / Comme les vertes sauterelles / Au soleil dans l'herbe des champs / Chantez, chantez, magnanarelles / Car la cueillette aime les chants […]. »

4. Louis-Albert Bourgault-Ducoudray (1840-1910), chef d'orchestre et compositeur d'origine bretonne, s'intéressa tout particulièrement aux musiques folkloriques d'Europe.

mouvement accéléré, enthousiaste, vertigineux. Le musicien, les yeux comme hypnotisés, battait toujours la mesure, cramponné à ses souvenirs, mais sa fièvre avait pris un caractère désespéré. Alors, mue par je ne sais quel inconscient désir de sauver la situation, je m'avançai, franchis les quatre ou cinq mètres qui me séparaient du pupitre, j'y plaçai ma partition, ouverte à la page convenable, et je la fis tourner pour la mettre sous les yeux du maître ; puis je revins tranquillement à ma place. Je n'avais plus ma musique, mais cela n'importait pas. J'étais à peine une unité parmi les exécutants, tandis que le chef d'orchestre, c'était l'infini. Le mouvement ne s'était pas ralenti. Tout avait marché si vite que je ne savais pas bien moi-même ce qui s'était passé. Le lendemain, M. Bourgault-Ducoudray chargea Mme Isnard de ses remerciements pour la jeune fille qui lui avait « sauvé la vie ». Quelques années plus tard, je devais le retrouver à Paris chez M. Ravaisson, et recevoir de ses propres mains la partition de son *Stabat*.

Je ne chantais jamais dans un salon à cause de mon insuffisance. Une après-midi que nous étions réunies entre jeunes filles chez Mme Xardel, avec nos ouvrages, et que chacune à son tour offrait à la société un morceau de musique, je me décidai à faire ma petite part du concert. Je chantai un morceau de musique s'il en fut, *Rappelle-toi* (paroles de Musset)[5], pour lequel j'avais été minutieusement stylée par mon professeur. Les *forte* et les *piano* étaient combinés de manière à produire un maximum d'effet, et, en élève docile, je n'oubliai aucune de ces nuances. Quand j'eus terminé, mes amies m'applaudirent avec bienveillance pour m'encourager. Mais, ce qui m'étonna bien davantage, je m'aperçus qu'une jeune femme, qui se trouvait là, avait le visage baigné de larmes. Je me demandais si c'était moi qui lui avais causé tant d'émotion, et je m'en voulais presque de mon succès. Je sus plus tard que ma romance n'avait joué pour cette circonstance que le rôle de pause occasionnelle. La jeune femme, en effet, était en pleine crise romanesque : elle se fit enlever, deux ou trois jours après cette réunion, par un trop jeune homme, en abandonnant son trop vieux mari.

Puisque je suis en train de parler de mon activité musicale, j'ai bien envie d'épuiser le sujet. En 1877, je fus invitée à prendre part aux chœurs du mois de Marie dans la chapelle des Jésuites. Ces chœurs étaient organisés par Mme O'Gormann, la fleur de l'aristocratie nancéienne. Cette dame avait le double prestige du nom et de la fortune, mais elle avait aussi l'autorité et l'influence que donne généralement

5. Poème d'Alfred de Musset chanté sur une musique de Mozart : « Rappelle-toi, quand l'Aurore craintive / Ouvre au Soleil son palais enchanté ; / Rappelle-toi, lorsque la nuit pensive / Passe en rêvant sous son voile argenté ; / À l'appel du plaisir lorsque ton sein palpite, / Aux doux songes du soir lorsque l'ombre t'invite, / Écoute au fond des bois/Murmurer une voix : / Rappelle-toi [...]. »

une humeur despote et fantasque. Dans son monde, autour d'elle, ses caprices faisaient la loi. Je connaissais depuis longtemps ses défauts par papa qui la soignait et qui avait pour elle, malgré tout, une certaine amitié : elle l'amusait. J'étais beaucoup moins indulgente. Je n'avais pas encore pardonné à la noblesse locale les allures méprisantes que je lui avais vu prendre dans mon enfance. Je me fis donc beaucoup prier pour accepter l'invitation de Mme O'Gormann, et ce n'est que pour obéir à papa que je me suis résignée à le faire.

Les autres chanteuses appartenaient à l'aristocratie. Elles m'accueillirent très aimablement ; et, même, l'une d'elles étant venue à quelque temps de là partager nos cours de dessin dans l'atelier de Mme Faivre, me témoigna une amitié d'autant plus gênante qu'elle se donnait l'air d'ignorer la présence des petites roturières comme moi, dans la promiscuité desquelles il lui fallait dessiner. Elle poussait tellement loin l'art de ne pas voir, qu'un jour elle renversa tout une boîte de crayons sans s'en apercevoir et nous laissa nous mettre toutes à quatre pattes pour aider la compagne lésée à remettre en place son petit matériel, sans faire aucune espèce d'excuses et sans se déranger le moins du monde. Cette feinte inconscience était un des traits les plus saillants du caractère aristocratique en province.

Les chœurs choisis par Mme O'Gormann étaient affreux, mais tant de voix fraîches, qui descendaient de la tribune, arrivaient à faire passer cette affreuse musique et à charmer les âmes pieuses de la ville.

Quand le mois fut fini, nous reçûmes notre récompense. D'abord, le Père Félix nous offrit à chacune, avec un petit discours de remerciement qui sentait la religion de serre chaude, un petit livre portant sa signature. Ensuite, Mme O'Gormann nous promena à la foire tout une après-midi, nous combla de petits objets, et nous conduisit au cirque. Elle y paraissait tout à fait chez elle ; donnait des ordres à tous les écuyers, clowns et acrobates ; et faisait cueillir sur ses genoux, par l'éléphant de l'établissement, deux ou trois douzaines de choux à la crème. À quoi sert la fortune !

Comme nous étions trop nombreuses pour pouvoir tenir dans les huit équipages de Mme O'Gormann, elle fut obligée de nous reconduire chez elle à pied. On voyait que marcher était pour elle un exercice peu usité. Elle appelait cela : aller sur ses pattes de derrière.

La foire était un des grands plaisirs des nancéiens. Elle se tenait en mai sur le cours Léopold. On y achetait des produits de tous les pays dans de petites boutiques en bois le long desquelles s'allongeait un trottoir en planches où les pas résonnaient allégrement. On y était abrité par les toits et c'était, les jours de pluie, une promenade infiniment attrayante. On se laissait tenter par des choses exotiques ; les bibelots arabes et japonais voisinaient avec les couteaux du Centre, les dentelles de l'Est, les pains d'épices de Dijon et les nougats de Montélimar. Mais la plus grande attraction était le cirque ou la ménagerie ou les théâtres variés où l'on exhibait des géants et des nains, des monstres et des prodiges, des animaux sauvages, des hommes anthropophages qui dissimulaient laborieusement leur origine montmartroise en avalant, sang et os, des lapins vivants, qu'ils commençaient par dépecer en public.

De très bonne heure, ces spectacles m'avaient écœurée et j'en avais pressenti les dessous et les envers, toutes les misères qui en sont la contrepartie. Il suffisait, d'ailleurs, de suivre les baraques par-derrière, de longer les roulottes où grouillaient des enfants sales, pour voir à quel prix la société payait ses plaisirs. Un jour que, seule avec Marie, la femme de chambre, j'arrivais près d'une de ces roulottes, derrière le cirque, je vis une petite fille d'une dizaine d'années qui avait un bras en écharpe, tandis que l'autre bras rapportait péniblement de la fontaine une lourde cruche pleine d'eau. Un écuyer superbement harnaché pour la représentation s'approcha d'elle et, je ne sais pour quelle raison, la frappa d'un coup de cravache. Je poussai un cri, courus vers l'écuyer, et je ne sais ce que je lui aurais fait si Marie ne m'avait point fait entendre la voix de la sagesse. Je sentais encore palpiter en moi la petite fille résolue qui avait caché le martinet de M. Leclerc au fond d'un berceau de poupée.

La foire devenait, pour les soirs d'été, le rendez-vous de la belle société de la ville. On s'y retrouvait, on s'y asseyait sur des chaises ; on se faisait mutuellement des visites, des politesses, des présentations, il se nouait là des amitiés et des intrigues, exactement comme dans un salon. Mais, pour passer la soirée avec papa, nous nous privions de prendre part à ces fêtes foraines. Une fois, seulement, dans le courant de la foire, papa nous conduisait à la ménagerie. Il aimait entendre rugir les lions : cela le faisait penser au désert. Mais moi, je ne pouvais pas m'empêcher de voir les piques avec lesquelles on taquinait par-derrière ces pauvres lions en cage pour leur donner l'air féroce. Je les voyais tristes et malheureux, captifs et malades, réveillés malgré eux à onze heures du soir, pour montrer leurs dents au public.

Je me rappelle pourtant avec plaisir quelques parties faites avec des amies. Un soir, par exemple, nous allâmes en grande bande voir un certain cabotin capable d'amuser son monde à lui tout seul pendant toute une soirée. Il avait un esprit, une verve endiablés et même de l'instruction. Il écrivait et dessinait sur un tableau noir, soufflait dans deux ou trois instruments, et c'était toute la mise en scène dont il avait besoin pour jouer la comédie humaine. En sortant de cette baraque, le recteur de l'Académie, M. Jacquinet[6], s'écriait : « J'ai trouvé mon Aristophane ! » Mais moi, prise d'un accès de ma maladie chronique, je pensais aux dessous : d'où cet homme

6. Paul Jacquinet (1815-1903) avait été maître de conférences de langue et littérature française à l'École normale supérieure (1842) puis inspecteur général de l'enseignement secondaire pour les lettres (1867). Il fut recteur de l'Académie de Nancy de 1873 à 1879 avant de partir pour Besançon.

venait-il ? Par quelles étapes avait-il passé pour en arriver à exercer ce métier ? Quels secrets y avait-il dans sa vie ? Je n'en pouvais pas percer le mystère, mais j'en souffrais comme de la vue d'une plaie.

M. Jacquinet, dont je viens de parler, était un très fin lettré. Il parlait comme un livre, avec une correction élégante, une simplicité toute normalienne, un raffinement d'humaniste. Il passait, en revanche, pour ne rien entendre aux sciences et pour n'être pas capable de faire une règle de trois. Sa fille Louise avait le même genre d'esprit et elle était en outre excellente musicienne. Elle était aussi jolie que M. Jacquinet était laid, tout en lui ressemblant d'une façon frappante. Elle en faisait elle-même la remarque dans le salon de sa mère :

– « Quelqu'un de très joli peut très bien ressembler à quelqu'un de très laid. Ainsi, moi, par exemple, on dit que je ressemble à papa… »

Un éclat de rire général ne lui permit pas d'aller jusqu'au bout de sa phrase.

Quand Louise Jacquinet se mettait au piano, on était transporté avec elle dans un autre monde. Un jour, après avoir joué de la façon la plus émouvante la *Marche funèbre* de Chopin, elle se leva et s'écria :

– « Ah ! J'aurais voulu mourir ! »

C'était le sentiment général.

Cette nature si fine, si intellectuelle, si artistique, n'était pas faite pour les brutalités de l'existence. Louise, qui avait d'abord un peu tardé à se marier, a accepté d'épouser un homme qui ne la valait pas. Elle est morte, après avoir mis son enfant au monde, dans un coin vulgaire de la banlieue parisienne, où elle était condamnée à l'oubli et à la médiocrité. On n'a pas joué à son enterrement cette marche funèbre qu'elle aimait tant.

Parmi les personnes que je voyais habituellement et qui étaient du cercle de Louise Jacquinet, se trouvait une demoiselle déjà un peu plus mûre qui m'avait d'abord méprisée et qui ne s'était avisée que sur le tard de faire de moi son amie. Elle s'appelait Augustine Parisot[7]. Elle avait une culture d'esprit et une liberté de pensée peu usitées chez les jeunes filles de son temps. Elle jouait les charades avec un talent remarquable qui rappelait celui de Mme Georgel.

Notre petite société intellectuelle comprenait depuis deux ou trois ans, d'une façon stable, le ménage Rambaud. M. Rambaud, qui avait l'esprit changeant, avait voulu à tout prix venir à la Faculté des Lettres de Nancy. Il avait pris un congé en attendant, s'était installé chez ses beaux-parents, et s'était fait une sorte de gageure

7. Il s'agit probablement de la fille de Victor Parisot (1811-1895), collègue de Léon Poincaré à l'École préparatoire de médecine et de pharmacie puis à la Faculté de médecine depuis 1849 (où il enseigna la clinique interne).

de se faire nommer malgré la Faculté, en gagnant le Ministère à sa cause. Or la Faculté ne voulait pas de M. Rambaud, parce qu'il avait fondé à Nancy un journal républicain et anticlérical. Je n'aimais pas le *Progrès de l'Est* qui mangeait du prêtre à chaque ligne, mais j'aimais bien son fondateur et désirais beaucoup son succès. Quand je sortais avec Marguerite Benoît sous la conduite de sa mère et que nous rencontrions M. Rambaud, celui-ci ne manquait jamais de me faire un petit salut amical auquel je ne manquais pas davantage de répondre. Alors, Mme Benoît me faisait des reproches :

– « Comment ? Aline, me disait-elle, vous saluez cet homme-là ? Mais c'est le diable. »

Et elle faisait un grand signe de croix pour se préserver du démon. Le diable devait triompher.

C'est par une indiscrétion de Marguerite que j'appris la nomination de M. Rambaud, qui n'était pas encore averti[8]. Maman et moi, nous lui annonçâmes la nouvelle à Vandœuvre, où était déjà toute la famille. M. Rambaud y avait installé son cabinet de travail dans une vieille tour en ruine située au milieu des vignes et dominant toute la vallée. Il sauta en l'air comme un gamin en apprenant le bon tour qu'il avait joué à la Faculté des Lettres et en particulier à son doyen[9]. Nous suivîmes d'abord assidûment le cours d'histoire fait à la Faculté par M. Rambaud. Mais, chose curieuse, lui dont les écrits étaient si intéressants et qui, dans la conversation, était pétillant d'esprit, devenait dans sa chaire un professeur monotone et ennuyé. Il avait la parole difficile, les gestes gauches d'un rameur qui, alternativement, se renverse en arrière ou lance ses bras en avant pour conduire ses rames. Néanmoins, le cours de M. Rambaud était très recherché par les dames, les *madames* pourrait-on dire, qui formaient son cercle d'adoratrices. Elles étaient toutes rivales les unes des autres et se lançaient des coups d'œil venimeux tandis qu'elles buvaient de la bière après chaque leçon dans le cabinet du Maître. Elles veillaient l'une sur l'autre avec une attention jalouse. La moins soupçonneuse des admiratrices de M. Rambaud, celle qui professait pour les autres la plus inaltérable bienveillance, était sans contredit Mme Rambaud. Le grand succès du professeur d'histoire auprès des femmes venait de ce qu'il était aimable d'une façon intermittente et que, tour à tour flattées et déçues, elles étaient sans cesse dans l'expectative.

8. Après son passage par la Faculté des lettres de Caen, Rambaud avait obtenu deux congés d'inactivité qui lui avaient permis de faire deux voyages d'études en Russie entre 1873 et 1875. Il avait ensuite été nommé suppléant à la Faculté des lettres de Nancy (1876-1878) avant d'être nommé professeur d'histoire et de géographie en 1879.

9. Le doyen à cette époque (1876) était Charles Benoît. Voir le chapitre XIII.

Mme Gays s'était mise immédiatement parmi ces dames et c'était peut-être la plus ardente dans la lutte. Elle imagina de faire jouer la comédie à M. Rambaud, qui jouait des charades avec nous d'une manière très spirituelle. Après s'être fait un peu prier, M. Rambaud consentit à lire la pièce à haute voix, un soir, chez lui. On me réservait le rôle de la jeune première, ce qui fait que nous assistâmes à cette lecture. Mais M. Rambaud s'amusa à lire de la façon la plus inepte, avec une remarquable incompréhension de son rôle. Mme Gays le regardait d'un air étonné, ne sachant trop s'il était sérieux. Pour conclure, il finit par dire :

– « Je vous avais prévenue : je ne suis pas fait pour la comédie. La tragédie, si vous voulez, mais la comédie, jamais ! »

Mme Gays lui offrit obligeamment de l'aider, de lui faire rabâcher son rôle, mais il protesta dans son refus et dans ses protestations de modestie.

Je demandai alors à maman la permission d'imiter son exemple. Maman était toute disposée à me laisser jouer, mais je lui fis observer que j'étais trop grande pour me produire sur les planches dans une maison étrangère. Que je voulais bien encore jouer la comédie pendant les vacances, chez nous, et pour amuser Henri, mais que je ne voulais pas être une de ces artistes amateurs que l'on retrouve dans tous les salons. Les rôles étaient retournés, chez nous, à cette occasion : c'était la fille qui était sage, et la mère qui était imprudente. Pourtant, je n'eus pas à me repentir de ma sagesse. Après avoir joué *Bataille de Dames*[10] chez Mme Gays, la même troupe reprit la pièce chez le recteur, avec un millier d'auditeurs. Ainsi c'eût été un véritable engrenage.

À la fin des vacances suivantes, maman nous fit jouer une autre pièce du théâtre français, *Mlle de la Seiglière*[11]. Henri était le marquis, mon père. Le rôle du jeune roturier, Bernard, était joué par Paul Xardel. J'avais demandé à ce dernier de supprimer quelques tirades de la grande scène des déclarations, que je trouvais gênantes, et il avait cédé à mon désir pendant la durée des répétitions ; mais, à la représentation, il rétablit le texte dans son entier, et, désagréablement surprise par cette trahison, je ne trouvai rien de mieux que d'éclater de rire à son nez. Immédiatement, toute la salle suivit mon exemple. En rentrant dans la coulisse, Paul Xardel me jeta un regard furieux :

– « Ah ! Mademoiselle, dit-il, c'est impardonnable : tout l'effet a été manqué. »

Paul Xardel commençait d'ailleurs à m'ennuyer beaucoup par ses assiduités exagérées et j'usais de subterfuges pour lui refuser les cotillons.

---

10. *Bataille de dames* est une comédie d'Eugène Scribe créée en 1851.

11. *Mademoiselle de la Seiglière* est une comédie en quatre actes et en prose de Jules Sandeau qui fut créée à Paris à la Comédie française en 1851.

Il était alors sous-lieutenant, tout frais émané de Saint-Cyr, au 26e de ligne, le célèbre régiment de Blandan[12], et il faut lui rendre cette justice qu'il poussait l'esprit de corps jusqu'à ses dernières limites. Il prenait avec nous de grands airs et semblait oublier les colles dans lesquelles Henri, qui l'interrogeait pendant les vacances pour lui rendre service, le traitait souvent d'idiot. Paul Xardel avait d'ailleurs, pendant la dernière année de sa préparation à Saint-Cyr, été interne chez les Jésuites de la rue des Postes, et il en avait rapporté les prétentions traditionnelles[13].

---

12. Comme à d'autres endroits de son journal, Aline Boutroux fait ici référence à une figure bien connue de Nancy dont on fit un idéal patriotique. Il s'agit de Jean Pierre Hippolyte Blandan, dit le sergent Blandan (1819-1842). Engagé très jeune, il prit part aux opérations militaires de la conquête de l'Algérie au sein du 26e régiment d'infanterie de ligne. Il devait mourir en héros lors d'un accrochage avec des cavaliers arabes. Sa résistance héroïque fut largement exploitée par l'armée française. À Nancy il devait donner son nom à une caserne et à une rue.

13. Voir également le chapitre XVII. Cette remarque d'Aline Boutroux n'a rien d'anodine. Elle renvoie en effet à un débat particulièrement vif concernant la place de l'enseignement privé dans la formation des élites à partir des années 1870. La loi Falloux de 1850 avait reconnu la liberté de l'enseignement et avait conféré de grands avantages aux associations religieuses qui l'assuraient. Dans son sillage un grand nombre d'écoles et de collèges libres avaient été créés suivis très rapidement par des établissements spécialisés dans la préparation des concours des grandes écoles (et ne disposant donc que de classes de mathématiques spéciales et supérieures). C'était ainsi le cas de l'École Sainte-Geneviève, fondée par la Compagnie de Jésus en plein quartier latin, dans la rue des Postes (d'où le surnom donné aux élèves, les *postards*). En l'espace d'une décennie, cette école devait connaître un très grand succès ; on estime ainsi qu'en 1865 elle avait déjà fourni près de 1 400 admis aux écoles polytechnique, centrale, navale et à l'École militaire de Saint-Cyr [D. Colon 2003], p. 175-176. Selon Bruno Belhoste, en 1868, 52 admis sur 300 à Saint-Cyr étaient des *postards* (27 sur 147 à Polytechnique, 22 sur 229 à l'École centrale), ce qui créait des tensions très vives avec les étudiants issus de l'enseignement public [B. Belhoste 2001], p. 127. Poincaré devait entrer à l'École polytechnique par la voie publique, le lycée de Nancy ayant été parmi les premiers en province à se doter d'une école préparatoire en 1865. Aussi, lorsqu'il arriva à l'École polytechnique en 1873 il était très sensible aux enjeux de cet affrontement. Les *postards* occupent ainsi une place importante dans sa correspondance familiale : sans être parmi les plus virulents, en tant que major de promotion, il ne pouvait rester neutre dans ce conflit qui agitait les commissions étudiantes et il prit fait et cause contre les jésuites. Voici par exemple en quels termes il devait relater l'épisode de la *séance des cotes* qui clôturait habituellement le bizutage (la commission des cotes, composée d'élèves de deuxième année et organisée en tribunal, faisait la lecture des cotes, c'est-à-dire des notes obtenues par les conscrits au concours d'entrée à l'École) : « L'inspection n'a rien offert de particulier. On nous a présenté les nouveaux capitaines et levé les consignes ; puis nous sommes descendus aux cotes. D'abord brouhaha immense ; enfin on obtient le silence, on me met le bonnet de coton sur la tête on l'enfonce jusqu'au cou on me fait faire la pirouette et je me trouve sur les planches. On m'enlève le bonnet et Badoureau [major de

La brutalité inattendue avec laquelle Henri traitait son camarade d'idiot n'avait pas été sans m'étonner. C'était un réflexe de l'insupportable souffrance que lui causait l'absurdité en mathématiques. Henri était toujours si parfaitement doux qu'on oubliait qu'en dedans il avait des nerfs d'une sensibilité exceptionnelle. On ne s'en apercevait qu'à de brusques éclairs qui s'éteignaient aussi vite, comme si sa propre voix lui avait fait peur. Je me rappelle toujours ma surprise lorsqu'un jour, dans la gare de Lérouville, après avoir manqué la correspondance par la faute d'un employé, nous entendîmes une petite voix blanche qui s'élevait comme une fusée et retombait de même. Cette voix protestait contre l'incurie du susdit employé, incurie dont une quinzaine de voyageurs, parqués derrière une barrière, venaient de souffrir inopinément. Je m'approchai pour voir le Monsieur en colère et je m'aperçus avec stupéfaction que ce monsieur était mon frère. Ici encore, il se révoltait contre une absurdité. Mais l'absurdité lui paraissait encore plus condamnable parce qu'elle était due à l'insouciance et à la mauvaise volonté. Pendant une demi-minute, Henri avait laissé percer au dehors la révolte de son sens de l'exactitude et de la justice. Ensuite, comme honteux de lui-même, il rentra dans son calme.

---

la promotion 1872] commence son discours. Rappelle-toi, me dit-il en résumé, que les galons ne te donnent aucun privilège sur tes camarades ; mais qu'ils ne te font encourir en aucune façon la responsabilité de leurs actes (Applaudissements). Devisse-toi le plus souvent possible. Tu as été reçu bizut et point carré ; soit néanmoins carré avec l'adminis. Puis je descends. Vient ensuite le major de queue auquel on débite un assez joli laïus en vers où on lui dit qu'être ici le dernier est encore un honneur et qu'il doit se conduire de telle façon qu'on dise en le voyant : qu'est-ce donc que le premier. Enfin après quelques cotes sans importance, on appelle le conscrit Ruault. Le conscrit Ruault n'apparaît pas ; il reste dans un coin ; tout près de moi ; tout près des planches ; mais entouré de solides gardes du corps. À ce moment une dizaine de jésuites cherchent à escalader la tribune. La commission des cotes les repousse et les rejette, un ou deux sur moi, le reste sur Briot qui est presque écrasé. Nous refusons la cote, s'écrie l'un deux ; nous demandons la parole : personne n'a la parole ici que la commission des cotes. Liberté pour tous. La promotion a voté, vous devez vous soumettre, etc. etc. Enfin Badoureau s'avance et veut commencer la lecture de la cote. Il est applaudi d'un côté, sifflé de l'autre. Mais le chambard des jésuites l'empêche de se faire entendre. Alors il descend le tableau. Des applaudissements se font entendre. On voit alors pour la première fois comment les jésuites se sont massés. Sur un secteur de 20° environ à droite de l'amphithéâtre, il n'y a que moi qui applaudis. Badoureau commence à écrire. La Compagnie de Jésus, par l'éducation qu'elle donne à la jeunesse, poursuit un but que nous connaissons tous. À ce moment toute l'extrême droite de l'Assemblée se lève, et se précipite vers la porte. Elle sort et va raconter à la rue des Postes ses exploits. » Lettre de Poincaré à sa mère, novembre 1873, collection privée, Paris.

Cet incident devait avoir pour conséquence de nous obliger à coucher à Sorel où, comme on sait, l'installation était des plus sommaires. Nous avions Sophie Forthomme avec nous, ce qui compliqua le problème des lits, mais rendit l'aventure d'autant plus amusante.

XXVI.
Cousins et cousines

Depuis qu'Henri passait à Nancy la plus grande partie de ses vacances et n'accordait guère plus d'une semaine à Arrancy, je faisais seule, dans le cher et vieux pays, quelques petits séjours à d'autres époques de l'année. Je continuais à partager la chambre et les soucis nocturnes de ma bonne mémère, c'est ce qui me permit, un soir, de lui sauver la vie.

En train de natter mes cheveux pour la nuit, je tournais le dos à son lit où elle était déjà, et où elle s'était mise à lire son journal. J'eus conscience tout à coup qu'une grande lueur se faisait derrière moi, et, m'étant retournée, je vis le lit en flammes. Ma grand-mère s'était endormie, une petite lampe posée imprudemment sur ses genoux avait mis le feu au journal, et le feu s'était communiqué à l'édredon, aux couvertures, à l'oreiller : la dormeuse ne se doutait de rien. Alors je me précipitai sur elle, tirai par terre tout ce que je pus et la réveillai du même coup. Mais à ce moment même, l'incendie me parut gagner du terrain et envahir toute la maison : je ne voyais plus que des flammes. Ce fut une minute d'angoisse et d'erreur en même temps, car seuls mes cheveux, mes cils et mes sourcils étaient en train de brûler, en jetant en tous sens des flammes rapides, capricieuses, fugaces, qui s'éteignirent bientôt. L'illusion ayant disparu j'aidai la mémère à piétiner les débris de ses couchages qui achevaient de flamber sur le parquet. Une forte odeur de plumes, de cheveux et de laine roussis empoisonnait la chambre. J'étais défigurée pour quinze jours, mais ma mémère était sauve.

L'oncle Edmond ayant définitivement liquidé les affaires de Sorel était revenu vivre à côté de sa mère, dans la partie de la maison d'Arrancy qu'elle s'était réservée. De l'autre côté, le ménage toujours assez mal rangé de l'oncle Adrien comprenait une seconde petite fille. Moi, j'étais l'enfant gâtée de ma grand-mère et de mon oncle, j'étais l'enfant gâtée de tous les parents et amis des environs. Je ne sais trop pourquoi, ils me traitaient comme un objet rare, fragile et précieux, comme une citadine raffinée ; comme l'arbitre des élégances ; comme une savante, à cause de mes malheureux brevets, comme une artiste, parce que j'avais barbouillée deux ou trois copies. En somme je n'étais pas dupe de cette bienveillance exagérée et je me rendais parfaitement compte de la pauvreté de mes mérites, mais j'étais contente de jouir d'un certain prestige, de rencontrer de l'affection et de recevoir des hommages, même immérités.

Lucie Comon était devenue une jeune fille : elle m'avait rattrapée. Je puis même dire qu'elle m'avait dépassée sous le rapport de la capacité pratique et de l'obligeance.

Elle rendait continuellement service à ceux qui l'entouraient, avec une bonne humeur inlassable. Elle avait été à Nancy pendant deux ans à peine dans la pension Mercey. Mais elle inondait de larmes, la nuit, son oreiller et, le jour, ses cahiers, et ne s'était jamais faite à l'internat. Elle avait horreur de la discipline, rigide en théorie et si facile à tourner dans la pratique. Consciencieuse et droite, mais avide de liberté, elle souffrait doublement, et de la règle elle-même, et des infractions à la règle. Ses études s'en ressentaient, sa santé s'altérait ; elle était constamment malade et venait passer chez mes parents des jours de sortie et des congés supplémentaires pour se remettre de ses indispositions. De plus en plus, nous avions l'une pour l'autre une amitié vraiment fraternelle.

Elle finit par retourner à Longuyon, où ses parents avaient trouvé le moyen de la faire travailler. Je lui en voulus quelque peu d'accepter de si bonne grâce les leçons qui lui étaient données par une dame contre laquelle j'avais depuis l'enfance des griefs considérables. Cette dame, en effet, avait, trente ou quarante ans auparavant, tenu une petite pension à Longuyon, et c'est chez elle que maman avait pris ses meilleures leçons de dévouement. Combien de fois maman ne nous avait-elle pas raconté la vie qu'elle menait chez Mlle Voizard en qualité d'élève favorite et de victime principale, partageant la nourriture détestable et l'hiver sans feu des autres pensionnaires, mais ayant pourtant le privilège exceptionnel de passer ses nuits à coudre, de ses doigts gonflés d'engelures, les volants des robes de bal de sa maîtresse ! Nous connaissions mieux que l'histoire du Petit Poucet tous les détails fantastiques de cette vie de pension, et nous avions fini par considérer Mlle Voizard comme une sorte d'ogresse. Or c'était cette même ogresse qui, à force d'aller au bal, avait fini par se marier, et qui était chargée, sur ses vieux jours, de parfaire l'éducation de la docile et respectueuse Lucie.

En somme, Lucie ne reçut qu'une instruction très légère, mais elle n'avait aucun besoin d'en savoir plus long. Naturellement, elle parlait comme elle pensait et écrivait comme elle parlait, c'est-à-dire avec simplicité, justesse, précision, abondance sans surcharge, fraîcheur et sincérité d'impression, sens de la vie, choix judicieux des détails, chaleur de cœur et droiture d'esprit, en un mot avec des qualités innées cent fois plus appréciables que celles qu'on aurait pu lui donner artificiellement.

Louis était devenu un grand et fort garçon, toujours franc, rond et jovial. Mais il avait pris la mauvaise habitude de traiter en esclaves toutes les femmes de la maison. Non seulement les bonnes, mais sa sœur et sa mère recevaient de sa part des ordres impérieux. Je me rappelle encore la façon furieuse dont il pressait sur sa sonnette et dont il lançait dans le corridor, à une distance considérable, ses bottes qui demandaient à être cirées. Je faillis un jour, en passant, en recevoir une à la tête. Cet accident le rendit honteux car, pour faire comme tout le monde, il me témoignait généralement de la déférence.

La maison d'Arrancy était entrée dans le calme. Ce n'était plus là qu'on donnait le signal des réjouissances. Pourtant on s'amusait encore à Spincourt, à Mainbottel et à Longuyon. On donna un grand bal à Spincourt, pour lequel nous fîmes le voyage tout exprès. On y voyait toutes les demoiselles de la région, dont quelques-unes étaient des filles de gros fermiers. C'est là que je rencontrai le peintre Bastien-Lepage, qui était originaire d'un village voisin[1]. Je ne connaissais pas alors sa réputation, surtout celle qu'il devait acquérir dans la suite. Je le prenais pour un rapin de village qui laissait pousser ses cheveux pour faire croire qu'il avait du talent. Je dansai pourtant avec lui une fois, et je l'entendis en passant dans une porte, qui m'appelait : « Sa petite en bleu. » Je n'avais pas besoin de lui pour danser : les noms de mes cousins grands et petits suffisaient amplement à remplir mon carnet.

On dansait aussi à Longuyon les jours de comice agricole. L'oncle Charles était devenu un personnage politique, maire de la ville et conseiller général. Ses fonctions l'appelaient à Nancy deux fois par an et je m'en réjouissais, car il était excellent pour moi. Les jours de comice, avant de danser chez la tante Odile, on allait d'abord faire un tour au bal de l'hôtel de ville que nous traversions en grand cortège, comme fait le Président de la République dans les bals officiels de la capitale. Dans le cortège figuraient le sénateur Bernard[2], le député Alfred

1. Jules Bastien-Lepage (1848-1884) était originaire du village de Damvillers, dans la Meuse. Il se fit connaître pour ses toiles naturalistes, largement consacrées aux paysans meusiens.

2. Auguste Bernard (1824-1883) avait fait des études de droit et avait ouvert un cabinet d'avocat à Nancy. Il fut successivement membre du Conseil de l'Ordre des avocats puis bâtonnier et il termina sa carrière comme conseiller à la Cour de Cassation. Élevé dans un milieu royaliste et conservateur, il adhéra sans réticences au régime bonapartiste. Cependant dans les années 1860 il devait évoluer vers le centre gauche et se rallier aux républicains conservateurs. Il fit partie du conseil municipal de Nancy durant près de 25 ans et occupa les fonctions d'adjoint au maire de 1852 à 1857 ainsi que durant la guerre de 1870. Originaire de Château-Salins – ville annexée à l'Allemagne – il opta pour la France et fut nommé maire de Nancy en 1872 : partisan convaincu d'Adolphe Thiers, apprécié de la population, il eut à gérer les rapports avec les troupes d'occupation jusqu'à leur départ en 1873 et à faire face à l'arrivée massive des optants alsaciens et lorrains. Il fut élu sénateur de Meurthe-et-Moselle en 1876 puis réélu en 1879. La famille Poincaré était semble-t-il très proche d'Auguste Bernard – Léon Poincaré était lui-même conseiller municipal durant la guerre – et elle bénéficia largement de son influence politique à plusieurs reprises, notamment lorsqu'Henri Poincaré fut pressenti pour un poste d'ingénieur des mines en Algérie en 1879 [L. Rollet 2010] ou lorsqu'il chercha à obtenir une position universitaire à Paris en 1880-1881. Par ailleurs, le fils d'Auguste Bernard, Maurice Bernard – également avocat – devait devenir un ami intime de Raymond Poincaré. Pour plus de détails sur son parcours, cf. le *Dictionnaire des parlementaires de la Troisième République* [A. Robert, E. Bourloton et G. Gougny 1890-1891]

Mézières[3], ou encore le député réactionnaire de Ladoucette[4]. Ensuite s'ouvrait le bal privé chez ma tante, qui se prolongeait jusqu'à une heure avancée de la nuit.

Roger Berment était venu pour cette circonstance. C'était le temps où il commençait à faire l'école buissonnière hors des bureaux où il était censé travailler. Recommandé par maman et soutenu par notre amitié, il avait continué à être reçu dans la bonne société de Nancy. Mais il y avait toute une doublure de sa vie, qui, déjà, se passait dans un autre monde. Il avait eu le malheur de perdre sa mère prématurément et n'avait plus été retenu dans la suite par la crainte de lui faire de la peine. C'était une raison nouvelle de se laisser glisser dans l'abîme où, déjà, l'entraînait sa faiblesse. Son père, qui ne s'occupait pas beaucoup de lui et lui donnait plutôt le mauvais exemple, était d'ailleurs acculé à la faillite. C'est ce qu'ignoraient les bons prêteurs de Nancy, restaurateurs et tailleurs à crédit, qui vendaient ou fournissaient à Roger des choses pour trois ou quatre fois leur valeur en escomptant les héritages de l'avenir. Ainsi s'accumulait une dette dont Roger lui-même ignorait le montant.

De plus en plus irrégulier, il s'était fait renvoyer de la Recette générale, puis d'autres bureaux, et il avait essayé d'autres choses avec tout aussi peu de conscience et tout aussi peu de succès. Lorsqu'il partageait nos amusements, à Longuyon et à Spincourt, il était vraiment au bout de son rouleau.

Je devais pourtant le revoir encore : selon la coutume du pays, nous nous étions partagé au dessert les deux moitiés d'une amande double. C'était ce qu'on appelait une *philippine*. La première fois qu'on se revoyait, celui des deux joueurs qui criait d'abord à l'autre : « Bonjour Philippe » ou « Bonjour Philippine » (selon les sexes), tout en tenant sa moitié d'amande à la main, avait gagné et recevait de l'autre un petit cadeau. Dans le cas particulier, Roger semblait avoir toutes les chances de gagner puisqu'il venait nous voir à Nancy à l'improviste. Mais il se trouva que

---

ainsi que la notice de François Roth dans le *Dictionnaire des parlementaires lorrains de la Troisième République* [F. Roth 2006].

3. Formé à l'École normale supérieure, ancien élève de l'École d'Athènes, Alfred Mézières (1826-1915) avait commencé sa carrière d'enseignant de lettres dans différents lycées de province avant d'être élu professeur de littérature étrangère à la Faculté des lettres de Nancy en 1854. Il continua sa carrière universitaire à la Sorbonne en 1861 et publia de nombreux ouvrages de littérature comparée sur Dante, Shakespeare ou Goethe. Il fut élu en 1874 à l'Académie française au fauteuil de Marc Girardin. D'abord orléaniste, il se rapprocha progressivement du Centre Gauche et d'Adolphe Thiers et fut député de Meurthe-et-Moselle de 1881 à 1900 puis sénateur de 1900 à 1915. Cf. [F. Roth 2006].

4. Étienne de Ladoucette (1843-1912) fut successivement député de Meurthe-et-Moselle de 1876 à 1881 puis député des Ardennes de 1881 à 1885 et de 1889 à 1893. Il fit toute sa carrière comme radical au sein des milieux bonapartistes. Cf. [T. Choffat 2006].

la tante Odile eût à aller à Stenay pour un enterrement et qu'elle m'y emmena avec elle. C'est là qu'habitait ma cousine Lucie Berment, devenue Mme Viellard, et Roger était justement en séjour chez sa sœur, à laquelle, déjà, il jouait des tours pendables : demandes d'argent, menaces de suicide et de scandale, il employait tous les moyens pour se procurer des fonds. Je gagnai ma *philippine*. De retour à Nancy, Roger m'apporta une jolie bonbonnière en porcelaine du Japon, que j'ai toujours, bien qu'elle n'ait peut-être jamais été payée. Nous n'avons jamais plus revu Roger ensuite. Chassé de notre ville par des créanciers, il allait partir pour Paris, où il se perdit dans la foule de tous ceux qui ne vivent que d'expédients. Un jour, après mon mariage, je l'ai aperçu sur la place du Panthéon, sans pardessus, sous une bise glacée, et avec la mine d'un homme qui n'a pas dîné la veille. Toute la famille ayant rompu avec lui, je n'ai pas osé l'aborder.

Nous avons eu plus tard des nouvelles de Roger par les journaux. Il avait pris part à une réunion socialiste où des ouvriers avaient déclaré qu'ils aimeraient mieux serrer la main d'un frère allemand que celle d'un bourgeois français[5]. Roger, alors, s'était précipité à la tribune et, comme il y avait encore un patriote qui se souvenait du mobile de 1870, il avait protesté au nom de la Lorraine. Les autres s'étaient jetés sur lui, l'avaient couvert de coups, et on l'avait rapporté dans sa chambre tout ensanglanté. M. Georges Clemenceau, qui ne le connaissait pas auparavant, s'était alors installé à son chevet, et plus tard, devenu ministre, il devait l'attacher au ministère de la Justice. Grâce à cette puissante protection, Roger a même été une fois candidat à la députation. Est-ce à cette qualité qu'il le doit ? Il a fait plus tard un mariage riche. C'est tout ce que je sais de l'histoire de ce cousin qui avait pour toujours disparu de notre horizon, malgré l'intimité de notre enfance.

En outre de l'héritage paternel de Roger qui devait s'en aller en fumée, les créanciers de Roger avaient également escompté l'héritage de son oncle maternel. Adolphe Barthélémy, que nous n'avons jamais appelé ni oncle ni cousin, était le frère de la tante Amélie et il était resté célibataire. Il habitait Nancy, où il menait une vie très rangée, très régulière. Toutefois, les dames de la famille n'allaient jamais chez lui. Il vivait de ses rentes avec beaucoup d'ordre. Son jugement sûr, sa droiture, son goût littéraire, son libéralisme, sa santé politique de républicain intègre le faisaient apprécier de tous ses amis. Il aurait pu, certes, briguer un mandat de conseiller municipal ou de député. Mais il méprisait les grandeurs et redoutait les responsabilités. Sa constitution physique laissait d'ailleurs beaucoup à désirer. Il avait été de très bonne heure obèse et malade. Il venait nous voir très souvent. Il aimait beaucoup

5. Roger Berment fut en effet candidat radical socialiste aux élections législatives de 1902 à Draguignan.

maman, qui était comme une sœur pour lui. Il avait pour papa une estime doublée d'affection. Il s'était donc attaché à Henri et à moi. Il suivait les succès d'Henri avec une grande satisfaction et se plaisait à monter notre bibliothèque. C'est à lui que nous dûmes la collection complète du *Tour du Monde*, où nous voyagions en imagination, trompant ainsi le besoin que nous avions de visiter des pays inconnus.

Comme le cousin Adolphe avait vécu en sage, il fit son testament en sage : il ne laissa à Roger qu'une rente viagère et les créanciers indélicats en furent pour leurs frais.

***

La jeunesse de Spincourt et de Mainbottel avait grandi et donnait à ces maisons un entrain particulier. Je n'ai guère parlé jusqu'ici des filles de la tante Anna[6] ; L'aînée, qu'on appelait *la grande Aline*, était veuve à l'époque dont je parle. Elle avait un fils unique nommé Maurice, qui était malade depuis sa naissance et avec lequel elle avait passé à Cannes un grand nombre d'hivers. Devenu grand, Maurice était resté un pauvre garçon qui ne semblait pas destiné à vivre, mais c'était un bon garçon. Il n'avait pas d'occupations, mais il avait des talents de société : il chantait des chansonnettes et récitait des monologues d'une voix d'asthmatique avec une complaisance inlassable. Sa mère l'a couvé et traité en enfant pendant toute sa vie.

La grande Aline s'était mariée pour avoir de l'argent. Elle avait épousé un homme malade et beaucoup plus âgé qu'elle, qu'elle n'avait jamais pu parvenir à aimer. C'était pourtant un homme distingué et un galant homme, mais froid, triste, gourmé. Il avait compté vivre avec sa femme dans un grand château féodal fort bien conservé qu'il possédait aux environs de Pont-à-Mousson. Mais elle n'avait vu là qu'une prison et avait refusé d'y rester. Le château de Pierrefort[7] n'avait été restauré que pour être abandonné et tomber de nouveau en ruine. Nous y avions fait, pourtant, deux visites passionnantes. Les souvenirs mystérieux qui erraient dans les chemins de ronde étaient pour nous de l'histoire vivante ; on trouvait des cachots murés par les hommes et des cachettes pour les trésors ; les vieux ponts-levis fonctionnaient encore, tous les mâchicoulis se dessinaient intacts sur le ciel ; enfin, de la terrasse du château qui surplombait un haut mur tout fleuri de giroflées, on voyait au fond de la vallée trois villages qui étaient couchés à terre comme des serfs prosternés. Quand

6. Marie-Anne Barthélémy. Sur la famille Barthélémy, voir le chapitre v.

7. Le château de Pierrefort est situé à Martincourt, commune de Meurthe-et-Moselle à quelques kilomètres au sud-ouest de Pont-à-Mousson. Il s'agit d'une ancienne forteresse médiévale construite en 1314 par Renard de Barr.

on creusait la terre, autour du château, on trouvait à chaque coup de pioche quelque fragment d'objets anciens : un morceau de ferraille, une pierre sculptée, des grains de collier. C'est là que nous connûmes la joie qu'on a à fouiller.

Mme Aline Grosjean ne partageait pas notre enthousiasme. Après la mort de son mari, elle ne retourna jamais à Pierrefort, qui ne fut plus pour elle qu'une terre sans rapport et le décor d'un mauvais rêve. Elle vivait à Spincourt entre sa mère et son fils Maurice.

Malgré les maladies dont elle avait toujours été entourée et qui l'avaient elle-même ravagée, la grande Aline restait une grande enfant extrêmement gaie et rieuse. La dernière fois que je l'ai vue, c'était après mon mariage, dans un hôtel de Paris. Elle avait été brusquement frappée de cécité et venait pour consulter un oculiste. Je la trouvai dans son lit, au fond d'une chambre sans fenêtre. Elle me demanda : « Voudrais-tu me montrer de quel côté est la fenêtre ? » Je dus lui avouer que la fenêtre n'était d'aucun côté, ce qui parut lui causer une grande déception. Avait-elle, la pauvre grande Aline, pensé s'en aller par là vers l'inconnu d'où l'on ne vient pas ?

Maurice n'a pas beaucoup survécu à sa mère, dont, sans doute, les soins lui étaient nécessaires. Sa grand-mère non plus n'était plus là. Il était seul au monde et incapable de se défendre : il est devenu la proie d'un intrigant. Il a laissé pourtant la maison de Spincourt, dont il était devenu propriétaire, à un de ses oncles, héritier du nom de Barthélémy, et grâce à la constance héroïque d'une femme d'élite, cette maison est toujours dans la famille, malgré tous les malheurs qui l'ont assaillie.

La famille Gentil, celle de la seconde fille de la tante Anna, installée à Mainbottel, comprenait trois enfants dont j'ai déjà décrit la vie facile autour de l'idyllique papeterie de leur père. Cette éducation réussit pleinement chez les filles, qui étaient tout à fait charmantes, mais elle fit du fils Gabriel un Tartuffe précoce, qui résolut d'entrer dans les ordres parce que c'est là, pensait-il, qu'on obtient un maximum de jouissances avec un minimum de travail. Il escomptait d'avance les dîners fins et les attentions pieuses de ses paroissiennes, et il faisait avec cynisme le programme de sa vie. Ce programme, il n'a pas manqué de le mettre à exécution. Il avait tiré son épingle du jeu avant la faillite de la papeterie, il vécut en égoïste. Il vient de mourir gros et gras, toujours faux, toujours doucereux, toujours occupé de son bien-être et de rien autre chose.

La faillite atteignit Cécile et Lucienne Gentil en pleine jeunesse et manqua de gâter leur vie. Elles se sont mariées, pourtant, et ont été d'excellentes femmes. Quant au père, il était allé gagner son pain à Panama, où il recrutait des nègres pour creuser le canal. Il fit preuve d'un courage étonnant et d'une humeur charmante. Mais il rapporta la mort de cette expédition.

La troisième fille de la tante Anna, Mme Luvivier, était mariée aux environs de Bar-le-Duc et on ne la voyait que rarement. Elle avait la tête faible et le goût des choses occultes. Dès qu'on était réuni, elle réclamait des mains de bonne volonté pour faire tourner des tables et je lui offrais toujours les miennes. Elle trouvait que cela réussissait très bien avec moi parce que j'aidais le mouvement à petits coups de pouce discrets.

Marcel Barthélémy, le dernier de la famille, était le filleul de maman. C'était un brave et joyeux garçon, un bel officier fier de son métier. Pendant la guerre, il avait subi le siège de Metz, mais il avait réussi à s'évader lors de la capitulation et à passer la frontière de Belgique. Son beau-frère Émile Gentil, voyageant en voiture pour ses affaires sur une route de Belgique, aperçut un roulier dont la haute stature et le visage martial ne lui étaient pas inconnus. C'était le prisonnier échappé, qui allait rentrer en France d'un autre côté pour rejoindre l'armée de la Loire.

Marcel Barthélémy épousa quelques années plus tard une nièce de sa sœur et poursuivit sa brillante carrière militaire, jusqu'au jour où une chute de cheval faite au cours des manœuvres l'emporta en pleine vigueur. Il était alors colonel.

***

Mes cousines germaines Marie et Gabrielle Magnien étaient en train de devenir à leur tour de grandes demoiselles[8]. Elles m'avaient succédé au cours de Mlle Vidart, puis à celui de Fräulein Scholderer : en tout, elles voulaient m'imiter, ce qui parvenait parfois à m'exaspérer parce que j'avais la prétention d'avoir une certaine originalité. J'avoue que j'étais injuste, que j'avais tort, et que les bonnes choses méritent d'être partagées. C'était, je l'ai déjà dit, le grand principe de ma tante Clémence qui était toujours disposée à tout mettre en commun.

Marie était une jolie fille, bien faite, gracieuse et souriante. Elle n'avait aucune méchanceté et n'en soupçonnait jamais chez autrui. Elle était facile à amuser, toujours gaie, simple et de bonne humeur. Mais une invincible étourderie, jointe à une certaine indifférence, la rendait inapte à l'étude.

Tout autre était Gabrielle, la sœur cadette. Celle-ci, moins agréable que sa sœur au point de vue physique, avait, en revanche, une intelligence plus exacte et une perspicacité plus avisée. Elle était fine et circonspecte, énergique, persévérante, réfléchie et ambitieuse. Malheureusement, toutes ses qualités étaient compromises

8. Marie et Gabrielle Magnien étaient les filles de l'oncle Théodore et de la tante Clémence.

par la prétention, souvent mal justifiée, qui y était mêlée, car Gabrielle n'atteignait la perfection dans aucun domaine.

En somme, tout le monde était d'accord pour préférer Marie à Gabrielle, à cause de sa beauté, de sa grâce, de sa simplicité et de son bon cœur. Et Gabrielle en souffrait secrètement. Il y avait entre les deux sœurs, mêlée à une sincère amitié, une rivalité toujours en éveil.

Mes cousines, que leurs études amenaient à Nancy, venaient nous voir plusieurs fois par semaine et voulaient sans cesse m'entraîner à Heillecourt pour des séjours de plusieurs jours[9]. Je me faisais toujours prier. Je leur étais très reconnaissante de leur affection, mais leur babil incessant me fatiguait. Lorsque je revenais d'Heillecourt, maman me trouvait toujours mauvaise mine. Cela tenait peut-être en partie à ce que, pour répondre aux généreux désirs de mon oncle et de ma tante, il fallait goûter aux prunes de tous leurs pruniers. Mon estomac comme mon cerveau se trouvaient tout désemparés par ces bruyantes et indigestes prévenances.

***

Mes cousins de Bar-le-Duc étaient devenus également des personnages. Raymond achevait sa rhétorique avec le succès qui avait caractérisé toutes ses études. Pendant ce même été (1876) nous le vîmes venir à Nancy à plusieurs reprises. Il avait alors la permission de voyager seul. C'est à Nancy qu'il passa la première partie de son baccalauréat ès-lettres, d'une façon qui fit honneur au lycée de Bar-le-Duc. Il parlait déjà avec une rare facilité, qui ne nuisait pas à la précision de son discours. Il aimait causer et discuter, et il instituait avec nous de véritables joutes oratoires sur les grandes questions morales et sociales. Sa façon de raisonner rappelait parfois celle des rhéteurs et, avec lui, les discussions ne pouvaient jamais finir. Il essayait ainsi ses forces comme un poulain qui bondit à droite et à gauche en liberté. Il était déjà tout nourri de poésie. Il me lisait ou me récitait à haute voix des pièces de vers, en passant avec un soin jaloux et la grave sollicitude d'un père de famille tout ce qu'il ne jugeait pas écrit pour les jeunes filles. Ses seize ans étaient tout fiers de protéger mes vingt ans : c'était comme un orgueil de sexe. Il était gentil, prévenant et prêt à se dévouer consciemment au bien des autres, sans jamais s'élever jusqu'à l'oubli de soi-même.

Pour le récompenser du succès de son examen, ses parents, qui ne faisaient d'ordinaire qu'un séjour au bord de la mer ou dans une ville d'eau, l'avaient confié

9. Heillecourt est un village situé à quelques kilomètres au sud de Nancy.

aux miens pour faire un voyage à Zermatt. C'était la première fois que Raymond voyageait en touriste. Il arriva tout couvert de sacs, de gourdes et de lunettes ; seul un élégant petit mouchoir de soie au coin duquel était brodé un petit Chinois et qui s'échappait intentionnellement de sa poche, gâtait son accoutrement de Tartarin. Nous l'avons tant taquiné à propos de ce Chinois qu'il m'est resté dans la mémoire.

Neveu prévenant, cousin attentif, Raymond s'exerça à ne pas nous gêner. Il voulait porter tous les paquets, laisser aux autres les meilleures chambres et manger les plus mauvais morceaux. Il ne dissimula pas cependant son mécontentement le jour où il lui fallut passer une nuit à l'hôtel en partageant la chambre d'un certain Bonnefoy, élève-ingénieur de l'École des mines, qui était devenu notre compagnon de voyage. Henri et ce dernier avaient interrompu, en effet, un voyage d'études qu'ils faisaient ensemble dans le centre de la France, pour venir avec nous à Zermatt. Les études psychologiques auxquelles nous nous livrâmes Raymond et moi sur ce personnage inconnu, ont été un des agréments du voyage. Ce Bonnefoy était un géologue très positif qui ne s'intéressait qu'aux cailloux. Armé d'un gros marteau, il ne regardait que la terre et ne voyait ni les cimes ni le ciel[10].

À partir du moment où nous rejoignîmes les deux mineurs à Berne, la joie que nous avions de retrouver Henri porta légèrement ombrage à Raymond, qui se trouva sacrifié.

Le grand événement de ce voyage fut une escapade malencontreuse que je fis avec mon frère et mon cousin et qui m'a laissé des remords. Nous étions montés à cheval en caravane jusqu'au Riffelberg et devions gravir ensuite à pied le chemin du Gornergrat. Mais mon cheval m'ayant donné de l'avance, je voulus m'aventurer

10. Marcel Paul Bonnefoy (1854-1881) connut un destin tragique. Entré à l'École polytechnique en 1873, il fut pendant ses deux années d'études le principal rival d'Henri Poincaré dans le classement des élèves. Poincaré avait intégré l'école en tant que major de promotion, alors que Bonnefoy n'avait obtenu *que* le 10e rang. Cependant, malgré tous ses efforts, Poincaré ne parvint pas à conserver sa place face à ce talentueux rival et il dut donc se contenter de la deuxième place lors de son passage en deuxième année puis au moment de sa sortie de l'École. Entrés tous deux à l'École des mines, ils devinrent très amis et oublièrent semble-t-il leur rivalité passée (Poincaré se désintéressant des questions de classement pour se tourner vers les mathématiques). Durant leurs années d'élèves-ingénieurs, ils voyageront ensemble en France et à l'étranger lors de voyages d'études : d'abord dans les régions de Grenoble et de Saint-Étienne en juillet 1876 (c'est à cet épisode que se réfère Aline Boutroux), puis en Autriche Hongrie l'année suivante, puis enfin en Suède et en Norvège en 1878 [L. Rollet 2010]. Après ses études, Bonnefoy parvint à obtenir une résidence comme ingénieur des mines dans l'arrondissement minéralogique de Clermont-Ferrant, non loin de sa famille ; il décéda en service le 28 mai 1881, victime d'un coup de grisou dans la mine de Champagnac. Sur la carrière de Marcel Bonnefoy, cf. Archives nationales, F/14/2715/1.

pendant cinq minutes sur un petit monticule, au bord du chemin régulier. Je fus fort étonnée d'y rencontrer Raymond, et Henri ne tarda pas à nous rejoindre. Il nous parut alors possible et très séduisant d'abandonner définitivement le chemin frayé et de monter à pic jusqu'au sommet. Nous avions même la naïveté de croire que ce serait ainsi beaucoup plus court. Restait à obtenir la permission de nos parents. Ce fut Raymond qui se chargea d'aller la demander. Il fit sa communication consciencieusement, mais à distance, comptant sur la bonne foi des échos d'alentour, et il revint tout triomphant nous annoncer que maman donnait son autorisation.

Débarrassée donc de tout scrupule encombrant, nous nous engageâmes dans l'inconnu. L'inconnu fut d'abord charmant. La providence nous avait préparé un chemin, allant précisément dans la direction où nous voulions aller. Ce chemin, il est vrai, descendait un peu, tandis que nous aurions dû monter ; mais, dans les montagnes, les chemins les plus sages commettent parfois de ces illogismes, et nous ne nous inquiétions pas. Nous nous félicitions de voir, bien à découvert, à notre droite, toute la chaîne du Mont Rose, tandis que le chemin classique du Gornergrat montait par l'autre versant et n'offrait aucune vue. Nous croisâmes même un touriste et ses deux guides, portant des pics et des cordages, qui avaient l'air de revenir d'une grande ascension. Ils nous considérèrent avec étonnement.

Décidément, le chemin descend trop : nous décidons de le quitter et nous attaquons la montagne à pic. Ah ! Quel plaisir de marcher hors de la voie banale, parmi les roches schisteuses couvertes ici et là d'un fin lichen jaune extrêmement glissant. Le mica brille au soleil. On a chaud à la tête et froid dans le dos. On glisse, c'est vrai, mais c'est un prétexte pour s'accroupir un instant et pour jouir de la vue. On se sent en contact direct avec la montagne. Les hommes n'ont jamais passé par là, et c'est pour cela que les marmottes, plus étonnées que défiantes, nous regardent fixement de leurs petits yeux noirs, avant de rentrer dans leurs trous. Nous n'avancions pas vite, parce que la pente était roide, mais nous étions ivres de grand air et de joie.

Pourtant, constatant que le but paraissait reculer au fur et à mesure, je commençais à m'inquiéter. Je demandai l'heure à mes compagnons : « Midi, déjà ? C'est l'heure où nous devions être au sommet… les autres y sont déjà, sans doute… ils nous attendent… ils sont inquiets. »

– « Allons ! s'écriait Raymond, voilà les scrupules qui te reprennent. Mais, puisque ma tante a dit oui ! »

Et nous repartions. Mais l'ascension devenait de plus en plus difficile : il fallait traverser de petits champs de neige, sauter par-dessus des rochers. Je me laissais glisser le long d'un alpenstock qu'Henri et Raymond maintenaient ferme, comme une rampe. Ce n'est qu'après bien des faux-pas et bien des déceptions que nous rejoignîmes enfin le chemin, un peu au-dessous du sommet. Nous rencontrâmes alors papa et Bonnefoy qui redescendaient et nous apprîmes, à notre grand chagrin, que notre pauvre maman nous attendait à mi-côte. Papa se chargea d'aller vite la rassurer pendant que nous faisions les quelques pas qui nous séparaient du sommet. La chaîne nous apparut alors dans toute son éclatante, son imposante beauté. Mais des nuées noires arrivaient par-derrière ; en un rien de temps, elles nous eurent rejoints ; se fondirent en neige et en pluie ; et c'est sous l'averse que nous redescendîmes et pûmes enfin retrouver maman. Victime de notre étourderie, elle n'avait absolument rien vu. Mais, loin de nous faire des reproches, loin de se répandre en récriminations, elle ne pensait qu'à la neige fondue qui mouillait nos vêtements, à nos visages rouges et ruisselants de sueur. C'est elle qui, arrivés à l'auberge, fit allumer un grand feu pour nous sécher, qui acheta des tricots de laine pour nous en couvrir, qui nous fit servir un repas réconfortant : il était quatre heures du soir et personne n'avait mangé depuis le matin.

Et nous, ingrats, le danger passé, notre maman retrouvée, nous nous plaisions à raconter nos prouesses, à vanter notre bravoure, à nous extasier sur les spectacles grandioses que nous avions contemplés !

– « Vous avez déployé là, Mademoiselle, un héroïsme bien inutile », me dit Bonnefoy, qui ne nous avait pas pardonné le retard de son déjeuner.

Et je répondis cyniquement :

– « Il n'a pas été inutile, Monsieur, puisque cela m'a amusée. »

XXVII.
L'ÉPREUVE

Quand il m'arrivait de pouvoir me recueillir, au milieu de cette vie si active, si variée, si agréable, en même temps que si inutile ; et quand je faisais le bilan de mes acquisitions, je trouvais que j'avais très mal employé mon temps. En réalité, je n'avais pas acquis un seul talent. Je ne parlerai même pas de la musique. En ce qui concerne la peinture, je n'avais eu que des velléités, des dispositions, ou plutôt certaines dispositions. Soit que je ne fusse pas véritablement douée, soit que je n'eusse pas suffisamment travaillé, j'en étais restée aux possibilités. La connaissance très imparfaite et presque inutilisable de deux langues vivantes n'était pas non plus pour me rendre fière de moi-même : je me rendais compte que ce qui me restait à apprendre était dix fois plus considérable que ce que j'avais appris. Restait la pauvre science qui m'avait valu mes brevets primaires, et qui, déjà, commençait à s'émietter et à s'échapper rapidement par les cribles de ma mémoire. Quelle femme serais-je donc à cinquante ans, quand mon esprit, définitivement rouillé, ne pourrait plus travailler à s'enrichir ? Je me rappelais avec mélancolie les belles ambitions de mon enfance : j'étais presque une femme déjà, et je n'avais rien fait, rien préparé, rien qui puisse servir, rien qui puisse durer ! Seuls mes cours à l'École professionnelle me donnaient encore l'illusion d'une certaine supériorité intellectuelle, d'un certain rôle à jouer, d'une certaine influence à exercer.

Mon amie Marguerite Benoît s'était mariée, à vingt ans à peine, au printemps de 1876. Elle avait épousé un professeur agrégé à la Faculté de médecine, qui se trouvait toujours sur notre chemin, je l'avais bien remarqué, lorsque nous allions ensemble prendre une leçon. Il saluait, elle rougissait, et je m'amusais de ce petit roman dont j'étais témoin. Mais, en même temps que ce roman m'amusait, il me faisait réfléchir ; car, moi aussi, j'avais vingt ans, et mon tour pouvait venir d'un moment à l'autre. Resterais-je fidèle à ma vocation de célibataire laïque, et à quelle œuvre, en ce cas, consacrerais-je ma vie ?

J'avais, sans abandonner l'arithmétique, pris la succession de Marguerite en ce qui concerne le cours d'histoire à la première division de l'École professionnelle. Ce nouvel enseignement me passionnait ; je possédais encore suffisamment l'histoire de France, à cette époque, pour pouvoir l'enseigner sans notes, surtout à des petites filles qui n'avaient pas besoin de l'apprendre ni de la savoir. Je tâchais donc, surtout, de leur faire un récit vivant et intéressant, et, de fait, elles m'écoutaient très bien.

Or, un jour, je vis avec étonnement la directrice, Mlle de Metz-Noblat[1], venir s'asseoir à quelques pas de moi et m'espionner ostensiblement, tout en paraissant absorbée dans une lecture. C'était la première fois qu'elle s'installait dans la salle de classe. J'en conclus que j'étais suspecte, dénoncée, surveillée, que mon enseignement passait pour subversif, révolutionnaire et immoral.

Je m'apprêtais donc à recevoir mon congé, et, lorsque je fus appelée dans le cabinet de la directrice, je cherchais des arguments pour ma défense. Il s'agissait, en effet, d'une affaire grave :

– « Avez-vous l'intention de vous marier ? me demanda Mlle de Metz Noblat.

– Non, j'ai l'intention de ne pas me marier.

– En ce cas, tout va bien. Nous voulions vous demander, Mlle Gardeil et moi, si vous seriez disposée à nous succéder dans la direction de cette maison, lorsque nous serons frappées par l'âge. Nulle plus que vous ne nous paraîtrait capable de continuer notre œuvre. Mais il faudrait pour cela que vous vous engagiez à ne pas vous marier. »

J'étais, je le savais, entre deux féministes convaincues qui, toutes deux, étaient persuadées qu'elles avaient choisi la bonne part. J'avais souvent pensé à part moi que la vie qu'elles menaient, à la fois utile et libre, était la vie idéale pour une femme. Cependant, je répondis sans hésiter :

– « Je ne puis pas prendre à vingt ans l'engagement que vous me demandez : tout ce que je peux dire, c'est que j'ai toujours eu, et que j'ai encore aujourd'hui, le désir de rester célibataire. Mais je ne sais ce que me réserve l'avenir… »

La phrase d'Henri me revint alors à la mémoire. N'était-ce pas précisément la réponse qu'il m'avait faite, alors qu'il avait quinze ans, lorsque je lui avais proposé la vie commune ?

***

En novembre 1876, nous assistâmes à la rentrée des Facultés, séance solennelle qui avait lieu tous les ans, mais qui était ce jour-là particulièrement houleuse, par suite d'un événement qui avait bouleversé nos facultés. On venait de voter

1. Il pourrait s'agir ici de la fille d'Alexandre de Metz Noblat (1820-1871), avocat, publiciste et économiste. Membre de l'Académie de Stanislas, il publia de nombreux ouvrages dédiés à l'économie – notamment une *Analyse des phénomènes économiques* [A. D. METZ NOBLAT 1853] – il fut également professeur d'économie politique à la Faculté de droit de Nancy avant la guerre de 1870 : son cours professé en 1865 et 1866 fut publié sous le titre *Les lois économiques* [A.-D. METZ NOBLAT 1867].

la liberté de l'Enseignement supérieur, et plusieurs professeurs de Nancy, où l'on était particulièrement bien-pensant, avaient accepté des chaires et des décanats à la Faculté catholique de Lille. Parmi eux se trouvait le professeur de philosophie, M. de Margerie, dont les cours ressemblaient à s'y méprendre à des sermons[2]. Le pauvre doyen, M. Benoît, voyait ainsi s'éloigner son collègue, son ami, son frère d'armes, si je puis dire, et il avait résolu de verser quelques larmes attendries et attendrissantes sur ce professeur qui abandonnait le service de l'État ; il voulait le louer en même temps de son courage et de sa foi. Tout le monde s'attendait à ces adieux publics, et les étudiants s'étaient massés d'avance dans les tribunes pour souligner le discours de M. Benoît par des cris variés d'animaux. Ce fut un vacarme épouvantable, un *chahut* très réussi ; et moi, je m'amusais de cette petite révolution. J'eus même la joie de recevoir sur la tête un mirliton, qui visait Mme Benoît ma voisine et qui se logea dans un creux de mon chapeau. Le recteur fronçait les sourcils et sa colère était grotesque. Il lançait, comme un chien de police, son secrétaire sur les manifestants.

Derrière les professeurs en robes, dont quelques-uns étaient volumineux, j'apercevais le nouveau professeur de philosophie, qui était jeune, grand, élancé. Je ne sais si c'est la simple curiosité qui me faisait maudire les deux épais personnages par

2. Amédée Jacquin de Margerie (1825-1905). Formé à l'École normale supérieure (promotion 1845) et agrégé (1847), il enseigna la philosophie dans divers lycées de province avant d'être nommé professeur à la Faculté des lettres de Nancy en 1856. « Catholique avant tout », il fut très actif au sein des cercles catholiques d'ouvriers. Adversaire du libéralisme et du gallicanisme, il s'impliqua également activement dans le camp légitimiste à partir de 1873 en soutenant fortement le Comte de Chambord et le parti de la restauration de la monarchie. La loi Wallon du 12 juillet 1875 avait instauré la liberté de l'enseignement supérieur et donc autorisé la création de facultés privées. Sollicité pour participer à la fondation de la Faculté catholique de Lille, de Margerie devait envoyer sa lettre de démission au recteur le 24 août 1876. Comme le mentionne, Aline Boutroux il ne fut pas le seul à quitter l'université de Nancy en 1876 : son collègue Jules Chautard, titulaire de la chaire de physique à la Faculté des sciences, devait faire de même et rejoindre également la Faculté catholique de Lille. Doyen jusqu'à sa retraite, de Margerie fut l'un des organisateurs des congrès scientifiques internationaux des catholiques (1888, 1891, 1893). Parmi une production abondante, on mentionnera *De la famille, leçons de philosophie morale* [A. de Margerie 1860], *Théodicée : études sur Dieu, la Création et la Providence*, [A. de Margerie 1865], un manuel de philosophie contemporaine [A. de Margerie 1870] ainsi qu'un grand nombre d'ouvrages d'inspiration politique qui devaient connaître un succès certain dans les milieux monarchistes : *La restauration de la France* [A. de Margerie 1871], *La solution* [A. de Margerie 1880], *Avant le combat* [A. de Margerie 1881], etc. Pour plus de détails son départ de Nancy en 1876, voir le dossier 1 t 1277, Archives départementales de Meurthe-et-Moselle.

lesquels il était presque continuellement masqué. Mme Rambaud nous avait déjà parlé de ce nouveau professeur, qu'elle avait connu à Caen. Elle le disait délicat de santé. Nous savions qu'il arrivait de Montpellier et qu'il avait passé la nuit en wagon.

On continua à nous parler souvent de lui. Sur le conseil de M. Rambaud, il s'était décidé, pour faire une bonne œuvre, à prendre ses repas chez Mme Gays, qu'un drame récent avait plongée dans une situation plus critique que jamais. Toute la famille Forthomme chantait l'éloge de ce nouveau, de ce respectable convive, qui faisait plus d'honneur à la table où il mangeait que les étudiants roumains qui l'entouraient en général[3].

L'orage qui s'était abattu l'été précédent sur la maison Gays nous avait tous bouleversés. J'ai dit déjà la vie difficile et besogneuse, faite de déceptions et d'expédients qu'on menait dans cette maison. Le pauvre M. Gays continuait à ne construire que des châteaux en Espagne, qu'il voyait au bout de peu de jours s'écrouler misérablement. Bon et serviable, il était aux ordres de sa femme ; il avait *chauffé* Henri pour le lavis, à la veille de son examen ; et, dans les réunions dansantes, il se mettait toujours à notre disposition pour faire l'orchestre : un orchestre infatigable, entraînant et docile à la fois ; et qui n'avait pas besoin de musique imprimée.

Un jour, pendant l'été de l'année 1876, il fut appelé dans un village, à quelque distance de Nancy, pour une construction dont on voulait le charger. Je crois bien qu'il ne s'agissait, en dernière analyse, que d'une simple porte de grange. Mais M. Gays se mit en route avec de grandes espérances. Pauvre homme ! Lorsqu'il revint, le lendemain, il rapportait une grosse branche de cerisier couverte de fruits rouges, son chapeau enfoncé mais garni de feuillages, et, aux oreilles, il avait, comme les enfants, des boucles d'oreille de cerises. Il chantait avec enthousiasme qu'il était millionnaire, que les prés et les bois lui appartenaient, qu'il était le nouveau marquis de Carabas[4]. Il oubliait les bosses qu'il avait au front, les écorchures qu'il s'était faites en se heurtant aux arbres de la route. Pour la première fois de sa vie, il était heureux : il ne souffrait

3. L'université de Nancy accueillait en effet un grand nombre d'étudiants étrangers, notamment des étudiants venant des pays de l'Est. Il semble d'ailleurs que la famille Poincaré accueillit en 1876-1877 Jean Miclesco, un étudiant d'origine roumaine, qui après des études de droit et de lettres, retourna dans son pays pour y exercer la profession d'avocat. Cf. la lettre de Miclesco à Henri Poincaré datée du 11 juillet 1884 (disponible en ligne sur le site de la correspondance de Poincaré : http://www.univ-nancy2.fr/poincare/chp/).

4. Le marquis de Carabas est le nom d'un personnage du conte de Perrault *Le maître chat ou le chat botté* (1697). Ce conte a pour thème principal la promotion sociale : ce titre de noblesse est inventé de toutes pièces par le chat botté pour faire passer son maître nécessiteux pour une personne de haute extraction (il est en fait le fils d'un meunier sans fortune).

pas. Je me trouvai par hasard le voir ainsi, avec les cerises qu'il voulait me faire manger et les chimères qu'il me débitait. J'en fus profondément troublée.

Papa vit tout de suite que cette folie si douce pouvait changer de nature. Néanmoins, Mme Gays, comptant sur le repos pour remettre son mari, l'emmena dans les Vosges avec le pensionnaire roumain qui était chez elle et qui était devenu son fils. Ce dernier ne savait guère à quoi il s'exposait. Deux jours après, M. Gays cherchait à se débarrasser de lui en faveur du précipice : la jalousie, vieille passion de toute sa vie, prenait la place de l'enthousiasme. Et ma pauvre maman, toujours dévouée à tous, partit pour Raon-l'Étape, à la place de papa qui en était empêché ; et aida Mme Gays à rapatrier le malheureux malade, que papa conduisit le lendemain dans une maison de santé. M. Gays était atteint de paralysie générale. Mais ce n'était encore, comme on le verra plus tard, que le premier acte du drame.

Pour augmenter ses ressources, Mme Gays avait ouvert chez elle un petit cours de diction qui était fréquenté par les demoiselles, et même quelques dames de son entourage. Nous préparions des lectures à haute voix, nous apprenions par cœur des fables, des scènes et même des actes entiers de tragédie et de comédie que nous déclamions sous sa direction. Elle nous enseignait que l'art de dire des vers consiste à en dissimuler la cadence, de telle sorte que l'auditeur les prenne pour de la prose. Cette singulière théorie m'étonnait beaucoup, et je demandais à quoi bon les poètes s'étaient donné la peine de rimer et de compter leurs syllabes, pour que nous prenions ensuite celle de transformer leurs vers en prose.

Nos leçons de diction étaient très animées. Nous nous permettions d'applaudir nos condisciples, avec d'autant plus d'ardeur que celles-ci avaient pris plus complètement le contre-pied des conseils de Mme Gays. C'était une dame âgée qui osait fronder ainsi. Nous autres, les jeunes filles, nous étions plus disciplinées. Quant à moi, j'étais ravie de pouvoir me livrer à mon goût favori sans remords de conscience, et tout en faisant une bonne œuvre.

Au début de chacun de ses leçons, Mme Gays nous dictait un alinéa de Delsarte, qu'elle avait suivi dans sa jeunesse. Je remarquais que ces dictées devenaient de plus en plus courtes. À la fin, elles s'arrêtèrent net, au beau milieu d'une phrase, et je découvris que les notes de Mme Gays n'allaient pas plus loin.

Le nouveau professeur de philosophie avait débuté à la Faculté avec beaucoup de succès. Nous n'avions malheureusement pas entendu sa leçon d'ouverture, maman ayant trouvé que la philosophie n'était pas à notre portée[5]. Mais nous en avions eu

---

5. Cette leçon inaugurale avait eu lieu le 4 décembre 1876 dans le grand amphithéâtre de la Faculté des lettres. Un article paru dans la presse républicaine locale donne une idée de l'enjeu politique représenté par la reprise en main de la chaire de philosophie délaissée par de Margerie. Émile Boutroux

des échos, notamment par une vieille dame qui prenait à ce moment ses repas chez Mme Gays et qui avait tant admiré l'éloquence du professeur qu'elle était allée faire des commandes chez un pâtissier pour le mieux fêter. C'était une vieille amie des

---

devenait sous la plume du journaliste le symbole de l'université républicaine : « Lundi, à quatre heures, M. Émile Boutroux a pris possession de la chaire de philosophie et a inauguré son enseignement. Cette leçon d'ouverture, retardée d'une semaine pour des raisons de santé, avait pour le public un intérêt tout particulier. Ce n'était pas seulement un empressement de curiosité à entendre une parole nouvelle, ni une émulation de courtoisie hospitalière, qui avaient rempli le grand amphithéâtre des lettres. Les auditeurs étaient accourus, avant tout, pour saluer un vrai universitaire, et sans autre garantie encore que le choix du ministre et la bonne renommée du jeune professeur, exprimer leur confiance que cette chaire désertée était enfin remplie par un homme qui ne la quitterait pas. Ces sentiments étaient si bien ceux de l'assistance, qu'à son entrée M. Boutroux a été accueilli par une triple salve d'applaudissements. À cette sympathique confiance si chaleureusement exprimée, M. Boutroux a fait la réponse qu'elle méritait et qu'elle demandait : une franche et vigoureuse profession de foi universitaire. Après avoir remercié le ministre de l'avoir nommé à Nancy, M. Boutroux s'est félicité d'y retrouver dans M. le recteur son ancien maître à l'école normale ; et M. Jacquinet a dû, de son côté, se féliciter de voir son ancien élève porter si ferme ce « drapeau de l'école » dont naguère il recommandait le culte. [Paul Jacquinet avait en effet été professeur de langue et de littérature française à l'École normale supérieure, où il avait eu Boutroux pour élève.] Puis, M. Boutroux en est arrivé tout naturellement à parler de son prédécesseur et de lui-même – il ne pouvait pas mieux, imitant l'exemple récent d'une décente réserve, se taire sur M. de Margerie. Ce silence eût été une indélicatesse de sa part comme il avait été d'une délicatesse de la part du recteur et d'un des doyens. – C'est d'abord un usage que le nouveau venu, – et cette fois le bien venu, – adresse des éloges et des regrets à celui qu'il remplace, – et c'est aussi, et plus particulièrement une obligation pour lui d'apprendre à ce public qui ne lui appartient pas encore, en quoi il ressemble à son prédécesseur, – en quoi il s'en distingue. La situation seule suffisait donc à poser M. Boutroux en antithèse avec M. de Margerie, et M. Boutroux ne pouvait pas nous dire, pour son propre compte, qu'il aimait l'*Université nationale de France* de tout son cœur de Normalien et de Français, en avait l'esprit libéral et lui promettait sa fidélité jusqu'au bout, sans faire par là même une allusion inévitable à celui qui n'a jamais eu de commun avec l'Université que d'y être resté longtemps, – commettant l'étrange contradiction d'y être sans y être, – et qui vient de la quitter sans jamais l'avoir jamais aimée. Avec beaucoup de discrétion et de mesure, M. Boutroux a regretté de M. de Margerie ce qu'il pouvait avoir de talent et de mérite ; mais il s'est empressé, comme il le devait, de prévenir les amis de l'Université, que ce départ pourrait inquiéter, et ses ennemis, qu'il pourrait armer, que quand un membre de l'Université vient à l'abandonner, « ce n'est point elle qui lui a fourni ni une raison, ni même un prétexte plausible. » Car l'Université est l'image de la France ; exprimant toute l'indépendance, toute la largeur, toute la variété de l'esprit français et capable de susciter chez les vrais universitaires un amour pareil même à l'amour de la patrie. Cette reconnaissance, ce dévouement et cette justice à l'Université de France, ont été accueillis par de fréquents applaudissements dont la moitié revenait certainement à la forme simple et distinguée dans laquelle cette déclaration a été dite. » Dossier 1T1277, Archives départementales de Meurthe-et-Moselle.

Forthomme, et, en même temps qu'elle nous exprimait son enthousiasme, elle nous avait confié que son rêve serait de marier Sophie au nouveau venu. Je souhaitais de tout mon cœur la réussite de ses efforts.

Or, un jour que nous étions chez les Forthomme, le professeur y vint en visite pour la première fois, et je l'examinai d'abord d'une façon tout à fait désintéressée. La conversation était très animée, mais je crois bien que je n'y plaçai pas un mot. J'étais modestement assise sur une petite chaise, dans un coin, et j'écoutais. Comme, en sortant, nous passions sous la porte Saint Georges, maman me dit simplement :

– « Je le trouve charmant, et je suis de l'avis de Mme Jardin ; je désire qu'il épouse Sophie : ce serait parfait. »

J'aurais voulu dire : « Moi aussi. » Et ces deux mots très simples auraient exactement correspondu aux sentiments qui m'animaient une heure auparavant ; mais ils s'arrêtèrent, je ne sais pourquoi, au fond de mon gosier, et refusèrent d'en sortir. En même temps, je me sentais les joues en feu. Fort heureusement, la lourde porte Saint Georges dissimulait ma rougeur dans son ombre.

Ce fut le commencement d'un long temps de trouble et d'épreuve. Je n'avais pas tardé à m'avouer mon secret à moi-même, mais je ne voulais, pour rien au monde, le divulguer aux autres. Je me sentais comme offensée dans ma fierté en me voyant si fragile, en découvrant avec quelle facilité j'abandonnais les résolutions de toute ma jeunesse, ma passion d'indépendance, mes prétentions à l'invulnérabilité. De plus, je m'imaginais qu'il était honteux, pour une jeune fille, d'aimer sans se savoir payée de retour, et je trouvais qu'une telle honte devait rester pieusement cachée dans le fond dernier de ma conscience. Mon devoir, dès lors, m'apparut avec une grande netteté : attendre dans le silence et la réserve, sans coquetterie ni bassesse. Si la providence voulait qu'un jour celui que j'aimais me distinguât dans la foule et vînt vers moi, me donner à lui sans hésitation, sans même une seconde de réflexion. Si, au contraire, il continuait à m'ignorer, il ne me restait qu'à renouveler, renforcer et sceller définitivement mon vœu de célibat laïque, en gardant secret jusqu'à ma mort un sentiment qui, peut-être, tout en me déchirant le cœur, pourrait le dilater et exalter toutes mes facultés. Quant à appliquer ce sentiment à quelque autre, je sentais bien que c'eût été aussi odieux qu'impossible. La façon nette et décisive dont je concevais mon devoir et refaisais le plan de ma vie me paraissait racheter ma faiblesse, en quelque mesure.

Je fus reprise d'insomnies tourmentées et douloureuses. Je versais dans l'obscurité des larmes abondantes. Mais, soudain, mes nerfs optiques surexcités me faisaient voir des lumières et des éclairs éblouissants qui séchaient mes larmes comme le soleil sèche la pluie. Était-ce donc une lueur d'espoir ?… Ce phénomène, presque quotidien, me laissait épuisée.

Je devenais aussi plus nerveuse dans mes relations avec les autres, et, tout en cherchant des prétextes pour expliquer mes larmes et ma mauvaise humeur, je lançais des paroles acerbes. On me disait bonne et méchante tout à la fois, et ce cumul ne me déplaisait pas.

Dans le courant de l'hiver, Mme Gays nous invita à une soirée graphologique où le nouveau professeur de philosophie devait analyser des écritures. La graphologie était en effet la science nouvelle, ou plutôt *renouvelée* ; mais, ici, ce ne devait guère être qu'un jeu de société. Papa rentra ce soir-là plus tard encore que d'habitude, ce qui nous mit en retard pour la soirée. J'avais beaucoup de peine à dissimuler mon impatience. Ce divertissement se renouvela, d'ailleurs, à quelque temps de là, chez les Forthomme. Cette fois, on présenta au graphologue une lettre que j'avais écrite à Sophie quand j'avais treize ou quatorze ans. Il y trouva les signes d'un caractère ambitieux et d'un grand amour du luxe[6]. Et, tandis que je contenais et avalais de

6. Un jeu de société très pratiqué dans l'entourage de la famille Poincaré à cette époque. Émile Boutroux semblait s'y adonner de manière très assidue, comme en témoigne cet extrait d'une lettre d'Henri Poincaré à sa mère : « Réflexions sur la graphologie : D'abord je constate l'exactitude étonnant de quelques unes des appréciations [de] Boutron, qui ne peut guère s'expliquer qu'en admettant qu'il savait de qui étaient les topos. Cependant, je ne veux pas dire de mal de la graphol car j'y crois jusqu'à un certain point. M. Boutron a été l'observateur habile dont je parlais l'autre jour et qui devait [dévisser ?] Barrois [Raymond Poincaré] rien qu'à sa manière d'écrire une adresse. N'allez pas cependant juger d'un Monsieur par le commencement de sa lettre ; elle sera toujours aussi voisine de la régularité parfaite que cela est possible à son auteur. Mais si cette régularité se poursuit jusqu'à la signature, on pourra classer l'auteur à coup sûr dans les Barroisiacés. Si au contraire la plume s'est bientôt lassée des entraves qu'on lui imposait et imitant la mienne s'est livrée à des ascensions et à des descentes par trop libres, ce sera bientôt plutôt la qualification de Bienaimétacé qui lui conviendra ; et de même de mille intermédiaires entre ces deux cas extrêmes. Si l'on voulait juger par exemple ta dernière lettre par sa première ligne, tu serais rangée sous la rubrique Barrois ; tes *m* et tes *n* (dans cette ligne seulement) semblent faits avec des pistolets de Lilliputiens. Tout au plus un *m*, dont les trois jambages ne se terminent pas sur une même horizontale, dénoterait-il l'indépendance de ton caractère. Mais dans le 3e vers quel changement ne voit-on pas déjà ! Les courbes arrondies ont fait place à des angles vifs et il m'est plus difficile que jamais, trahi que je suis par ma mémoire, d'opter entre les quatre hypothèses suivantes relatives au nom du grand graphologue ; Bontron ? Boutron ? Bontrou ? ou Boutrou ? Puis bientôt la ligne se brise, grimpe au ciel et redescend à la cave (origine de l'assertion Boutron) à l'égard de tes prompts enthousiasmes et de tes brusques découragements, à moins qu'on ne veuille voir une autre de cette particularité de ton caractère dans la manière dont tu lances tes boucles à droite ou à gauche comme si rien ne devait t'arrêter. Autre question ? Pourquoi les femmes, dont l'esprit se livre plus facilement que le nôtre à des opérations intellectuelles désordonnées, ont-elles, toutes choses égales d'ailleurs, moins de caprices calligraphiques que nous de sorte que l'on prendrait leur écriture (rien de la tienne, bien

mon mieux les larmes que ce jugement défavorable était sur le point de m'arracher, je restais, encore une fois, modeste et ignorée, assise sur une petite chaise, et regardais mon amie Blanche Collin s'agiter, éclater de rire, montrer ses dents blanches, secouer sa crinière rousse, frôler le dos du graphologue pour lire par-dessus son épaule, et se tenir si mal en somme, que M. Forthomme impatienté parla tout bas de la mettre à la porte.

Le sentiment qui m'avait envahie me poursuivait partout, ne me quittait pas. Mais ce n'était que la nuit que je pouvais m'y abandonner. Connaissant l'adresse du professeur, j'avais changé mon itinéraire pour aller à l'École professionnelle et passais devant ses fenêtres, non sans rougir et sans me reprocher intérieurement ma conduite comme une inconvenance. Il ne tarda pas, d'ailleurs, à venir faire visite à maman. Ce jour-là, en apprenant qu'il était venu, alors que j'étais en train de me déchausser, je me précipitai dans le salon, le pied droit chaussé d'une pantoufle et le gauche dans un escarpin, incorrection dont personne ne s'aperçut mais qui, pourtant, me remplissait de honte. Le visiteur promit de mettre Henri en rapport avec un mathématicien de ses amis[7]. Il m'adressa aussi pour la première fois quelques

---

entendu) pour celle d'un notaire dont on regarderait les chefs d'œuvre à travers le gros bout d'une lorgnette. C'est que si elles sont moins esclaves que nous de la « logique » (expression impropre) elles le sont bien plus que nous des convenances sociales et qu'elles n'écrivent pas un plein ou un délié sans se demander si la forme qu'elles lui donnent inspirera d'elles une opinion suffisamment favorable. Ce sont ces différences qui font que toute bonne classific. graph. doit d'abord séparer les sexes. Pour mon compte, je trouve que les principaux traits de mon caractère sont reconnaissables à mon écriture. Le défaut de la faculté d'attendre à la façon dont je réduis à peu de chose la dernière lettre de chaque mot. La bongarçonité à la mollesse des contours que la première influence vient seule corriger ; regarde mes *r* et mes *u* qui rappellent l'w grec et non le *W* allemand comme les tiens. Mais en revanche voilà la façon dont mes lignes se disposent comme des [mobiles ?] tout frais émoulus de leur village (quelle différence avec l'alignement prussien des lignes de Barrois) voilà cette particularité qui trahit l'absence absolue chez moi des sentiments bureaucratiques si répandus dans la nation française et qui fait de mon écriture la véritable écriture gauche républicaine. […]. » Lettre de Poincaré à mère, 1876, collection privée, Paris.

7. Il est question ici de Jules Tannery. Une lettre de Poincaré évoque de manière très amusante la rencontre entre les deux hommes : « J'ai été chez Tannery hier, il m'a dit que j'avais une charmante cousine. Mais reprenons au commencement ; je sonne ; un long-haired and long-barbed gentleman vient m'ouvrir. Je lui dis que je viens de la part de M. Boutroux (à propos je me suis procuré un autographe de Mystère ; j'en avais déjà un mais peu satisfaisant ; il aurait induit la graphologie en erreur ; le nouveau est au contraire un excellent spécimen), sa figure s'illumine mais l'étonnement qui s'y était manifesté dès mon entrée ne se dissipe pas. Alors je reconnais à ce caractère qu'il n'avait rien reçu en fait de lettre ; je me raccroche à une autre branche ; j'étais déjà venu chez vous Mon. Avec M. Elliot pour vous demander un renseignement dont j'avais besoin ; oh si vous avez encore

paroles directes qui augmentèrent ma rougeur et précipitèrent les battements de mon cœur.

Cependant, la vie suivait son cours imperturbable. Je continuais à travailler, à m'amuser, à voir du monde, à m'agiter, à m'étourdir, et je menais ainsi une existence en partie double, faite de rêverie la nuit et d'activité le jour. Les réunions mondaines ne me procuraient plus aucun plaisir : il n'y était pas ! Je trouvais une distraction plus réelle dans la peinture, qui me passionnait sans aucun résultat artistique. J'étais véritablement intoxiquée par les odeurs de térébenthine et d'huile de lin.

Papa publiait à cette époque son ouvrage en trois volumes sur la physiologie du système nerveux et me confiait des épreuves à corriger. Je lui traduisais parfois des articles de l'allemand ou de l'anglais. Cela, du moins, était utile.

***

Vers Pâques, la vie m'apporta deux gros chagrins. Mme Georgel, notre amie, notre camarade de plaisir, avait été atteinte, aux grandes vacances précédentes, d'une

besoin du même renseignement, je serais heureux de vous le donner. Oh je vous remercie beaucoup M. ; mais j'ai suivi le cours de M. Bertrand qui m'ont amplement renseigné à cet égard ; ah c'était sur les équations du 1er ordre ; mais débarrassez vous donc de votre chapeau ; je me suis aussi occupé de celles du 2nd ordre ; Ah celles du 2nd ordre ; une bien jolie question ; mais alors vous ne faites pas une visite de cérémonie ; ôtez donc votre pardessus ; je ne poussai pas jusqu'au 3e ordre de crainte d'une déshabillad. plus complète. Le 2nd ordre avait d'ailleurs été suffisant pour rompre la glace. En somme j'ai rarement vu un si gentil garçon [...]. » Lettre de Poincaré à sa mère, non datée (vers 1876), collection privée, Paris. Cet épisode est loin d'être une simple anecdote, en particulier du point de vue de l'émergence des idées philosophiques de Poincaré. Depuis son passage par l'École normale supérieure Boutroux entretenait des relations très amicales avec certains de ses camarades de promotion : le philosophe Louis Liard (1846-1917), qui devait ensuite devenir directeur de l'enseignement supérieur, l'astronome Benjamin Baillaud (1848-1934) futur directeur de l'Observatoire de Paris et le mathématicien Jules Tannery (1848-1910), qui devait devenir directeur scientifique de l'École normale supérieure (à l'époque de cette lettre, il était suppléant du mathématicien Jean-Claude Bouquet à la Faculté des sciences de Paris). Ces quatre amis partageaient un intérêt commun pour la philosophie et notamment pour la réflexion sur les relations entre science et philosophie. Leurs travaux publiés dans les années 1870 attestent de cette communauté de vues et plaident pour l'existence d'un cercle animé de manière informelle par Émile Boutroux, cercle dont sa thèse de doctorat *De la contingence des lois de la nature* [É. Boutroux 1874] est une des manifestations les plus visibles. Pour plus de détails, on consultera l'article de Mary Jo Nye « The Boutroux Circle and Poincaré's Conventionalism » [M.-J. Nye 1979] ainsi que [L. Rollet 2000].

phtisie galopante[8], et nous l'avions vue dépérir tout l'hiver. Elle refusait de s'arrêter, et son activité fiévreuse la consumait d'autant plus rapidement. Elle avait une idée fixe, une idée de malade : selon elle, le nouveau professeur de philosophie avait de trop beaux cheveux pour n'avoir pas une perruque. Je lui pardonnais cette idée saugrenue parce qu'elle était malade. Autrement, j'eusse été capable de la provoquer en duel. Un peu avant les vacances de Pâques, son état s'aggrava et elle fut obligée de s'aliter. Papa ne nous dissimulait pas qu'elle était condamnée à brève échéance.

Un jour, elle demanda à me voir seule, et maman, m'ayant installée à son chevet, nous laissa en tête à tête. J'étais fort émue de ce colloque in-extremis. Qu'allait-elle me dire ?

Dès que nous fûmes seules, elle fixa sur moi ses yeux agrandis et me demanda brusquement :

– « Aline, je vais mourir, n'est-ce pas ? Vous l'entendez dire, autour de vous ? Dites-moi ce que votre père dit de moi ! »

Si c'était aujourd'hui, dussé-je trahir le secret professionnel, je n'aurais pas le courage de mentir en réponse à une semblable question. Mais n'ayant pas encore réfléchi sur ces tristes sujets, je ne savais pas que l'on ne ment pas à une mourante, et j'obéis au préjugé ordinaire, qui veut au contraire que l'on mente en pareil cas. Je répondis à Mme Georgel que papa la trouvait beaucoup mieux, qu'elle marchait vers la guérison.

Et elle mourut, épuisée, quelques jours plus tard. Son dernier ouvrage, la tapisserie qu'elle avait brodée sur son lit, m'était destiné ; et Mme Contal en a fait les derniers points, puis s'est conformée aux intentions de la mourante.

Très affligée, déjà, par cette perte prématurée, je ne devais pas tarder à approcher la mort de plus près encore. La pauvre tante Minette s'éteignit en quelques jours à la fin du mois de mai. On me trouva d'âge à la voir sur son lit de mort ; et, tout en la regardant, j'étais comme transportée moi-même dans un autre monde où, selon la foi qui ne m'avait pas abandonnée, tous mes ancêtres et, parmi eux, la dernière arrivée, la tante Minette, m'attendraient un jour. Décidément, cette vie était trop peu de chose, trop courte, trop fragile, pour n'être pas suivie d'une autre : elle n'était qu'un moment d'un temps plus grand qui me dépassait et m'écrasait. Pendant que je méditais sur ces grandes questions, je ne pouvais pleurer, et je voyais, sans en subir la contagion, les autres membres de la famille verser des larmes fugitives au pied du lit mortuaire. Étais-je donc insensible et sans cœur ?

8. Il s'agit d'une des formes de la tuberculose.

Mais, le lendemain, lorsqu'on se mit à bouleverser déjà les petites affaires de la tante Minette, si méthodiquement rangées dans ses armoires, la réalité physique m'apparut tout entière : je compris que ma tante nous avait quittés pour toujours, et je m'enfuis au fond d'un cabinet noir pour y pleurer tout à mon aise.

Malgré mon chagrin, j'étais très préoccupée de savoir si le deuil nous empêcherait, une dizaine de jours plus tard, d'aller entendre le nouveau professeur de philosophie, qui avait promis à Mme Gays de faire chez elle une conférence devant les élèves du cours de diction. Je n'osais pas demander à maman ce qu'ordonnaient les convenances en pareil cas, et je souffrais cruellement de mon incertitude. Mais maman jugea qu'une conférence n'était pas une fête mondaine, et, une heure durant, j'eus le bonheur d'entendre celui qui occupait toutes mes pensées. Auditrice anonyme et discrète, je l'écoutais attentivement, cachée derrière les autres, et j'avais l'illusion que je comprenais tout ce qu'il disait.

Au cours de l'hiver, j'avais eu deux ou trois petites indispositions sans gravité. Un jour, j'entendis papa dire à maman :

– « Tu n'aurais pas dû dire à Mme Rambaud qu'Aline était encore dans son lit : cela finira par lui faire du tort ! »

Un autre jour, je crus entendre ces mots, bien plus significatifs encore, mais trop indistincts pour me donner la certitude :

– « Je viens de voir Rambaud qui m'a dit : « Je connais un professeur de philosophie qui est enchanté de Mlle Aline. »

Avais-je bien entendu ? Je n'étais pas sûre de ne pas avoir rêvé.

Au sortir d'une des indispositions dont je viens de parler, alors que la fièvre était tombée mais que j'étais encore au lit, maman m'annonça solennellement que j'étais demandée en mariage par un capitaine de cavalerie qui m'avait rencontrée dans le monde. Mes nerfs étaient encore si affaiblis que je ne pus m'empêcher de pleurer en déclarant à maman que je n'aimais pas « les capitaines que je ne connaissais pas », et que, d'ailleurs, j'étais résolue à ne pas me marier. Maman n'insista pas. Pourtant, elle était très intriguée de savoir le nom du capitaine. Grâce à l'indiscrétion d'une de mes amies, je n'eus pas de peine à le découvrir.

Et, durant tout l'été, mon roman se poursuivit silencieusement au fond de mon cœur. Je désespérais de plus en plus. J'allais de déception en déception. La chance semblait être contre moi. Nous arrivions toujours partout quand celui que je cherchais venait de partir.

Pourtant, il était revenu une ou deux fois au jour de maman. Vers cinq heures du soir, mon cœur se mettait à battre dans l'espoir qu'il allait venir. On entendait un coup de sonnette : sans doute c'était lui !... Dans mon émotion, je balbutiais parfois des choses incohérentes. Et, tout à coup, j'entendais un bruit de ferraille dans l'antichambre, qui m'enlevait brutalement mon illusion. C'était le sous-lieutenant Xardel qui déposait ses armes. Il ne manquait pas, lui, de venir tous les vendredis, et je le prenais de plus en plus en grippe.

Maman se laissa entraîner un jour à aller avec moi et des amies entendre à la Faculté une leçon de philosophie. Mais elle trouva que c'était trop fort pour nous et refusa de renouveler l'expérience. Je me résignai à ruser pour l'y décider. Mon cousin Raymond venait de faire sa philosophie au lycée Louis-le-Grand, à Paris ; mais il avait le mal du pays et revint au mois de juillet, tout à fait souffrant, chez ses parents. C'est alors que j'imaginais de suggérer à ma tante que Raymond n'aurait quelque chance d'être reçu, un mois plus tard, bachelier-ès-lettres, que s'il avait, au préalable, entendu parler son examinateur de philosophie et étudié sa manière de philosopher. Le cours public hebdomadaire de philosophie avait lieu à la fin de l'après-midi, et se terminait peut-être une demi-heure avant le départ du train qui devait emmener ma tante et Raymond à Bar-le-Duc. Or, la tante Marie avait l'habitude très raisonnée d'arriver toujours une heure d'avance à la gare, si bien qu'il lui fallut tout son dévouement maternel pour la décider à passer une heure à la Faculté au dernier moment. Elle écouta parler de Kant sans manifester son impatience ; seulement, une idée lui traversa l'esprit au milieu de la leçon et elle ne put s'empêcher de se tourner vers maman et de lui demander, presque à haute voix : « Est-il marié, Eugénie ? »

Je me sentis rougir jusqu'aux oreilles tandis que Raymond me considérait d'un air malin.

Mais Henri, dira-t-on, que devenait-il ? Henri faisait sa seconde année d'École des mines ; il venait à Nancy tous les congés et je continuai, dans l'intervalle, à lui écrire quotidiennement tout ce qui se passait autour de moi, tout en lui cachant avec soin ce qui se passait au fond de mon cœur. Pourquoi donc lui montrais-je si peu de confiance, à lui, le confident, le compagnon de toute ma jeunesse ? Souvent, je me le reprochais. Mais je m'étais donné une règle de morale assez particulière. J'avais toujours entendu dire, et je trouvais moi-même, que la première confidente d'une jeune fille devait être sa mère, et qu'il était dans l'ordre qu'une mère connût avant toute autre personne ce que pensait sa fille. Je me serais cru coupable si j'avais confié à Henri ce que je cachais à maman, tandis que je croyais avoir le droit de taire à maman ce qui, pour moi-même, pouvait à peine s'exprimer par des mots. D'ailleurs, Henri, pour réagir, sans doute, contre l'ardeur souvent incohérente de mes sentiments, cherchait toujours à me ramener au calme et au bon sens d'une façon qui m'eût été tout à fait pénible en cette circonstance.

Raymond revint à Nancy, ainsi qu'il était convenu, pour passer son examen, mais il arriva malade. Le jour de l'écrit, il souffrait d'un terrible mal de dents.

Le lendemain dimanche, sa joue était enflée d'effrayante façon, il avait la fièvre et dut garder le lit. Ses douleurs physiques influaient à tel point sur son moral qu'il me chargea, tandis que j'étais seule à son chevet, de ses dernières recommandations pour ses parents. C'est en vain que je plaisantais pour le rassurer et lui affirmais que personne n'était jamais mort de mal de dent, il persistait à faire oralement son testament.

À d'autres moments, s'il ne se croyait pas encore tout à fait mort, il se croyait du moins refusé à son examen, et derrière ce premier échec, il en prévoyait beaucoup d'autres, qui feraient de lui un raté définitif. Cette fois, je trouvai un moyen de calmer ses transes : je lui proposai d'aller avec maman chez Mme Gays à l'heure du dîner, afin d'exposer la situation à son examinateur. Nous trouvâmes le philosophe à table devant une côtelette exiguë (les côtelettes devenaient de plus en plus exiguës chez Mme Gays). Il se montra extrêmement bienveillant et Raymond fut reçu le lendemain de la façon la plus brillante.

Que de fois, au cours de nos réunions de famille, nous avons reparlé de cette démarche qui n'était pas dictée, sans doute, par le plus pur dévouement ! Cette démarche, et l'idée que j'avais eu de faire entendre à ma tante une leçon de philosophie, ont été les seuls incidents connus et les seuls comiques de mon petit roman intime, et ce fut le thème favori de nos plaisanteries pendant bien des années. Ma bonne tante Marie s'y complaisait particulièrement, sachant que ces souvenirs m'étaient agréables.

La maison Gays devait bientôt voir éclater un nouveau cas de folie. Après quelques mois d'isolement, Mme Gays avait trouvé son mari suffisamment calmé pour qu'elle pût le faire revenir chez lui. Mais le feu couvait sous la cendre. Le malade restait en proie à une sourde excitation, continuait à faire des discours incohérents et tenait, pendant les repas, ses yeux fixés sur la pointe de son couteau, dont il était prêt à faire usage si quelqu'un des convives venait à réveiller sa jalousie.

Un beau matin, après avoir garni son lit de linge brodé, Mme Gays s'y recoucha et envoya chercher son frère et sa sœur.

– « Je n'ai plus que quelques heures à vivre, leur dit-elle alors d'une voix mourante, et je vous ai fait appeler pour vous faire mes adieux. Je voulais vous avouer en même temps qu'en mourant, je laissais quelques dettes… oh ! bien peu… six ou huit mille francs, tout au plus… »

Et la voix s'éteignit définitivement.

– « Allons, fit M. Forthomme sans s'émouvoir, quand on doit de l'argent, on travaille : on ne se met pas au lit. Lève-toi, voyons ! et balaye ta chambre. »

La malheureuse obéit, mais, le lendemain, elle était folle, ou jouait la folie, on n'a jamais pu savoir lequel des deux. Elle criait avec exaltation qu'elle était ruinée, que le pain qu'elle mangeait n'était pas payé, que la prison pour dette la guettait. Et, pendant ce temps, de l'autre côté de la table, M. Gays faisait le compte de ses millions, des diamants, des domaines dont il était le propriétaire, et finissait par conclure que la terre entière lui appartenait. Il faut avoir entendu ce tragique dialogue, ou plutôt ce double monologue, pour avoir mesuré jusqu'au fond l'abîme de la misère humaine.

À peu de jours de là, M. Gays, décidément plus exalté, était envoyé à la campagne. Il ne tarda pas à se coucher sur la voie du chemin de fer et à se faire écraser par un train. Il croyait toujours à sa prospérité.

Pendant ce temps, Mme Gays était tombée dans un sombre mutisme et refusait obstinément de prendre aucune nourriture. Il fallut l'enfermer à son tour. Quant à ses dettes, elles n'étaient malheureusement que trop réelles.

Je ne revis plus qu'une fois Mme Gays : elle était l'ombre d'elle-même et ne devait pas tarder à mourir d'inanition, car, toujours, elle s'entêtait à ne pas manger. Elle mourut au temps même de mes fiançailles, qu'on lui annonça comme elle allait fermer les yeux.

– « En voilà une qui sera heureuse. », répondit-elle. Et ce furent ses derniers mots.

Le drame qui s'était joué chez les Gays avait eu pour première conséquence de me priver tout à fait des nouvelles du professeur de philosophie. Je ne savais même pas s'il était encore à Nancy.

Henri faisait alors son voyage d'études au fond de la Hongrie[9]. Papa résolut de nous emmener, maman et moi, pour une dizaine de jours dans l'Engadine et le Tyrol. Ce voyage, très intéressant et très beau, ne me fit pas oublier mon idée fixe : je la portais partout avec moi, la confiait aux cimes de l'Ortler ; et les beautés de la nature exaltaient en moi un enthousiasme mêlé de douce mélancolie, qui avait

9. Durant l'été 1877, Henri Poincaré, accompagné de ses camarades de l'École des mines Paul Bonnefoy et Jules Petitdidier, firent un voyage d'études de plusieurs semaines en Autriche-Hongrie. Poincaré rédigea suite à cette mission un rapport sur l'exploitation des mines de houille de la *Staatsbahn* de Hongrie et sur la métallurgie de l'étain dans le Banat. C'est d'ailleurs un Poincaré triomphant et pince-sans-rire qui vantait les mérites de son expédition, une lettre adressée à sa sœur : « Pour nous la Hongrie et l'Autriche / Nous attirent invinciblement / Nous serons dix assurément / Pour voir cette terre si riche / Par ses importants gisements. / Il faudra que pour ce voyage / Bon gré mal gré l'on se partage / En quelques petits régiments / Sans quoi l'industrie allemande, /Devant pareille invasion, / Repousserait notre demande, / Point d'autorisation ! » Lettre de Poincaré à Aline Boutroux, 1877. Collection privée, Paris. Pour plus de détails sur les études de Poincaré à l'École des mines et ses débuts de carrière comme ingénieur des mines, cf. [L. ROLLET 2010].

un charme particulier. Nous devions revenir par Munich, et, comme j'avais vaguement entendu dire que le professeur de philosophie devait aller également dans cette ville pour en visiter les musées, j'y pensai tellement que j'en arrivai à me suggérer que nous l'y rencontrerions. Bien plus, en tendant ma volonté comme un arc, en appuyant de toutes mes forces sur mon idée, je cherchais à agir sur les événements par télépathie. Mais, hélas ! Pas plus dans la Glyptothèque que dans les flancs de la monstrueuse Bavaria, je ne découvris la silhouette que je cherchais.

Le lendemain de notre retour à Nancy, nous trouvâmes des cartes cornées avec P.P.C. : c'étaient des cartes d'adieu avant la séparation des vacances. Encore une déception !

***

Nous attendions la famille Olleris pour une semaine. Il me fallut, malgré mon découragement, faire des efforts pour les bien recevoir, pour les amuser et les distraire. Afin d'occuper M. Olleris, je me faisais faire par lui un cours méthodique sur les carrières qui regardent l'enregistrement, les domaines et le timbre, sans oublier les contributions directes et indirectes. Mais mon esprit s'égarait bien loin du sujet et je désespérais mon professeur en commettant des hérésies sur les différentes étapes de cette triple filière. M. Olleris se consolait en chantant la *Femme sensible.*

Henri revint en septembre, plein d'entrain et de bonne humeur. Tandis qu'il nous racontait ses aventures de voyage, les originalités de caractère de son compagnon, les mœurs des pays qu'il avait visités, je m'oubliais un peu moi-même, ce qui était un bien. Mais, un jour, au moment de nous mettre à table, il nous lut à haute voix, dans le journal, une nouvelle inattendue : le professeur de philosophie de la Faculté de Nancy était appelé à l'École normale supérieure, à Paris, comme maître de conférences[10]. Un flot brusque de larmes brûlantes se répandit dans mon assiette. J'eus beau prétexter un rhume de cerveau, personne, je le crois bien, ne fut dupe de mon mensonge.

10. Émile Boutroux fut nommé maître de conférences à l'École normale supérieure le 1er octobre 1879. Cf. son dossier de carrière, Archives nationales, F/17/22028.

XXVIII.
Fin de l'épreuve

L'année scolaire suivante (1877-78) commença bien tristement pour moi. Je n'avais même plus, pour mettre de l'intérêt dans ma vie, l'espoir toujours déçu, il est vrai, d'une rencontre sur le trottoir. Les jours suivaient les jours avec une implacable monotonie. Les occupations si variées auxquelles je me livrais toujours, par habitude, me faisaient trouver le temps à la fois trop long et trop court.

Lorsqu'Henri venait, j'étais prise parfois devant lui de chagrins mystérieux : je pleurais d'abord sans raison, puis je pleurais d'avoir pleuré, et enfin d'avoir pleuré d'avoir pleuré. Henri, alors, me disait avec indulgence que j'aurais dû vivre en 1830.

À la fin de l'hiver, le banquier de papa partit pour la Belgique avec quelques milliers de francs que papa lui avait confiés. Cet accident faillit nous empêcher d'aller à Paris peu de temps après l'ouverture de l'Exposition[1], comme mes parents en avaient d'abord fait le projet, papa désirant faire des économies pour réparer la petite brèche faite à son avoir[2]. Or, aller à Paris était mon plus cher désir, et ce n'était pas pour l'Exposition : j'offris de payer mon voyage.

Ce voyage ne causa pas, d'ailleurs, une grande dépense à mes parents, car nous le fîmes en train de plaisir, dans un compartiment rempli par nos amies et où, grâce à la protection du chef de gare, nous avions pu nous installer à l'avance, avant le moment pathétique où la foule en délire se rue sur les wagons pour les prendre d'assaut. Le trajet fut très gai. Pendant presque toute la nuit, nous jouâmes aux petits jeux comme si nous étions dans un salon. Outre les dames Forthomme, les dames Collin et d'autres dames et demoiselles, nous avions avec nous un jeune homme, ancien polytechnicien et architecte que je n'aimais pas du tout parce qu'il jouait avec le cœur de Sophie comme le tigre avec la souris, et que cette odieuse cruauté semblait l'amuser. Mais, cette nuit-là, il eut beaucoup de succès. Sa présence excitait

1. L'Exposition universelle de 1878 eut lieu du 1er mai au 31 octobre.

2. Alors qu'il était professeur adjoint à l'École préparatoire de médecine, Léon Poincaré touchait un traitement fixe annuel de 1 000 Francs, l'essentiel de ses revenus provenant de ses rentes et de son activité de médecin (autour de 7 000 Francs par an dans les années 1860-1870). À partir de sa nomination comme professeur adjoint puis comme professeur à la Faculté de médecine son traitement fixe devait passer à 8 000 puis à 10 000 Francs par an. Voir le dossier de carrière de Léon Poincaré, Archives nationales, F/17/21517.

Blanche, qui éclatait de rire à tout moment. Comme il ouvrait la portière un instant, afin de renouveler l'air, l'ex-polytechnicien ayant dit :

– « Donnons-nous un peu d'oxygène. »

Blanche, immédiatement, lui demanda avec un grand intérêt :

– « Oh ! L'oxygène ! J'entends toujours parler de l'oxygène. Je vous en prie, Monsieur, dites-moi ce que c'est que l'oxygène : il y a si longtemps que cela m'intrigue ! »

Et, pendant que le jeune homme lui donnait des explications scientifiques, elle s'écriait sans cesse avec un enthousiasme débordant :

– « Comme c'est intéressant ! Comme c'est intéressant ! Oh ! Merci ! Merci ! »

Or, sans en rien dire, dans mon petit coin, je me rappelais avec quelle superbe indifférence Blanche avait traité l'oxygène pendant les leçons de chimie de Mlle Vidart.

Arrivés à Paris, les voyageurs se dispersèrent pour ne se retrouver qu'au départ. Nous devions, maman et moi, occuper la chambre d'Henri, sur le boulevard Saint-Michel. La chambre voisine était celle de Raymond, qui avait commencé à faire son droit. Pour nous faire place, il avait offert l'hospitalité à Henri, pour lequel on avait dressé un lit.

Ces chambres, situées au cinquième étage, avaient un grand balcon sur le boulevard. Je me glissai le soir sur ce balcon et me mis à rêver. Des trottoirs d'en bas montaient une bruyante gaieté, celle qui règne au quartier latin pendant les soirs d'été, et la rouge et troublante lueur des becs de gaz. Mais je tâchais de m'abstraire de ce voisinage pour voir, au-dessus de ma tête, la voûte étoilée du ciel sur laquelle se profilaient des coupoles. La Sorbonne ? Le Panthéon ? Le Val-de-Grâce ? Je devinais vaguement que ces coupoles leur appartenaient ; et je cherchais par-derrière, dans l'ombre, cette paisible rue des Feuillantines où, penché sur ses livres, travaillait sans doute celui que mon cœur était venu chercher à Paris.

Le lendemain matin, comme je me trouvais seule, par hasard, dans la chambre de Raymond, j'aperçus, sur la table de travail d'Henri qu'on y avait glissée, une lettre de mon écriture. C'était une de ces longues lettres comme je lui en écrivais tous les jours pour lui seul.

– « Quelle imprudence ! », me dis-je.

Et, pour me rendre compte du danger, je me mis rapidement à parcourir ma lettre. Je croyais faire une chose bien innocente. Toutefois, dans un petit coin, il y avait quelques mots de l'écriture de maman, une simple phrase ajoutée à la hâte, et cela disait : « Tâche de faire savoir à M. B que nous venons à Paris. »

Je fus abasourdie par ma découverte. Ainsi, parallèlement, maman suivait la même idée que moi ; elle m'avait devinée ; elle travaillait pour moi ! En même temps que cela me rendait quelque espoir, cela me remplissait de confusion : j'étais un peu blessée dans ma fierté de voir que maman voulait ainsi pousser la providence dans les reins et la faire marcher malgré elle.

En circulant dans les rues de Paris, en parcourant l'Exposition, j'étais hantée par l'idée de voir paraître celui qu'appelait mon cœur avec une ardeur sauvage. Je puis même dire que les choses que je voyais perdaient tout intérêt pour moi, que je n'étais occupée que de lui et qu'auprès des plus grandes merveilles, je me bornais à évoquer sa présence. La phrase de maman m'avait même fait espérer une visite. Mais quelle chance y avait-il que nous fussions à l'hôtel quand il viendrait, puisque nous étions toujours dehors ? En effet, dès le lendemain de notre arrivée à Paris, Raymond, en venant nous rejoindre au Salon de sculpture, apporta à maman une carte cornée : nous l'avions manqué. Tout était fini ! Nous étions en ce moment devant la statue d'une femme qui pleurait sur le cadavre de son enfant, et j'aurais voulu pleurer comme elle sur le cadavre de mon bonheur.

Ce soir-là, nous dînions chez Mme Billy, dont je n'ai pas parlé jusqu'ici : M. Billy[3] était député de la Meuse. C'était un habitant de Spincourt et un ami de toute notre

---

3. Né à Metz, Jean-Eugène Billy (1820-1878) était avocat de formation et prit une part active à la Révolution de 1848 en tant que conseiller de préfecture nommé par le nouveau gouvernement. Révoqué en 1849, il reprit ses activités d'avocat et, après le coup d'État de décembre 1851, il fut déféré devant une commission judiciaire qui décida de son éloignement momentané de Metz en raison de ses idées républicaines et de ses « passions anarchiques ». Il décida donc de s'installer à Spincourt dans la Meuse, où il épousa Virginie Mangin, fille de notaire dotée d'une fortune conséquente. Durant lers années suivantes il se consacra à l'exploitation agricole héritée de son beau-père mais voyant le régime impérial s'adoucir il envisagea de retourner en politique et de jouer un rôle dans la vie publique locale. Il fut élu au conseil municipal de Spincourt en 1860 et parvint après un échec en 1861 à se faire élire conseiller d'arrondissement en 1868. Après la guerre il fut désigné en février 1871 représentant de la Meuse à l'Assemblée nationale et il rallia le groupe de la gauche républicaine aux côtés de Léon Gambetta. Il fut réélu député de la Meuse en 1876 mais fut écarté de l'Assemblée par la dissolution du 16 mai 1877. Hostile au traité de Versailles, il proposa par un projet de loi de conserver le nom de Moselle à l'ancien arrondissement de Briey, demeuré français, et demanda qu'il soit accolé à celui de la Meurthe pour désigner le découpage des territoires annexés. Il fut également un grand défenseur de l'enseignement primaire obligatoire. La famille Billy était très proche de la famille de Poincaré, comme en témoigne le récit d'Aline Boutroux (Spincourt, dont il devait devenir maire à la fin des années 1860, est situé quelques kilomètres au sud du village d'Arrancy). Durant ses années d'études à Paris, Poincaré rencontrait souvent Jean-Eugène Billy et son épouse : celui-ci lui donnait souvent des cartons d'invitation pour assister aux séances de l'Assemblée nationale et il lui fit manifestement rencontrer Jules Develle (voir note suivante). Sur le parcours politique de Jean-Eugène Billy, cf. [M. Maigret 2006].

famille. Ce ménage sans enfant avait toujours été excellent pour moi et M. Billy me témoignait, depuis que j'avais des robes longues, une sympathie dont j'étais fière.

M. et Mme Billy habitaient alors un petit appartement, bien loin dans la rue de Vaugirard. Nous y trouvâmes le couvert mis pour une douzaine de personnes, bien que nous fussions les seuls convives au moment où l'on se mit à table. Mais après le potage, arriva un jeune député de la Meuse qui venait dare-dare de la Chambre. Il avait le teint rose et les joues rondes d'un bon bébé joufflu, mais son crâne déjà dénudé jurait de surmonter un tel visage. Comme il avait chaud, il s'épongeait sans cesse avec sa serviette, tout en racontant à son collègue la fin de la séance, à laquelle celui-ci n'avait jamais assisté. On ne parla guère que de politique et nous ne sûmes jamais à qui étaient destinés les six couverts restés vacants. En sortant de table, M. Billy emmena le jeune député dans sa chambre à coucher pour avoir avec lui un entretien confidentiel. L'entretien fut de courte durée et, dès qu'il fut terminé, le jeune député repartit en s'épongeant toujours. Ce fut un intermède comique au milieu du drame que je croyais vivre.

Je m'imaginais, à tort ou à raison, que M. et Mme Billy, qui voulaient mon bien, s'étaient proposés de me marier, que c'était pour moi que M. Develle[4] était venu et de moi qu'on avait parlé dans la chambre à coucher de M. Billy. S'il en était ainsi, l'expérience ne m'a pas été favorable, car jamais le député ne s'est avancé. Mais cela même m'amusait, comme s'il ne se fût pas agi de moi.

En sortant, nous fûmes très étonnés de trouver Raymond qui se tenait debout, comme un valet de pied, au bas de l'escalier. Il avait constaté que la température s'était rafraîchie et il avait eu la prévenance de m'apporter un manteau. Et tout du long de la longue rue de Vaugirard, je revins avec lui, en avant, tandis que maman et Henri, qui venaient par-derrière, ralentissaient leur marche avec intention pour augmenter la distance qui nous séparait. Ces précautions m'ayant donné l'éveil, je prêtai

4. Originaire de la Meuse, Jules Develle (1845-1919), exerça la profession d'avocat avant d'entrer en politique sous le patronage de Jules Grévy. Sous-préfet de Louviers puis préfet de l'Aube, il fut révoqué en 1877 pour ses opinions politiques. Il se présenta alors comme candidat républicain dans l'arrondissement de Louviers aux élections législatives de 1877 et débuta une longue carrière parlementaire et ministérielle. Il se spécialisa dans les questions agricoles et institua les syndicats agricoles. Il lança et patronna la carrière politique de Raymond Poincaré en le nommant chef de son cabinet au Ministère de l'agriculture en 1886 puis en soutenant sa candidature au mandat de député à Commercy la même année. Il fut également ministre des Affaires étrangères et sénateur. Cf. les notices biographiques dans le *Dictionnaire des parlementaires français* [A. Robert, E. Bourloton et G. Gougny 1890-1891] et dans le *Dictionnaire des parlementaires lorrains de la Troisième République* [M. Salviac 2006].

d'abord l'oreille et j'entendis les mots de « maladie de cœur ». Mais Raymond, à qui ces mêmes mots n'avaient pas échappé, me regardait d'un air scrutateur. Je cessai alors d'écouter pour détourner son regard.

Un jour, maman, un peu souffrante, fut obligée de garder la chambre ; Henri était occupé à l'École des mines ; Raymond offrit de me conduire à l'Exposition et maman se décida à nous laisser aller de compagnie. Nous fîmes cette expédition très amicalement et très gaiement, jusqu'au moment où, arrivés devant la statue de Charlemagne, celle-là même qui caracole encore devant Notre-Dame, Raymond, sans préambule, me révéla ce que je n'avais pu entendre dans la rue de Vaugirard : M. B ayant eu la grippe, avait consulté un médecin de ses amis, qui lui avait trouvé une maladie de cœur. Mon propre cœur cessa de battre, et je crus que j'allais tomber sans connaissance au pied de Charlemagne.

Cependant, la veille de notre départ de Paris, alors que nous nous disposions à aller dîner chez des amis, on frappa à la porte, et, comme dans un rêve, je vis entrer M. B dans la chambre. Il se montra plein d'entrain et de gaieté, et, en nous quittant, il me donna une poignée de main, la première !

Était-il vraiment malade ?... Je ne pouvais confier mon anxiété à personne et je portais en moi ce doute dévorant. Depuis le commencement de l'hiver, chaque fois qu'une lettre de mariage arrivait à la maison, je tremblais, j'avais la fièvre. Peut-être avait-il trouvé là-bas, dans ce grand Paris, une épouse à son goût. Cette souffrance allait continuer ; mais désormais, ce ne serait plus seulement les lettres de mariage, ce serait encore les lettres de deuil, que je verrais arriver avec émotion !

Je subissais d'autres petits supplices. Un jour, je surpris une conversation entre deux dames, Mme Rambaud et une autre. L'autre affirmait :

– « Si fait, je crois qu'il se mariera, mais pas à Nancy. Je lui ai déclaré qu'il n'y avait pas ici une seule jeune fille qui lui convînt ! »

Et c'était de lui qu'on parlait.

Et mon amie Blanche Collin me confiait qu'un jour, en causant, chez Mme Gays, il avait décrit la jeune fille idéale, celle qui seule pouvait faire son bonheur : elle était grande, elle était blonde, elle était exubérante, elle était rieuse, elle était bonne pianiste, elle avait une voix de soprano...

– « Oui, oui, je la vois d'ici, brûlais-je de lui répondre. Elle a le nez enfoncé par le milieu et pointant du bout ! »

Mais le silence était certainement plus digne.

Un jour, au premier déjeuner – c'était, je m'en souviens bien, le treize juillet – maman tendit à papa une lettre qu'elle venait de lire, et lui dit, d'un ton qu'elle cherchait à rendre naturel :

– « Voici la lettre de ton client. »

Papa entoura la lettre de la carafe, du sucrier, de la cafetière, de tout ce qu'il put trouver pour en faire un rempart, et se mit à lire la lettre attentivement.

Le hasard voulut qu'ensuite, en traversant un corridor, j'y rencontrasse un tas de balayures qui n'aurait pas dû être là, et qu'au sommet de ce tas se trouvât une vieille enveloppe qui attira mon attention. L'adresse me sauta aux yeux : elle était pareille, et de la même écriture qu'une autre adresse que je gardais pieusement comme une relique, sur une enveloppe de carte, depuis le jour de l'an. Ce fut une révélation. Oui, la grande lettre que mes parents lisaient l'un après l'autre, je savais maintenant d'où elle venait, et qui l'avait écrite. Mais que disait cette lettre ? Était-ce vraiment la lettre d'un client qui demandait, hélas ! des conseils pour sa santé, ou bien, dans cette lettre, était-il question de moi ? Ces deux hypothèses si différentes, si contradictoires, se croisaient, se heurtaient en moi, s'y livraient un duel à mort et je n'arrivais pas à me fixer.

Il faisait un temps superbe. Papa, appelé à la campagne, nous emmena dans sa voiture et nous déposa dans un champ où maman désirait faire un bouquet. Je cueillais de mon côté des bleuets et des coquelicots, au bord des blés frissonnants, et mes yeux, brûlés par le soleil, cherchaient à percer la voûte bleue du ciel, pour voir plus clair, pour pénétrer le fond des cœurs, pour résoudre l'énigme qui me torturait. J'aperçus alors à cent cinquante mètres de moi une de ces petites niches en pierre, comme on en trouve encore parfois dans les champs, et au fond de laquelle un Christ déteint et écaillé étendait des bras miséricordieux. Et je me mis à courir comme une folle, à travers les hautes herbes, pour aller m'agenouiller devant cette niche, là même où tant d'âmes naïves et simples avaient trouvé peut-être des consolations. Je priai ce jour-là comme de ma vie je n'avais jamais prié. Je disais : Mon Dieu, voyez ces plantes, ces oiseaux, ces papillons : tous sont heureux de vivre, tous s'épanouissent au soleil. Et moi, je me dessèche parce que j'ai soif d'amour et de bonheur !

Maman m'appelait et la voiture attendait déjà sur la route. Je repartis donc à grandes enjambées, enfonçant mes pieds dans des crevasses, trébuchant dans des touffes d'herbes tombant presque à chaque pas.

Dans la voiture, je sentis ma jambe envahie d'une raideur inusitée. J'eus beaucoup de peine à en sortir : j'avais le genou gros comme la tête.

Cet accident, qui m'immobilisa pour plusieurs jours, me rendit un grand service. Mon mal physique me semblait s'harmoniser avec mon état d'âme ; les douleurs lancinantes qui montaient de mon genou répondaient aux crispations de mon cœur. De plus, j'étais dispensée de voir du monde et de faire des frais.

Le troisième jour, en me voyant si misérable, maman eut pitié de moi et se décida à me parler. Mais elle ne voulait encore que me donner le change, et me confia que j'étais demandée en mariage par un ingénieur attaché aux forges de Pompey, près de Nancy. Je savais que le polytechnicien rencontré au Hohwald quatre ans auparavant était précisément à Pompey. Je n'hésitai donc pas à reconnaître que c'était lui ; et, conformément à ce que j'avais prévu en redescendant la plaine du Rhin, conformément aux sentiments impérieux qui me dominaient désormais, je donnai immédiatement à maman une réponse négative[5]. Je constatai que c'était la réponse qu'elle désirait ; tout était donc pour le mieux. Mais cette conversation m'avait mise en train de pleurer et je ne pouvais plus m'arrêter. Maman semblait désolée d'avoir si mal réussi à me causer une diversion.

Si bien que le soir de ce jour là, assise tout près de moi, qui tremblais contre son épaule comme un pauvre oiseau blessé, elle finit par me demander tout bas :

– « Est-ce que tu aimes quelqu'un ?

– Tu le sais bien !

– Eh ! bien, je vais te dire :... »

Et maman me raconta que celui que j'aimais avait écrit pour demander ma main ; mais que papa, par prudence, l'avait prié de se faire avant tout examiner de nouveau par un médecin.

J'étais tirée d'incertitude, mais non pas d'inquiétude, et je passai encore une nuit blanche, je veux dire une nuit d'insomnie et de fièvre. Je me mis malgré moi à faire des vers. Ces mauvais vers, plutôt, se faisaient tout seuls en moi ; je n'y étais pour rien. J'ai appelé cela : *Mon poème.*

---

5. Sur cet épisode, voir le chapitre XXIV. Il s'agit sans aucun doute d'Auguste Calinon (1850-1900 ?). Né à Paris, il avait fait ses études à l'École polytechnique (promotion 1870) avant d'intégrer le Corps du Génie. Il démissionna rapidement et devint ensuite maître de forges à Pompey, près de Nancy. Il poursuivit ensuite sa carrière au sein du service commercial des Aciéries de Longwy à Mont-Saint-Martin, avant de prendre la direction du dépôt des Forges de la Providence à Paris. Au-delà de ses activités professionnelles, il se distingua par des travaux sur la mécanique, la géométrie et la philosophie qui exercèrent une certaine influence sur la pensée d'Henri Poincaré et à propos desquels ils échangèrent une brève correspondance en 1886 (elle porte sur son premier ouvrage *Étude sur la mécanique* [A. CALINON 1885]). Il fut élu membre titulaire de la Société des sciences de Nancy le 1er mai 1885. Pour plus de détails sur cet échange, cf. [L. ROLLET 2008]. À noter que plusieurs sources – notamment André Rougé dans son ouvrage *Relativité restreinte : la contribution d'Henri Poincaré* – affirment que Poincaré et Calinon se rencontrèrent en août 1886 à l'occasion du congrès annuel de l'association française pour l'avancement des sciences qui se tenait à Nancy [A. ROUGÉ 2009] ; les souvenirs d'Aline Boutroux prouvent qu'ils se côtoyaient depuis les années 1873-1874 et que Calinon connaissait suffisamment bien sa famille pour avoir des vues sur sa sœur. Pour plus de détails sur les travaux de Calinon, cf. [A. CALINON 1888], [A. CALINON 1890], [A. CALINON 1897] et [A. CALINON 1900]. Sur sa carrière d'ingénieur, cf. [P.-L. MAUBEUGE 1975].

Enfin la réponse vint : toutes les difficultés étaient aplanies et je pouvais jouir de mon bonheur. Mais ce bonheur était si inattendu, si peu expliqué, si merveilleux, que j'avais de la peine à y croire. Que moi je l'aie aimé, après l'avoir entendu parler, professer, après avoir vu briller ses yeux clairs, cela n'avait rien d'étrange. Mais qu'il m'ait aimée, moi qui n'avais rien dit et qui avais toujours baissé les yeux devant lui, cela me semblait tenir du prodige. Pourtant le prodige était plus grand encore que je ne l'imaginais : je ne me doutais pas alors que, lui aussi, il s'était déterminé sous la porte Saint Georges, en y passant cinq minutes avant nous ; que, depuis dix-huit mois, il pensait à moi autant que je pensais à lui.

Nos fiançailles n'étaient pas encore officielles, lorsque Raymond nous amena Lucien qui venait, à son tour, pour passer son baccalauréat. Maman s'amusa à promettre à Lucien que, s'il était reçu, on lui dirait un secret pour le récompenser.

– « Et à moi ? demanda Raymond.

– Toi, tu ne le sauras pas.

– Je le sais.

– Comment ?

– Oui, Aline va épouser M. B »

Telle était son extraordinaire perspicacité.

Quelques jours plus tard, alors que mon futur mariage n'était plus un secret pour personne, nous avions tous passé la journée à Heillecourt. En revenant, dans la voiture, Raymond proposa d'établir entre nous une discussion sur ce thème : les mariages d'inclination. La discussion commença. Lucien y apportait la verve la plus étourdissante. Mais ma pauvre tante Clémence, ayant tout à coup découvert de quoi nous parlions, se fâcha pour de bon.

– « Qu'est-ce que c'est que ces bêtises-là ? nous demanda-t-elle : un mariage d'inclination ! En voilà une chose ! Je vous défends de monter la tête à mes filles ! On n'a aucun besoin d'aimer son fiancé, quand il est devenu votre mari ! Moi, par exemple, je n'ai aimé votre oncle qu'après notre mariage. Et Aline ! vous imaginez-vous qu'elle fasse un mariage d'inclination ? Pas du tout. Elle épouse M. B parce qu'il la connaît et que sa dot lui convient : s'il avait rencontré Marie, il l'aurait épousée tout aussi bien. »

Nous étions réduits au silence, mais nous nous amusions royalement.

Et le lendemain, comme on nous avait envoyés en bande à la Pépinière, nous recommençâmes. Toutefois, pour éviter le thème défendu, j'en proposai un autre, très voisin du premier : les remariages d'inclination. C'était à qui dirait le plus de bêtises sur ce sujet, et je crois bien que Lucien avait le dessus. Quant à Marie et à Gabrielle, elles se bornaient à rire sans dire un mot.

La tante Clémence arriva à l'improviste et nous surprit encore en flagrant délit.

– « Comment ! Vous recommencez, vilains enfants ! », nous cria-t-elle de très loin.

Une vieille bonne femme qui se chauffait le dos au soleil, tout près de nous, se mit à prêter l'oreille avec intérêt.

La voyant prête à prendre parti, Lucien, qui n'était encore qu'un chétif adolescent de seize ans, commença à pleurnicher en frappant du pied comme un enfant gâté.

– « Je veux me marier, là ! Je veux me marier ! On me trouve trop jeune, on veut m'en empêcher. Mais je veux me marier, hi ! hi ! hi ! hi !

– Veux-tu te taire, gamin, criait la tante Clémence : tu n'es encore qu'un enfant. »

Alors la petite vieille, courageusement, se leva et se mit à intercéder :

– « C'est une vraie pitié, dit-elle, que de faire ainsi pleurer un pauvre petit pigeon qui ne demande qu'à être heureux. Mariez-le, s'il en a envie, Madame, c'est le conseil que je vous donne : vous n'avez pas autre chose à faire. »

Le petit pigeon riait de tout son cœur, et nous faisions comme lui, excepté la tante Clémence, qui n'était pas contente. La scène était vraiment très drôle.

***

Pendant ce temps, Henri roulait seul, dans une petite carriole, au bord des fjords de la Norvège, avec son petit bagage derrière lui, et, dans sa poche, le précieux portefeuille entouré de grelots. Henri ignorait que mon sort venait de se décider, et je souffrais de l'idée que la nouvelle allait le suivre lentement, par petites étapes ; qu'il serait informé le dernier ; puis qu'il faudrait longtemps encore attendre sa réponse. Je n'avais pas songé, toutefois, à lui demander conseil. J'étais trop résolue moi-même pour avoir besoin de connaître l'opinion des autres. Et, si je l'avais consulté, je savais très bien quel conseil il m'eût donné : j'étais sûre qu'il m'approuverait.

Lorsqu'Henri fut de retour, maman lui demanda un jour avec anxiété :

– « Henri, dis-moi, est-ce un philosophe, ou un professeur de philosophie ? »

Henri répondit sans hésiter :

– « C'est un philosophe. »

Et maman soupira. Je crois qu'elle pensait que les philosophes se font quelquefois brûler.

Nos fiançailles, bien qu'elles n'eussent guère duré que deux mois, m'ont paru infiniment trop longues. Ce fut encore un temps de réserve, de repliement sur moi-même, d'attente et d'épreuve. Il est vrai que j'attendais à coup sûr et à brève échéance, au lieu d'attendre l'incertain, l'improbable et l'impossible. Mais je me sentais comme placée entre deux vies : l'ancienne, à laquelle je n'appartenais plus, et la nouvelle, à laquelle je n'appartenais pas encore. Et je comptais les jours qui me séparaient de mon bonheur.

Ainsi s'achève l'histoire de ma jeunesse, comme toute histoire qui finit bien, par un heureux dénouement.

***

Je m'étais juré d'éviter le subjectivisme, et, dans le récit des deux dernières années, je n'ai guère parlé que de moi. C'est, sans doute, parce que je ne voyais que moi. Ce phénomène est fréquent à un certain âge, et on peut d'ailleurs être objectif tout en parlant de soi.

Aline Boutroux
1912-1913

J'avais un ami… Henri Poincaré

Paul Xardel

Il était mon ami d'enfance et si différentes que fussent devenues les voies sur lesquelles nous nous étions engagés à vingt ans, il était resté mon ami. Il était illustre, l'un des plus illustres parmi les hommes ; son génie était de ceux qu'on ne voit guère éclairer le monde que de loin en loin, une ou deux cents fois en cent ans.

Et moi, soldat obscur, sentinelle ignorée, qui parmi tant d'autres, guette depuis tant d'années l'ennemi héréditaire, j'étais très fier et très reconnaissant d'une amitié si haute et si constante.

Qu'avais-je fait pour le mériter ? J'avais de tout temps deviné et annoncé son génie, mais surtout je connaissais son cœur. Il était simple et confiant, il ignorait la vanité ; la gloire l'avait laissé tel que je l'avais connu enfant.

Il est mort, la France et le monde ont senti la perte irréparable. C'est une lumière promise au monde qui s'est éteinte tout d'un coup. La France et le monde l'ont pleuré. Les savants ont célébré son génie et vanté la tâche accomplie par le savant ; ils ont dit ce qu'il avait fait, ce que le monde lui devait, ce que le monde perdait avec lui. Je ne suis pas savant et dans tous les discours je n'ai pas retrouvé mon ami. J'ai écrit à sa femme, son admirable femme[1], pour lui exprimer ma douleur, et mêler mes larmes aux larmes de ceux qui l'aimaient et qui en étaient aimés, et je lui ai dit : « Si j'avais pu aller à Paris et me joindre au cortège de deuil qui semblait un cortège d'apothéose, après les savants, après les personnages officiels, après les orateurs pompeux dont les discours sont remplis d'épithètes rares et superlatifs, j'aurais dit ma douleur et révélé le grand cœur de celui dont les hommes semblaient n'avoir connu que l'intelligence. »

Et c'est pourquoi ce que je n'ai pu dire sur sa tombe, je veux l'écrire aujourd'hui pour mes enfants en mémoire de lui.

***

J'ai fait la connaissance d'Henri Poincaré en entrant en huitième au lycée de Nancy au mois d'octobre 1863. Je venais de suivre pendant plusieurs années

1. Henri Poincaré se maria avec Louise Poulain d'Andecy (1857-1934) le 20 avril 1881. Par sa mère, Pauline Geoffroy Saint-Hilaire (1833-1885), elle était l'arrière petite-fille du naturaliste Étienne Geoffroy Saint-Hilaire (1772-1844). Son père, Jean-Baptiste Poulain d'Andecy (1818-1884) avait exercé les fonctions de sous-préfet puis d'administrateur du crédit foncier.

les classes d'une école bien connue à Nancy, l'école de Madame Michel. Madame Michel était une vieille dame, un peu bossue, assez sévère, narquoise et moqueuse ; je ne l'aimais guère et j'en avais peur, mais elle était très appréciée par beaucoup de familles de Nancy qui lui laissaient leurs fils jusqu'au moment où ils étaient en état de faire du latin.

À la veille de la rentrée, mon père qui était comme le père d'Henri Poincaré professeur à l'École de médecine, me dit : « Parmi tes nouveaux camarades, tu auras le fils d'un de mes confrères. Henri Poincaré est déjà au lycée depuis un an, il vient de faire la 9e avec M. Thouvenot, et il a eu tous les prix. » En apprenant que la 8e va réunir tous les élèves de 9e et ceux de Madame Michel, il a déclaré que les « Thouvenotiens » tâcheraient de l'emporter sur les « Micheliens ». Il avait déjà le goût de la classification, il préludait au baptême des fonctions fuchsiennes.

Avec un tel champion la victoire devait appartenir aux « Thouvenotiens ». Henri Poincaré prit la première place, ou plutôt il l'occupa tout naturellement sans lutte et sans discussion et il la garda jusqu'au bout.

Je ne voudrais pas, cependant, laisser accabler la mémoire de la vénérable Madame Michel sous ce grand souvenir. La vieille-dame a laissé un petit-fils qui est aujourd'hui juge au tribunal de commerce. En procédant à son installation, le Président du Tribunal a tenu à rappeler la mémoire de l'aïeule dont lui aussi avait été l'élève et qui, déclarait-il, avait appris à lire à la moitié de la ville de Nancy. Parmi tant d'élèves, l'un au moins est illustre, c'est le général Pau, membre du Conseil supérieur de la guerre, et qui vient de commander un des partis dans les manœuvres d'armée du sud-ouest. Quand le général Pau prit, en 1900, le commandant du 20e corps à Nancy, un bouquet lui fut offert par les anciens élèves de Madame Michel.

***

Bien entendu, je n'ai jamais été le rival de Poincaré, il n'avait pas de rivaux ; j'étais son admirateur étonné. Je ne cherchais pas à le comprendre, mais je m'attachais à lui. Sa supériorité n'ôtait rien à sa simplicité d'enfant, et sa mère qui l'entourait volontiers de petits camarades pour jouer avec lui, m'avait admis très vite dans l'intimité de son fils. Il s'amusait franchement, riait, plaisantait, se donnait aux jeux de tout son cœur, non pas peut-être à des jeux bruyants et brutaux, mais à des jeux de plein air cependant, où la présence de nos sœurs mettait plus de courtoisie et de modération, à des jeux un peu sérieux aussi, au jeu des portraits, au jeu des homonymes ou des objets cachés, et il y montrait une érudition et une perspicacité étonnante. J'avais le désir de l'imiter, sans doute, mais à ce désir ne se mêlait aucun sentiment d'envie.

Très jeune, il avait beaucoup lu et beaucoup retenu. Moi, au contraire, j'avais peu lu, et Henri Poincaré a contribué à développer et à favoriser mon goût pour la lecture. Il me prêtait des livres et il en avait beaucoup, sans compter ses livres de prix qui remplissaient une armoire. Il ne lisait pas que des livres de classe, il lisait tous les livres qui convenaient à son âge ; sur tous il émettait des jugements nets et précis, aussi bien sur les romans de Marcel Aymard et de Jules Verne que sur ceux d'Erckmann Chatrian et plus tard sur Victor Hugo, Lamartine, et tous les autres écrivains prosateurs, poètes, historiens et philosophes.

Voici peut-être un trait qui marque la différence de nos esprits. M. Vouaux, le professeur de 8e choisissait souvent ses dictées dans les « lectures pour tous » de Lamartine, et c'est lui, je pense, qui m'a appris à soupirer de bonne heure pour Graziella et pour Geneviève, l'admirable servante. Pourtant, un jour, il nous fit une dictée qui n'était pas de Lamartine et qui avait pour titre « Une cure heureuse ». Après avoir dicté le titre, M. Vouaux s'arrêta et demanda : « Xardel, qu'est-ce qu'une cure ? » Et je répondis innocemment et sans comprendre pourquoi la classe se mettait à rire : « Une cure c'est la maison du curé ». Et vous Poincaré, dit M. Vouaux. Et Poincaré, au milieu de l'attention des élève qui attendaient de lui la parole définitive, répondit avec simplicité, mais sans hésitation : « C'est une guérison. »

Et la suite de la dictée où un aveugle recouvre la vue, montra bien que Poincaré avait raison, comme toujours. Dans ce temps-là, sans doute, j'étais très clérical.

Pendant les vacances de 1865, au sortir de la 7e, nos familles se réunirent pour aller passer quelques semaines à Gérardmer. Dans ces temps lointains, le chemin de fer s'arrêtait à Remiremont où l'on prenait la diligence. J'étais sur la banquette de devant à côté du conducteur avec Henri Poincaré.

Plus âgé de quatre mois, et plus sage aussi que moi, sans doute, il venait de faire sa première communion, et il avait une montre ! Une montre ! C'était mon rêve. Si j'avais eu une montre, je ne l'aurais prêtée à personne. Henri, pourtant, qui voyait mon désir et qui était le désintéressement même, me prêta sa montre que j'attachai à mon gilet pendant tout le trajet en diligence et qui m'occupa bien plus que le lac, les forêts de sapin et leurs moutons de granit. À tout instant je la tirai pour voir l'heure, j'ouvrais le verre pour mieux examiner les aiguilles, si bien que je le cassai un peu, afin de mieux me rendre compte. Depuis j'en ai cassé bien d'autres, mais jamais avec tant de remords. Cet accident troubla ma joie et je m'attendais à être grondé et même puni par ma mère. Eh bien, ce brave Henri n'eût pas l'air de s'en apercevoir et n'en dit rien à personne.

C'est pendant notre séjour à Gérardmer que me furent révélées deux vérités manifestes. Sa merveilleuse précocité et le dévouement de sa sœur Aline pour le frère plus âgé qu'elle cependant. Elle l'admirait, elle l'adorait, jamais ils ne se disputaient.

Henri savait tout, voulait tout voir, tout comprendre et nous expliquait tout. Il y a à Gérardmer un écho célèbre, l'écho de Ramberchamp que nous faisions causer. Henri nous exposait la théorie de l'écho, il connaissait la vitesse du son, et la distance exacte à laquelle il fallait se placer. Nous cherchions ensemble au bord de la Jamagne près du pont des Fées, la pierre de Charlemagne où Henri retrouvait l'empreinte laissée par le cheval qui d'un bond avait franchi le torrent. On venait de terminer et d'inaugurer la belle route du col de la Schlucht qui suivait une route télégraphique. Jusqu'alors nous n'avions vu de télégraphe que le long du chemin de fer. Télégraphe et chemin de fer nous semblaient inséparables. Un télégraphe sur une route c'était extraordinaire. Henri trouvait cela très simple, il nous expliquait le télégraphe Bréguet, l'électricité et la transmission des dépêches.

Au chalet Hartmann, on montrait avec respect le fauteuil où s'était assis Napoléon III venu de Plombières pour l'inauguration de la nouvelle route. Henri avait son opinion sur l'empereur, mais à vrai dire, elle n'était pas très admirative et, un matin, en enfilant sa bottine, il s'écria : « J'ai cassé mon empereur. » Il avait la gaieté et l'expansion d'un enfant, mais il raisonnait comme un homme. Un jour on disait devant lui à propos de je ne sais quel événement : « Ce sera un chapitre intéressant pour l'histoire de France. » Un de nos camarades médita un moment et puis demanda : « Ah, çà ! Est-ce que l'histoire de France continue ? » Pour lui, n'est-ce pas, l'histoire de France était un livre de classe comme un autre. Il avait un commencement et une fin, et il le trouvait sans doute bien assez long comme cela ; il ne pensait pas qu'on pût rien y ajouter. Henri s'amusait beaucoup de cette naïveté, et c'est peut-être en le voyant rire que je réfléchissais à mon tour et que j'essayais de comprendre que l'histoire de France n'était pas finie. Nous avions dix ans alors, et nous avons bien vu, peu d'année après, que l'histoire de France n'était pas finie ; nous en avons vu écrire au jour le jour les pages les plus sanglantes. Sur cette route de la Schlucht où nous avions ri et joué, à l'endroit d'où nous voyions la plaine d'Alsace s'étendre jusqu'au ruban argenté qu'on nous disait être le Rhin, les Allemands ont planté le poteau frontière, un autre empereur est venu se reposer au chalet Hartmann et s'est peut-être assis dans ce même fauteuil, trône éphémère de Napoléon III.

***

Ce qui étonnait surtout chez Henri Poincaré élève au lycée, c'est qu'il ne travaillait jamais, ou du moins si sa pensée ne restait jamais inactive, si elle travaillait toujours, lui n'avait pas l'air de travailler ; il n'était pas comme l'enfant sage, l'écolier modèle qui reste pendant des heures assis devant sa table, le nez sur ses livres et sur ses cahiers. Combien de fois en allant après la classe, vers 5 ou 6 heures, lui demander quelque éclaircissement sur des devoirs obscurs pour moi, lumineux pour lui, combien de fois l'ai-je trouvé dans la chambre de sa mère, allant et venant, prenant part aux conversations et en apparence, occupé de toute autre chose que de faire ses devoirs et puis, tout à coup, il s'approchait de la table et, sans s'asseoir, posant un genou sur la chaise, il prenait sa plume de la main droite ou de la main gauche, au hasard, écrivait quelques mots ou quelques lignes puis reprenait ses allées et venues et la conversation interrompue. Après quelques pauses semblables, le devoir se trouvait fait. Il écrivait alors indifféremment de l'une ou de l'autre main et également assez mal. Et encore ? Est-il vrai qu'il écrivait mal ? Son écriture était assez étrange peut-être, mais cela veut dire seulement qu'elle ne ressemblait à aucune autre. Elle était lisible, ce qui est beaucoup, elle n'a jamais changé, ce qui est, je crois, un caractère remarquable. La dernière lettre que j'aie reçu de lui, quelques semaines avant sa mort est d'une écriture toute semblable à celle de l'élève du lycée de Nancy.

Je crois qu'il conserva longtemps sa méthode de travail bien personnelle. Elle scandalisait les gens sages. Un jour, un de ceux qui l'avaient connu à l'École polytechnique vantait je ne sais quel personnage, un camarade arrivé, une première de promotion, et le déclarait l'homme le plus intelligent qu'on put rencontrer. Je dis :

« Oh peut-être, mais après Poincaré. »

– « Allons donc, répondait-il, Poincaré ! Mais à l'X il ne faisait rien, il ne travaillait pas, il passait son temps à se promener en disant des choses incompréhensibles. »

Je pensais alors à certaines fables de La Fontaine, mais je m'affligeais de ne pouvoir faire comprendre mon ami à ce sage, fier de sa sagesse, réglé dans son travail, respectueux des usages et des traditions, qui peut-être se trouvait supérieur au plus merveilleux génie que la France ait depuis longtemps proposé à l'admiration de l'univers. Un autre sujet d'étonnement, c'est qu'il était également supérieur en toutes choses. Son intelligence n'était pas cantonnée à une spécialité. Elle ne se limitait pas à l'un des objets de l'esprit humain, elle les embrassait tous, avec la même facilité, elle était universelle, elle était le génie même.

J'ai connu des enfants prodiges, j'ai connu des élèves qui avaient comme on dit la bosse du calcul, j'ai connu des forts en thème, mais les petits prodiges ne durent guère, les forts en thème ne comprenaient rien en mathématiques et la bosse du calcul n'empêchait pas les autres de garder pour le reste la queue de la classe. Lui n'était pas un enfant prodige, il n'était pas un fort en thème, il n'avait pas la bosse exclusive du calcul. Il faisait toute chose avec la même facilité et sans travail apparent. La poésie n'avait pas pour lui plus de secrets que les mathématiques, et il montrait bien que le rythme, la mesure et l'harmonie appartiennent aussi à la science des nombres. Il était sans doute de tout temps prédestiné à remplacer Sully Prudhomme à l'Académie Française.

Quand nous étions en seconde avec M. Duschesne, il m'est arrivé un lundi matin, après un dimanche trop consciencieusement consacré au repos, d'entrer en classe à 8 heures sans avoir écrit un mot de mon devoir de vers latins. Je confessai ma paresse à mon ami, qui aussitôt me dictait un développement de sujet tout différent de celui qu'il remettait lui-même, mais aussi parfait. Trop parfait, même ; cette perfection m'inquiétait et je lui disais : « Je t'en prie Henri, mets y un ou deux vers faux, sans cela on ne croira jamais qu'ils sont de moi. » Et Poincaré, en souriant avec indulgence, mettait deux vers faux qui d'ailleurs ne lui coûtaient pas plus que les bons.

J'ai un peu hésité à le faire, mais ce sera une pénitence, et puis, il y a si longtemps de cela. Enfin ce n'est pas mon propre éloge que j'ai entrepris. Mes enfants comprendront que ce n'est pas un exemple que je leur donne à imiter.

La prosodie française lui était aussi familière que la latine. M. Duschesne nous laissait parfois à choisir pour développer un sujet, entre les vers latins et les vers français. Nous avions, certains jours, Henri et moi choisi les vers français, mais, confiant dans mon inspiration, je m'étais bien gardé de lui demander son concours. M. Davau, le proviseur, prit la peine de venir lui-même pendant la classe, rendre compte de la correction. M. Davau, homme excellent, à la politesse raffinée, à la parole suave, était un lettré de goût exquis, je le soupçonne même d'avoir vers sa vingtième année rimé des poèmes que la postérité a laissé dans l'oubli. Il félicite Poincaré congrument, puis de sa voix suave qui soudain me parut un peu aigrelette, il ajoute : « Il y a aussi M. Xardel qui s'est essayé à obtenir les faveurs de la Muse, mais il semble ne pas y avoir réussi. Ce sera une autre fois. »

Je regardais avec dépit cet homme si poli, un peu gros et bas sur jambes, avec une forte tête sans barbe ni cheveux, qui se faisait avec quelque présomption le messager des muses. On dit que les poètes sont irritables. C'est à M. Davau que j'en voulais, mais nullement à mon ami plus heureux. Je pensais : « Voyez-vous cet Henri ! Tous les succès, et avec cela les faveurs de la Muse ! »

Hélas ! Si les muses entourèrent son berceau et le comblèrent de leurs faveurs, il y eut sans doute une muse oubliée au baptême. C'était la muse du dessin, et elle devait lui garder rancune.

Bachelier en 1871, Poincaré avait été reçu à l'École forestière en 1872, mais ce n'était qu'un hommage rendu à cette école qui est une des gloires de notre ville natale ; c'était une simple carte de visite ; il ne devait pas y entrer. L'année suivante, en 1873, il se présentait à l'École polytechnique après une seule année de mathématiques spéciales.

Parmi les examinateurs se trouvait M. Abel Transon[2]. Nous connaissions tout particulièrement M. Transon dont mon oncle Madelin était devenu le neveu par son mariage. Le ménage Transon était des plus unis, et, rien ne la retenant à Paris, Madame Transon accompagnait chaque année son mari dans son tour de France des examinateurs. M. et Mme Transon ne manquaient pas de venir à chaque voyage passer une soirée chez mon grand-père Madelin, et ma mère, mes sœurs et moi-même, nous étions conviés à cette soirée solennelle qui se bornait à une conversation devant la cheminée. Sans feu, bien entendu, puisque nous étions en été. M. Transon, assis dans un fauteuil, l'air rêveur, la parole lente, en faisait à peu près seul tous les frais, pendant qu'imitant l'exemple de Mme Transon, nous écoutions religieusement.

Cette année-là, M. Transon nous dit : « Nancy présente un candidat très remarquable, c'est Poincaré. Mais nous sommes bien embarrassés. Il a un zéro pour le dessin, et ce zéro est éliminatoire. Pour le reste, il est absolument hors de pair. S'il est reçu, il sera premier. » Mais la muse du dessin devait prendre sa revanche. À la sortie de l'École il ne fut classé que second, à cause d'une mauvaise note en stéréotomie. C'est comme cela que j'ai appris approximativement ce qu'est la stéréotomie.

En même temps qu'il était reçu premier à polytechnique, il était reçu dans les premiers à l'École Normale. Je crois qu'il hésita entre les deux, il n'hésita pas longtemps. L'École polytechhnique avait un prestige qui imposait le choix, surtout au Major de la promotion.

Nous suivions désormais des voies différentes, mais elles ne devaient pas nous désunir. À la rue des Postes où je préparais Saint-Cyr[3], je recevais la visite de mon ami en polytechnicien avec ses galons de sergent-major. L'année suivante, il venait me voir à Saint-Cyr. Quand je fus nommé sous lieutenant au 26e à Nancy, où il venait fréquemment, nos relations reprirent aussi intimes que jamais.

2. Abel Transon (1805-1876) avait été formé à l'École polytechnique (promotion 1823) et à l'École des mines. Nommé répétiteur à l'École polytechnique en 1841, il publia plusieurs travaux mathématiques dans le *Journal de mathématiques pures et appliquées.* Il devait devenir examinateur d'admission à l'École en 1858, ce qui l'amenait à accomplir chaque année un tour de France des centres d'examen (sa tournée de 1873 fut d'ailleurs la dernière). D'abord tenté par le saint-simonisme puis fouriériste à partir de 1832, on lui doit plusieurs présentations de ce mouvement [A. Transon 1832]. Pour plus de détails sur sa vie, cf. [R.-E. Tournaire 1878]. L'oncle Madelin auquel Paul Xardel fait ici référence est probablement le frère de sa mère, Marie Catherine Victoire Xardel, étant née Madelin.

3. Sur la formation et la carrière de Paul Xardel voir le chapitre vii du journal d'Aline Boutroux. Concernant la rue des Postes et les *postards* voir le chapitre xxv.

La bonne Madame Poincaré était une mère admirable et sa bonté s'étendait sur tous les amis de ses enfants. Elle nous réunissait souvent pour danser ou pour jouer la comédie. Henri était un danseur infatigable et très convaincu. Et la comédie de société ! Quel jeu charmant et quel excellent moyen d'éducation ! Elle donne l'assurance, assouplit la mémoire et l'élocution, elle entretient la gaieté, ouvre des horizons nouveaux aux jeunes imaginations, renouvelle les sujets de conversation, c'est de l'éducation mutuelle. Elle eut, je crois, une grande part dans le développement du sens pratique chez H. Poincaré qui sans elle fut peut-être resté distrait comme il est d'usage chez les savants. Que de répétitions, que de représentations dans l'appartement de la rue Lafayette et plus tard rue de Serre. Henri s'y livrait avec un entrain merveilleux. Le répertoire c'était d'abord Labiche, plus tard nous ne craignions pas d'aborder celui de la comédie française avec Mademoiselle de la Seiglière. Henri faisait le marquis dont on disait : « Il vivra cent ans et il mourra jeune ! » Hélas ! il n'a réalisé que la fin de la prophétie.

Pendant les vacances de 1869, la troupe se transporta à Arrancy dans la Meuse, chez les grands-parents d'Henri, M. et Mme Launois que chacun de nous appelait affectueusement pépère et mémère comme s'ils avaient été vraiment aussi les grands-parents des amis de leurs petits-enfants. Il y avait là douze ou quinze enfants de 13, 14, 15 ans. On faisait de grandes promenades. On jouait la comédie, on allait même, dans une grande voiture dénommée la bagnole et qui devenait le chariot de Thespis, donner des représentations chez les amis ou parents de la famille Launois dans les villages voisins. Hélas ! L'année suivante, sur les routes qui avaient retenti des éclats de notre gaieté insouciante, se pressaient les armées françaises aux prises à l'ennemi. Nous avons connu cette année-là la douceur de vivre, il me semble, nous ne l'avons pas retrouvée depuis. Henri en avait, comme nous tous, gardé le précieux et charmant souvenir ; bien longtemps après, il lui arrivait de me dire avec un peu de regret et de mélancolie : « Te souviens-tu de l'année d'Arrancy ? »

En 1878, un nouveau compagnon vint se mêler à nos jeux innocents. C'était un cousin germain d'Henri. Son père, frère du docteur Poincaré, était ingénieur des Ponts-et-Chaussées à Bar-le-Duc. Le jeune homme venait faire au 26e son service militaire comme volontaire d'un an. Cette année-là, j'étais justement chargé du peloton des conditionnels. Dans la journée je faisais manœuvrer les élèves, je leur faisais réciter la théorie, je leur enseignais la topographie, le soir on se retrouvait fréquemment chez Madame Poincaré avec le cousin Raymond qui avait permission de 10 heures. On jouait aux charades, on faisait des bouts rimés. Le cousin Raymond avait l'esprit vif et très cultivé, beaucoup de mémoire, du trait et de la bonne humeur. Il brillait également à la théorie du matin et aux jeux innocents du soir. Il voulait être avocat et, malgré les occupations du service, il continuait à prendre des inscriptions et à passer des examens.

Moi aussi, je faisais mon droit pour occuper mes loisirs. On ne sait pas ce qui peut arriver. Le diplôme de licencié pouvait un jour ou l'autre m'être utile. Pour l'examen, il faut porter la robe que l'appariteur loue successivement à tous les candidats comme le cousin Raymond. Alors caporal, je portais l'uniforme sous la robe de candidat, et s'il laissait voir sous les manches ses galons de laine, on pouvait, un autre jour sous la même manche de la même robe, voir passer mon galon d'or.

En quittant le 26e après un an de service, le cousin Raymond recevait les galons de sergent. Depuis il a encore reçu de l'avancement. Député, sénateur, ministre, président du conseil, il est aujourd'hui président de la République.

Je garde précieusement une thèse de licence présentée le mercredi 10 novembre 1880 à la Faculté de droit de Paris. La thèse a pour titre « Des droits civils et de la qualité des français ». La plaquette porte cette dédicace autographe : « À Monsieur Paul Xardel, sous-lieutenant au 26e de ligne. Son sergent reconnaissant : Raymond Poincaré. » Quand au mois de mars dernier, je suis allé présenter mes hommages au chef de l'État, il m'a accueilli aimablement par les mots qui m'ont été au cœur : « Vous savez quel souvenir reconnaissant je vous garde. »

J'ai eu l'honneur, le 28 juillet, de déjeuner à la table du Président de la République avec les généraux nouvellement promus.

***

À sa sortie de l'École polytechnique, Henri Poincaré était entré à l'École des mines, puis avait été nommé ingénieur de la Haute-Saône où il avait eu l'occasion, un jour d'accident, de montrer son sang-froid, sa décision, son mépris du danger en descendant dans la mine. Puis, tout en gardant le titre d'ingénieur des mines, et après avoir présenté sa thèse de doctorat, il était entré dans l'enseignement supérieur, d'abord à la Faculté de Caen, puis enfin à Paris, sa vraie place qu'il ne devait plus quitter. À l'âge de 32 ans, il était élu à l'Académie des sciences.

Si nous suivions des carrières si différentes, nous n'étions pas séparés, nous gardions des relations moins fréquentes mais aussi confiantes. Je lui recommandais des candidats au baccalauréat, il m'envoyait des billets pour les séances de l'Institut. Son génie ne faisait pas tort à son cœur. Pendant que j'étais à l'École de guerre, je fus à la suite d'une chute de cheval au bois de Boulogne, obligé de garder la chambre pendant quelques jours. J'avais reçu de ma monture un coup de pied en plein visage. J'avais sur l'œil un bandeau qui m'aveuglait plus qu'à moitié. La première visite que je reçus est celle d'Henri Poincaré accouru à la première nouvelle. Quand j'avais perdu mon père, le premier qui vint me serrer la main et pleurer avec moi, c'est Henri Poincaré. Parmi mes reliques, je garde la lettre de félicitations qu'il m'adressa à la naissance de mon premier enfant, celle qu'il m'écrivit quand le cher petit Robert nous fut enlevé si vite, celle enfin que je reçus de lui à la mort de ma mère.

La dernière fois que j'ai vu mon ami, c'est le jour de sa réception à l'Académie française. Je l'attendais à la sortie, dans la cour de l'Institut avec mon fils pour le féliciter. Il était naturellement très entouré mais si simple. Ah bien sûr ! sans pose ni vanité. Comme je disais à mon fils : « Regarde, souviens-toi que tu as vu aujourd'hui un homme de génie et qu'il est l'ami de ton père. » Ce brave Henri souriait de son sourire indulgent comme pour se faire entendre que j'exagérais mais qu'il me laissait dire puisque cela me faisait plaisir. Je lui disais aussi, je le répétais à sa tante Comon, à sa sœur, Madame Boutroux : « Il manque quelqu'un aujourd'hui. C'est la mère d'Henri, la bonne madame Poincaré dont Frédéric Masson vient de faire le portrait si attachant. Comme elle serait heureuse de son cher Henri en ce jour de triomphe. »

En m'en retournant avec mon fils, je me mis à lui parler de mon ami : à lui raconter Poincaré. Le costume d'académicien sous lequel je le voyais pour la première fois me rappelait d'autres costumes qu'il avait autrefois – un surtout, le premier que je lui ai vu dans un bal d'enfants chez sa mère en 1864 – un costume de polonais. Les Polonais étaient très à la mode après l'insurrection de 1863. D'ailleurs, ils le sont depuis longtemps à Nancy, la ville de Stanislas. Henri était superbe dans ce vêtement bleu de ciel bordé de cygne avec un *schapska* assorti. Ce qui excitait surtout mon admiration et en même temps l'effroi des mères de famille, c'était la faux dont il était armé, la fameuse faux redressée des paysans qui fauchaient les Russes et éventrait leurs chevaux. Henri n'en tirait aucune vanité et n'essayait nullement d'en menacer personne. Quand il vit que sa faux faisait peur aux mamans, il la déposa tranquillement dans un coin. Les petits camarades la voyant abandonnée allèrent l'un après l'autre la regarder de près, et quand elle eut ainsi passé entre quelques mains un peu brusques et maladroites, la terrible faux cassée en deux pendait lamentablement sur le manche. Elle était en carton recouvert de papier d'argent… Quel chemin de ce costume bleu ciel bordé de cygne à l'habit brodé de palmes d'or et vertes.

En pensant à la mère d'Henri, je pensais à la mienne qui avait été son amie, qui aussi active, aussi dévouée à son fils, en avait été mal récompensée. Elle eut aussi, comme Madame Poincaré, mérité qu'un autre Frédéric Masson la fit connaître aux auditoires de l'Académie. C'est à mon fils à faire ce que je n'ai pas su faire.

La bonne Madame Poincaré a longtemps présidé à la toilette de son fils ; sans elle, il ne se serait pas soucié de nouer sa cravate. Le jour de sa réception à l'Académie, sa cravate était bien nouée et son habit ajusté, et cependant, la bonne Madame

Poincaré n'était plus là pour y pourvoir. Mais Henri a eu dans sa vie, auprès de lui, trois nobles créatures au cœur d'élite qui se sont dévouées avec passion à l'enfant et à l'homme de génie. Sa mère, sa sœur et sa femme. C'est madame Henri Poincaré qui avait ajusté l'habit vert et noué la cravate blanche du récipiendaire, par-dessus la croix de commandeur de la Légion d'honneur.

Peu de temps après, je quittais Paris pour Perpignan et je n'ai plus revu mon ami.

Peu de temps après, un matin de l'an dernier, j'accompagnais mes enfants dans leur promenade à Rupt dans les Vosges. En ouvrant le journal, je lus la catastrophe que rien ne laissait prévoir. Je ne le savais pas malade et j'apprenais brusquement sa mort. Le journal me tomba des mains.

Le soir, les enfants firent pour lui une prière ; mais s'il est vrai que l'œil n'a point vu, que l'oreille n'a point entendu, que l'esprit n'a pas conçu les merveilles que Dieu réserve à ses élus, qui donc plus qu'Henri s'était approché de ces merveilles. Si la vie d'ici-bas n'est qu'une préparation à la vie éternelle, qui, mieux que lui, était préparé à voir Dieu face à face, *sicuti est*, tel qu'Il est, un Dieu de majesté suprême, de parfaite harmonie qui est la solution du problème posé par Poincaré dans *La Science et l'Hypothèse.*

Paul Xardel[4]

4. Sur Paul Xardel, voir le journal d'Aline Boutroux, chapitre VII.

Index nominum

N

O

R

Bibliographie

Adam Lucien, *Le baron Guerrier de Dumast*, Nancy, G. Crépin-Leblond, 1883.

Appell Paul, *Souvenirs d'un alsacien*, Paris, Payot, 1923.

Appell Paul, *Henri Poincaré*, Paris, Plon-Nourrit et Cie (collection Nobles vies, grandes oeuvres), 1925.

Appell Paul, Bigourdan Guillaume, Clarétie Jules, Guist'hau Gabriel, Lippmann Gabriel et Painlevé Paul, *Henri Poincaré 1854-1912 – Discours prononcés aux funérailles*, Paris, Gauthier-Villars, 1912.

Bargeton René, « Doniol (Jean Henri Antoine) », dans Bargeton René, *Dictionnaire biographique des préfets : septembre 1870 – mai 1982*, Paris, Archives Nationales, 1994, p. 201-202.

Belhoste Bruno, « La préparation aux grandes écoles scientifiques françaises à la fin du xixe siècle, établissements publics et établissements privés », *Histoire de l'éducation*, 2001, p. 101-130.

Bellivier André, *Henri Poincaré ou la vocation souveraine*, Paris, Gallimard NRF, 1956.

Benoît Charles, *Chateaubriand : sa vie et ses œuvres, étude littéraire et morale*, Paris, Didier et Cie, 1865.

Bernheim Hippolyte, « Éloge funèbre de Léon Poincaré », *Annales médicales de Nancy*, 1892.

Blanc Jean-Baptiste, *Le Christianisme intégral, ou la Vérité catholique démontrée aux jeunes gens par les matières concernant le baccalauréat ès-lettres et ès-sciences*, Paris, Bray, 1868.

Blanc Jean-Baptiste, *Monographie du Lycée de Nancy, depuis 1789 jusqu'à nos jours*, Nancy, Berger-Levrault, 1879.

Bottazini Umberto, *Poincaré, philosophe et mathématicien*, Paris, Pour la science, collection « Les génies de la science », 2002.

Boutroux Aline, *Vingt ans de ma vie, simple vérité*, Texte non publié, Laboratoire d'histoire des sciences et de philosophie – Archives Henri Poincaré, 286 p. dactylographiées, 1913.

Boutroux Aline, « Une héroïne française », Article publié dans la presse, sans date, conservé au Département des Estampes de la Bibliothèque nationale de France, Ne 63 fol, collection Laruelle, tome 123.

Boutroux Émile, « Du devoir militaire », dans Collectif, *L'armée à travers les âges, conférences faites en 1898 à l'École militaire spéciale de Saint-Cyr par MM. Lavisse, Guiraud, Langlois, Lehugueur, Sorel, Vandal et Boutroux*, Paris, Librairie militaire R. Chapelot, 1899, p. 249-277.

BOUTROUX Émile, « Lettre ouverte (datée du 28 juin 1906) », *Revue internationale de l'enseignement*, 52, 1906, p. 42-43.

BOUTROUX Émile, *William James*, Paris, Colin, 1911.

BOUTROUX Émile, « L'Allemagne et la guerre », *Revue des deux mondes*, 23 (15 octobre 1914), 1914, p. 386-402.

BOUTROUX Émile, *De la contingence des lois de la nature (première édition)*, Paris, Germer Baillère, 1874.

BOUTROUX Émile, *De l'idée de loi naturelle dans la science et la philosophie contemporaines – Cours professé à la Sorbonne en 1892-1893 (première édition)*, Paris, Lecène & Oudin, 1894.

BOUTROUX Pierre, *Les principes de l'analyse mathématique, exposé historique et critique*, Paris, A. Hermann et fils, 1914-1919.

BOUTROUX Pierre, *L'idéal scientifique des mathématiciens dans l'Antiquité et les Temps modernes*, Paris, F. Alcan, 1920.

BOUTROUX Pierre, HADAMARD Jacques, LANGEVIN Paul et VOLTERRA Vito, *Henri Poincaré – l'œuvre scientifique, l'œuvre philosophique*, Paris, Alcan, 1914.

BRASME Pierre, *Benoît Faivre : la passion de l'humanité*, Metz, Éditions Serpenoise, 2005.

BROWDER F.-E. (Dir.), *The Mathematical Heritage of Henri Poincaré*, Proceedings of Symposia in Pure Mathematics of The American Mathematical Society (2 volumes), 1983.

BUTLER Nicholas Murray, *Les Américains, traduit de l'Anglais avec l'autorisation de l'auteur par Madame Émile Boutroux et avec une préface d'Émile Boutroux*, Paris, Édouard Cornély et Cie, 1909.

CADÈNE Nicole, « Marie Édmée... Une artiste lorraine oubliée », dans *Célèbres ou obscurs, hommes et femmes dans leurs territoires et leur histoire*, Paris, Éditions du CTHS, 2011.

CADÈNE Nicole, LAMBERT Karine et ASTOR Pierre-François, « La petite sœur de Jeanne d'Arc : Marie-Édmée Pau ou le féminin à l'épreuve de l'héroïsme », dans DERMENJIAN Geneviève, GUILHAUMOU Jacques et LAPIED Martine, *Le panthéon des femmes, figures et représentations des héroïnes*, Publisud, 2004.

CALINON Auguste, *Étude critique sur la mécanique*, Nancy, Berger Levrault, 1885.

CALINON Auguste, *Étude sur la sphère, la ligne droite et le plan*, Paris, Gauthier-Villars, 1888.

CALINON Auguste, « Les espaces géométriques », *Revue philosophique*, XXIX, 1889, p. 588-595.

CALINON Auguste, *Étude de cinématique à deux et à trois dimensions*, Paris, Berger-Levrault, 1890.

CALINON Auguste, « Étude sur l'indétermination géométrique de l'univers », *Revue philosophique de la France et de l'étranger*, 36, 1893, p. 595-607.

CALINON Auguste, *Étude sur les diverses grandeurs en mathématiques*, Paris, Gauthier-Villars, 1897.

CALINON Auguste, *Étude de géométrie numérique*, Paris, Gauthier-Villars, 1900.

CHARLE Christophe (Dir.), *Dictionnaire biographique des universitaires aux XIXe et XXe siècle ; volume 1 : La Faculté des Lettres de Paris (1809-1908)*, Paris, Éditions du CNRS, 1985.

CHARLE Christophe, « Ambassadeurs ou chercheurs ? Les relations internationales des professeurs de la Sorbonne sous la IIIe République », *Genèses*, 14, 1994, p. 42-62.

CHARPENTIER Éric, GHYS Étienne et LESNE Annick (Dir.), *L'héritage scientifique de Poincaré*, Paris, Belin, 2006.

CHAVANNES Alice, *Poèmes et chants du foyer, morceaux choisis en vue de la diction et de la récréation en famille*, préface d'Aline Boutroux, Paris, Flammarion, 1923.

CHOFFAT Thierry, « Ladoucette (Étienne de) – 1843-1912 », dans EL GAMMAL Jean, *Dictionnaire des parlementaires lorrains de la Troisième République*, Metz, Éditions Serpenoise, 2006, p. 157-160.

COLON David, « Le mythe de la Congrégation : les Jésuites et les élites des grandes écoles au XIXe siècle », dans FUMAROLI Marc, BROGLIE Gabriel de et CHALINE Jean-Pierre, *Élites et sociabilité en France*, Paris, Perrin, 2003, p. 171-183.

CONDETTE Jean-François, *Les recteurs d'académie en France de 1808 à 1940. Tome II : Dictionnaire biographique*, Lyon, INRP, 2006.

CROIX C., « La famille Poincaré est-elle d'origine bourguignonne ? », *Le pays lorrain*, 1935, p. 88-91.

D'AVRIL René et NICOLAS Émile, « Pavillon de l'École de Nancy », dans Collectif, *Rapport Général sur l'Exposition Internationale de l'Est de la France*, Nancy, Berger-Levrault, 1909, p.

DARBOUX Gaston, *Éloge historique de Henri Poincaré*, Paris, Gauthier-Villars, 1913.

DASSAULT P., « Discours prononcé à la commémoration par l'École polytechnique du centenaire de la naissance de Henri Poincaré », *Annales des mines*, 143, 1954, p. 3-7.

DE MARGERIE Amédée, *De la famille, leçons de philosophie morale*, Paris, Vaton, 1860.

DE MARGERIE Amédée, *Théodicée : études sur Dieu, la Création et la Providence, 2nde édition*, Paris, Didier, 1865.

DE MARGERIE Amédée, *Philosophie contemporaine*, Paris, Didier et Cie, 1870.

DE MARGERIE Amédée, *La restauration de la France*, Nancy, Imprimerie de Sordoillet et Fils, 1871.

DE MARGERIE Amédée, *La solution*, Paris, Librairie de la Société bibliographique / Maurice Tardieu, 1880.

DE MARGERIE Amédée, *Avant le combat*, Paris, Maurice Tardieu Éditeur, 1881.

DÉBARBAT Suzanne, « An Unusual Use of an Astronomical Instrument : the Dreyfus Affair and the Paris 'Macro-Micromètre' », *Journal for the History of Astronomy*, 27, 1996, p. 45-52.

DE METZ NOBLAT Alexandre de, *Analyse des phénomènes économiques*, Nancy, Vagner, 1853.

DE METZ NOBLAT Alexandre de, *Les lois économiques : résumé du cours d'économie politique fait à la Faculté de droit de Nancy en 1865 et 1866*, Paris, Guillaumin, 1867.

DONIOL Henri, *Histoire de la participation de la France à l'établissement des États-Unis d'Amérique, correspondance diplomatique et documents (6 volumes)*, Paris, Imprimerie nationale, 1886-1889.

DROUELLE Rémy, *Léon Poincaré (1828-1892), sa vie, son œuvre en hygiène industrielle et en médecine du travail.* Thèse de doctorat de médecine, Rennes, Faculté de médecine. Université Rennes 1, 1986.

FINLEY John Huston, *Les français au coeur de l'Amérique, traduction française de Madame Émile Boutroux*, préface de Gabriel Hanotaux, Paris, Armand Colin, 1916.

FLEURY Michel et VALMARY Pierre, « Les progrès de l'instruction élémentaire de Louis XIV à Napoléon III, d'après l'enquête de Louis Maggiolo (1877-1879) », *Population*, 12, 1957, p. 71-92.

GÉHIN Gérard et LUCAS Jean-Pierre, *Dictionnaire des généraux et amiraux français de la Grande Guerre (1914-1918)*, deux volumes, Paris, Archives et culture, 2007-2008.

GISPERT Hélène (Dir.), *Par la science, pour la patrie, l'Association française pour l'avancement des sciences (1872-1914) : un projet politique pour une société savante*, Rennes, Presses Universitaires de Rennes, 2002.

GONTARD Maurice, « Une réforme de l'enseignement secondaire au XIXe siècle », *Revue française de pédagogie*, 20, 1972, p. 6-14.

HEINZMANN Gerhard, « Henri Poincaré », *Le pays lorrain*, 76, 1995, p. 271-280.

HENRI-BEAU Louise, « Enfance des célébrités contemporaines : Henri Poincaré », *L'enfant, revue mensuelle consacrée à l'étude de toutes questions relatives à la protection de l'enfance*, 21, 1912, p. 224-226.

HILL David Jayne, *L'État moderne et l'organisation internationale, traduction française de Madame Émile Boutroux, préface de Louis Renaud*, Paris, Ernest Flammarion (Bibliothèque de philosophie scientifique), 1912.

HILL David Jayne, *La crise de la démocratie aux États-Unis, traduit de l'Anglais par Madame Émile Boutroux*, préface d'Émile Boutroux, Paris, Payot, 1918.

HINZELIN Alphonse, *Un filleul de l'Empereur, ou le Dimanche des Rameaux,* vaudeville en 1 acte, Nancy, Imprimerie de Hinzelin, 1856.

HINZELIN Alphonse, *Géographie historique, industrielle et statistique de la Meurthe, avec une esquisse historique de la Lorraine et précédée de notions de géographie générale*, Nancy, Grimblot et Vve Raybois, 1857.

HINZELIN Alphonse, *Abrégé de géographie à l'usage des écoles primaires*, Nancy, Grimblot, Vve Raybois et Cie, 1859.

HINZELIN Alphonse, *Cours gradué de calcul*, Paris, Hachette, 1860.

HINZELIN Alphonse, *Abrégé d'histoire de France, première et deuxième race*, Nancy, Imprimerie de Vve Nicolas, 1868.

HINZELIN Émile, *Chez Jeanne d'Arc*, Paris, Berger-Levrault, 1904.

Hinzelin Émile, « La famille Poincaré et la Lorraine », *Nancy illustrée*, 1913, p. 36-37.

Hinzelin Émile, *Contes et légendes d'Alsace*, Nancy, Berger-Levrault, 1914.

Hinzelin Émile, *1914. Histoire illustrée de la guerre du droit. Préface de Paul Deschanel*, Paris, Aristide Quillet, 1916.

Hinzelin Émile, « La maison des Poincaré à Neufchâteau », *La marche de France*, 1929, p. 300-304.

Hulin Nicole, « À propos de l'enseignement scientifique : une réforme de l'enseignement sous le Second Empire : la bifurcation (1852-1864) », *Revue d'histoire des sciences*, 35, 1982, p. 217-245.

Hulin Nicole, *L'enseignement scientifique sous le Second Empire : la 'bifurcation' et la formation des professeurs de l'enseignement secondaire*, Thèse de doctorat, École des hautes études en sciences sociales, 1986.

James William, *L'expérience religieuse*, Paris, Alcan, 1905.

Janet Paul, « Lucien Poincaré (1862-1920) », *Annuaire des anciens élèves de l'École normale supérieure*, 1920, p. 106-115.

Joly Bertrand, « Gyp », dans Joly Bertrand, *Dictionnaire biographique et géographique du nationalisme français (1880-1900)*, Paris, Champion, 2005, p. 191-193.

Joly Jean Sébastien et Grillat J.P., « Léon Poincaré (1828-1892), son œuvre de pionnier en santé publique », *Le pays lorrain*, 4, 2001, p. 271-278.

Joly Jean-Sébastien, *Léon Poincaré (1828-1892), un nom célèbre, une œuvre oubliée. Thèse de médecine, sous la direction de Georges Grignon*, Nancy, Faculté de Médecine de Nancy, Université Henri Poincaré, 2000.

La Jeunesse Ernest, « Mort de M. Henri Poincaré », *Le Journal*, 1912.

Langlois Gabriel, *L'Allemagne barbare*, Paris, Walter et Cie, 1915.

Lebon Ernest, *Henri Poincaré Biographie, bibliographie analytique des écrits*, Paris, Gauthier-Villars, 1909.

Lippmann Gabriel, « Une perte pour la France, notre plus grand savant est mort hier », *Le matin*, 1912, p. 1.

Logie Étienne et Riviale Pascal, « Le congrès des américanistes de Nancy : entre succès et désillusions », *Journal de la Société des américanistes*, 95-2, 2009.

Maigret Michel, « Billy (Jean-Eugène) – 1820-1878 », dans El Gammal Jean, *Les parlementaires lorrains de la Troisième République*, Metz, Éditions Serpenoise, 2006, p. 200-201.

Marbo Camille, *À travers deux siècles, souvenirs et rencontres (1883-1967)*, Paris, Grasset, 1968.

Masson Frédéric, « Réponse de M. Frédéric Masson, directeur de l'Académie française, au discours de M. Henri Poincaré prononcé dans la séance du 28 janvier 1909 », dans *Discours prononcés dans la séance publique tenue à l'Académie française pour la réception de M. Henri Poincaré le jeudi 28 janvier 1909*, Paris, Firmin-Didot, 1909, p. 39-70.

Maubeuge P.-L., « Hommes de science lorrains : le mathématicien Auguste Calinon et le naturaliste Benoît de Maillet », *Bulletin de l'Académie et des Sociétés des sciences lorraines*, 14, 1975, p. 133-146.

Millet-Robinet Cora Élisabeth, *Maison rustique des dames*, Paris, 1844-1845.

Nabonnand Philippe, *La correspondance entre Henri Poincaré et Gösta Mittag-Leffler, présentée et annotée par Philippe Nabonnand*, Berlin, Birkhäuser, 1999.

Nabonnand Philippe et Rollet Laurent, « An Answer to the Growth of Mathematical Knowledge? The Répertoire Bibliographique des Sciences Mathématiques », *European Mathematical Society Newsletter*, 47, 2003, p. 9-14.

Naegel Antoine-Paul, *Le département de la Meuse (France) : industrialisation entre 1790 et 1914*, thèse de doctorat, Nantes, 2006.

Nye Mary-Jo, « The Boutroux Circle and Poincaré's Conventionalism », *Journal of the History of Ideas*, XL, 1979, p. 107-120.

Olleris Henri, *Mémento du Salon de peinture de gravure et de sculpture de 1880, indiquant les œuvres les plus remarquables exposées au Palais de l'Industrie*, Paris, Librairie des Bibliophiles, 1880.

Panza Marco, « L'intuition et l'évidence ; la philosophie kantienne et les géométries non euclidiennes : relecture d'une discussion », dans Pont Jean-Claude et Panza Marco, *Les savants et l'épistémologie vers la fin du xix*e *siècle*, Paris, Blanchard, 1995, p. 39-87.

Pau Marie-Edmée, *Histoire de notre petite sœur Jeanne d'Arc dédiée aux enfants de la Lorraine. Préface de M. Antoine de Latour*, Paris, Plon, 1874.

Pau Marie-Edmée, *Le journal de Marie-Edmée (avec une introduction d'Antoine de Latour)*, Paris, Plon, 1876.

Poincaré Antonin, « Rapport sur la mise en valeur des terrains communaux dans le département de la Meuse », *Annales des Ponts et chaussées*, 1862.

Poincaré Antonin, « Notice sur l'annonce des crues de la Meuse et le service de correspondance », *Annales des Ponts et chaussées*, 1864.

Poincaré Françoise, « La famille Poincaré », *Généalogie magazine*, 124, 1994, p. 14-19.

Poincaré Jules Henri, *Mémoire sur les sites de Pyrite de la Norvège*, Rapport réalisé suite à un voyage d'études en Suède et en Norvège, Archives de l'École des mines de Paris (M1878, 990), 1878.

Poincaré Jules Henri, *Sur la préparation mécanique et le traitement métallurgique des minerais d'argent à Konsberg*, Rapport réalisé suite à un voyage d'études en Suède et en Norvège, Archives de l'École des mines de Paris (M1878, 989), 1878.

Poincaré Jules Henri, « Note sur les principes de la mécanique dans Descartes et dans Leibniz, par Henri Poincaré, ingénieur des mines, chargé de cours à la Faculté des sciences de Caen », dans Boutroux Émile, *La monadologie – Édition annotée et précédée d'une exposition du système de Leibniz*, Paris, Delagrave, 1880, p. 225-231.

Poincaré Jules Henri, *Notice sur les travaux scientifiques de M. Poincaré (rédigée par lui-même)*, Paris, Gauthier-Villars, 1884.

Poincaré Jules Henri, « L'invention mathématique », *L'enseignement mathématique*, 10, 1908, p. 357-371.

Poincaré Jules Henri, « Les mines », dans Poincaré Jules Henri, Perrier Edmond et Painlevé Paul, *Ce que disent les choses*, Paris, Hachette, 1912, p. 69-74. Publié également par Christian Gérini, *Ce que disent les choses, quand Henri Poincaré écrit pour les enfants*, Paris, Hermann, 2010.

Poincaré Jules Henri, Darboux Gaston et Appell Paul, « Examen critique des divers systèmes ou études graphologiques auxquels a donné lieu le bordereau », dans Ligue des Droits de l'Homme, *La révision du procès de Rennes. Enquête de la Chambre criminelle de la Cour de cassation, 5 mars – 19 novembre 1904, tome 3*, Paris, Ligue des Droits de l'Homme, 1908, p. 500-600.

Poincaré Léon, *Recherches sur l'origine et le siège de l'amidon animal*, Nancy, Imprimerie Vve Raybois, 1862.

Poincaré Léon, « Du mode d'action du bulbe dans la production du diabète », *Comptes rendus des travaux de la Société de médecine de Nancy*, 1863, p. 9-29.

Poincaré Léon, *La Glycogénie, justifiée par l'examen des excrétions chez les diabétiques*, Nancy, Imprimerie de la Vve Raybois, 1863.

Poincaré Léon, « Du mode d'action du bulbe dans la production du diabète », *Comptes rendus des travaux de la Société de médecine de Nancy*, 1864, p. 19-40.

Poincaré Léon, *Documents pour servir à l'histoire de la thyroïde*, Nancy, Imprimerie de Sordoillet et fils, 1870.

Poincaré Léon, *Leçons sur la physiologie normale et pathologique du système nerveux, deux volumes*, Paris, Berger-Levrault, 1873-1874.

Poincaré Léon, *Le Système nerveux périphérique au point de vue normal et pathologique ; leçons de physiologie professées à Nancy, par le Dr Poincaré ; ouvrage faisant suite aux 'Leçons sur la physiologie normale et pathologique du système nerveux'*, Paris, Berger-Levrault, 1876.

Poincaré Léon, *Contribution à l'histoire de la thyroïde*, Paris, Germer Baillière, 1877.

Poincaré Léon, *Le Système nerveux central au point de vue normal et pathologique, leçons de physiologie professées à Nancy, seconde édition*, Paris, Baillière & Fils, 1877.

Poincaré Léon, *Traité d'hygiène industrielle, à l'usage des médecins et des membres des conseils d'hygiène*, Paris, Masson, 1886.

Poincaré Léon et Magnien Théodore, *Note sur l'action toxique de la delphine, par MM. Poincaré et Magnien*, Nancy, Imprimerie Vve Raybois, 1866.

Rados Gustave, « Rapport sur le prix Bolyai présenté par M. Gustav Rados à l'Académie hongroise des sciences », *Bulletin des sciences mathématiques*, 30, 1906, p. 105-112.

RAMBAUD Alfred, « La Lorraine sous le régime prussien », *Revue des deux mondes*, XLIII (mai), 1871, p. 138-177.

RAMBAUD Alfred, *Histoire de la Russie depuis les origines jusqu'à l'année 1877*, 1878.

RAMBAUD Alfred, *Histoire de la Révolution française*, 1883.

REVILL Joel, « Émile Boutroux, Redefining Science and Faith in the Third Republic », *Modern intellectual History*, 6, 2009, p. 495-512.

RICHELET P., « La famille Poincaré et les Vosges », *Les vosgiens de Nancy*, 12, 1953, p. 2.

ROBERT Adolphe, BOURLOTON Edgar et GOUGNY Gaston (Dir.), *Dictionnaire des parlementaires français comprenant tous les membres des assemblées françaises et de tous les ministres français depuis le 1er mai 1789 jusqu'au 1er mai 1889, avec leurs noms, état civil, état de service, actes politiques, votes parlementaires, etc.*, Paris, Bourloton, 5 volumes, 1890-1891.

ROLLET Laurent, « Autour de l'Affaire Dreyfus : Henri Poincaré et l'action politique », *Revue historique*, CCXCVIII/3, 1999, p. 49-101.

ROLLET Laurent, « Liste des signataires de l'Appel à l'Union : *Le temps* (24 janvier 1899 – 9 février 1899) », *Bulletin de la Société Internationale d'Histoire de l'Affaire Dreyfus*, 6, 1999, p. 1-20.

ROLLET Laurent, *Henri Poincaré : Des mathématiques à la philosophie. Étude du parcours intellectuel social et politique d'un mathématicien au tournant du siècle*, Lille, Éditions du Septentrion, 2000.

ROLLET Laurent, « La correspondance entre Henri Poincaré et Auguste Calinon », dans WALTER Scott, CORET André et BOLMONT Étienne, *La correspondance d'Henri Poincaré, volume 2 : correspondance entre Henri Poincaré et des physiciens, chimistes et ingénieurs*, Berlin, Birkhäuser, 2008, p. 122-125.

ROLLET Laurent, « De l'Algérie à Vesoul : Henri Poincaré ingénieur des mines », dans BOUR Pierre-Édouard, REBUSCHI Manuel et ROLLET Laurent, *Construction. Festschrift for Gerhard Heinzmann*, London, College Publications, 2010, p. 63-74.

ROLLET Laurent et NABONNAND Philippe, « Une bibliographie mathématique idéale ? Le Répertoire bibliographique des sciences mathématiques », *Gazette des mathématiciens*, 92, 2002, p. 11-25.

ROLLET Laurent et NABONNAND Philippe (Dir.), *Les uns et les autres… Biographie et prosopographie en histoire des sciences*, Nancy, Presses universitaires de Nancy, 2012.

ROTH François, « Bernard (Auguste) – 1824-1883 », dans EL GAMMAL Jean, *Dictionnaire des parlementaires lorrains de la Troisième République* Metz, Éditions Serpenoise, 2006, p. 138-139.

ROTH François, « Mézières (Alfred) – 1826-1915 », dans EL GAMMAL Jean, *Dictionnaire des parlementaires lorrains de la Troisième République*, Metz, Éditions Serpenoise, 2006, p. 173-175.

Rougé André, *Relativité restreinte : la contribution d'Henri Poincaré*, Paris, Éditions de l'École polytechnique, 2009.

Sageret Jules, « Henri Poincaré, la commodité scientifique, la science pour la science », *Le Mercure de France*, lxxii, 1908, p. 33-44.

Sageret Jules, *Henri Poincaré, avec un portrait et un autographe*, Paris, Mercure de France, collection « Les hommes et les idées », 1911.

Salf Éric, « Léon Poincaré et son œuvre de précurseur », *La lettre du musée : Association des amis du musée de la Faculté de médecine de Nancy*, 13, 2000, p. 2-3.

Salviac Michel, « Develle (Jules) : 1845-1919 », dans El Gammal Jean, *Dictionnaire des parlementaires lorrains de la Troisième République*, Metz, Éditions Serpenoise, 2006, p. 210-211.

Sandras-Fraysse Agnès, « La folie de l'Enquête : Zola disséqué ». Texte en ligne sur le site *Fabula : la recherche en littérature*, 2008 : http://www.fabula.org/colloques/document874.php. Consulté le 11 octobre 2011.

Savoie Philippe, « Offre locale et engagement de l'État : les enseignements technique et primaire supérieur à Nancy et les conditions de leur évolution sous la Troisième République », *Histoire de l'éducation*, 66, 1995.

Sicard-Lenattier Hélène, *Les Alsaciens Lorrains à Nancy, 1870-1914*, Haroué, Gérard Louis, 2002.

Simon-Nahum P., « Xavier Léon / Élie Halévy, correspondance (1891-1898) », *Revue de métaphysique et de morale*, 1991, p. 3-58.

Soulié Stéphan, *Les philosophes en République : l'aventure intellectuelle de la Revue de métaphysique et de morale et de la Société française de philosophie (1891-1914)*, Rennes, Presses Universitaires de Rennes, 2009.

Straehli Sylvie, *Dictionnaire biographique des prêtres du diocèse de Nancy et de Toul*, Document mis en ligne par la Bibliothèque diocésaine de Nancy, http://www.bdnancy.fr/1.pdf, 2003. Consulté le 11 octobre 2011.

Tastu Amable, *Poésies*, Paris, Dupont et Cie, 1823.

Tastu Amable, *Tableau de la littérature allemande depuis l'établissement du christianisme jusqu'à nos jours*, Tours, A. Mame, 1843.

Tastu Amable, *Éducation maternelle : simples leçons d'une mère à ses enfants*, Paris, Didier, libraire-éditeur, 1848.

Tastu Amable, *Tableau de la littérature italienne depuis l'établissement du christianisme jusqu'à nos jours*, Tours, A. Mame, 1870.

Toulouse Édouard, *Enquête médico-psychologique sur la supériorité intellectuelle : Henri Poincaré*, Paris, Flammarion, 1910.

Tournaire René Eugène, « Notice nécrologique sur Abel Transon, ingénieur en chef des mines », *Annales des mines*, 14, 1878.

TRANSON Abel, *Théorie sociétaire de Charles Fourier ou art d'établir en tout pays des associations domestiques-agricoles de quatre à cinq cent familles (Extrait de la Revue encyclopédique)*, Paris, Bureau du Phalanstère, 1832.

WALTER Scott, BOLMONT Étienne et CORET André (Dir.), *La correspondance d'Henri Poincaré, volume 2 : correspondance entre Henri Poincaré et des physiciens, chimistes et ingénieurs*, Berlin, Birkhäuser, 2007.

XARDEL Paul, *J'avais un ami... Henri Poincaré*, manuscrit non publié, 1913.

Du même auteur

Des mathématiques à la philosophie. Étude du parcours intellectuel social et politique d'un mathématicien au tournant du siècle, Lille, Éditions du Septentrion, 2000.

Poincaré Henri, *L'opportunisme scientifique / Scientific Opportunism, An Anthology Compiled by Louis Rougier, Edited by Laurent Rollet*, Berlin, Birkhäuser, 2002.

Avec Choffel-Mailfert Marie-Jeanne (Dir.), *Aux origines d'un pôle scientifique : faculté des sciences et écoles d'ingénieurs à Nancy du Second Empire aux années 1960*, Nancy, Presses Universitaires de Nancy, 2007.

Avec Choffel-Mailfert Marie-Jeanne (Dir.), *Mémoire et culture matérielle de l'université : valorisation, sauvegarde, recherche*, Nancy, Presses Universitaires de Nancy, 2008.

Poincaré Henri, *Science et méthode*, édité par Laurent Rollet, *Philosophia Scientæ*, cahier spécial 3, 2011.

Avec Nabonnand Philippe (Dir.), *Les uns et les autres... biographies et prosopographies en histoire des sciences*, Nancy, Presses Universitaires de Nancy, 2012.

Imprimé en France par
LIGHTNING SOURCE
www.lightningsource.fr

Printed in Dunstable, United Kingdom

91337294R00203